"十二五"职业教育国家规划教材
经全国职业教育教材审定委员会审定

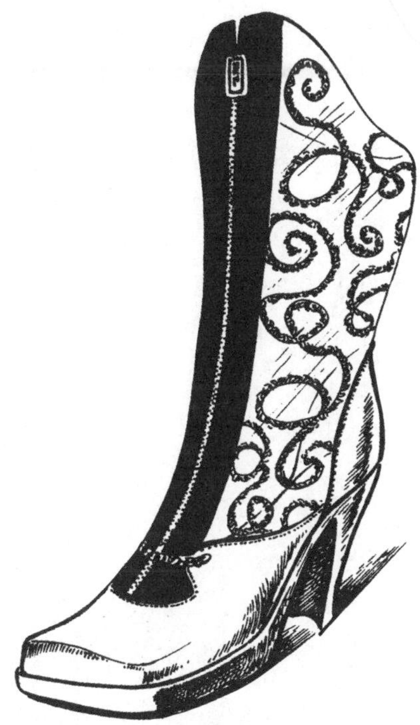

[鞋靴设计系列教材]

鞋靴设计学（第三版）

陈念慧 著

中国轻工业出版社

图书在版编目（CIP）数据

鞋靴设计学 / 陈念慧著. —3版. —北京：中国轻工业出版社，2023.1

“十二五”职业教育国家规划教材　经全国职业教育教材审定委员会审定

ISBN 978-7-5184-0470-4

Ⅰ. ①鞋…　Ⅱ. ①陈…　Ⅲ. ①鞋—造型设计—高等职业教育—教材　Ⅳ. ①TS943.2

中国版本图书馆CIP数据核字（2015）第127364号

责任编辑：李建华　陈　萍　　责任终审：劳国强　　封面设计：锋尚设计
版式设计：锋尚设计　　责任校对：晋　洁　　责任监印：张京华

出版发行：中国轻工业出版社（北京东长安街6号，邮编：100740）
印　　刷：三河市万龙印装有限公司
经　　销：各地新华书店
版　　次：2023年1月第3版第3次印刷
开　　本：889×1194　1/16　印张：22.5
字　　数：677千字
书　　号：ISBN 978-7-5184-0470-4　定价：98.00元
邮购电话：010-65241695
发行电话：010-85119835　传真：85113293
网　　址：http://www.chlip.com.cn
Email:club@chlip.com.cn
如发现图书残缺请与我社邮购联系调换
230079J2C303ZBW

高等职业技术教育鞋靴设计系列教材
编　委　会

编 委 会 主 任　陈念慧
编委会副主任　高士刚　李建华　周福民
编 委 会 委 员　（以姓氏笔画为序）
孙家珏　全　岳　李建华
陈念慧　辛东升　周福民
施　凯　高士刚　徐茂松
黎福明

前　言（第三版）

自我国改革开放，中国鞋业快速发展，至今已走过30多年历程，回望这30多年，发展的阶段性特征十分明显，先是大规模引进模仿，后是低水平快速扩张，近年又步入彷徨迷茫。2008年始于美国并迅速波及全球的金融危机及所带来的经济危机强烈地冲击着中国鞋业，我国沿海各鞋业基地都不同程度地陷入到发展困境中，外迁、转行或倒闭的企业呈加快之势。这场影响深刻与深远的全球经济危机也再一次提醒我们，30年后的今天，中国鞋业大而不强和创新能力低下依旧是我们一个基本客观现实。

我国鞋业能够较快繁荣扩张的原因比较清楚，但未来如何进一步发展壮大却时时困扰着国内鞋业决策者们。中国鞋业及企业持久发展壮大的真正秘笈在哪里？已获一定成功的业界人士往往坚信和囿于过往的某些成功经验，并以此给出他们的答案，技术出身的坚信好的鞋靴结构设计与精湛的制鞋技术可以使自己的产品畅销天下；靠营销起家的深信不断创新的营销模式可以使企业长盛不衰；而崇尚管理的则认为管理水平的高低才是决胜市场的关键所在等，不一而足。不可否认，这些企业领袖们也的确获得了某种程度的成功。但是，如果企业始终忽视产品创新，单靠技术、营销、管理、文化这些我们就能打造出真正的国际大牌吗？能真的使企业不断发展壮大吗？

其实，我们只要放眼世界认真分析那些国际知名鞋靴品牌或鞋业强国就不难发现它们成功的秘密所在。虽然影响企业长久发展和壮大的因素不止一个，但几乎所有国际大牌鞋靴以及意大利整体鞋业都是靠强大的产品创新力来实现其长久发展壮大这一目标的，如，阿迪达斯（adidas）、耐克（naik）、爱步（ecco）等无不如此。由此，我们可以看出，鞋靴产品创新设计将在中国鞋靴企业长久发展壮大中发挥着根本性和决定性的作用。虽然近年来我国鞋业各界决策者也越来越重视产品创新设计，但关键是，这些业界决策者对当代鞋靴创新设计的真正内涵及主要创新内容却始终没能树立起一种正确认识，以至于这方面的工作和人才培养成为中国鞋业发展中的最大瓶颈和难以逾越的大山。

客观上说，国内许多鞋靴企业老板和所谓的设计开发经理并不清楚现代意义真正鞋靴创新设计指的是什么，他们误以为鞋靴结构与样板设计（业界一般称之为鞋样设计，广东叫出格）就是鞋靴创新设计，亦即新产品设计开发。而实质上，鞋靴结构与样板设计只是这种产品的一种技术设计，它主要考虑和解决的是这种产品的穿着舒适、加工制造和节省材料等三方面问题，而这三方面问题早已不是当前中国鞋靴企业与市场及消费者之间的主要矛盾，目前和未来中国鞋靴企业与市场之间的主要矛盾是“鞋靴产品的审美性和新的实用性（功能）与这两个方面不断增长的要求所形成的矛盾”，而这个主要矛盾也构成了当代鞋靴创新设计的真正创新内容指向，即实用（穿着舒适、便于生产）、美观、时尚、个性的鞋靴款式造型或某种新功能才是鞋靴企业应倾尽全力去开展的最重要的创新设计工作，考虑到鞋靴、服装、包袋等服饰品当代穿用消费中审美占主导这一基本属性，鞋靴创新设计工作更多指的是对鞋靴款式造型方面的创新变化，这在国际服饰设计界早已是共识。毫无疑问，鞋靴企业只有在这两方面的不断创新才能解决企业与消费者之间的主要矛盾，才能为企业带来更多销量和订单，才能从根本上推动企业不断发展壮大。如果今后我们依旧分辨不清和解决不好这个主要矛盾，继续迷信靠制鞋技术改进、营销花样翻新、渠道建设等来推动企业发展，那么，中国鞋靴行业及企业就不可能真正实现升级转型，更不可能打造出国际一流品牌。也正是由于中国鞋业界普遍对真正意义鞋靴创新设计内涵及主要创新内容上缺乏正确认知，造成了我们稳居世界鞋业第一大国20年后的今天，鞋业界仍旧普遍误以为样板师（一些地方叫鞋样设计师）就是设计师的荒谬、可笑的现实，中国绝大多数鞋靴企业产品创新难有大的突破也正是源于此。尤为可悲的是，我们许多决策者在如此重要、关键认知上出现如此重大失误却浑然不知或不愿承认这个现实。

法国、意大利、英国等时尚创意强国的成功经验告诉我们，中国鞋靴高等教育未来能否培养出大量真正意义的实用型优秀鞋靴时尚创意人才，以及中国鞋业决策者们能否在真正意义鞋靴创新设计内涵及主要创新内容理解上幡然觉醒、迷途知返，并制定出有效、有力的产品创新机制和措施，是中国鞋靴企业走出目前困境、实现升级转型和长久发展壮大的最大秘笈!

近些年，业界一些有识之士疾呼企业要“产品为王”，对此笔者深以为然，笔者10年前曾在《世界鞋业》上发表过一篇“产品创新——中国鞋业的原点突破”的文章，说的就是“产品是企业发展的根本，不在产品上下功夫，企业其他工作就成了无源之水和无本之木，优质而有特色的产品才是企业赚取更多利润、赢得市场竞争、打造国际品牌和推动企业持续发展的根本动力”。其实，目前许多中国鞋靴企业决策者也知道“产品为王”的道理，但由于他们在鞋靴产品本质属性和品质内涵理解上出现重大认知偏颇，导致“产品为王”的道理在他们那里只能空为一种理念，目前许多鞋业界经营者还停留在鞋靴产品只要穿着舒适、做工精良、材料实在就是好产品、高品质的认识上，但事实证明，这种认识早已过时。我们必须看到，当代乃至今后，鞋靴的基本属性是以实用为基础，审美为主导，而且这种趋势将会越来越明显。由此我们可以得出，鞋靴产品的形式品质或曰审美质量在其总体品质构成中占有举足轻重的地位。中国鞋靴企业只有高度重视鞋靴形式品质和这方面的创造力，企业“产品为王”的理念才能真正落到实处。

鉴于鞋靴风格在消费者购买中的重要性，新版书中重点增加了18种现代风格女鞋的介绍及其设计把握基本方法，其中，在现代艺术风格女鞋中还推出了十余种较为少见的鞋靴立体造型形式，掌握这些立体造型方法使设计师们一方面可以提高鞋靴款式造型上的变化能力，另一方面还可以增强鞋靴款式造型的艺术性和个性，以迎合当今消费者对鞋靴这种时尚服饰品的个性化和艺术化方面的越来越强的追求。考虑到书中第四章和第八章所讲内容应用上的重要性，笔者在这两章中分别增加了“2012春夏女鞋流行预测与把握”和“复古风格女时装鞋设计”两个应用把握案例。此外，还在第五章中增加了“鞋靴造型设计关系元素”一节内容，学习者通过学习和掌握本节相关知识与方法，可以进一步提高鞋靴款式造型设计方面的创新变化能力，同时也丰富了学习者在这方面的变化手段。

本书第一版出版于2001年9月，经过近10年的教学实践检验，笔者对第一版进行了较大修改和补充，并入选普通高等教育“十一五”国家级规划教材，于2010年4月出版第二版，次年该书又被教育部评为“普通高等教育精品教材”。作为一部开创性著作，本书对促进和提高国内高等鞋靴设计教学水平发挥了重要作用。本书第三版对内容进行了进一步的修订和完善，并入选“十二五”职业教育国家级规划教材。

期盼中国高等鞋靴实用设计教育春天的到来!

陈念慧

2015 年 7 月

前　言（第二版）

据统计，2006年世界鞋靴生产约为148亿双，其中中国生产约100亿双，其中出口78.5亿双，中国已连续十余年占据世界鞋靴产量和贸易量第一的位置，但生产加工和贸易的第一，只反映了中国鞋业一种低层次上的繁荣，而非产业真正强大，因为我们在发展模式、设计创新、品牌运营、技术输出、人才培养和基础研究等方面还相当落后和薄弱。对此，我们应保持清醒的认识。

我国普通高等鞋靴教育始于20世纪80年代中期，至今已有20余年，1993年又设置开办了高等职业教育鞋靴专业，2000年以后，高等职业鞋靴教育在我国得到快速发展，据不完全统计，目前全国设有鞋靴专业的高等职业技术院校20余所，这些院校多数分布在南方沿海鞋业发达省份。邢台职业技术学院（原中国人民解放军军需工业学院）是我国最早创办高等职业教育鞋靴专业的院校，突出的鞋靴产品设计开发教学及专业特色和学生在产业中的创新能力优异表现，使该院校鞋类设计与工艺专业在鞋靴产业和教育界中享有较高的声誉。

在中国鞋业升级转型走向强大的过程中，鞋靴设计创新无疑是最为重要的推动发展要素，缺乏创新的产业和企业将注定走向衰亡。我国鞋靴高等教育创办以来，多以制鞋技术教育为主，培养的主要是制鞋样板和生产加工等技术方面的人才，随着产业发展和消费需求的变化，只开展技术教育已明显无法满足产业发展需要，鞋靴产品创新型人才正日益受到企业的重视。开展鞋靴设计教育，首先要对它的内涵有正确认识，目前，我国鞋靴产业和教育界还普遍对什么是真正的鞋靴设计存在着错误认识，有的认为，鞋靴设计就是结构与样板设计，样板师或鞋样设计师就是设计师，而实质上这些人才属于技术人员范畴，还有的认为，鞋靴设计就是纯粹的鞋靴款式造型设计，这些错误和偏颇认识都严重影响了我国鞋靴设计教育的开展和学生真正鞋靴设计能力的获得。

鞋靴设计工作与其他人类设计活动一样，也强调对设计客观规律的研究、应用与遵循，并不像目前行业中许多人所认为的那样，鞋靴设计不过是设计师在那里随意地变换颜色和线条，这种荒谬错误认识造成国内许多高等鞋靴教育中的设计教学单纯地讲授鞋靴款式、色彩、肌理等造型元素在鞋靴上的变化，割裂了鞋靴设计与消费者需求、市场、生产、材料、时尚、技术等本为一体的整体性与联系性。

鞋靴设计理论构建目前还处于初创阶段，远不够深入和完善。鞋靴设计作为一种实用脑力技术和头脑智慧，决定了鞋靴设计理论内容应是符合鞋靴设计工作过程及技术要求的一种实用性论述。为此，根据鞋业最新发展，笔者在第二版中做了一定的调整和补充，新版《鞋靴设计学》将鞋靴设计内容分为基础篇和专题篇两部分，基础篇培养的是学生鞋靴设计开发的基础知识与能力，由于其他系列著作陆续出版，因此本书基础篇中有的内容有所删减，同时，增加了产品基础知识内容；专题篇培养的是专项鞋靴设计开发能力，除原有安排的女鞋设计、男鞋设计、童鞋设计、旅游鞋与运动鞋设计、前卫鞋设计、特种鞋靴设计等鞋靴专项设计知识外，还增加了鞋靴产品企划与鞋靴设计管理两章内容，此外，在女鞋设计中增加了四种细化风格的女正装鞋设计，七种细化风格的女时装鞋设计和三种细化风格的女晚礼鞋设计，在男鞋设计中增加了男时装鞋设计，在小童鞋设计中增加了小童正装鞋设计和小童时装鞋设计等内容。鞋靴产品企划与其他任何一个专项设计知识都可以构成一个较为完整的设计开发能力，这样更符合鞋靴设计工作过程和实际能力要求。当中国鞋业界真正意义的鞋靴设计还处于启蒙和亟待普及的时候，鞋靴设计管理教育就多少显得有些超前，但它确实又是未来中国鞋靴设计事业提高的一个重要发展方向，是鞋靴企业进一步做好设计创新工作、提高设计效率和效益必不可少的一项管理能力，作为本书中的一章，本书鞋靴设计管理只是在方向、框架和基本方法上做了一些探讨，远不够系统和完整，更多的作用是启发和抛砖引玉。

为使学习者更好地理解和掌握本书内容，在新版书中增加了较多数量的图例、设计实训题和设计参考案例，其中不少图例和设计参考素材是选用笔者直接指导过的学生作业，由于学生数量较多，名字不再一一列出，笔者在此一并表示感谢。

陈念慧

2009 年 5 月

总　序（第一版）

自20世纪80年代中期以来，中国制鞋工业借改革开放和世界鞋业调整之机迅速崛起。目前，我国规模以上制鞋企业有数千家，大小企业万余家，年产量约70亿双，占世界总产量一半以上，产业规模和贸易量多年稳居世界第一。然而，产业规模的庞大并不意味我们在这个领域的强大，我们在鞋靴设计创新、技术输出、国际化品牌的建立与运营、人才培养、基础研究等方面还相当薄弱。随着我国经济不断深入、广泛地融入世界经济体系，世界范围内的竞争将会更加激烈，未来发展将不可避免地对我国鞋业发展提出更高要求。

就在我国鞋业 20 世纪 80 年代崛起的同时，世界范围内许多工业企业开始将经营战略重点由过去的生产、营销转向了注重新产品的设计研发。目前，中国制鞋企业整体上尚处于加工型阶段，许多企业靠抄袭、模仿发展。就在我们许多制鞋企业乐此不疲地抄袭、模仿他人的时候，殊不知这些企业也失去了赶超他人的一种创新智慧，失去了抢占市场和获取更多利润的机会，也失去了创建国际著名鞋靴品牌的可能。由加工型向设计开发型和品牌运营型转变已成为我国鞋业历史发展的必然趋势，在这个升级转型过程中，鞋靴创新设计将发挥至关重要的作用，也将成为中国鞋业在国际化道路上能否成功的关键因素之一。无论是竞争需要还是发展需求，中国鞋业都在呼唤设计春天的到来。

由于种种原因，真正意义的现代鞋靴设计理念、理论体系和设计教育在我国尚处于启蒙和初创阶段，行业和鞋靴教育界中还有许多人将鞋靴结构和样板设计与鞋靴设计混为一谈，也有部分人将鞋靴设计简单地理解为一种纯艺术造型活动，这些认识上的谬误和偏差对真正鞋靴设计工作开展和鞋靴设计人才培养都产生着严重的阻碍作用。鞋靴设计作为一种产品设计，它需要满足顾客、市场和企业经营的多种需求。鞋靴作为一种产品，它承载和蕴含着特定需求、功能原理、技术、审美、时尚、管理、材料、成本、利润、文化等多种因素，鞋靴设计就是满足以上众多因素的一种创造性活动，是一种人与物的关系沟通。当然，鞋靴作为一种服饰品，在消费过程中，其审美、象征的作用要更大一些，从这个角度看，鞋靴设计所要研究的主要内容是鞋靴款式造型的设计创新。鞋靴设计的综合性和相对独立性，使其正在作为一种新的知识与技术门类被人们所研究和应用。

长期以来，我国鞋靴高等教育包括高等职业教育主要是以技术教育为主，主要培养的是鞋靴样板、工艺、检测、管理等方面的技术人才，并没有开展起真正意义的现代鞋靴设计教育，只建立起了鞋靴技术教育教学体系，尚没有建立起鞋靴设计教育教学体系。随着我国经济的快速发展和人们生活水平的不断提高，鞋靴消费逐步进入到感性时代，人们开始更加关注鞋靴的审美性、时尚性和象征性。当今鞋业，样板、工艺等生产技术因素已不是企业经营与市场之间的主要矛盾因素，生产技术因素只是做实体产品的制鞋企业经营发展的基本保障因素。目前，制鞋企业与市场之间的主要矛盾是鞋靴审美性和新的实用性与这方面不断增长的消费需求所形成的矛盾，而解决这个矛盾唯有靠鞋靴设计才能够实现。

近些年，我国高等职业技术教育得到迅速发展，1992 年，我国第一个高等职业技术教育类型鞋靴专业在河北省邢台职业技术学院创办。高等职业技术鞋靴专业教育的开展，离不开相应的理论体系以及此方面的教材建设，根据行业发展和专业教学对鞋靴设计人才的培养需要，我们组织相关院校开始编写这套鞋靴设计系列教材。2007 年 4 月，由邢台职业技术学院和中国轻工业出版社共同组织的高等职业技术教育鞋靴设计系列教材研讨会在扬州大学广陵学院召开，与会主要编者就高职教育教学特点、教材内容、编写体例等方面进行了广泛交流，一致认为本套教材应遵从高等职业技术应用型人才培养规律，围绕如何更好地培养鞋靴职业岗位能力来构建教材的内容和编写体例，对于传授具有独立职业技术能力的教材，其内容排序应以岗位工作过程作为教材内容构建参照，实训技能项目也按此排列，突出教材内容和编写体例的实用性和应用性，并力争反映出当前鞋业生产经营中的主要技术领域的最新发展成果。

鞋靴设计作为一门实用艺术设计与技术和市场相交融的新兴综合学科，涉及工业设计学、艺术形态构成学、美学、色彩学、鞋靴制板、制鞋工艺、鞋楦设计、鞋业管理、人机工程学、生物力学、市场学等诸多学科与知识门类，这些知识与技术都是鞋靴设计整体知识与技术不可缺少的组成部分，其中有些知识与技术在行业中都有相对独立的应用价值。为此，我们准备在未来 2 ~ 3 年中规划出版《鞋靴设计学》（第二版，普通高等教育“十一五”国家级规划教材）《鞋靴结构设计》《鞋靴色彩设计》《楦型设计原理》《脚型·楦型·底部件》《现代制鞋工艺》《现代制鞋企业管理》《制鞋机械概论》《鞋靴材料》《鞋靴设计基础》等 10 余部高职教育教材，初步构筑起我国首个高职教育鞋靴设计系列教材体系。今后我们还将根据行业发展需要以及条件的成熟，再陆续出版鞋靴设计其他方面的系列著作。

本系列教材由邢台职业技术学院和中国轻工业出版社共同发起。系列教材在编写过程中，得到了中国轻工业出版社、邢台职业技术学院、浙江工贸职业技术学院、广东白云职业技术学院、浙江温州大学、江苏扬州大学广陵学院和中国皮革与制鞋工业研究院等单位及有关领导的大力支持，编者在此一并表示诚挚谢意。由于高职教育鞋靴设计系列教材在我国尚属首次编著，在内容编排、体例格式等方面缺少经验和可借鉴的材料，加之现代制鞋行业发展迅速，不足之处在所难免。因此，编者在这里还恳望有关专家和读者不吝赐教，以使这套系列教材今后能不断得到修正、补充，以达到更好地培养高素质技能型鞋靴设计人才及推动中国鞋业持续发展的目的。

陈念慧

2007年5月于邢台职业技术学院

序（第一版）

鞋与服装共同构筑了人类的服饰文化，它反映了人类的物质和精神文明的发展进程。鞋不仅满足人的穿用需要，还有着丰富的文化内蕴和社会意义。从民俗学上看，不同的国家与民族有着不同的穿鞋传统与习惯，从中能反映出各自的风俗习惯、审美理念和工艺技术水平；从社会角度看，鞋在人类历史发展进程中，体现着物质文明和精神文明的程度。鞋已经成为人类生活中不可缺少的一个组成部分。

目前，中国已成为世界鞋类产品生产大国，其总产量和出口量均居世界第一位。随着我国加入WTO，作为劳动密集型产业的制鞋业，将迎来巨大的发展机遇。由于历史原因，中国制鞋业目前尚处于低层次的加工型阶段，产品缺乏创新设计，要改变这种状况，就必须提高我国鞋类产品设计开发能力，鞋靴的创新设计应成为中国制鞋业与国际竞争的开路先锋。

但多年来，我国鞋业界在此方面著述甚少，对提高我国鞋类产品设计水平形成严重制约，我院陈念慧同志作为这个专业的带头人，近些年潜心研究鞋类产品的设计与开发，发表了多篇论文和专著，现又将自己鞋靴设计教学研究和设计实践成果，加以理论化、系统化，撰写出这部《鞋靴设计学》专著。

本书共十三章，从多个角度较为全面地论述了鞋类产品设计与开发的有关知识与方法，条理清楚、论述详实。作者非常注意设计理论与实际应用的结合，根据本书的特点与性质，书中提供了大量插图和精彩鞋靴设计范例。这部著作的问世，添补了目前我国高等制鞋教育和高等职业技术制鞋教育中鞋靴设计教材的空白。同时这部著作也可以作为中等制鞋教育和企业中广大鞋靴设计人员提高专业设计水平的参考用书。相信它将对提高我国鞋靴设计水平、培养专业设计人才，以及推动中国鞋业发展发挥重要作用。

当然，由于作者受各方面条件限制和影响，加之编写时间仓促，这部著作今后还需进一步充实和完善，但陈念慧同志毕竟在这方面迈出了重要一步。

中国人民解放军军需工业学院

邢台职业技术学院

院长　王建勋

2000年12月

前　言（第一版）

目前，中国鞋类产品生产总量和外贸出口量都已居世界第一，中国已成为世界鞋类制品生产加工、销售中心，中国制鞋业在世界鞋业中占有重要地位。然而，产量的巨大、从业人员和设备的规模都不能说明中国鞋业是真正强大的，因为我们的产品在国际市场上平均单价只有区区几美元，我们的产品几乎是低档货的同义词，输出的基本上是廉价的劳动力。造成这种情况的原因是多方面的，但最主要的原因是我国制鞋业缺乏强大的鞋类产品设计创新能力，这已成为制约我国制鞋工业在21世纪进一步发展的最重要因素。

中国鞋业呼唤设计时代的到来。

要提高中国鞋业的设计水平，就必须建立鞋靴设计的理论，用正确和实用的鞋靴设计理论去提高我国的鞋靴设计水平。由于种种原因，我国在此方面的系统研究和著述尚处于空白。令人欣喜的是，中国人民解放军军需工业学院陈念慧先生率先在此方面进行了较为系统、深入和全面的研究，添补了我国这一方面理论研究的空白，其意义和影响将是重大而深远的。

近年来，陈念慧先生在鞋靴设计研究上，取得了较突出的成绩，发表和出版有多篇论文和著作，其中一些观点，对我国鞋业界很有指导性。如在制鞋行业中率先指出，鞋靴设计真正涵义是指设计师对能沟通鞋靴—人（消费者）—社会—企业关系的方案、计划的制定，而不是目前行业中普遍认为的鞋靴设计是帮样结构与样板设计；认为鞋靴创新设计主要涵义是鞋靴造型上的创新设计，同时也含有鞋靴实用功能上的开发设计，并指出鞋靴产品的创新设计与开发在各种形式的鞋业企业或公司中都应该占有至高无上的地位，是一切工作的核心，是关系到企业生死存亡之大事等。

陈念慧先生在《鞋靴设计学》一书中运用多方面的知识，力争使读者能对鞋靴设计有一个较为完整、系统的认识，并获得一种实际设计能力。本书在理论建构上视角新颖、内容丰富，在许多方面进行了开拓式的研究和尝试。书中大量图例对加深理解本书理论、拓展视野以及提高设计意识，都会有很好的帮助。相信本书的出版，对中国鞋靴设计事业的起步和开展将发挥重要和积极的影响。

杨文杰

2000年12月于天津

CONTENTS

第四章
鞋靴设计程序

第五章
鞋靴款式造型设计构成要素与形式构成法则

第六章
鞋靴局部造型设计

专题篇

第七章
鞋靴产品企划

第八章
女鞋设计

第九章
男鞋设计

第十章
鞋靴系列设计

绪　论

服装的概念中包括鞋、帽等服饰品，但在实际生活中，鞋靴有着自己独特的内涵和独立的地位。古往今来，鞋文化一直有别于服装及其他服饰品，鞋靴有其自身独有的穿着形制和礼仪、审美与象征。鞋靴的这种独立性，随着社会和时代的发展表现得越加鲜明。当今社会人们的物质生活和精神生活丰富多彩，与之相适应的鞋靴产品的生产和消费正在发生巨大变化，一方面由于新材料、新技术、新工艺不断涌现，使鞋靴产品的产量和花色迅速增加；同时人们在鞋靴的穿用需求以及消费观念上也有了很大改变，越来越多的人穿鞋不再仅仅是满足基本的穿着要求，而对它在人的整体包装中所起的装饰性、审美性和象征性作用越发重视起来，鞋靴的这种实用性和审美装饰性的双重作用显得更加突出，精美的鞋靴堪称艺术品。

有资料表明，当人均国民生产总值达到1000美元左右时，人们对一般商品的消费进入到一种感性阶段，即注重商品的审美性和象征性，而鞋靴作为人们外在服饰形象的重要组成部分，也就更应突出这种功能。在竞争激烈的市场上，基本功能相差无几的情况下，鞋靴的造型设计就显得至关重要了。对同一种产品，如果功能相同、价格接近，人们会更倾向于购买在形态、色彩、质地、装饰等方面更富美感和新意的产品。遗憾的是，由于种种原因，目前我国鞋业界对鞋靴设计内涵的理解上存在一定的偏差。

首先，很多业内人士将鞋靴样板及结构设计与鞋靴产品设计混为一谈，把这两种不同能力的分工看作是一回事，将样板师与设计师视为同一个概念，有相当多的管理者和技术人员认为只有搞鞋靴样板设计的人才是“真正的设计师”，而产品设计（造型和功能设计）工作比较简单，让“设计师”兼职去做就可以了。其结果是，这些人设计的鞋靴款式往往缺乏新意和美感，更谈不上针对特定消费需求的设计了。他们显然不具有沟通产品—人—社会—企业之间关系的能力。确切地说，样板师属于技术型人才，而设计类人才在制鞋领域可狭义地理解为艺术型人才（这同服装行业的设计人才一样），之所以称他们是两种不同类型的人才，是由于他们具有不同的知识结构和技能结构。因此从这个角度看，目前我国在鞋类设计人才的培养教育方面，实际上仅仅是在单一地培养鞋靴样板设计或制鞋工艺方面的人才，而并非真正意义的设计人才。然而随着制鞋业及消费理念的发展，鞋靴消费中的审美性、象征性和对个性化追求的满足（通过造型来表现）程度将显得越发重要。今后，行业中对真正设计人才的需求会越来越迫切，该类型人才的培养及相关理论体系的建立已成为目前我国鞋业教育亟待解决的一个关键性问题。

其次，是对鞋靴设计工作重要性认识不足，看不到当今鞋业发展中设计环节的重要性。许多企业管理者满足于来样订单的简单加工生产方式，也有很多企业采取市场跟随的生产策略，哪种产品走俏就仿制哪种产品。这两种生产发展方式都属于较为被动的发展方式，受外部因素影响很大。

还有一种认识偏差是相当多的业内人士将鞋靴创新设计看做是纯技术上的创新设计，把纯技术上的创新设计视为制鞋企业发展最重要的动力。事实上，从鞋靴产品的生产过程看，鞋靴产品的生产技术并不属于高技术，这也是为什么制鞋行业既可以机械化的大工业生产，也可以家庭作坊式的手工生产的原因所在。制鞋工艺和制鞋加工设备等方面的技术创新设计，只能满足企业对产品的产量和一般意义上的质量（工艺和材料）要求，而并不能解决和满足消费者对鞋的审美、象征、个性和特定功能方面的具体要求。从鞋业发展现状及趋势看，企业将创新设计完全理解为技术创新设计，会导致企业发展误入歧途，结果有可能是"质量"（加工工艺质量）很好的产品生产得越多，积压得越严重，企业的损失也就越大。我们常看到不少制鞋企业在管理、技术设备等方面并不弱，却由于缺乏真正意义的设计，致使企业生产不出适销对路的产品，从而导致这些企业经常陷入困境，甚至倒闭。进入20世纪90年代以来，我国制鞋工业得到了快速发展，目前已成为世界鞋类产品生产和贸易中心，产品产量和贸易量都稳居世界第一。但我们也应该看到，由于我国鞋靴产品缺乏创新设计，我们的产品单位产值还很低，与制鞋业发达国家相比还有较大差距。生产规模上的优势只能说明我国目前是制鞋大国，而不是强国，中国由制鞋大国走向强国，应走创新之路。

注重设计创新，由加工型走向设计开发型是制鞋业发展的必然趋势，中国的制鞋业正处于这种转型过程中，鞋靴设计的理论建设及教育无疑应走在前面。从当前有关鞋靴设计理论和教育状况看，我国真正意义的鞋靴设计理论及其教育基本处于空白状态。虽然有关文章也可见于一些专业媒体，但其内容往往缺乏深入性、全面性和系统性。迄今为止，我国还没有一部真正意义的在鞋靴设计方面较为深入、完整和系统的论著，现有的制鞋教育及人才培养模式，由于没有真正意义的设计教育，致使我国制鞋专业教育显得很不完善，构筑和健全鞋靴设计的系统理论体系，建立完整的制鞋教育体系，对于培养真正的鞋靴设计人才和推动我国鞋业向更高层次发展，使我国由制鞋大国变为制鞋强国，具有极其重要和深远的意义。

本书从工业设计学、艺术形态构成学、美学、市场学等方面对鞋靴设计开发进行深入、系统的研究。从消费需求、市场规则和企业生产原则与设计的紧密关系以及对设计的影响、制约出发，阐明鞋靴设计要紧紧围绕鞋靴是特定消费者的用品，是市场上的商品，同时还是企业的产品这一重要设计观念；要求设计者树立一种意识：设计并非是一种纯形式的把握，不是设计师对鞋靴的形态、色彩、材料、图案等要素天马行空似的随意想象和变化，而是要设计者充分认识到鞋靴产品设计是一些特定"条件"下的设计，只有满足这些"条件"的设计才有可能实现其价值。这些条件主要包括使用条件、市场条件和生产条件三个重要方面。在使用条件中包括特定人的条件（性别、年龄、职业、文化、种族、国别、收入等）、使用目的的条件、地理（地域）条件、气候条件、环境条件等；生产条件包括管理条件、技术条件、设备条件、资金条件、材料条件、员工条件、价值条件等；市场条件包括消费者数量、消费价格、消费习惯、同类产品情况、流行时尚等。设计师无视设计的这种条件性，将很难设计出满足市场需求的鞋靴产品。

随着全球信息化进程的加快，人们在各个领域的交流和相互影响也在日益增大和加快，同时也体现在生活方式、衣着打扮等方面的审美时尚性日渐趋同。然而，这种趋同不会是全面的趋同，不同地区和民族有自己独特的穿着方式和审美习惯，那些有着悠久传统的民族，往往有着自己丰富、灿烂的服饰文化和服饰习惯。现代鞋靴设计中如能较好地借鉴和运用这些传统文化，会使设计出的作品具有恒久的魅力。

鞋靴设计在我国是一门新兴学科，研究对象是鞋靴与消费的关系。鞋靴工业产品的本质实现和人对鞋靴这一用品使用功能的全面实现，构成这一新兴学科的研究核心。其作用是架起一座联结它们双方的桥梁，促使双方交流、沟通，顺利实现各自目的。这一学科涉及诸多知识领域，例如，反映在鞋靴作为工业产品这一属性方面时，鞋靴产品设计涉及鞋靴工艺学、市场营销学、价值工程学、经济学、管理学等学科。另外，新产品的开发、设计要符合企业现有的技术、设备、资金等方面条件，反映在鞋靴供人使用、消费属性方面时，鞋靴产品开发设计与工业设计学、人体工程学、消费心理学、美学、艺术形态构成学、脚型规律、脚的生理和运动机能、色彩学等学科知识有密切的关系。鞋靴产品设计属工业设计范畴，因此，对于从事鞋靴产品设计的专业人员来说，他首先应该是一位工业设计师，应对工业设计原理、原则与方法有正确深刻的理解和把握能力。此外，鞋靴作为一种工业品，与其他许多工业品一样，它的美感突出表现在它的形式美上，这种形式美表现在鞋靴的形态、色彩、质地（材料）、图案等方面，从这一角度看，鞋靴设计师在很大程度上是视觉艺术家。就鞋靴产品的历史、现状和未来发展看，创造鞋靴产品形式美是鞋靴设计师应具备的主要能力和工作职责。同时鞋靴设计师的知识与技能结构中还需具备楦型设计、样板设计、制鞋工艺、制鞋材料和制鞋设备等方面的知识。

由此可见，鞋靴产品设计所需能力的综合性，要求从事这项工作的主体——鞋靴设计师要具备多方面的知识和技能以及良好的艺术素养。总之，鞋靴设计师必须在艺术与技术、市场与消费等多方面努力，才能成为一名优秀的鞋靴设计师。

本书的理论阐述和体系建构是为适应国内外鞋业发展形势而创立的，鞋业人才的培养不应仅仅局限于鞋靴结构与样板设计或工艺制作方面，更需建构一种真正鞋靴设计理论体系和学制，培养造就真正的鞋靴设计人才。本书旨在使鞋靴设计人员对鞋靴设计有一个较为系统、全面和深入的认识；在产品开发上着重阐述了工业设计原理、原则、方法在鞋靴产品开发设计中的应用。另对鞋靴的内涵性做了较全面的分析和探讨，在产品造型设计上着重讲述了艺术形态构成学、色彩学、图案等在鞋靴造型设计中的运用。为更好地阐明有关理论，使读者加深理解，书中配有相关图例。

基础篇

第一章

鞋靴概论

本章提要 本章主要讲授鞋靴涵义、鞋靴的历史、鞋靴设计学的研究范畴、鞋靴设计涵义、鞋靴设计特性、鞋靴设计的作用与地位、鞋靴设计师的知识与能力结构、鞋靴分类、鞋靴设计原则等内容。

学习目标
1．充分认识和理解鞋靴设计与鞋靴结构与样板设计的区别。
2．了解鞋靴设计师应具备的专业知识与能力。
3．充分认识和理解鞋靴设计的作用与地位。
4．认识和理解鞋靴设计特性。
5．充分认识和理解鞋靴设计原则。

一、鞋靴涵义

鞋对绝大多数人来说是必不可少的日常生活用品。“鞋”（shoes）是指穿在脚上着地的东西，“靴”（boots）是指鞋帮高度超过脚踝部的鞋。“鞋靴”（footwer）是这种物品的总称。

从鞋靴与人的关系看，“鞋靴”的涵义具有丰富的内涵。伴随人类社会的发展，它的内涵和外延都在不断扩展，由当初单一的保护功能发展为后来的一种等级、贵贱的象征。例如在中国古代的鞋履中舄履的地位最高，是上层社会的人在朝觐、祭祀等重要场合穿用的。在古代罗马也有同样情况，不同社会地位的人穿不同材料、款式和颜色的鞋。今天它更具审美、表达个性和显示地位的作用，在流通领域中也扮演着多种角色。从生产角度看，它蕴含着技术、设备、管理、材料、利润等内容。从消费角度看，鞋靴是特定条件下人的消费品，不同的人、不同的使用目的、不同的环境等对鞋靴的实用功能和审美、象征功能要求也不相同。从设计角度看，鞋靴既是消费品，也是商品，既有自然属性，也有社会属性。

20世纪人类社会的发展创造了无比丰富的物质与精神财富，人们在服装、鞋靴穿着上更加讲究，根据不同场合和不同使用要求，穿用不同的鞋靴，如人们出入政府部门、参加会议或在办公室等正式场合，人们选择穿着正装鞋，与环境、气氛或身份相协调，70年代以后，发达国家兴起的旅游和运动健身热潮，使一般运动鞋和旅游鞋迅速普及，穿上这些有较好弹性和护脚等特定功能的鞋，无疑使旅游、运动健身活动更加舒适、方便。在各种社交聚会中，如宴会、生日晚会、婚礼等，人们愿意穿礼鞋，既是对聚会和朋友的重视和尊重，也是展示自己高雅的品位和尊贵的身份。男性礼鞋比较典型的是带冲孔的三节头耳式鞋和流苏翻舌式鞋，色彩以白色、棕色和棕白两色搭配使用为好；女性礼鞋，也可以叫晚礼鞋或晚宴鞋，晚礼鞋对参加晚会的女性来说，是整体服饰的重要组成部分，晚礼鞋对衬托整体外观、气质风度和显示其文化及审美素养有着不可替代的重要作用。晚礼鞋在造型上要有时尚感和富有创意性，晚礼鞋特别注重装饰配件、装饰工艺和装饰图案的运用与设计，这些造型要素能很好地表现出晚礼鞋华丽、优雅和高贵的气质，为穿着者带来满足、自信和优雅高贵的外表。另外，当今人们在日益紧张和快节奏的工作生活中，越来越注意身心的放松和对休闲生活方式的追求，休闲装、休闲鞋便应运而生。比较典型的男休闲鞋的色彩以柔和、温馨的驼色为主，其结构以耳式为多，帮面造型变化富有新意，并且非常重视装饰工艺的运用，鞋底具有一定的厚度和良好弹性。女性休闲鞋丰富多彩，夏天有休闲凉拖鞋、时装休闲拖鞋，春秋季有各种造型变化的耳式、带式、舌式等式样的休闲鞋。轻松、舒适和富有美感与个性的休闲鞋，成为人们闲暇之余游玩、购物等休闲场合的最佳选择。职业鞋无疑是在特定场合穿用，例如产业工人劳动场合穿用劳保鞋，运动员在比赛场合穿用各种运动鞋，士兵在战场上或训练中要穿野战靴等。由此可以看出，随着人们生活水平提高，工作、娱乐的丰富变化与多样，鞋靴的使用功能越来越变得具体化，人们在不同环境场合下选择更合适的鞋靴，尽量满足自己对鞋靴的实用、审美和象征等各方面的具体需求。

鞋靴的发展与服装有着同样久远的历史。在人类远古文明建立之前，鞋靴和服装便以原始的形态出现在人类生活中，它们与火和石器共同构筑了史前人类的早期物质文明。人类在步入高级文明时代的历程中，鞋靴和服装都在人类生活中扮演了重要的角色，形成了特有的服饰文化。从与人的关系上看，鞋靴与服装的功能是相同的，都具有实用、审美和象征作用。在相当长的一段时期里，鞋靴和服装都有严格的等级，代表不同的地位和阶层。只是人类进入到近代文明之后，鞋靴和服装的等级划分才逐渐消失。

鞋靴自产生至今历经数千年，除满足人们穿着使用功能，还在漫长的发展过程中孕育出丰富多彩的鞋文化。服装与鞋作为人体的一种既实用又艺术的包装物，从总体上说是一种相互配合、统一协调、互为映衬的关系。在这种关系中，服装有时发挥主导作用，这与服装在人体上的位置和体积有关。一方面表现在穿着当中，人们有时先购买好了服装，再买能与之搭配的鞋，就像人们常说的“西装革履”，当人穿上笔挺的西服，才觉得穿上皮鞋更合适。女性穿晚礼服参加晚会，一般要配穿精致、华丽的晚礼鞋与之协调搭配，更好地衬托出穿着者的品位。另一方面，现代人穿鞋更多的时候是注意鞋靴本身的各种功能，如鞋靴的审美性和象征性。在整体服饰中，鞋靴有着越来越多的独立价值，毕竟在生活中除正装、礼服对鞋靴有较为讲究的搭配穿着要求外，其他各种服装对鞋与之搭配的要求并不强，穿茄克、休闲装等各种生活便装能适应较多的鞋类品种及款式，如一个人穿休闲装，他既可以穿休闲鞋，也可以穿旅游鞋。因此，通常情况下，人们在买鞋或穿鞋时，兴趣往往集中于鞋靴本身的款式、色彩、材质等方面是否美观，做工、用料是否精良，而不过多考虑与服装的关系，只要鞋靴本身造型新颖、工艺精良，消费者就可以得到满足。总之，从鞋靴与服装服务于人的精神功能来看，它们的形式风格和象征内涵存在一种大致的协调关系，在这种协调关系中，有时服装起主导作用，有时鞋靴更多地发挥自身作用。

二、鞋靴的历史

人类穿鞋的历史相当久远，鞋具体起源于何时、何地无法考证，但有一点可以推断出，鞋靴起源应该与服装的最初出现时间大致相同，大概产生于新石器时代。当时的原始先民用各种石器、棍棒，出没于山川森林、河谷草原猎捕动物。他们将猎到的动物带回洞穴与其他同伴共同“食其肉而用其皮”。服装的最初材料及形态大概就是原始先民用这些兽皮围裹在腰间而形成，同时，原始先民为了避免或减轻自然界对脚的伤害（如刺

图1-1 最原始的裹脚皮"鞋"（想像图）

图1-2 中国商代长筒皮靴

图1-3 距今约4000年的中国楼兰女靴

伤、硌伤等），他们不仅用兽皮围在身上，而且大概也知道用这些兽皮来保护脚，就是用兽皮直接、简单地将脚包裹住，这样也就产生了最原始的"鞋"（图1-1）。

我国史书将服饰分别称为首衣、上衣、下衣和足衣，所谓足衣便是古人对鞋子和袜子的总称。远古时代，生产工具非常原始、简单，那时人类还没有学会纺织，处于一种"妇人不织，禽兽之皮足衣也"的时代。人类从赤足到"穿"上以皮裹脚的"鞋"，经历了相当漫长的时间，在人类服饰史上具有划时代的意义，是一种原始智慧的伟大表现。

我国早期鞋的形象出现于出土的陶器上。1973年在我国青海一座马家窑类型的墓葬中，出土了一件原始氏族公社时期的陶器，上面有一穿鞋人的形象，马家窑文化属于新石器时代，距今5000~5800年。后来在辽宁凌源牛河梁红山文化（公元前3500年）遗址中，又发现了一件左足上穿着短筒皮靴的裸体少女红陶塑像，这只短筒皮靴，特征非常明显，从而使我国皮鞋制造史上溯到5500多年前。后来在我国新疆哈密王堡墓地又出土了3000年前商朝长筒皮靴，这只靴是由靴面、靴底、靴筒三部分组成，以细皮条缝制而成（图1-2）。20世纪80年代初，我国考古工作者在对楼兰古国进行考古挖掘时，意外地发现了一具后来被称为"楼兰美女"的女干尸，女尸脚上穿着一双羊皮女靴，这是我国迄今为止发现年代最久远的实物皮靴，经测定女靴距今年代约为4000年，整双靴子由靴筒和鞋底两大部分组成，全靴用筋线缝制而成，工艺相当精巧（图1-3）。靴子的帮、底分件制作，与现代鞋靴生产组合相似。这说明4000年前还处于原始社会的古代楼兰人已脱离了穿裹脚皮的原始"鞋"的状态。

在我国鞋靴历史上，"鞋"字的出现较晚，过去的"鞋"字为"鞵（xie）"，别称有履、舄（xi）、屦（ju）、屐（ji）等。履在中国古代也是鞋的总称，在各种履中，舄履地位最高，这种履是达官贵人在朝觐、祭祀等重要场合穿用的。舄履的底是用较厚的木头做成，帮面材料多用丝绸。屦是指古代人用麻、葛做成的鞋。屐是指木头做成的鞋。中国历史上很早就有冠服制度，服装、鞋、帽不仅仅用于穿戴，还是人的尊卑贵贱的区别及象征。统治者为此制定了严格的服饰、着装制度。商周时期，冠服制度逐渐建立，当时规定贵族可以穿色彩华丽的革履或绸履。而平民和奴隶只能穿着葛布、麻和草做成的鞋或者赤脚。汉代鞋履制度规定，祭服穿舄，朝服穿履，燕服穿屦等。唐朝是我国封建社会鼎盛时期，对外来文化兼收并蓄，胡姬、胡舞、胡酒风行一时，在服饰上唐人既遵古制，又不断创新，其中鞋履就有凤头、鹤头、云头、如意等各种变化（图1-4）。明代鞋履穿着制度与唐朝相仿，但鞋履式样有了一些改变，大概受游牧民族的影响，明代上层社会鞋靴花样较多，有皂靴、钉靴、油靴等，明代公差还穿一种叫快靴的鞋。到了清朝，满族妇女穿一种“花盆底”鞋（图1-5），而汉族妇女则深受裹脚习俗的残害，普遍穿小脚绣花鞋（图1-6）。

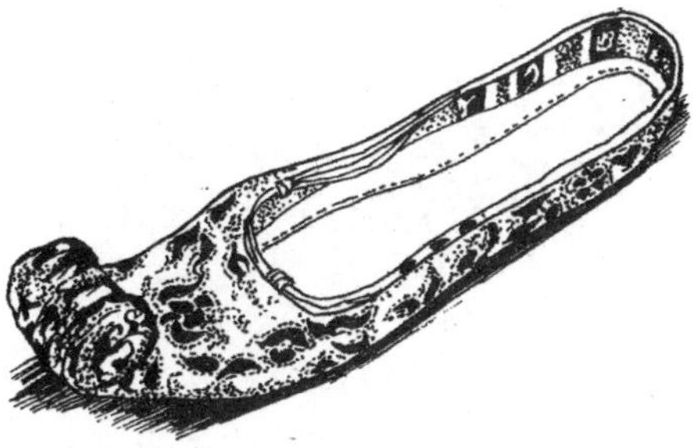

图1-4 中国唐代的“云头”锦履

图1-5 中国清朝的“花盆底”鞋

图1-6 中国清朝时期的“小脚绣花鞋”

鸦片战争以后，各种洋货开始充斥旧中国市场，其中现代意义的各式洋皮鞋也相继出现在上海、广州、天津等沿海大城市，并且从19世纪末到20世纪初，一些外国和中国商人先后在上海、天津、北京等地开设了现代意义的皮鞋经销店及鞋厂，以自产自销的形式生产和销售现代皮鞋。当时的制鞋业基本是作坊式生产，规模较小，几乎都是手工生产。最初国人是通过对进口“洋皮鞋”的修理逐渐明白了“洋皮鞋”的结构和制作工艺，然后进行仿制，逐步掌握了这些“洋皮鞋”的生产技术。从此，各种现代意义的皮鞋逐步在各地出现。新中国成立以后，我国制鞋工业得到了很大发展，尤其是20世纪80年代改革开放以来，我国制鞋工业得到了前所未有的大发展，到90年代末，中国鞋类产品生产量几乎占到世界鞋类产品生产总量的一半，对外贸易量也几乎达到世界鞋类贸易总量的一半，中国已成为世界鞋类产品生产加工和贸易中心。

鞋靴在国外同样有着悠久的历史，史前北美洲先民已开始穿一种构思巧妙的草编凉鞋，用以保护脚不受伤害（图1-7）。在古代埃及，鞋较之其他服饰用品显得更为贵重，当时，鞋是有身份的人才能穿用的。古埃及鞋多是用一种叫Papyrus的纸莎草或芦苇、棕榈的茎、叶做成的鞋（图1-8）。古罗马时代的人将鞋靴与

图1-7 北美洲史前古代人类草编凉鞋

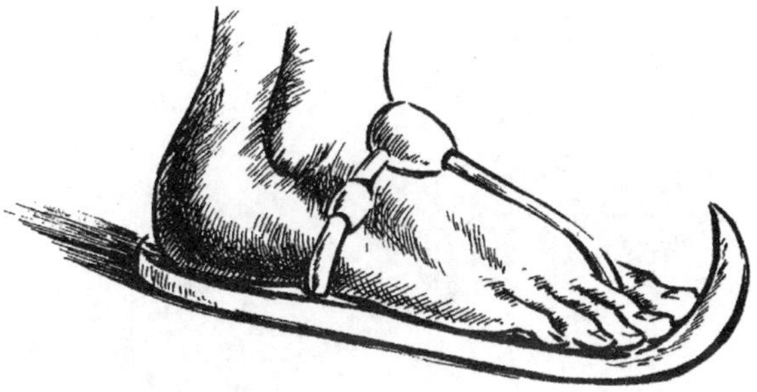

图1-8 古埃及凉鞋

衣服看成同等重要的服饰用品（图1-9）。鞋靴除了实用功能以外，还是社会地位和阶层的象征，鞋靴形态和颜色都具有一定的社会象征意义。例如，平民穿的一种皮条编的短靴禁止奴隶穿用，元老院成员穿的靴子，是用小牛皮做的，这样靴子比较柔软；而皇帝的鞋是用红色皮条编成的。鞋靴在古罗马上流社会是一种十分重要的时髦消费品。女高跟鞋据说是14世纪意大利佛罗伦萨一位小姐去法国参加婚礼时首先开始穿着的，接着其他法国人也都跟着效仿，从此，高跟鞋便开始流行起来，并持续到现在。高跟鞋当初有整块底的也有分开的，一般由木头刻成（图1-10）。1695年，现代形式的高跟鞋出现了（图1-11）。到了18世纪法国路易十五时代，男鞋的造型与现代鞋的外观越来越接近，做工也很精巧。那时的法国男鞋款式上女性味很浓（图1-12），当时的欧洲女鞋造型也越来越接近现代女鞋。女鞋的鞋面基本都是用绸、缎或亚麻布做成。那时，鞋是比较贵重的东西。为了不被泥水、灰土弄脏，人们穿鞋外出时，再在鞋的外面穿一个拖鞋式的套鞋。这个时期还产生了著名的“路易式高跟”，这种鞋跟造型有优美的曲线（图1-13），至今流行不衰，并产生了许多变化。19世纪后期欧洲出现的各种鞋款已与现代一些鞋的样式没有多少区别（图1-14）。

图1-9 古罗马时期的鞋

图1-10 意大利威尼斯1490年的高跟鞋

图1-11 葡萄牙现代形式的高跟鞋

图1-12 18世纪法国男鞋

图1-13 英国1730年“路易式”高跟女鞋

图1-14 1879年的欧洲男鞋

综观现代的鞋靴式样，虽然千变万化、难以数计，但实际上它们都是从十几款基本结构式样中演变而来。以下我们对目前仍旧广泛穿着的鞋款的历史发展及特点进行简单介绍。

（1）靴子（Boot） 靴子是指后帮高过脚踝部的鞋，分为低筒靴、中筒靴和高筒靴三种。靴子起源非常久远，从目前考证看，靴子可能起源于居住在寒冷地区的游牧民族。20世纪90年代，考古人员在欧洲阿尔卑斯的高寒山区发现了一具保存完好的距今约有5300年的古欧洲人尸体，他的身上穿着兽皮做的衣服，脚上穿着一双毛皮靴子。古代的靴子与现代的靴子在结构上有一定的区别。现在穿的一款典型系带式靴子是由19世纪曾在滑铁卢战役中打败拿破仑而名扬四海的惠灵顿将军设计的（图1-15）。靴子一直作为一种“户外鞋”发展变化，现在很多户外活动都有相应的靴子，如马靴、登山靴、工作靴、野战靴、滑雪靴等。如果追求一种鞋的粗犷、豪迈的风格，那么设计师可首先考虑靴子这种结构式样。

图1-15 “惠灵顿”靴子（Boot）

（2）包子鞋 包子鞋（Moccasin）源自美洲印第安人，距今已有千年左右的历史。这种鞋的结构和制作工艺在各种鞋中显得较为独特。之所以称为包子鞋，是因为这种鞋是用一块整皮料从鞋的底部往上包住脚的上面，然后再与上面的一块皮料缝合在一起，上下两块皮料缝合时在帮围和帮盖连接处打出一些皱褶，外观形式像中国人包的包子，因此，西方人称之为Moccasin的鞋，在我国称之为包子鞋。印第安人做包子鞋一般是用麋鹿皮，由于它的结构和材料，使这种鞋穿上去柔软、舒适，很适合印第安人的狩猎活动（图1-16）。随着欧洲人进入美洲大陆，这种鞋逐渐被欧洲移民所接受，并且在17世纪左右传回到欧洲，后来便成为世界各地人们普遍喜欢的一种常用鞋款，如现代横条舌式“包子鞋”（图1-17）。

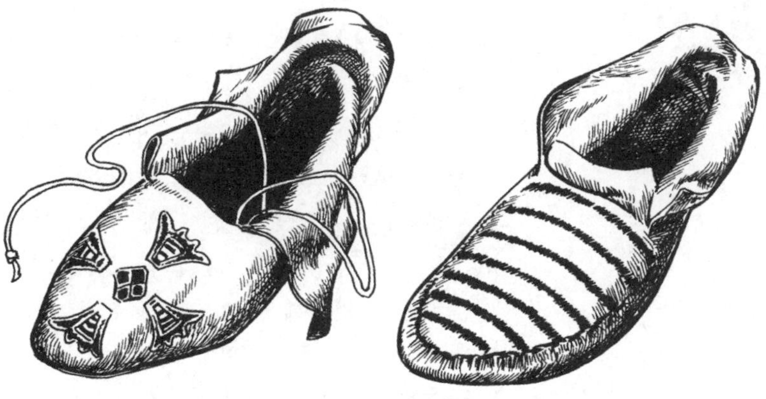

图1-16 印第安人的“包子鞋”

图1-17 现代横条舌式“包子鞋”

图1-18　三节头内耳式鞋

图1-19　外耳式鞋

图1-20　现代运动凉鞋

图1-21　浅口鞋

（3）牛津鞋　牛津鞋（Oxford）过去泛指一些低鞋口的系带鞋，后来专指三节头内耳式皮鞋（图1-18）。内耳式鞋的特征是鞋耳在前帮口门之内，前帮压缝在后帮上面。这种鞋大约始于17世纪的英国牛津郡地区（Oxford），当时的英国人普遍穿靴子，而唯独英国牛津郡的人们与其他地方的人不一样，他们觉得低鞋口系带鞋要比靴子更方便、透气一些。

（4）外耳式鞋　外耳式鞋（Blucher）据传为19世纪初普鲁士的一位将军Blucher发明（图1-19）。外耳式鞋的特征是鞋耳位于前帮口门之外，后帮叠缝在前帮上面。外耳式鞋当初只用于男鞋，后来广泛用于女鞋和童鞋领域，以及其他各种鞋类的设计，如休闲鞋、劳保鞋等。

（5）凉鞋　凉鞋（Sandal）的历史相当悠久，很久以前，古埃及人就知道用纸莎草（Papyrus）、芦苇、棕榈或皮革等材料做成凉鞋来穿，凉鞋在古埃及是一种重要的服饰品，是一个人身份的象征。数千年来以其实用价值绵延不断地延续下来，发展至今，花色品种难以计数。主要品种有满帮网眼式、全空条带式、前后满中空式、后满前空式、前满后空式等。随着现代人运动休闲时尚的兴起，运动凉鞋应运而生（图1-20），这种凉鞋在结构上要求既透气（有较大面积的透空），又要求帮面非常牢固，以及与脚有紧固的连接，而鞋底则是用运动鞋鞋底。

（6）浅口鞋　浅口鞋（Pump）的发展颇有戏剧性，这种鞋在数百年前出现的时候，是一种男用舞鞋，直到20世纪初，才变为女性穿用的鞋款，并一发而不可收，女浅口鞋现已成为女性出入各种场合常穿的一种鞋款（图1-21）。浅口鞋造型变化集中于头式和鞋头部位上方的装饰，这种装饰主要是依靠各种风格装饰配件来完成，装饰配件设计和选择的如何，基本决定了女浅口鞋的款式造型的美观如何，女浅口鞋结构式样上的变化相对简单，但结构设计难度却较大，因为这种鞋开口很大，没有其他部件固定于脚，脚容易滑出鞋外。因此，浅口鞋的结构与样板设计关键在于既能保证脚容易穿进去，又能使鞋跟脚。

（7）高腰耳扣式鞋　高腰耳扣式鞋（Monk）在英文中也叫修道士鞋，这种款式出现于15世纪左右的欧洲阿尔卑斯山一带，是一位英国人在意大利境内阿尔卑斯山下一座修道院中偶然发现的，那里的修道士穿这种鞋。鞋款的特征是在耳式鞋的鞋耳和鞋舌上有一向外扣的宽鞋带，造型朴实大方，穿着舒适牢固。这种鞋后来成为人们经常在户外穿用的一种鞋款（图1-22）。

图1-22　高腰耳扣式鞋

（8）燕尾包头花孔三节头内耳式鞋　燕尾包头花孔三节头内耳式鞋（Brogue）上用花孔和锯齿花边装饰，出现于18世纪的爱尔兰。这种鞋款的突出特点是在它的鞋面上有冲孔和花边装饰（图1-23）。从基本结构和式样上看，它属于耳式鞋。由于冲孔和花边在帮面上的装饰作用，使这种鞋显得非常华丽和高贵，具有一种古典美，适合在各种社交场合穿用，至今仍是一种常见的男礼鞋式样。

图1-23　燕尾包头花孔三节头内耳式鞋

（9）高腰系带鞋　高腰系带鞋（Jodhpur）的出现可追溯到公元8世纪我国唐朝的马球运动。公元1865年马球运动出现在欧洲，而高腰系带鞋就是专门给赛马球的人穿用的。按我国目前对鞋类的划分方法，鞋帮（口）刚过踝部的鞋，称为高腰鞋。实际上，在17世纪初的时候，英国已经有一种类似高腰鞋的鞋款，当时英国人将它专用为户外鞋。早先高腰鞋一般只有1~2个鞋眼孔（图1-24），发展到现在高腰鞋种类繁多，有高腰耳扣式、高腰橡筋式、缝埂高腰耳式等。

图1-24　高腰系带鞋

（10）拖鞋　现代人多将拖鞋（Mule）用于室内穿着，随着休闲风尚的兴起，无后帮的拖鞋被国人经常穿于户外。实际上，400年前英国有一种与现在拖鞋结构式样一样的“Pantofle”鞋套（图1-25），就是用于户外穿用。当时鞋子是一种昂贵的奢侈品，一些有钱人在鞋上还经常镶上名贵的饰物，为了外出时鞋子不被弄脏，人们就穿上“Pantofle”鞋套，用来保护鞋子。拖鞋发展至今，不仅种类繁多，而且也越来越时尚化。

图1-25　早期的英国拖鞋

（11）流苏翻舌式鞋　流苏舌式鞋（Shawl Tongue）在中国没有正式的叫法，从式样上看可以叫流苏翻舌式鞋（图1-26）。古希腊人曾穿着此鞋参加竞技比赛。这种鞋原本是下层人穿的，当时鞋口的高低象征了穿者身份的贵贱，有钱的人穿的是高筒口的真皮靴子，后来到了17世纪，有一个聪明的鞋匠将长筒靴的长鞋舌结合到低鞋口的便宜鞋面上头，并把长鞋舌往外对折，翻出盖在脚背上面，这样正好满足了那些希望拥有但又买不起长筒靴的人的需要。再后来，这种鞋又被苏格兰人进一步发展变化，他们把翻出的长鞋舌割成条带状，并且把边缘剪成锯齿状，或是加上冲孔、打洞等花哨装饰手法，至此这种鞋成为人们普遍接受的一种基本鞋款。

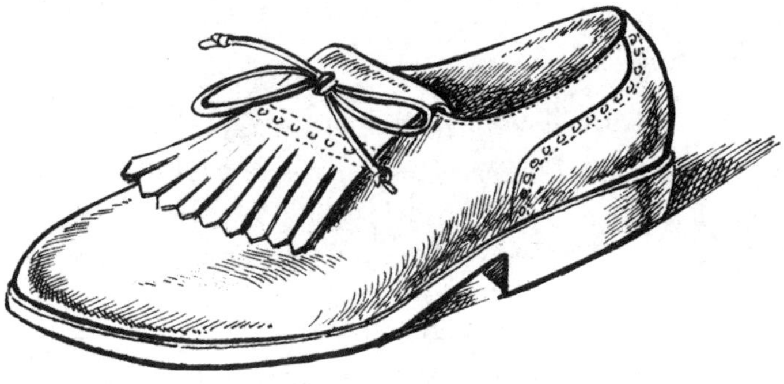

图1-26　流苏翻舌式鞋

三、鞋靴设计学的研究范畴

对鞋靴设计的研究在我国属于一种新兴事物，鞋靴设计无论是在专业人才培养上，还是在制鞋产业的应用中都还处于相当浅的层次。从鞋靴消费和生产领域发展状况看，鞋靴设计、鞋靴功能、鞋靴审美等都有其规律和特点，对设计的研究是鞋业发展的需要。从鞋靴设计涉及范围的特点看，鞋靴设计应该成为一个独立的学科。

目前，我国对鞋靴设计的研究刚刚开始，其理论体系不够完善，研究的内容及与其他诸学科之间的内在联系还没有给予深入和充分的把握。作为一门融多种学科和知识的新的综合性学科，决定了鞋靴设计学的研究范畴有以下几个主要方面。

（一）鞋靴的涵义、功能和地位

鞋靴作为服饰重要组成部分的同时，也具有很强的相对独立性，对鞋靴设计的研究首先应将其涵义、功能和地位给予全面的界定和阐释，为此需要研究以下内容：

1. 鞋靴涵义

从使用、生产、市场和设计等多个方面对鞋靴的内涵和外延进行较全面的论述。

2. 鞋靴功能

鞋靴具有多方面的功能，对于消费（使用）者来说，鞋靴有满足实际需要的实用功能，满足精神愉悦的审美、象征功能和满足认知、教育的功能；对生产者和销售者来说，鞋靴是赚取利润的产品和商品；对于社会和自然来说，它是一种人为事物，对人文环境和自然环境有着直接影响。

3. 鞋靴的地位

鞋靴自古以来就是人类的一种重要生活资料，具有很强的物质功能、精神功能和社会功能。进入现代社会以后，鞋靴的物质功能、精神功能和社会功能更是丰富多彩和强大，正在被现代人视为一种重要的服饰品，从中可以获得越来越多的满足感。

（二）鞋靴设计的涵义、原则、地位和意义

鞋靴设计学是建立在对鞋靴设计的研究、应用基础上的，为此鞋靴设计学需要研究以下内容：

1. 鞋靴设计的涵义

设计的涵义丰富而宽广，有工程设计、技术设计、造型（形象）设计、人文类的设计等，设计不但在不同的事物里有各自特定涵义，而且即使在同一事物中，事物的不同进展阶段其涵义也有一定区别和层次。但无论是哪一种设计，设计的根本特征和真正内涵都应是对沟通产品—人—社会—企业关系方面发挥主要作用的某种方案、计划的制定。在鞋靴设计中有技术设计（如功能设计、结构与样板设计、工艺设计等）、工程设计（如工艺流程设计）、人文类事理设计（如管理、策划、营销方面设计等）和造型设计，在沟通上述关系中哪一种设计发挥主要作用，它便代表鞋靴设计的真正涵义。

2. 鞋靴设计的原则

满足人的需求，体现人的价值，以及创造一种“合理的生存（使用）方式”，是一切设计的总体原则，鞋靴设计同样如此。

3. 鞋靴设计的地位和意义

鞋靴设计的地位和意义体现了鞋靴设计的价值。对鞋靴设计地位和意义的认识，直接关系到鞋靴设计所能发挥的作用。

（三）鞋靴设计的一般方法与规律

鞋靴设计是一门涉及多种学科和知识的工业产品设计，设计对象有多种属性和内涵，为此应研究以下主要内容：

1. 鞋靴与人的关系

鞋靴对于消费者来说，不仅仅是满足人们实用的一件日常用品，它还有满足人们审美和象征等方面需求的更大作用。鞋靴对于生产者来说，它是利润的载体。不同的人、不同使用环境、不同使用目的、不同使用条件等都可使人对鞋靴产生不同需求。设计师通过研究鞋靴与人的种种关系，首先找到设计的依据、条件和源泉。

2. 工业设计

鞋靴设计是一种工业产品的设计，工业设计的宗旨、原理（则）和方法对其具有巨大的指导意义和实用价值。

3. 下肢生理构造和机能

人对鞋靴的需求，首先是实用功能的满足。鞋靴要实现穿着的舒适性和实用性，就离不开对人体下肢（主要是脚）生理构造和机能（生理机能和运动机能）的研究。

4. 艺术形态构成

鞋靴设计侧重于造型设计，鞋靴造型是由点、线、面、体、色彩、肌理等视觉要素组成。对艺术形态构成

的研究，直接关系到鞋靴本体形式构成的效果。

5. 鞋靴设计方法和思维

鞋靴设计方法从宏观角度讲，主要是对鞋靴设计程序的遵循及灵活运用，设计思维包括一般设计思维和造型设计构思两个方面。

四、鞋靴设计涵义

鞋靴设计是指鞋靴设计师为满足人对鞋靴产品的物质与精神双重需求，运用一定的思维形式和设计方法，而拟订的一种计划与方案。

人对鞋靴产品的物质需求，是指鞋靴产品对人的实用性上的满足，鞋靴的实用性是满足人行走的功能。不同的人（不同职业、不同环境、不同区域等）对鞋靴有具体的实用性要求，例如足球运动员对鞋有自己职业需要的特殊实用性要求，炼钢工人也有自己职业需要的特殊实用性要求。鞋靴的实用功能是指鞋靴满足人的生理和实际目的的一种属性，鞋靴实用功能分为基本实用功能和特殊实用功能两个方面，鞋靴基本实用功能是保护人类脚部免受外界伤害，穿着舒适，鞋靴基本实用功能是这种产品赖以存在的基础，产品失去了基本实用功能，也就失去了存在的价值。因此，对于鞋靴产品来说，设计首先要考虑满足人对这种产品的基本实用需要，其次，才是对这种产品的美观和时尚感进行设计把握。

人对鞋靴产品的精神需求，是指这种产品对人的一种审美性和象征性上的满足。不同的产品，其物质（实用）功能、审美功能和象征功能作用于人的程度不同。服装、鞋帽这些直接装扮人的产品，通常情况下，它们的审美功能和象征功能比较突出，尤其是审美功能更是被人们所看重。另外，产品的精神功能同人的物质生活水平紧密相关，据统计，当一个地区国民生产总值达到人均1000美元时，人们的消费方式和追求便开始出现明显变化。这时人们进入追求消费中的自我价值体现的感性消费阶段，这种感性消费的突出特征是对产品审美性和象征性的追求。另据调查，鞋类产品消费者购买产品的首选因素便是产品的款式造型，其次是舒适性和价格，综上所述，鞋靴产品设计工作主要是满足消费者对鞋靴的装饰、审美、象征方面的心理需求。

人的自然性、生物性，使其对任何产品首先有一种生理的、物质的或者说实用功能上的需求。所以鞋靴设计师首先应认真研究人的脚部生理结构及形态特征、人体工程学、下肢生理机能和运动机能；研究形成鞋靴产品的各种因素，如制鞋材料、结构构造、工艺制造、价值工程、市场同类产品状况、流行时尚等；还要研究鞋靴产品如何更好地与使用者的沟通，如营销、包装等。

人的精神性、社会性，使人对产品除了实用功能的需求外，还要求产品能带来一种精神上的满足，这是对产品审美性和象征性的一种心理需求。产品审美性是通过产品外在形式即鞋靴的款式造型来表现的，因此，鞋靴设计师需要认真研究美学、艺术学、形态构成学、色彩学；针对鞋靴产品象征功能，还要研究人类心理学、行为科学等。

人对鞋靴的物质功能（实用性）和精神功能（审美性、象征性）的需求，既有普遍性又有个别性，这种功能需求的个别性是由人的不同条件所决定的。对同一种产品，特定条件下的人有特定需求。例如，在产品造型审美上男性和女性有差别，成人和儿童不一样，收入高的人与收入低的人不同；社会地位高的与社会地位低的人也各有所好；同一性别和年龄但不同职业和不同性格的人也会有迥然不同的审美偏好等。可见鞋靴设计师只理解了产品的物质功能和精神功能，还不足以使产品满足特定条件下的人的特定需求，还需要设计师深入分析、了解特定条件下的使用者对产品的特定审美偏好或实用需要；了解影响鞋靴使用的其他因素，如流行文化、鞋靴时尚、市场条件、新材料、新工艺等。综合研究上述诸因素，我们才能加深和正确理解鞋靴设计工作的内涵和宗旨，才能有效地开展鞋靴设计工作。

五、鞋靴设计特性

鞋靴设计特性是由它的生产、消费和设计服务对象特点所决定的，由此形成了它特有的设计规律和设计语言。鞋靴设计是以人的脚（包括腿部）作为设计对象，设计内容以款式造型为主，实用功能开发为辅。鞋靴设计师偏重于艺术造型职责，但鞋靴设计又不是纯艺术品的创作，而是沟通生产与消费的桥梁和纽带。鞋靴设计必须牢固树立鞋靴是产品和消费用品这一观念。作为产品时，鞋靴设计必须满足企业获取利润的要求并符合企业的生产条件；作为消费品时，鞋靴设计必须满足人的生理、心理需要。鞋靴设计有如下特性：

1. 鞋靴设计与脚型

鞋靴设计以造型为主，鞋靴造型设计与其他产品造型设计相比，它的最大特性是对脚部形态的依赖性，或者说，鞋靴的形态必须要符合脚的形态。一般情况下鞋靴外观总体形态不做过大变化，设计师是在特定脚部形态的局限性中寻求鞋靴款式造型上的设计变化。鞋靴款式造型工作主要是设计师对鞋靴帮面和跟底的形态、色彩、材质（肌理）、图案、配件、装饰工艺等造型元素的创新把握上。

2. 鞋靴设计与鞋楦

鞋楦造型决定了鞋靴的基本形态，在制鞋工艺上，鞋楦是鞋靴成型必不可少的模具，在鞋靴造型设计中楦型起着非常重要的作用。鞋楦设计有两个基本依据：一是依据脚型规律，也就是使鞋楦形态（包括底部）符合脚的形态（包括脚运动中的变化形态），使脚穿在鞋中感到舒服。如果鞋楦造型变化无度，就可能使脚在鞋中不舒服，如压迫脚、不跟脚，严重的还可能使脚穿不进鞋中，在生产中也可能发生不能将鞋楦从鞋中拔出的情况；二是鞋楦设计要有创新性和时尚美感，鞋靴款式造型的美感和时尚感在鞋靴头式造型上有较大表现，而鞋靴基本形态、头式造型是由鞋楦造型决定的，因此，鞋楦设计在满足脚型规律的前提下，还要特别注意鞋楦造型的美感、时尚感和创新性。鞋靴造型设计工作与鞋楦设计的相关性，使鞋靴设计师离不开对楦型的利用和设计。

3. 鞋靴设计的综合性

鞋靴设计工作的综合性表现为两个方面：一方面组成鞋靴产品中的许多部件、材料，如鞋饰件、鞋跟、鞋楦、各种花色的鞋面材料、鞋底材料等由各专业生产厂家提供，设计师一般是直接利用，如果设计师服务的企业较有实力，也可以由设计师对某些部件或帮面材料花色进行结构与造型花色上的设计，然后交于相关生产商专门定制，从而使设计出的产品更有个性和品位。另一方面，鞋靴设计的综合性表现在设计工作的最终完成需诸多环节配合进行，如打板、工艺制作、销售及反馈等。设计很好的款式，如果打板师打不出来或打出后走了样，设计将会以失败而告终；同样，设计出的产品很多时候需要工艺来保证，有的时候工艺本身也是造型的组成部分，工艺的粗制滥造或随意改动，会使原本设计很好的产品面目全非；新设计出的产品如果销售及信息反馈不准确或不及时，也会使设计失去对市场的把握。因此，鞋靴设计需要各个环节紧密配合才能把这项工作顺利完成，设计师本身需要具有协调各方的能力，善于与人合作，具有团队精神和事实求是的精神。

4. 鞋靴设计的时尚性

在我们日常生活当中，许多商品具有时尚性、流行性。从消费者角度看，追求时尚是人的趋同心理的表现及表明自己存在的一种方式。鞋靴除实用以外，在装扮形象上正发挥日益重要的作用，俗话说“脚无好鞋、矮了半截”。随着人们生活水平的提高，人们对鞋制品的消费更关心审美性、时尚性。前些年军警靴的流行和“松糕鞋”走遍大江南北等，都说明鞋靴产品的流行性。在国际上，一些深具影响的鞋业博览会，如意大利米兰鞋展、德国杜塞尔多夫鞋展，每年都向社会发布下一季流行趋势。我国鞋类产品流行与世界基本接轨，流行规律一般是由南方向北方推进，由大中城市向中小城市蔓延。时尚对于消费者来说是一种精神上的满足，对企业来说就是利润的来源，抓住时尚或创造时尚对于鞋靴设计工作来说就意味着成功。在捕捉时尚中，设计工作不是无所作为地跟随，而是在紧随和把握时尚的同时，还要再对鞋靴款式造型进行有针对性的变化与创造。设计如果能创造时尚——引领潮流，那么其工作意义更加深远、作用更大，它能为企业带来更多利润，并树立有内容的品牌形象，增加企业及品牌的无形资产。如果企业设计工作不注意把握时尚和不具有创造时尚的能力，那么，这种设计就可能给企业带来风险。当然，设计师对时尚、流行的把握，还要视产品使用对象、产品投放地域等具体情况而定。

六、鞋靴设计的作用与地位

真正意义上的鞋靴设计，在我国制鞋业中基本处在空白状态。我国鞋业目前处在靠来样订单的加工或模仿他人产品的两种生产发展方式中，无论是制鞋工业日趋激烈的发展竞争需要，还是鞋品消费由以实用为重点转变为以审美、象征为重点，以及消费方式上的巨大变化，都对鞋业发展提出了更高要求。在提高鞋业发展质量的过程中，鞋靴设计将发挥至关重要的作用，占有举足轻重的地位。

1. 鞋靴设计的作用

设计是有目的的活动，人们从事任何事情从某种意义上说都是设计，只是设计的方向、性质、大小、难易等方面有所区别。制鞋业中有样板设计、工艺设计、流程设计、设备设计、营销设计、产品设计等。制鞋业发展的不同时期、企业发展的不同水平和不同经营方式，对设计内涵的理解和把握各不相同。鞋业处于低层次发展状况下，尤其消费水平低下，表现为购买数量少、要求低，以能穿为主要功能要求的情况下，现代意义的鞋靴产品设计的作用相对较小，企业靠订单或模仿去生产，也可以维持生存。这时，鞋靴结构与样板设计、鞋靴工艺设计、流程设计等技术设计成为设计的主要内涵。而当鞋业发展到一定水平，产品极大丰富时，鞋靴设计的涵义便发生了变化，人与产品和企业之间的沟通仅靠技术已经不能够解决，面对日益丰富和提高的产品消费需求，产品仅有好的工艺质量并不能够满足人们对鞋靴这种产品日渐丰富的需求，此时便需要一种能沟通产品—人（消费者）—社会—企业之间关系的现代意义的鞋靴设计，这种设计完全是围绕人对鞋靴产品的全面需求来展开的。

从消费者角度看，设计可使鞋靴产品更加符合人的生理与心理需求。缺乏设计的产品，只能满足人的一般功能需求，而人的需求是多方面和具体的。人对鞋靴产品的需求不仅仅是满足一般行走这一实用功能，往往还需要根据自己特定条件或时代的发展寻求更为具体和贴切的实用功能，如增加内底厚度的隐藏式增高鞋，在满足男性希望身高增加，而又不愿意外露鞋跟过高这一心理上，就是一种很好的设计。轮滑鞋的发明，在满足人们日益增长的娱乐、健身要求上，同样也是一个很好的设计。在满足人的精神需求上，设计更是有着无穷的潜力和价值。

当今工业发展已进入到设计竞争的时代，一个企业产品没有创新设计，是很难长久发展壮大的，更难创世界级品牌。世界制鞋王国意大利的鞋类产品在世界上享有盛誉，单是从鞋靴加工工艺质量上看，我国产品质量与之相比并无多大差距，关键是我国鞋靴创新设计能力差，很多企业包括不少著名大企业采取"拿来主义"，靠模仿生存。意大利制鞋企业高度重视产品的创新开发设计，因为他们充分意识到企业不能设计开发出新产品，就难以生存。世界著名运动鞋品牌耐克、阿迪达斯等之所以有很高知名度，主要是它们有能够满足或创造市场需求的强大的创新开发能力。例如耐克品牌在20世纪70年代初的时候还默默无闻，1975年耐克公司率先设计出一种具有较好弹性的"蜂巢"式鞋底的运动鞋后，耐克公司迅速发展起来。80年代，耐克又率先开发出一种弹性更好的气垫篮球鞋，全新概念的产品，配以高超的营销策略，使耐克公司及其产品声誉和销售额飞速上升。耐克公司成功的原因主要有三点：一是不断设计开发鞋的实用功能，研究提高运动鞋的稳定性、保护性和一些运动需要的特殊功能；二是大力设计开发产品的款式造型，并使之多样化；三是营销和宣传策划的到位。

一般认为，鞋设计开发工作有以下几种作用：

首先，强大的创新设计能力能使企业产品更有竞争力。

第二，使企业获得更高的经济效益。

第三，企业强大的设计开发能力，对树立品牌及企业形象和增加企业无形资产能起到很大作用。企业靠产品生存，好的设计产品结合好的广告宣传，很快就能被消费者所认识，树立起品牌和企业形象。

第四，制鞋企业由加工型转变为设计开发型是质的飞跃，在这个转变过程中，强大的创新设计能力无疑是最为关键的因素。设计开发型企业依靠其强大的设计能力，可不断获得丰厚的经济回报，企业通过这些回报及资金优势，又可继续增强设计创新能力，使企业进入良性发展阶段。

2. 鞋靴设计的地位

改革开放后的中国鞋业，尤其是20世纪90年代以后，发展速度之快是前所未有的。国内外广阔的市场空间，大量充裕的廉价劳动力，使得中国许多制鞋企业在短短十几年间迅速发展起来。目前鞋靴消费正悄然发生着深刻变化，人们对鞋类产品审美作用的关注程度越来越大，这种需要上的改变和市场一般产品的饱和必然要影响企业发展方式。企业经营观念应随着市场变化而变化。

人对鞋靴产品的个性追求，靠对产品结构与样板设计和工艺技术的提高与改进显然无法满足，单靠管理、营销、广告宣传、建立质量保证体系等也难以做到。企业生产中的这些环节，只能使鞋靴产品的内在因素（一般实用功能）提高和增强，如穿着更舒适、产品更加牢固和做工更精湛，却不能使鞋靴功能多样化和个性化，这也就是产品设计与产品技术设计或工程设计之间的差别。不难看出，只有真正意义上的鞋靴设计，才能全面满足人对产品的需求。

七、鞋靴设计师

鞋靴设计师或鞋类设计师在我国并非一种正式职业称谓，也没有明确的涵义界定。目前，行业中普遍称谓的设计师或鞋样设计师，通常是指企业中的鞋靴结构与样板设计人员。样板师与工艺技师严格说属企业中的技术人员，是研究解决由设计到实物转化过程中出现的结构、工艺等诸问题的专业技术人员，研究和解决的是物与物的关系。真正意义的鞋靴设计师应是能沟通与解决人—产品—社会—企业之间关系和矛盾的专业人员，是解决人与物关系的专业人员。他们具有赋予鞋靴产品以美的形态、色彩和表面装饰等方面的能力。在创造鞋靴产品更为合理的使用方式或实用功能上，鞋靴设计师同样应具有敏锐的观察力和设计能力。

鞋靴造型工作的实质，是在满足实用功能前提下进行的一种艺术造型。鞋靴设计师从这个角度看，他应该是形象思维见长的人，是一位视觉艺术家，擅长于形态创造，敏感于色彩语言的把握，以及从审美角度出发，对材料进行合理与美感的运用。

鞋靴设计工作必须有一个合理、有效、系统的工作方法。工业设计学是现代工业社会的设计方法论，鞋靴是工业产品，工业设计学中的工业设计原则、思维方法、产品观等，势必对鞋靴设计具有直接指导、借鉴的作用和意义。鞋靴设计师也可以说是从事鞋靴这一具体工业产品设计的工业设计师。因此，工业设计素养在鞋靴设计师的知识结构中是必不可少的组成部分。鞋靴设计工作是对鞋靴这一特定产品的设计，它有自己独特的生产方式和工艺手法，鞋靴设计在转变为产品实物的过程中必须依靠样板和工艺才能得以实现。这就要求鞋靴设计师应了解脚型规律、脚的形态结构、脚部生理机能、脚部运动机能、鞋楦设计、结构与样板设计、制鞋工艺、材料等方面的专业知识与技术。

由此可以看出，鞋靴设计师应具有多方面的知识和能力。由于鞋靴设计最终完成需多个环节配合进行，因此，鞋靴设计师除要具有扎实和过硬的专业知识外，同时还要具备很好的合作能力，并在实践当中不断积累经验，提高自己。

八、鞋靴分类

鞋靴种类繁多，由于鞋靴的使用者、用途、工艺、结构、材料等因素不同，各种鞋靴还呈现出不同的特点与风格。对于鞋靴设计人员来说，鞋靴分类可以帮助设计人员明确设计目的，并围绕这一目的、要求更好地开展设计工作，恰当、深入地构思鞋靴的款式、功能以及正确选择新产品的基本结构式样、加工工艺和主辅材料，设计、生产出满意的产品。鞋靴从用途角度分类，某些鞋靴的命名还没有完全统一，内涵也没有严格的界定，有的鞋靴称呼只是一种约定俗成的叫法或某个地域的习惯称呼。有些鞋靴从外观形式上看很难区分，只是在具体用途上加强了某种功能设计。总体看，目前鞋靴大致有以下几种分类方法及相关内容涵义：

1. 按鞋靴生产工艺分类

目前，制鞋生产工艺主要有五种，它们是缝制工艺、胶粘工艺、模压工艺、硫化工艺和注压工艺。相应的鞋靴命名可以叫线缝鞋、胶粘鞋、模压鞋、硫化鞋和注压鞋。

2. 按鞋靴结构式样分类

鞋靴结构式样从大的方面分，有耳式鞋、舌式鞋、浅口式鞋、“包子”鞋、带式鞋、凉鞋、拖鞋、高腰鞋和筒靴。按具体工艺特征和结构形式，可以分出更多的鞋品名称。按前帮工艺特征命名的有包头鞋、燕尾包头鞋、镶盖鞋、围盖鞋、缝埂鞋、皱头鞋、花边鞋、花孔鞋、穿花鞋、编织网眼鞋等。按鞋帮整体形式和具体结构形式命名的鞋有三节头鞋、素头鞋、高筒靴、半筒靴、低筒靴、内耳式鞋、外耳式鞋、耳扣式鞋、横条舌式鞋、浅口舌式鞋、丁带式鞋、一带式鞋、叉带式鞋、橡筋鞋、前开口式鞋、旁开口式鞋、拉链式鞋、满帮式凉鞋、全空式条带凉鞋、中空式凉鞋、前满后空式凉鞋等。

3. 按鞋靴材料分类

目前，按鞋靴材料分类，主要有皮鞋、胶鞋、布鞋和塑料鞋四种。

4. 按鞋底式样分类

按鞋底式样分类，主要有带跟底和无跟底两大类，带跟底有平跟鞋、半高跟鞋、高跟鞋，无跟底有坡跟底鞋、薄底无跟鞋、厚底无跟鞋、半厚底无跟鞋等。

5. 按季节分类

按鞋靴穿用季节分，有单鞋、棉鞋和凉鞋。

6. 按生理特征分类

按穿用者生理特征分，有男鞋、女鞋和童鞋。

7. 按鞋靴穿用功能分类

对于鞋靴设计人员来说，鞋靴按穿用功能分类对开展设计工作更有实际意义。特定的消费者对鞋靴有特定的穿用功能需求，不同的鞋类除共有的穿用功能外，还都有自己特有的使用功能。休闲鞋穿的是一种舒适，正装鞋穿的是一种品位和地位，而前卫鞋穿的是一种个性。设计师应该根据特定消费者和鞋靴特有穿用功能去进行合理的设计与开发。按鞋靴穿用功能分，通常有以下几种:

（1）正装鞋（绅士鞋） 正装鞋的概念原先并不存在，它与过去说的绅士鞋涵义相近。女式正装鞋也叫淑女鞋。由于正装鞋能较好地反映一种穿着风格、气质，从设计角度出发，对正装鞋的概念给予界定是有其积极意义的，也是必要的。所谓正装鞋是指造型款式庄重、大方，无过多装饰的鞋类。男正装鞋中以素头内耳式三节头（牛津鞋）和外耳式三节头皮鞋最为典型。女正装鞋中以浅口鞋和舌式鞋较为典型。正装鞋不以结构式样来区分，而是以鞋靴整体造型表现出的风格、气质来判断。正装鞋多在正式场合中穿用（图1-27、图1-28、图1-29）。

图1-27 围盖耳式男正装鞋

图1-28 浅口式女正装鞋

图1-29 耳式女正装鞋

（2）休闲鞋 休闲鞋的结构式样众多，许多鞋类都可做成这类鞋，如“包子”鞋、耳式鞋、舌式鞋、低帮鞋、高帮鞋等。典型的男休闲鞋特征通常在沿条处缝有外线，有耐磨、弹性较好的大底，鞋口沿处一般包有海绵等软的填充物，色彩一般为驼色系列等，但随着时代的不断发展，休闲鞋的结构式样、材料、装饰、工艺等也会随之发生变化（图1-30、图1-31）。

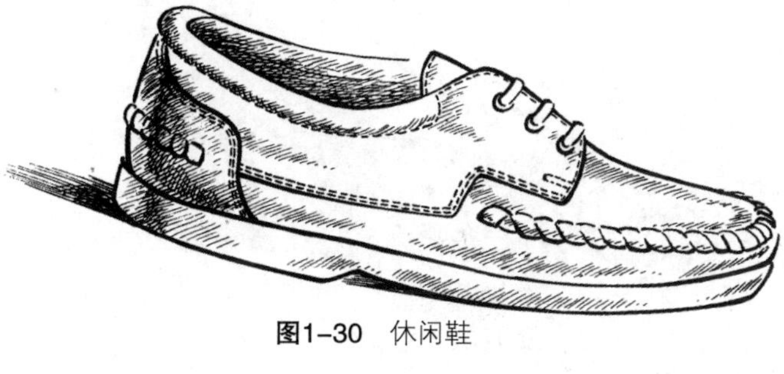

图1-30 休闲鞋

图1-31 高帮休闲鞋

（3）旅游鞋　旅游鞋是20世纪70年代逐渐兴起的一种鞋类，到80年代盛行于世界各地。旅游鞋的产生和被人们所喜爱，与人们的生活方式、生活观念的变化有很大关系。随着人们生活水平提高，以及工作时间缩短，旅游热情日益高涨，旅游鞋便应运而生。旅游鞋鞋腔比较饱满，鞋口沿处包有较厚较软的弹性填充物，大底有较好的防滑性、耐磨性和回弹性，感觉舒适、方便（图1-32、图1-33）。

图1-32　旅游鞋（一）

图1-33　旅游鞋（二）

（4）运动鞋　运动鞋以前是专指运动员体育比赛时穿的鞋，但随着社会将体育当作健身运动普及化以后，运动鞋的概念便扩大了。现在所说的运动鞋一般有两层涵义：一种是运动员参加体育竞赛的专用运动鞋，这种鞋往往在结构设计和材料使用上具有很强的实用功能目的。专用运动鞋种类很多，根据不同的运动项目，这些鞋分为跑鞋、跳鞋、篮球鞋、足球鞋、冰鞋等。另一种是人们在一般性体育运动时穿用的鞋，能满足一般的体育活动需要，外观新颖夺目（图1-34、图1-35）。

图1-34　专用运动鞋——跳鞋

图1-35　普通运动鞋

（5）礼鞋　礼鞋是指出入较隆重和热烈社交场合穿用的一种男鞋。如婚礼、结婚纪念日、节日聚会等。典型的男礼鞋是燕尾包头花孔三节头款式，特征是鞋的包头呈现燕尾状，鞋帮上往往冲有小孔作为装饰，以示华丽、高贵感。另一种是流苏翻舌式鞋。女性穿的称为晚礼鞋，鞋上通常装饰以华丽的饰件或漂亮的图案（图1-36、图1-37）。

图1-36　燕尾包头花孔三节头外耳式男礼鞋

图1-37　女晚礼鞋

（6）时装鞋　时装鞋通常是指造型富有创意和艺术性的鞋靴。时装鞋与时尚紧密相关，款式漂亮、新颖，是女性比较喜欢的一种鞋类。时装鞋能充分体现出穿用者的艺术品位和美感。随着女性整体着装服饰水平的提高，女鞋的时装化将是女鞋的一种发展趋势（图1-38）。

（7）职业鞋　职业鞋是指某种职业穿着专用鞋。职业鞋一般是根据特定职业及特定功能需求而订制的。职业鞋的突出特点是强调鞋的实用功能对特定职业需求的满足（图1-39）。

（8）前卫鞋　前卫鞋是指造型上大胆、超前的鞋靴。前卫鞋同前卫服装一样，显示穿着者独特的个性。前卫鞋正在被越来越多的青年人所接受，因此有时也就成了流行鞋的先驱（图1-40）。

图1-38　时装鞋

图1-39　职业鞋——军靴

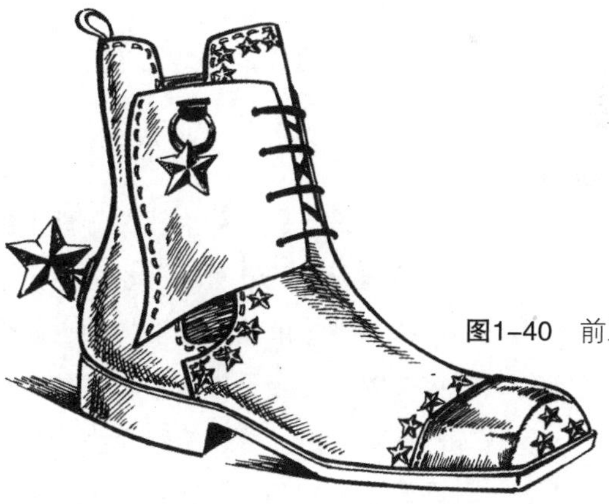

图1-40　前卫鞋

九、鞋靴设计原则

1. 实用原则

实用是鞋靴设计的首要和基本原则。鞋靴首先是符合人脚生理结构和满足活动需要的产品。不能满足这一基本需求，设计出的鞋靴等于没有了存在依据。鞋靴产品的实用性原则是其他原则的基础，其表现为设计出的鞋靴要能穿、好穿，职业用鞋要使穿用者能满足职业功能的要求。但在鞋靴具备基本实用功能后，实用功能与鞋靴产品的其他功能相比并非最主要功能，因此，鞋靴设计在鞋靴具备实用功能的前提下，应把设计重点放在鞋靴款式造型设计上。

2. 生产原则

鞋靴设计的生产原则是指设计出的产品要符合企业现有生产条件和材料供给条件。企业生产条件包括技术能力、设备能力、员工素质、管理能力、资金能力等方面。材料供给条件是要求在进行产品设计时，要充分考虑材料在品种、花色、价格和数量上是否能够满足设计要求。材料包括面料、底料、饰件、鞋楦等。生产原则同样也是设计的基本原则，设计师脱离企业实际生产能力和材料供给情况，其设计就如没有根基的“空中楼阁”，失去了存在的可能。总之，生产原则要求设计师在进行新产品设计前必须要了解现有的各种生产条件。

3. 创新原则

创新是设计在满足实用前提下的最高原则。鞋靴设计创新分为实用功能创新和款式造型创新，其中鞋靴款式造型创新是鞋靴设计工作的主要内容。从鞋靴历史和未来发展趋势看，鞋靴实用功能创新范围和程度有一定局限，而鞋靴款式造型创新设计更具有经常性，对消费和生产更具影响性。款式创新设计已成为企业间竞争的焦点，鞋靴款式造型创新能力是衡量一个鞋靴设计师水平的主要标准。

4. 美观原则

鞋靴款式造型创新设计的标准就是美观、新颖，是针对特定对象的鞋靴形式美的创新。人们通过鞋靴新颖、美观的造型，获得一种审美的愉悦和个性、品位展现的满足。以现代质量观来看，产品由核心品质、形象品质和附加品质组成，核心品质指产品工艺质量和实用性，形象品质包括产品造型、产品包装等，产品造型实质就是对产品进行美感的形式创造，缺乏美感，造型也就失去了灵魂。

鞋靴设计的主要内容是造型设计。鞋靴是一种工业产品，即鞋靴形式美的创造离不开一定技术、物质条件和设计服务对象的条件、需求。鞋靴设计师进行造型设计，必须要在满足产品实用性、经济性、物质条件（材料、设备等）、技术条件和特定消费需求前提下展开。

鞋靴形式美的构成由多方面组成，主要有形态美、色彩美、材质美和工艺美，详细内容在第二章讨论。

5. 价值原则

产品价值在于产品能给人带来某种生理或心理上的满足，这种价值可以是有形的，也可以是无形的，可以是物质财富，也可以是精神财富。鞋靴设计价值原则表现为三个方面。第一，好的鞋靴设计可以为消费者带来物质（新的实用功能）和精神（审美和象征方面）两个方面的享受。如英国发现的一种发电鞋，可以通过鞋底一种装置把动能转化为电能，并存于电池中，这种发电鞋可以解决野外工作人员用电问题。在审美方面，一款设计精美的鞋靴犹如一件艺术品，可以给穿用者带来一种精神上的满足。第二，好的鞋靴设计应尽量多为企业创造经济效益，设计师通过价值工程分析，选择投入产出比最好的设计方案，以尽量少的投入，创造最高的市场回报。优良的设计为企业创造的价值不仅仅是看得见的物质财富，它还能给企业创造无形资产，如品牌和企业形象知名度等。第三，设计价值体现在可以为社会创造物质和精神财富。好的鞋靴设计可以给人美的享受，提高人们的鉴赏力，以此带动人们对美的向往和追求。

6. 流行原则

当社会经济发展到一定程度，人们的日常消费中经常出现对某种商品消费有一种共同倾向，于是形成了一种流行，在流行商品中，尤以服装和鞋靴流行性表现得最为广泛和突出。鞋靴流行意味着消费者对某种式样或功能的鞋靴有较多的认同，这种趋同消费对鞋靴企业来说，如果自己的产品符合流行，肯定市场反应好，企业自然也就可以得到丰厚的经济效益。因此，鞋靴设计师在进行产品设计开发时，一定要对产品投放区域进行流行分析和预测，以使自己设计的产品符合流行，创造出好的市场效益。

思考与练习题

1．结合实际，试论鞋靴设计在当今鞋靴企业经营中的意义与作用。

2．结合实际，试论遵循鞋靴设计原则的意义与作用。

第二章

鞋靴设计基础

本章提要 本章主要讲授产品基础知识、工业设计基础、形态构成基础、下肢生理构造与机能、鞋靴舒适性构成等内容。

学习目标 1．认识和理解产品组成要素内容。
2．认识和理解产品的作用及功效。
3．充分认识和理解现代产品质量观内涵及组成内容。
4．充分认识和理解工业设计涵义和基本观念。
5．充分认识和理解产品内部因素和外部因素的概念内涵、作用及组成内容。
6．了解和掌握点、线、面三要素的造型特性和主要构成形式。
7．掌握线材和面材主要立体构成形式及在鞋靴设计中的基本应用方法。
8．认识和理解人的下肢生理构造与机能。
9．认识和理解鞋靴舒适性构成基本内容。
10．认识和理解哪些设计内容影响鞋靴舒适性。

一、产品基础知识

1. 产品的涵义

产品是更多从企业及生产角度来界定其概念内涵和属性的一种人类用品，产品可以是有形的，也可以是无形的。当产品在市场中完成一种价值交换的时候，产品便转换成一种商品。

产品是人们根据需要和条件生产出的一种用于价值交换的物品或思想、精神用品。鞋靴产品属于千万种产品中的一种，是作用于人类脚部的一种特定产品，鞋靴有着同其他产品一样的属性，对这些产品属性的了解，将加深我们对鞋靴产品的认识，并进一步指导我们做好鞋靴设计工作。

2. 产品组成要素

（1）功能　任何产品都是根据人的需要而产生的，满足这些需要产品就必须具有某种功能或功效。人对产品的功能需求分为两大类，一类是实用功能，另一类是精神功能，实用功能是指产品满足人类某种实用的功能，如鞋靴产品保护人类脚部免受外部伤害的功能，以及满足人类行走、跑、跳等功能都属于实用功能。许多产品当初都是以某种实用目的需要而产生的。产品精神功能是指满足人类审美愉悦、思想升华或社会象征等方面的一种功能，如文学、艺术、哲学等。

产品是为满足人类的不同需要而产生的，因而，各种产品功能表现也就各不相同，工程机械、仪器设备、武器装备等产品偏重于实用功能上的设计创新，而鞋靴、服装、包袋等服饰产品在注重基本实用功能的同时，这类产品更注重审美及形式上的设计创新。鞋靴企业经营者应清楚认识到，企业与消费者及市场需求之间所形成的矛盾唯有通过鞋靴产品创新来解决，解决矛盾就是如何使产品能更好地满足消费者对这种产品的需求，最重要的供求构成了企业与消费之间的主要矛盾。有关鞋靴消费调查显示，多数消费者鞋靴消费关注重点依次为款式造型、舒适、价格、品牌、整体搭配和加工质量，而款式即代表着美感和时尚，从这可以看出，鞋靴企业与市场及消费者之间的主要矛盾已由过去的数量和加工质量转变为鞋靴款式造型美感和功能是否能满足消费者的需求上来，中国鞋靴企业经营者只有抓住和解决了企业经营中的这个主要矛盾才能使企业不断得到发展，而设计创新是解决这个主要矛盾的唯一途径和方法，因此，鞋靴企业设计创新的重点必须放在鞋靴款式造型及某种风格的创新与塑造上，只有这样，企业才能获得发展的真正动力。

（2）结构　结构通常是指物质的一种构造组成方式或形式。物质（产品）结构分为内部结构和外部结构两个方面。任何产品都有某种特定的构造组成方式或形式，车有车的特定构造组成方式或形式，服装有服装的特定构造组成方式或形式，鞋靴有鞋靴的特定构造组成方式或形式。服装上衣结构一般由衣领、肩部、袖子、后身、前身、下摆组成，鞋靴大的结构一般是由鞋帮、鞋底、鞋跟组成。具体到某种鞋靴款式造型，鞋靴又可分为条带结构、满帮结构、低腰结构、高腰结构、浅口结构、三节头结构、舌式结构、耳式结构等。

产品结构从使用和生产角度又可分为使用结构和生产结构，人们研究产品结构主要是为了通过对产品结构构造内在规律的研究，提高产品使用功能、生产效率和加工质量。在对产品结构构造进行调整或创新时，要尽量将两者功效统一起来，使产品既能高度符合人的使用要求，又能较大幅度地提高生产效率和加工质量。因此，产品结构是设计者和生产者都必须加强研究的一个重要构成要素。

（3）材料　材料是产品组成的另一要素。任何物质产品都必须通过某种材料的组织加工才能形成实体，材料是产品的物质载体，是产品设计物化的基础。材料种类繁多，从材料产生角度看，材料有天然材料和人工材料，当然，许多人工材料也都是人类由天然材料加工而成的。人类材料使用已发展到第五代，第一代为天然材料，如石头、木材；第二代为加工材料，主要是用天然材料冶炼或烧制而成的各种金属和陶瓷；第三代材料为合成材料，主要有由石油、煤炭、天然气等原材料制成的高分子材料，如合成纤维；第四代为复合材料，这类材料是由有机、无机、非金属、金属等各种材料复合而成的材料；第五代为智能材料，这种材料能根据要求随环境条件的变化而变化。

不同材料具有不同的理化性能，最有效地利用材料性能方可发挥材料的最大价值，中国古代时候就不仅强调要因地制宜，而且也强调因材制宜，即根据材料的特有性能去生产适合使用和加工的产品。

（4）技术　技术是产品形成的另一重要构成要素，也是产品形成的一个重要制约因素。根据产品构造及组成方式、产品使用材料、产品形成环境等，技术可分为繁简和难易。简单地说，技术是指人类征服自然和社会的某种方法和技巧。技术又可分为人类肢体技术和脑力思维技术，机器技术是我们人类肢体技术的延伸。现代工业社会高度强调机器技术的创新，这是因为，机器技术主导了现代许多工业产品的生产能力，机器技术的优势在于可以更好地保障产品质量、保证产品规格统一和不断提升产量以及降低生产成本。设计创新是人类最伟大和最典型的脑力技术，机器技术能力实质上也是更多地体现在人类的脑力技术上。鞋靴生产技术相对比较简单，鞋靴生产技术具有的提升产量和质量两个方面主要能力已不是当今鞋靴企业之间竞争和消费者最关注的内容，因为，消费关注的内容决定了技术类型的需求和竞争的着力点，在经济发展到一定阶段和程度后，人类便会进入到一种感性消费阶段，这种感性消费集中表现在对各种产品的美感和价值理想的象征性的追求上，而这种消费特点在鞋靴、服装等服饰品消费中又表现的尤为突出。在我国经济发达地区，消费者已明显呈现出对鞋靴款式造型美感和时尚感的更多关注，而鞋靴款式造型美感和时尚性主要是靠设计师的思维想象脑力技术来完成的。因此，产品设计创新技术才是当前鞋靴企业经营发展中最需要的一种技术，它决定了鞋靴产品在市场中的命运，进而也决定了企业的生存与发展。

3. 产品的作用

人类设计生产出的每一种产品都是因为需要而产生的，这种需要构成了产品的作用，了解产品作用可以更好地促进企业对产品的把握。产品作用基本有两种，一种是对使用者及消费者的作用，另一种是对生产者的作用。

（1）对使用者的作用

① 实用功效：对多数产品来说，实用性是其存在的首要条件和依据，不能满足人的基本实用目的需要的产品是无法存在于市场中的。因此，产品的实用功效是产品发挥其他功效的基础，但实用功效并非一定就是各种产品最主要的功效，例如，鞋靴、服装等服饰品的主要功效便表现在它的审美方面，新颖时尚的款式造型是人们购买这些服饰品的主要原因。

产品实用功效依托于人的生存和发展需要，《墨子·佚文》说，"食必常饱，然后求美；衣必常暖，然后求丽；居必常安，然后求乐。"人的物质和生物性特征决定了人类在设计和使用产品时首先要考虑它能给自己带来的实际作用，在实际作用满足了以后，再考虑它的美感。

② 审美功效：欣赏和向往美的事物是人类重要天性之一，审美成为人类精神生活的重要组成内容，它使人类在物质和实用的世界中寻找到一种内心和精神上的平衡。美的事物纷繁多样，从视觉角度看，所有产品都是由形态、色彩和材质肌理三个重要基本造型元素组成，由这三个造型元素组成了产品缤纷多样的造型，成为人们视觉审美的对象，产生了审美功效。当然，产品的审美功效并非只有视觉，音乐、美食都可以给人的听觉、味觉带来审美功效。随着人类物质文明的不断发展，人们对审美的精神追求越加向往。鞋靴产品是人类身上重要服饰品之一，随着人类生活水平的不断提高，服饰品的保护实用功效逐渐成为基本功效和次要功效，它的审美功效被人类更加看重，鞋靴产品款式造型方面的创新已成为这种产品占领市场最为重要的企业经营活动。不同产品甚至同一种产品不同类型都有自己特定的形式美感，不具有普遍性，这尤其表现在产品色彩上，例如，黑色的正装皮鞋或黑色的高档轿车可以让黑色产生一种美感，但如果黑色用在餐具或家具上就顿时失去美感。另外，产品审美具有流行性和变化性，例如，鞋靴的款型、颜色、肌理等都会随着季节和时代的变化而变化，也就是说，产品美的形式创造一定要与流行时尚相结合，它才能产生更多的审美功效。再有，作为审美主体的消费者会因性别、年龄、职业、民族、地域、文化程度等方面的不同而对同一种事物或产品具有不同的审美偏好和追求，因此，若想更好地发挥产品的审美功效，产品款式造型创新就不能是盲目的，而必须在充分了解产品特定消费者的审美偏好基础上再进行有针对性的设计与把握。

③ 认知功效：产品除了具有某种使用价值外，它还是一个时代某种思想、文化特色、价值理想、审美风尚、科学技术等方面的结晶和载体，人们通过产品可以发现和认知特定时期和地域人们的生活理想、价值取向、文化特色、审美偏好和某种科学技术，从中吸取有益自己的思想、知识和技术。有些产品背后负载的不仅是告知我们什么，而且让人们在使用产品的时候还可以得到某种美好启发和教益，引导和影响人们追求一种更好的生活方式和生存理想，并进而促进社会文明与进步。例如，现在先进的产品设计理念是，产品具有可重复使用或使用后能降解于自然中，对环境不造成污染损害，人们在使用这种产品的同时还可带来人类若要持续发展就要与自然和谐共处的启发和认知。

④ 象征功效：人是一种社会性"动物"，表现自己优越是一种天性，人们在共处比较中发现自己和表现自己，当人们不能直接表现自己时，他就会通过某种载体间接地去表现，这样在人类中就产生了用某种事物去象征另一事物的现象。各种产品是人类用于象征的重要载体，人们通过使用某种产品来象征自己在某些方面的优势和先进，从而达到在某个方面间接超越或高于他人的目的，获得一种间接胜利的心理满足。随着人类消费感性化时代的到来，产品审美和象征功效发挥的作用越来越大。产品的象征性一般是通过产品品牌概念内涵、品牌地位、产品品质和风格形象来表现的。例如，由于奔驰、宝马、法拉利三种轿车品牌内涵定位的不同，使拥有奔驰轿车的人有一种在政治权利和社会地位上成功的象征，驾驶宝马的人是经济成功的象征，而开法拉利的

人在间接告诉他人，他是自由浪漫生活的追求者。产品象征功效要求企业在新产品开发前，首先要深入分析自己产品特定消费者的生活理想和价值主张是什么，然后将归纳出的独特概念内涵先赋予在新产品品牌中，然后围绕这个品牌概念内涵通过产品特殊造型风格或功能来表现出产品的象征性。

（2）对生产者的作用　产品是企业生产经营的核心，企业一切经营活动皆以此出发，离开对产品的关注和创新，企业迟早要难以为继。产品对生产者的作用有以下三个方面：

① 产品是生产者与市场沟通的唯一媒介。

产品是生产者和使用者实现价值交换的唯一载体，企业只有关注了产品如何更好地满足使用者的需要，这种价值交换才能顺利实现。

② 产品是推动企业发展的重要基石和动力源泉。

产品也是企业实现赚取利润的唯一载体。企业发展直接目的是赚取更多的利润，利润是企业持续发展的保证，赚取不到利润的企业也就失去了发展的动力。

③ 产品是企业打造品牌的根本。

品牌对于产品来说只是一个名称和概念，它并不具有使用价值，品牌必须依托产品才具有意义和作用。表面看，品牌知名度是靠策划宣传来提升的，其实，策划宣传只能起到辅助推动作用，真正提升品牌知名度的是品牌后面的优质产品，因为，给消费者带来实际作用和感受的是产品本身，而不是其他。消费者对产品的满意才带来对这个产品品牌的认知和满意。并且随着对这种产品满意度的不断提高，也随之将它的品牌美誉度推升起来。

4. 现代产品质量观

产品直接作用于人，产品质量影响着它对人的作用如何，这种作用也直接影响着产品是否能得到消费者的认可和喜欢，进而影响到它在市场上的表现和能否为企业带来效益，因此，企业一切经营策略和手段都应是围绕产品及其质量来开展，没有好的产品质量，其他经营活动，如广告宣传、品牌策划与推广、营销模式创新、企业文化建设等都变成了无源之水的工作，因为消费者对产品使用质量如何是最真切和实在的。把握好产品质量是企业对消费者的最大诚信和善意，企业关注产品质量就如同关注自己的生命，要倾注全部精力将其做好。也是最能赢得回报的举措。

企业抓好产品质量，首先要有正确的产品质量观，否则就不可能抓好产品质量。产品质量意识是随着时代发展而发展的，早期产品质量认识较为简单，产品能用就是好产品质量，后来发展到能用和耐用就是好产品质量，再后又发展到好用、耐用和做工好便是好的产品质量，到了今天，产品质量观又得到了进一步丰富和拓展。一般认为现代产品质量观由核心品质、形式品质、服务品质和自然社会品质四部分内容组成。

（1）核心品质　我们知道，一个产品的存在首先在于它要有某种使用功能，对于多数产品来说，它的使用功能也就是实用性如何，而实用性是指产品在满足人的某种实用要求上的功能，如大型计算机能促进人们的运算速度，它的真正品质在于计算速度是否快；手表帮助人们按时做事，计时准确是它的重要品质；鞋靴产品基本功能是保护脚免于外界伤害，并穿着舒适。

产品核心品质除了产品的基本实用功能要好以外，还包括产品的工艺质量、材料质量、使用耐久性和安全性等。如鞋靴产品帮部件结合的缝线质量、帮底结合的剥离强度、鞋底的耐折性和耐磨性、帮面材料和帮里材料的色差与色牢度、帮面材料的崩裂强度等也都属于鞋靴核心品质的组成部分。

（2）形式品质　产品形式在这里是指造型或外观式样的意思，产品形式品质包括产品自身造型、产品包装、产品标识、产品卖场环境等内容的造型设计质量。产品形式品质指的是产品以上造型内容的创新和艺术品位。依据现代经济发展和消费规律，人们生活进入到小康水平以后，消费开始进入到一种感性消费阶段，表现为对各种产品外观造型美感的关注，尤其是对服装、鞋靴等服饰产品来说，消费者更是高度关注其形式美感，有关调研显示，这类产品形式品质直接决定了它们在市场上的价值和表现。然而，遗憾的是，目前我国许多鞋靴企业经营管理者并未认识到这一点，这些企业管理者还停留在产品质量就是加工质量和材料质量的认识阶段上，没有认识到当今鞋靴产品款式造型质量是决定这种产品市场表现和获取利润的关键，创新还停留在样板技术、生产技术、管理等方面上，结果导致许多鞋靴产品形式品质低下，缺乏美感、品位和个性，由于此原因，产品在国内外市场上只能以价格为竞争手段来获取微薄的利润。产品形式品质除造型元素本身构成外，还包括造型的时尚度和工艺精湛性，它们是当代鞋靴产品形式品质的重要构成内容之一，设计师和企业忽略这两个方面的把握，产品形式品质同样存在较大缺陷。世界名牌鞋靴产品无不是既造型新颖独特，同时还非常时尚并且做工精湛。

（3）服务品质　产品服务品质是产品延伸出的一种品质，由于对产品市场表现有较大影响，因而也将其列为产品品质中，产品服务品质主要是指产品是否建立有完善的服务体系，即有无产品维护、产品修理水平、产品跟踪程度、产品是否提供有详尽的使用说明、是否提供了易损配件等。在工作节奏不断加快的今天，产品服务品质正日益被消费者所看重，产品优良的服务品质，可解除人们的后顾之忧，使产品使用者能更多地关注自己的重要事务。对于重要产品或消费品来说，产品具有好的服务品质可大大增强产品的竞争力。我国著名的海尔家用电器制造商就是以比其他家电商拥有更好的产品服务品质以及不断的创新设计而赢得众多消费者青睐。

（4）自然与社会品质　产品的自然、社会品质是指产品对自然或社会带来的好坏影响与结果。随着人类工业化速度的不断加快，人类对自然资源的需求不断扩大，与此同时，人类对环境的污染和破坏也日益加剧。由此，人们正日益关注产品在生产或使用过程中对自然的影响。对产品来说，它自然方面的优良品质就是要对自然环境没有污染性或破坏性。有责任感的政府和企业现在都在积极建设和发展环境友好型的产业和产品，以使人类实现可持续发展。无论是国家层面的社会，还是一个局部地区的社会，人们都希望这个社会稳定和谐，反对动乱或战争。产品除使用功能外，有的产品还会或隐或明地指示出一种价值观，如果这种价值观违反了当时当地的主流思想或伦理道德，影响了当时当地的社会稳定与发展，那么这种产品的社会品质就是不合格和不能被人们所接受的。社会稳定后，人们会关心自己的健康，生命与健康是人类最为关心的两个基本命题，产品的社会品质就是指产品对人类社会稳定和身体健康不带来危害。

二、工业设计基础

鞋靴作为一种工业产品，属工业设计范畴。在当代社会，工业设计被认为是工业生产与人和社会联系的方法论，是解决人—机（产品）—环境之间和谐关系的重要媒介。我们对工业设计进行深入学习，并用工业设计方法、原则来指导鞋靴产品开发设计，无疑具有重要指导意义。

（一）工业设计涵义

工业设计是以大工业批量生产的产品为设计对象，运用技术和艺术视觉能力，创造出具有新的实用功能或外观造型的产品。它涉及工程技术和艺术等诸多方面。

人类面对的事物有两种，一种是自然物质，即人类没有影响和作用过的自然存在物；另一种是我们人类对自然物加工、改造后的物质，这些人造产品或物质，我们称之为人为事物。而人为事物的重要特征就是它具有设计性，是根据一定目的和条件来制定计划、方案，并实施加以完成。

工业设计主要研究人与产品、社会三者关系如何协调发展，它的价值取向和根本目的就是通过科学和人性的设计为人类创造一个更合理的生存（使用）方式。也就是说用工业设计的观念、方法设计出更合理的产品。

（二）工业设计基本观念

1. 工业设计是为人类创造更合理的生存（使用）方式

在工业设计发展进程中，对工业设计的认识存有诸多错误的认识和观念。比较典型的有：认为工业设计是对产品的造型设计。诚然，一切工业产品都需要用造型来表现，但工业造型并不只是一个单纯的形态构成，它涉及消费者、产品材料、产品功能、产品技术、产品流通等种种问题。这种观念仅仅停留在满足人对产品的一种审美需要上。应该说对工业产品进行造型设计只是工业设计一个层面，它属于工业设计，但不是全部，不能完全等同于工业设计。当然，有些产品的造型设计是其设计工作主要内容，如鞋、服装、各种饰品等。

另一种错误的认识是：将工业设计理解为是对技术的运用和设计。这种观念在目前我国制鞋行业非常普遍，很多管理人员和技术人员认为鞋靴结构与样板设计就是产品设计，认为只要解决这些技术问题就是把握住了整个设计过程，就能使产品满足需求。事实上，鞋靴产品与人的关系并非如此简单。

例如，同为士兵穿用的野战靴，由于环境不同，对其功能要求也不同。在热带丛林，野战靴应设计得防穿刺、透气、防蚊虫和毒蛇袭击，颜色、图案应与丛林环境色近似，以求隐蔽。在热带沙漠，野战靴要设计得密封、透气性强等。在寒冷地带，野战靴的保暖性和防滑性是首要考虑因素。职业相同，由于自然环境不同，对野战靴的实用功能要求有了具体性。在民用鞋上，造型款式是消费者注意的焦点，但不同消费者对鞋的审美要求不同，他们对鞋靴形态、色彩、材质、图案等审美要求存在较大差异。从鞋的实用功能上考虑，为适合儿童脚发育快的生理特点，儿童鞋要求鞋腔（楦体）饱满，鞋口外沿最好做成包有海绵的软口，以防孩子活动时磨伤脚腕；在鞋的开闭功能上要注意抱脚的牢固性和开闭的方便性；在鞋底底纹设计上除注意纵向防滑设计，还要注意横向防滑设计，这主要是考虑儿童好动的天性，防止在奔跑时方向多变易滑倒。因此，我们在产品开发设计时，不能只陷入对产品内部因素的研究，片面认识产品的物质功能和审美功能，要看使用产品的人的具体要求和条件。

再有一种观念是认为只要产品功能好，就是好的设计，这种观念较之前两种有很大进步，毕竟任何产品都必须是首先满足功能才能得以存在。但功能至上观念往往陷入狭隘的功能提高上，而忽视具体的人、具体环境、具体条件下对功能的具体使用要求。鞋的基本功能是保护脚及活动行走，人们一般是从这个角度出发，研究和改善如何使鞋靴产品更透气、更吸湿、更轻便、更避振等。但这种观念认识不到这些功能提高并不能解决人们特定环境、条件下的特定需求，比如旅游鞋要比正装鞋更适宜于出门游玩；隐藏式增高鞋给身材矮小的男性带来自信。寒冷地区如果开发设计出休闲和娱乐健身两用鞋（在特制鞋底下，装入隐藏分离式的小型冰刀，刀刃不要锋利，使之能够滑冰），肯定大受青少年欢迎。在南方潮湿多雨地区用防水皮革做的鞋要比其他材料做成的鞋更有吸引力。总之，不同人、不同使用目的、不同条件、不同时间、不同环境有不同的使用方式及要求，对产品的功能要求也就不一样，有的可能是全新功能，有的是在基本功能基础上衍生出附加功能。

人类社会在发展变化中，对客观规律的认识、观念、社会准则、生活要求、工作要求、娱乐要求、健康要求等也都是在不断变化和调整。合理只是相对的合理，工业设计就是一个人类不断追求合理的生存（使用）方式的过程。

创造合理的生存（使用）方式不是凭空可以创造的。人作为工业设计服务的对象，必然要深入研究人及人的需求（生理、心理种种需求），人的需求是创造合理生存（使用）方式的根本依据，是产品设计的根本出发点。

人具有两种重要属性，即自然（生物）属性和社会（精神）属性。这两种属性反映到对产品需求上一种是产品的实用功能，另一种是产品的审美和象征功能。不同的产品对这两种功能需求侧重点不同，鞋靴产品和服装特别侧重于审美、象征功能，而仪器、机床、飞机等产品侧重于实用功能的优良。无论产品侧重哪一方面，作为设计师都要全面研究人的物质需求和精神需求。

从人的生物性及实现产品物质功能角度出发，必须研究以下几个方面：

（1）研究了解人的生理解剖结构、人体工程学、人体运动机能、行为科学等，使设计出的产品满足人的生理需要。

（2）研究形成产品的各种因素，如：工艺技术、结构构造、材料性能、价值工程、市场学等，使产品能从设计转化为实物。

（3）研究产品市场流通方式，如：广告学、CI策划等，沟通消费者与产品的交流。

从人的社会性以及实现产品精神功能出发，必须研究以下两个方面：

（1）针对产品的审美功能，研究美学、色彩学、形态构成学、素描、图案等，使设计出的产品具有美的造型，给人以美的享受。

（2）针对产品的象征功能，研究心理学、哲学、社会学、人类学等。

通过对上述诸因素研究，我们的产品设计工作才真正把握住了创造合理生存（使用）方式的根本依据。

2. 产品外部因素——工业设计的起点

产品不只是技术的产品，产品还具有丰富的内涵性和具体性，一种产品出现，它身上凝聚着特定的需求、材料、工艺、技术、销售、管理、宣传、资金、文化等诸多因素。任何一种产品出现都是内、外部因素共同作用的结果。产品内部因素是指保证产品功能得以实现的各种生产因素，如：原理、构造、材料、工艺、技术、设备、管理等。产品外部因素是指决定人对产品特定需求的因素，主要有：特定使用者（性别、年龄、职业、教育、习俗、地域、收入等）、使用目的、使用过程、使用环境、使用条件、使用时间点、使用地域等，产品内部因素只能决定产品功能高低，而不能使功能具体化、个性化。

图2-1 外部因素——工业产品设计的起点

产品内部因素的改进，如生产技术改进、设备加工能力改进、材料理化性能改进、管理水平提高等只能满足人们对基本功能实现程度和数量上的需求满足，比如鞋的避振性、合脚性、透气性、牢固性等方面的提高。但使用者都有自己特定的条件和情况，他们都有在基本功能实现基础上的特定功能需求，因此，产品内部因素的进步、变化无法适应和满足不同人、不同环境、不同使用目的、不同场合等条件下人们对产品的功能延伸、扩展上的要求。

由此，我们可以看出，影响产品合理设计的是产品外部因素，即特定使用者、使用目的、使用环境、使用时间等，产品使用者是具体化了的有特定生存和使用产品方式的人。因此，我们只有首先深入研究这些产品外部因素，才有可能给人们创造一种更合理的生存（使用）方式。这是从事工业设计必须明白的一个基本原则和重要观念（图2-1）。

工业设计是由系统理论体系组成，涉及诸多专业知识，本节只介绍工业设计基本原则、原理、宗旨，以使在鞋靴设计中发挥指导与借鉴作用。

三、形态构成基础知识

鞋靴造型设计实质是创造一种新形式，这种形式创新是鞋靴设计工作的主要职责与内容。鞋靴造型设计是实用与艺术相结合的设计。鞋靴造型设计，不能只从纯艺术的、审美的角度来考虑，还应该考虑到特定消费者的需求、结构构成、材料、工艺技术、设备加工等方面的因素。

对鞋靴形态的研究和创造必然要对构成形态的两个方面——平面构成和立体构成进行研究和学习。平面构成和立体构成有较为复杂的知识内容，本节只是从应用角度出发，做浅显的介绍。

（一）平面构成

平面构成是在二维平面内对平面图形按照一定的秩序和规律进行分解组合，从而构成一种理想形态的造型活动。

平面构成是一种既艺术又理性的形态实践创造活动；既要创造一种形态审美的价值，又要完成一种实用功利目的，平面构成在注意把握平面图形之间的比例、平衡、对比、节奏等的同时，又要追求平面图形自身所蕴含的一种意义，在鞋靴产品设计中，这种图形的意义应与产品使用者心理需求相吻合。例如直边的长方图形（帮部件、楦头式、装饰件等）给人挺拔的感觉，对于产品定位于职业女性或男性的鞋来说比较适合。

学习平面构成，即研究和运用各种图形的性质及视觉感觉。加强设计师对图形敏锐的感受力，认识、感受和把握图形传达出来的内涵与意义，对于鞋靴设计人员的培养非常重要。在鞋靴造型中，平面构成手法应用广泛，如帮部件形状除了要从楦型特点、结构、工艺、套裁等方面考虑外，在此基础上，还要从图形的涵义和按某种秩序、法则形成的美的组合构成上来考虑。另外，鞋靴帮面上和大底上用各种装饰工艺做出的图形、图案在其排列组合上也是可以应用平面构成来更好地完成。

1. 形的涵义

形是人的视觉对物体轮廓、体量、构造上的一种感知。人们在长期的生活实践中，积累了对各种形态的认识和感觉经验，其中许多对形态的认识和感觉存在共性。鞋靴设计师在进行鞋靴形态设计时，就是针对不同类型消费者对某种形态的共性感受去设计、组织形态，以求达到消费者对设计出的鞋靴形态的认同和喜爱。

形从大的方面看有现实形和抽象形两种。

（1）现实形　现实形是指人们可以在现实世界中寻找出参照物的形，并且很容易感知出形的意义和内容。现实形在鞋靴造型设计中主要应用于童鞋、女鞋和前卫鞋，如汽车造型的小童鞋，鞋头上有仿真花的女时装鞋（图2-2）。设计师在运用现实形进行鞋靴造型设计时，要注意选择的现实形是不是产品使用者普遍感兴趣的一种现实形态。设计师运用现实形也可以进行一定程度的夸张和变形，如童鞋上设计运用的一些卡通形象等（图2-3）。现实形由于形象直观，因此，其表意、象征清楚明确，如设计运用得好，容易打动特定的消费者。

图2-2　现实形在女鞋上的运用

图2-3　现实形在童鞋上的应用

（2）抽象形　抽象形是指人们在现实世界里找不到参照物的形。抽象形一般可以分为几何抽象形、有机抽象形和自由抽象形三种：

① 几何抽象形：几何抽象形是指几何学意义上的抽象形，如正方形、矩形、梯形、平行四边形、三角形、椭圆形等，几何抽象形可以运用到许多鞋类中（图2-4）。几何抽象形既可以组合出一种充满情趣的图形，也可以单独使用而产生一种神秘感（图2-5）。

② 有机抽象形：有机抽象形是介于现实形和几何抽象形之间的一种抽象形态，它在鞋靴造型设计构成中的运用不是很广泛，一般运用于童鞋、运动鞋、旅游鞋等。所谓"有机"二字，主要是指形的抽象性方面还保留了现实形态的某些大体特征（图2-6）。

③ 自由抽象形：自由抽象形是指既没有现实事物的特性，又不是几何学意义上的形，它是形式多变的各种抽象形态。自由抽象形一般有两种形式：

a．可控制性自由抽象形　可控制性自由抽象形是指描绘的形是根据事先预想的意图来表现。做出的效果与构想能够基本保持一致。可控制性自由抽象形由于受人为的控制把握，因此，在图形的意义传达上和形式构成美上具有一种主动性。效果控制的好坏，取决于艺术家或设计师的能力。另外，文字、字母、标志也都属于特殊的可控制自由抽象形，用于装饰常能取得好的效果（图2-7）。

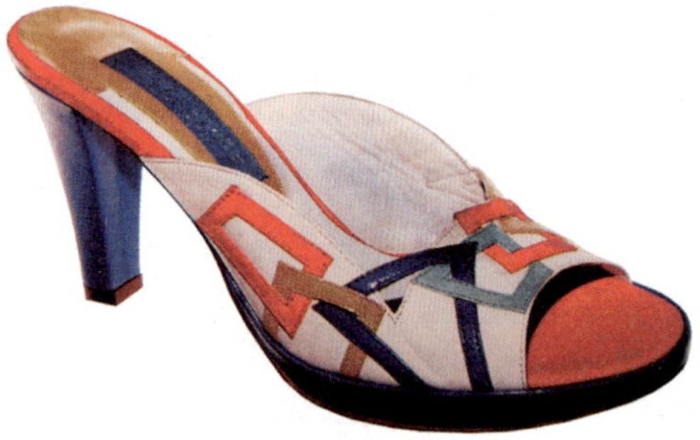

图2-4　几何抽象形的运用

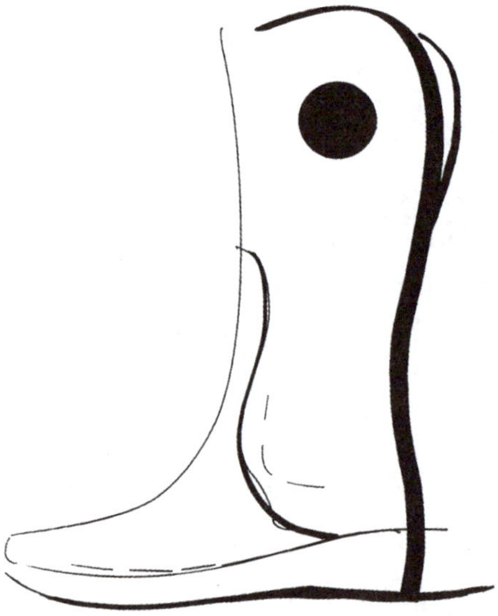

图2-5　抽象形的神秘感

图2-6　有机抽象形在童鞋上的应用

图2-7　可控制性自由抽象形的应用

b．偶然性自由抽象形　偶然性自由抽象形顾名思义是人们偶然获得的，是艺术家或设计师对形无法准确控制其效果的一种图形（图2-8）。对于偶然性自由抽象形设计师或艺术家需用不同工具材料和方法，有意地去追求、实验，以获得一种特殊风格的图形。偶然性自由抽象形具有其他形态无法表现出来的视觉感染力（图2-9）。

2. 形的构成元素

人所以能够感知到大千世界的各种形象，是因为各种物体由形状、大小、颜色、肌理等元素所组成。千差万别的形象也正是因为以上构成形象的元素不同所造成。从造型设计艺术上说，设计师就是对这些形的视觉构成元素从审美、象征、材料、工艺、流行、市场等各个方面综合考虑、研究和把握。设计师对视觉元素把握的好坏，是整体造型设计好坏的关键。

（1）形态　形态是指物体的轮廓、体量和结构的一种形体形象存在。在这里它既指平面形，也指立体形。设计师对形态的认识、研究和把握主要分为两个方面，一是要认真观察、分析和积累不同形态所具有的性质及给人的心理感觉，如自由曲线（面）的舒展、轻松、自由的感觉（图2-10），折线尤其是直角折线和直角面（体）给人以刚毅、坚强、固执、僵硬、信心、严谨等感觉（图2-11）；二是要研究和发现同一形态由于位置、方向、数量（包括数量组成的形状）、颜色、大小、肌理等方面不同所呈现出的心理感觉。

（2）大小　大小是物体形态面积或体量之间的比较关系及差异，在其他视觉元素相同的情况下，大的物体面积或体积视觉冲击力强，引人注目。例如鞋靴从外观形体整体上看，如果鞋靴的颜色、工艺、造型特点等一样，高筒靴要比浅口鞋或低筒靴引人注意得多。

（3）颜色　颜色是物体形象重要组织部分，颜色的作用、意义和感觉，前文已有简

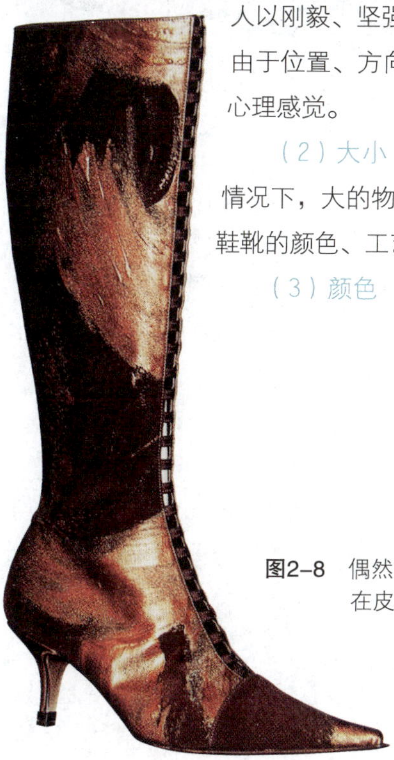

图2-8　偶然性自由抽象形在皮鞋上的应用

图2-9　偶然性自由抽象形在运动鞋上的应用

图2-10　自由曲线（面）的应用

图2-11　直角折线和直角面（体）的应用

要介绍，这里不再重述。

（4）肌理　肌理在这里是指物体表面的一种组织结构特征。从造型角度看，肌理分为视觉肌理和触觉肌理两种。例如，木头有自己特有的表面组织，因此，它有自己特有的肌理；皮革同样也有自己的表面组织，它也有自己特有的肌理。通常情况下，天然物品或材料用于人们生活中的时候，保持其天然肌理比较好，如木质家具上呈现出的天然花纹，皮革天然粒面等都给人以舒服的感觉。

3．形的关系元素

在产品设计中形在运用时常受方向、数量和位置等因素的影响，我们将这些影响形的因素称之为形的关系因素。形的关系因素对形的运用效果影响很大，设计师在进行造型设计时应对这些因素同样给予重视。例如图2-12中的运动鞋上的三条半立体蓝色线条，如果方向向前倒或数量减少，那么这款鞋的强烈动感、飞翔感和轻盈感的造型效果就会大大减弱。

图2-12　造型关系方向元素影响着蓝色线条给人的感觉

4．点、线、面

平面构成或者说平面造型总离不开点、线、面，它们是平面造型设计形象组成的根本元素，因此，也称它们为平面构成或者说平面造型三要素。对平面构成的研究及其应用，自然要对这三要素进行深入了解和把握，设计师若能控制好三要素在平面造型设计中的属性、组织等关系，那么，设计师获得一个好的平面造型（构成）效果也就不难了。

平面构成或者说平面造型设计对于鞋靴造型设计来说主要体现在帮面上的点、线、面的构成设计。点、线、面在鞋靴产品造型中既有客观性存在，也有装饰性的存在。客观存在的"点"有鞋眼圈、钩眼圈、鞋钎、商标标志等，"线"有鞋带和辑线线迹，"面"就是一定形状的帮部件。装饰性存在的点、线、面是设计师根据一定条件和要求在帮面（有时也包括鞋底）上组织的点、线、面图形。平面构成中的点、线、面的构成设计在鞋靴造型工作中具有很大的应用价值，可以说，鞋靴帮面造型设计离不开对点、线、面的设计。以下是对点、线、面的特点、性质、构成以及应用进行概括介绍和论述。

（1）点　在欧氏几何学中点只是一个有位置而没有大小、长度和宽度的线与线的交叉，而在平面造型设计中点是指那些与线、面相比相对较小的形体，并且有形态、大小、颜色、肌理、明暗等差别。

单个点在平面造型设计中的一个重要性质和特点是它的位置性，也就是说单个点对位置十分敏感，同样的点在不同位置发挥的作用不一样。在对点进行设计时，其位置设计很关键，应给予高度重视。

单个点在造型设计中主要有两个作用，一是容易使人的视线凝固、集中，具有发挥显示重点的作用，也就是能把产品造型中的重点或者具有功利目的部分突出出来，强调出来，像鞋靴设计中常把品牌标识作为一个"点"来处理（图2-13）。二是单个点在整体造型设计中常能起到一种均衡造型的作用。不同形状的点，包括不同形状的线和面，都具有不同的表情性格，能引起人们不同的心理感觉，这些感觉对于产品使用者来说，是

图2-13　标识常当作"点"来表现

一种下意识的感觉。设计师对点、线、面、体、肌理和色彩的表情性格的准确捕捉及运用，直接关系到造型设计工作的质量。点的形态特征有：方形点给人规整、稳定、牢固、理智、静止、安定、坚毅等感觉；圆形点使人感觉充实、饱满、完美、幸福；不规则点让人产生随意、自由、活泼、运动、洒脱的感觉。点的构成是指两个以上点的排列组合。构成形式主要有等间隔构成、有规律变化间隔构成，无规律间隔构成、线化构成和面化构成。

点的等间隔构成具有秩序、严谨和数学般的逻辑美感（图2-14），但要是用得不好，会产生缺乏生气、呆板的感觉。鞋上的鞋眼圈一般是这种构成。

点的有规律间隔构成的特点是在统一中有变化，在严谨中有活泼（图2-15）。

点的无规律间隔构成是凭设计师感觉在安排点的位置，这种构成能产生一种抒情感和自由感（图2-16），但如果处理不好，容易出现松散，杂乱的感觉。

此外，点通过大小、颜色、间隔等方面有规律变化，能产生很强的节奏感，适于童鞋、运动鞋、旅游鞋和休闲鞋的装饰图案设计（图2-17）。

图2-14 点的等间隔应用

图2-15 点的有规律间隔的应用

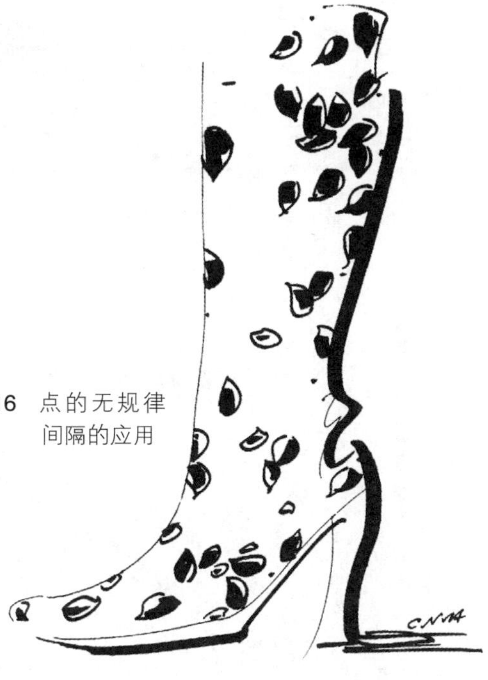

图2-16 点的无规律间隔的应用

图2-17 点的大小、颜色、间隔有规律变化的应用

（2）线　线在造型设计中可以定义为宽度和长度有较大差距的形体。线的宽度加大到一定程度会接近于面，如果缩短到一定程度它则会像一个点。因此，线是一种宽度和长度保持一定差距的形体。

与点和面相比，线是最活跃、最富有个性、最有抒情性和最易变化的视觉构成元素。线形在鞋靴造型设计中应用广泛，尤其是运动鞋和旅游鞋，使其充满无限活力和朝气。线的性质和特点，在于它的方向和形状。

线形从大的方面可分为直线和曲线两种。常见直线有水平直线、垂直直线、斜直线，曲线有几何曲线、自由曲线等，另外还有以曲线为主的徒手线和以直线为主的辐射线。

几何曲线是指由圆、椭圆、抛物线等构成的线形，其中抛物线有较好的抒情性。

自由曲线与几何曲线相比缺乏规整美，但它有很好的自由、抒情美感，充满一种优雅的风范和个性的品位，自由曲线设计运用得好，能使一个普通产品的造型外观富有感染力，自由曲线在鞋靴产品造型设计中有很大的应用价值和很好的应用效果。超厚的鞋底上一条自由曲线可使其笨拙感减轻，一款运动鞋上一条醒目的红色自由曲线为穿着者平添出一种优雅和自由的气质（图2-18）。

辐射线是指围绕同一圆心或多个圆心向四周或某一方向发出辐射状的线的组织结构。辐射线具有一种力量感、辉煌感和成功感，运用到青少年穿的运动鞋和旅游鞋上能取得较好的效果。

徒手线是指不借用制图工具用笔直接画出的线。徒手线与其他线形相比最具个性和抒情性。徒手线运用到运动鞋、旅游鞋上能使其产生一种非凡的活力和个性（图2-19）。

三种常见直线各有自己明确的表情性格，垂直直线端庄、挺拔、严肃、力量感、坚定感等；水平直线稳定、平静、安详；而斜线具有很强的方向性和速度感（图2-20）。

线的构成形式主要有直线等间隔构成、曲线等间隔构成、直线非等间隔构成、曲线非等间隔构成，等间隔构成可以产生一种秩序、规整的感觉，非等间隔构成则呈现出运动与节奏感。

（3）面　面是线横向移动的轨迹，这是几何学对面下的定义，这对造型设计来说没有意义，造型设计要研究的面是它的象征涵义。面的主要种类有几何面、自由曲面、直线面、不规则面、徒手面和偶然面。面在鞋靴造型设计中可以直接理解为具有面的性质的帮部件，因此，鞋靴帮部件造型设计很多时候也可以说是一种面的造型设计与构成。

几何面的典型形态有三角形面、圆形面、正方形面等。几何形面的特点是简洁、单纯、醒目。

自由曲面是一种边缘为自由曲线构成的面，由自由曲面组成形体的产品越来越多，自由曲线和自由曲面这些形态为精神紧张、情感缺乏交流的现代人带来了一些

图2-18　线状形态最具抒情性

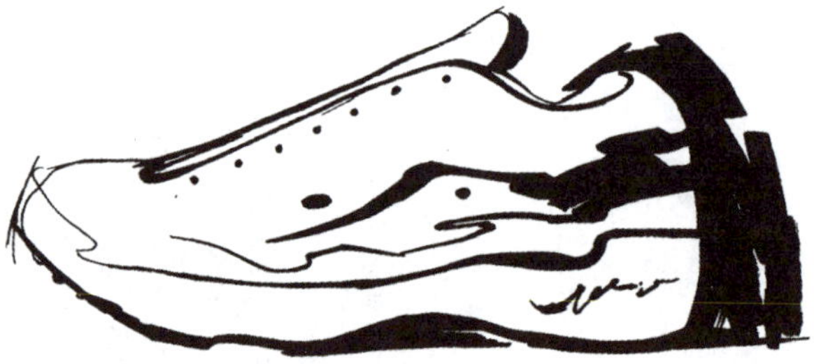

图2-19　徒手线的应用

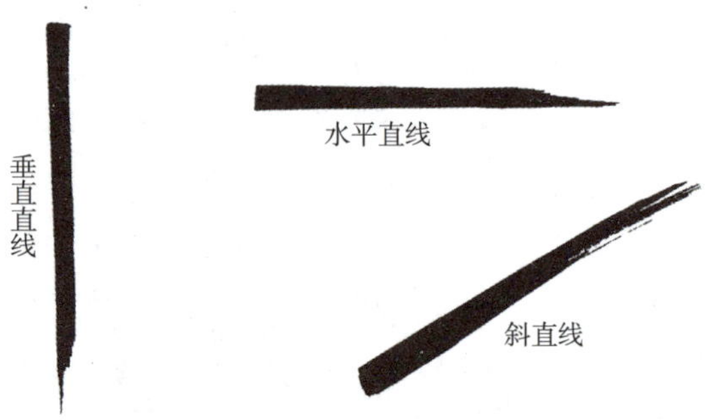

图2-20　三种常见直线

图2-21 具有自由、亲切和神秘感的自由曲线面

自由感和亲切感。自由曲面具有一种流畅感、自由感、人情味、神秘感和轻松感（图2-21）。各种曲线面都具有抒情性、亲切感，对曲线面的应用已成为当代设计师造型设计中广泛流行的一种做法，已形成一种造型潮流。不规则直线面给人感觉生硬，缺乏人情味，不过这种感觉可以通过色彩调整过来。

徒手面是徒手画出的面，徒手面变化极大，可以表现出设计师一种强烈个性和情感。

偶然面是一种不由主观精确控制的面，偶然面的形状奇异独特，具有很强的视觉吸引力。

典型的直线面是正方形面，其次还有矩形面、三角形面等。正方形面有正直、充实、大方的特点；矩形面表现的是一种平静、稳定和严肃，当矩形面竖立起来时能产生高耸与伟大的感觉；正三角形面稳定、刚毅，而斜置时便会产生一种不稳定感。

面的构成是指对面的分割或多个面的组合。面的分割有直线分割、曲线分割和封闭分割三种。

面的直线分割是指整体面由一条直线或数条直线分割而形成一种面的造型。在鞋靴帮面上用直线分割可以产生直线面，可以传达出如刚毅、自信、充实、大方的感觉。

曲线面造型是指物体造型中由曲线面构成。鞋靴帮面上用曲线分割后产生的曲线面能给人以柔和、亲切、自由的感觉。

封闭线以封闭的状态存在于整体面中，它能够形成完整的形的概念。

面的组合构成是在整体面分割的基础上，分割后的面可以进行多种组合，以形成各种构成效果。常见的构成形式有分离、接触、局部透叠、残缺、联合、复合等。

平面构成中还有其他具有应用价值的手法，如错视通过明暗、大小、透视、分割等手法可以造成人对某个物体形态或色彩上的错觉。在鞋靴产品造型中错视有较大的应用价值，如高筒靴的靴筒通过纵向装饰编织皮条的分割，使靴子不仅增加了典雅的工艺装饰美感，同时分割后的靴筒也能产生更加修长的错觉，从而“修饰”女性的小腿形态。又如，男性穿的“增高”鞋，加厚的内底使后帮跟着加高，导致鞋的后帮显得笨拙，如果通过帮料的纵向分割，以及后包跟造型的适当加长，后帮便可以产生一种轻盈的错觉。平面构成中的重复构成、渐变构成、密集构成、放射构成、近似构成、对比构成等知识在鞋靴造型设计中都有一定程度的应用价值，本书限于篇幅，不做过多介绍。

（二）立体构成

立体构成是用某种材料按照一定秩序、法则创造一种立体空间形态。

立体构成与平面构成的研究从总的目的上说是一致的，即都是培养、训练形态创造思维能力。平面构成是在二维平面中对图形的一种理想把握，立体构成则是在三维空间中对形态进行一种立体空间的理想把握。

在鞋靴造型设计中立体构成体现为帮部件和底部件进行的立体的构成造型，也就是帮部件和底部件各个部分组合构成时，部件间具有一定空间量，在不同角度下观看，形体感会有一定变化。立体构成主要应用于凉鞋、时装鞋、休闲鞋和拖鞋的造型设计。

鞋靴造型设计中的实用立体构成与单纯的立体构成训练有一定区别，纯粹的立体构成训练，只要材料性能及加工允许，设计师可任意发挥想像力，创造尽量新颖的空间造型。鞋靴造型立体构成则不然，作为一种工业产品和消费用品，它对鞋靴造型设计（包括立体构成设计和平面构成设计等内容）有诸多限制和要求，从而构成了立体构成在鞋靴造型设计应用时须遵循的原则。

实用原则是指鞋靴造型立体构成的设计不能影响鞋靴穿着实用功能，如鞋靴牢固性、行走方便性等。

适用原则是指鞋靴造型立体构成设计不能给脚部造成磨脚、硌脚、挤脚等不适感。

生产原则是新的鞋靴造型立体构成设计要能满足企业的生产条件，包括技术、设备加工能力条件、材料准备条件、资金条件、工人技术能力等。

至于价值原则、创新原则也都必须给予考虑。在以上原则基础上，鞋靴造型立体构成设计（包括平面构成、色彩构成等造型要素）便可以尽其可能创造美的和新的鞋靴形式。

立体构成美的形式法则与造型设计总的美的构成形式法则基本一样，都要遵循对立统一（对比调和）、对称与均衡、节奏与变化、重复与渐变等形式美构成法则。除以上内容，立体构成作为对一种材料的实物加工的造型过程，对制作工艺美有着特别要求，工艺美体现了立体构成的实物加工过程中一种巧妙和精致的加工工艺，巧妙反映的是立体构成加工手法、材料选择、立体形态及构成的设计等方面的合理和新颖；精致是说立体构成的材料加工实物过程中制作的精确和完善。工艺美原则适合于任何产品生产加工，形态立体构成设计很好，但工艺粗糙或不到位，也无法取得理想的效果。

一切物体的形态组成形式不外乎点、线、面、块及综合形体，如纸张、布料等是以面为主的形体，建筑、家具等以体块为主的形体；立体构成基础训练就是对线材、面材（或称板材）和块材进行各种可能的立体造型的变化练习。

线材、面材和块材三种基本形态在鞋靴中都能找到对应的形态，最充分体现线材形态的是细条带凉鞋，在注意脚型规律基础上，可以对线形鞋材进行大胆的造型构成设计练习，通过连接方式的变化、条带的排列组合等便可以直接做条带凉鞋造型设计。立体构成的面材可以对应鞋靴上较宽的帮部件，能形成面材立体构成设计的主要是凉鞋、时装鞋和休闲鞋等。除了线材、面材和块材在鞋靴造型设计中可以以单独的形式出现外，线材与面材的混合构成在鞋靴造型设计中也比较常见。需要注意的是并非条带凉鞋都以立体构成形式出现，凡鞋帮条带没有形成穿插关系或连接时没有保持一定空间的，只是并行或直接连接的只能算是平面构成或平面造型。

一般情况下，鞋靴是要随着脚部和小腿形态来造型，鞋靴造型立体构成是在脚和腿这一特定形态下进行，从实用角度看，鞋靴帮面的立体构成的空间构成感比较弱，帮部件之间或附件与帮部件之间空间距离一般都很小。如果帮部件构成空间加大，只能是向外占有空间，此时，要注意产品使用方便性和材料消耗，立体构成多在时装鞋或创意性强的鞋上采用。即使帮部件立体构成中它们之间空间距离很小，但如设计得好，也能创造出与平面构成有所区别的视觉效果，呈现出一种特有的层次与空间美感和趣味性。

1. 线材（形）立体构成

线材立体构成把握的关键是它的律动性、节奏感和连接及组织形式的新颖感，为创造这种律动性和节奏感，在进行线材构成时要注意线材之间的空间应有规律变化和粗细有规律变化。做好线材立体构成另一关键是线材连接方式要新颖。体现在细条带凉鞋上，包括连接部件的运用、联接位置、具体连接手法等。

线材立体构成可以直接应用于凉鞋造型设计，设计师可以用条带鞋材在鞋楦上做各种造型构成变化。

（1）网状立体构成　在立体构成中线材网状构成是在三维空间的框架上按一定秩序进行相互穿插，形成一种空间构成。在鞋靴造型中条带帮部件在脚面上（有时是在小腿面上）进行网状构成，这样难以出现较深的形态空间构成效果，但可以通过条带编织连接手法、条带的粗细变化、数量变化、颜色变化、质感变化等增强视觉效果。也可以加附件来强化网状立体构成在鞋靴造型构成中的立体空间构成效果（图2-22）。

（2）放射立体构成　放射构成是针对鞋靴造型设计应用而归纳出来的一种构成。所谓放射构成是指在前帮以一个或两个部位作为放射圆心向前帮内怀和外怀抻拉条带，从而形成一种放射感的构成形式。放射圆心既可以使用连接附件，也可以不使用。还可以在放射圆心放一块帮部件面材向两边抻拉。放射抻拉构成要注意在放射圆心处巧妙构思连接手法，以及放射状的条带通过有规律间隔、粗细、数量、颜色、质感等变化创造一种韵律和节奏感（图2-23）。

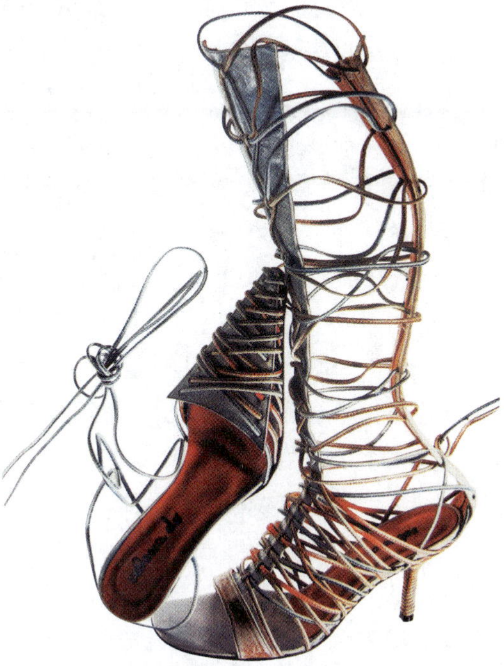

图2-22 线状形态的网状立体构成

图2-23 线状形态的放射立体构成

2. 面材（板形）立体构成

面材是以宽度为特征的形材。做面材立体构成的关键是把握面材构成所占空间的形式和面积大小两个因素，这两个因素对面材立体构成效果有很大影响。所谓面材空间形式是指面材以什么样的形态构成去占有空间，有简单平常的，也有复杂巧妙的，关键在于设计师的想像力。面材的面积大小对面材立体构成效果有很大影响，同样的面材立体构成形式，面材大的立体构成效果要比小的视觉效果强烈得多。

（1）翻折构成 翻折构成是面材立体构成中一种常见形式。从制鞋用帮面材料来看，这些面材缺乏定型性，鞋材翻折构成出来的形态呈圆弧状。在鞋面上做翻折构成要根据穿着者的特点、鞋靴种类及造型特点等因素来设计翻折构成形态、数量、大小和位置，如果是时髦的时装鞋，那么鞋靴帮面上的翻折构成的形态可以占空间大一些，即向外翻折的面积和高度大一些，以造成比较强烈的视觉效果。如果是中年男性穿的休闲鞋，则一般翻折构成面积小一些，立体高度也略低一些，以使鞋的整体造型不至于过分张扬。翻折构成部位一般选择在鞋舌、鞋口沿、鞋耳或部件衔接处，翻折出的部分还可以做各种装饰，如打剪口、冲孔、刺绣、镶装饰件等。传统鞋款Shawl Tongue实际就是一种面材翻折构成（图2-24）。另外，翻折

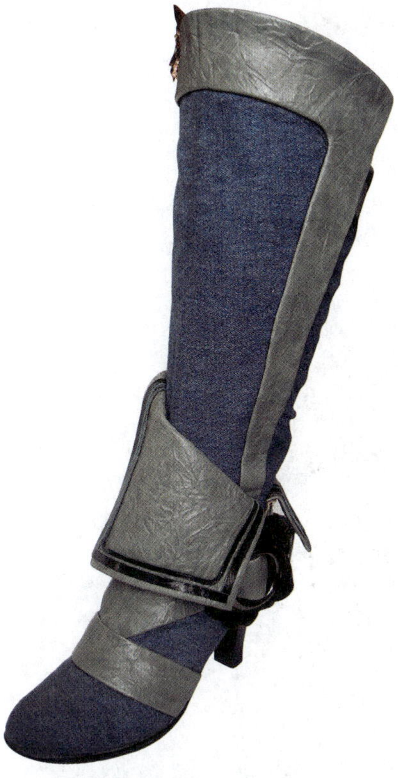

图2-24 面状形态的翻折立体构成
作者：童晨（邢台职业技术学院 2005级）
指导教师：陈念慧

图2-25 面状形态的插接立体构成

图2-26 面状形态的搭接立体构成

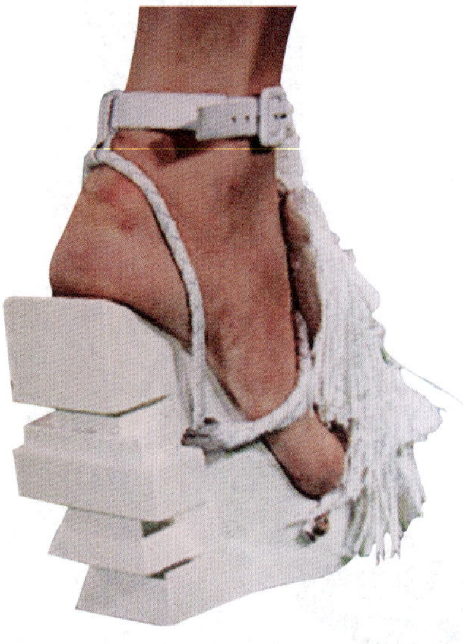

图2-27 块状形态的立体构成

的手法在运用时可以有所变化，如多层翻折、旋转翻折、穿插翻折等。

(2)插接构成 在面材立体构成中面材连接是一种相互插入构成形态，我们称之为插接构成。鞋靴形态造型中可以有较多的插接立体构成表现机会。鞋靴形态的面材(有一定宽度的帮部件)插接立体构成效果主要取决于插接构成方式(简单普通，还是巧妙)、插接部件造型和插接位置的设计。插接部件既可以是功能性的部件，也可以是装饰性部件。鞋靴形态插接构成设计比较适合于凉鞋、时装鞋和休闲鞋(图2-25)。

(3)搭接构成 搭接构成是指一定形状的面材按照一定的秩序搭接组合出某种形态。搭接构成形式反映到鞋靴形态造型设计中是帮部件之间相互搭接，这种搭接形式往往没有用缝线连接，部件间存有一定空间感。如果部件间相互搭接部分全部用线缝住，部件间失去空间距离，那么就不能称其为立体构成。但如果是纯立体构成练习将某种面材粘合搭接多层则还是立体搭接构成。鞋靴形态搭接构成设计的重点是注意表现鞋面的一种搭接形式，搭接形式创造的好，搭接构成效果往往也就好(图2-26)。再一个影响搭接构成效果的是搭接部件的造型，部件造型设计新颖再配以良好的搭接形式表现，会使搭接立体构成鞋款更富有魅力。

3. 块材立体构成

块材是以占有三维空间为特征的型材。块材立体构成是三维形态的物体经过设计和加工后，呈现出一种新的占有空间的立体形式。

块材立体构成在鞋靴造型设计中可以应用于鞋靴的底型、跟型设计，主要有女凉鞋、女休闲鞋、女拖鞋、女时装鞋等(图2-27)。鞋底的立体构成设计主要集中于鞋底后部，将常见的整体鞋后跟或各种常见独立完整的鞋跟进行新的体态设计，设计的关键是新的鞋后跟造型一是要有占据空间的新颖性，二是要与鞋的整体造型风格相统一，这种统一性表现在新的后跟立体构成造型要在形态上与鞋的帮面造型特点相一致。

四、下肢生理构造与机能

人体下肢是由大腿、小腿和脚三个部分组成。鞋靴设计是从造型和机能两个角度对下肢进行研究，由此下肢生理构造可分为骨骼构造、肌肉构造、皮肤、血液、神经、关节、几何形体构造、脚型基本规律等内容。

(一)骨骼构造

骨骼是人体的重要组成部分。下肢骨骼主要有股骨、胫骨、腓骨和脚骨(图2-28、图2-29)。股骨是人体中最大的一块长骨。股骨上部呈圆柱形，下部渐呈三棱柱形，股骨下端较大，分别突出为内侧髁和外侧髁。

胫骨位于小腿内侧，三棱柱状，可从小腿前方皮下摸着大部分形体，胫骨下端头内侧突出成为内踝。

腓骨位于小腿外侧，腓骨较小，腓骨下端头突出成为外踝。

在股骨和胫骨关节处有一块髌骨。

脚骨包括趾骨、跖骨和跗骨三大部分。趾骨位于脚的前部，趾骨除拇趾为2节外，其余均为3节，共14节，脚的中部是跖骨，跖骨共5块，次序从里侧向外侧分别为第一至第五跖骨，其中第一、第二、第三跖骨后端与楔骨相连接构成关节;跖骨前端与趾骨相连接，并构成关节。脚的后半部由跗骨构成，它包括骰骨、距骨、跟骨、舟状骨和3块楔骨，共7块(图2-29)。

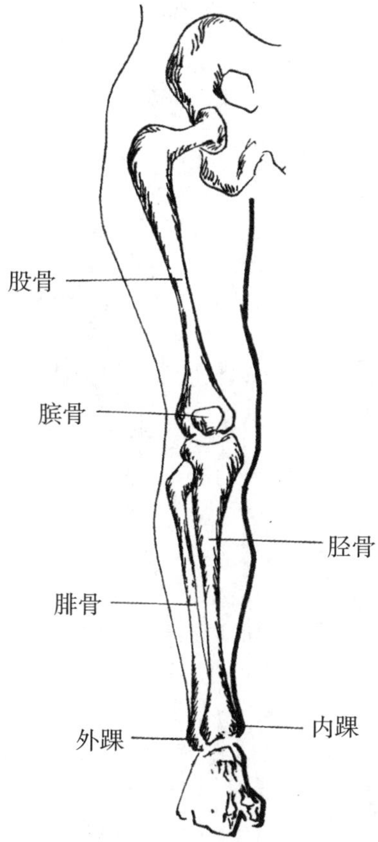

图2-28 下肢骨骼

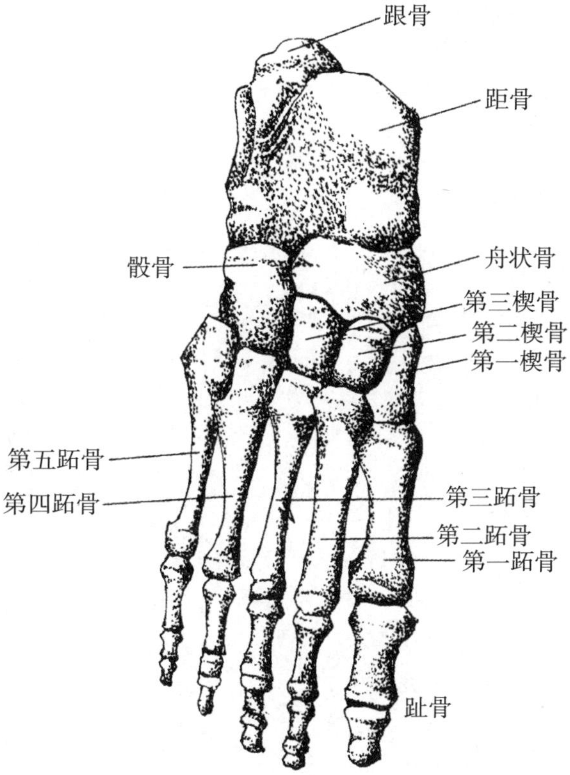

图2-29 脚骨

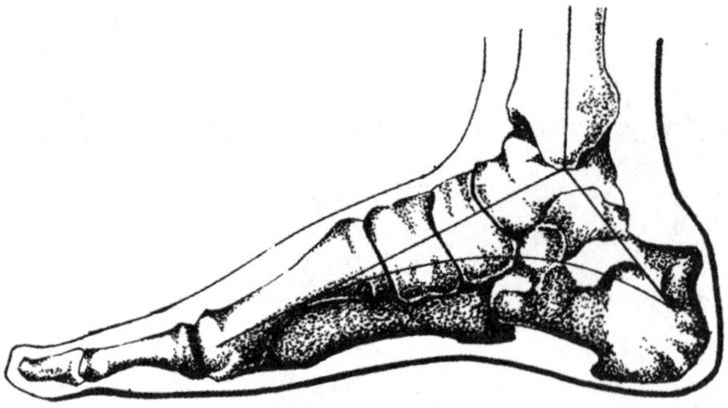
图2-30　脚骨内侧

整个脚骨从内侧平视观察，跗骨和跖骨由韧带牢固相连，构成有弹性的上凸纵向弓形（图2-30）；纵弓自跟结节起向前到跖骨前端小头止；纵弓又分为内侧纵弓和外侧纵弓，内侧纵弓由跟骨、距骨、舟状骨、3块楔骨和内侧3块跖骨构成，外侧纵弓由跟骨、骰骨和外侧两个跖骨所构成。脚骨从前方平视，正常情况下是横弓形，并分前后横弓。前横弓是由跖骨构成，后横弓是由3块楔骨和骰骨构成。

（二）肌肉构造

人体下肢主要肌肉有：大腿上的股直肌、股外侧肌群和股内侧肌群（图2-31），小腿上的胫骨前肌、腓肠肌、比目鱼肌，脚上有伸趾长肌和伸趾短肌。我们平时常说的腿部疲乏，实际上就是我们的肌肉疲劳。鞋靴如果不跟脚，小腿和脚部肌肉就易疲劳，人也就会感觉累。

（三）几何形体构造

下肢几何形体构造是对下肢肌肉、骨骼形体的概括表现，有利于人们对基本形体特征及形态的理解和把握。本书着重于脚部几何形体的分析、理解和把握。总体看脚部可理解为一个里高外低的楔形体，脚趾部位向前为梯阶状，脚后跟呈现为圆中有方、下大上小的椭圆截面体，前脚掌可整体理解为稍薄的椭圆截面体（图2-32）。

（四）脚型基本规律

脚型基本规律是指脚的外观基本构造及其变化规律。

1965年和1968年有关行业部门对全国20个省市的数十万人进行了大规模的脚型调查，得到了第一手宝贵资料，虽然以后很长时间没有再做类似的调查（实际上应根据社会经济

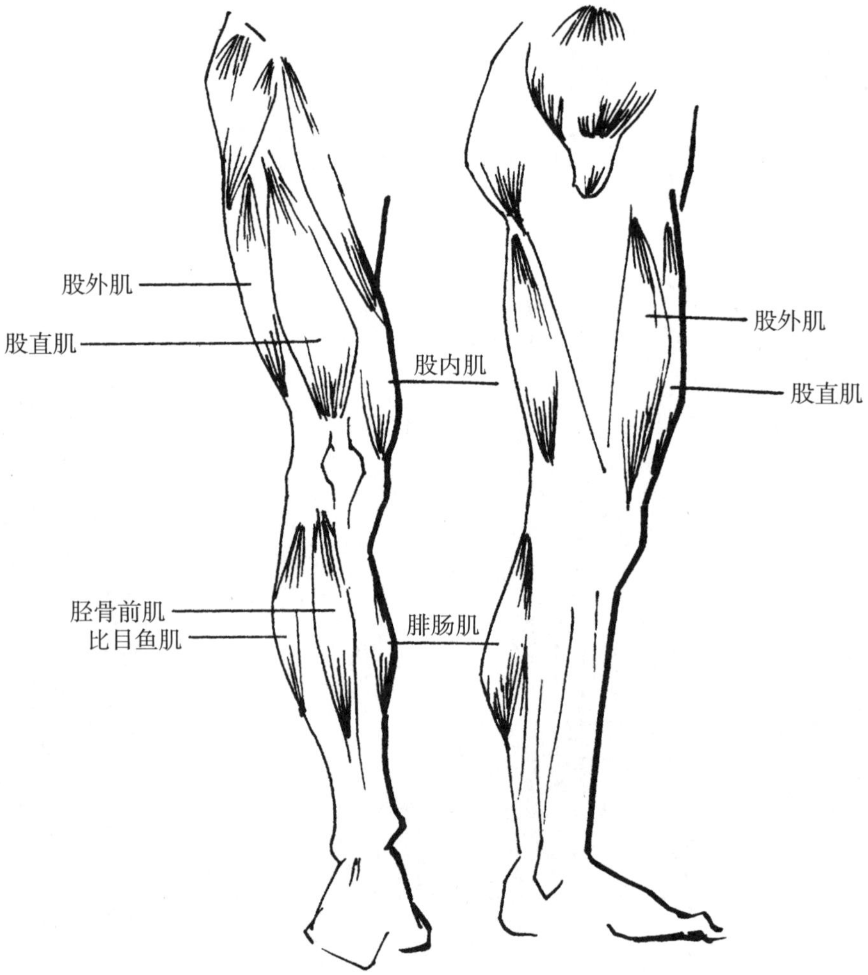

图2-31　下肢肌肉

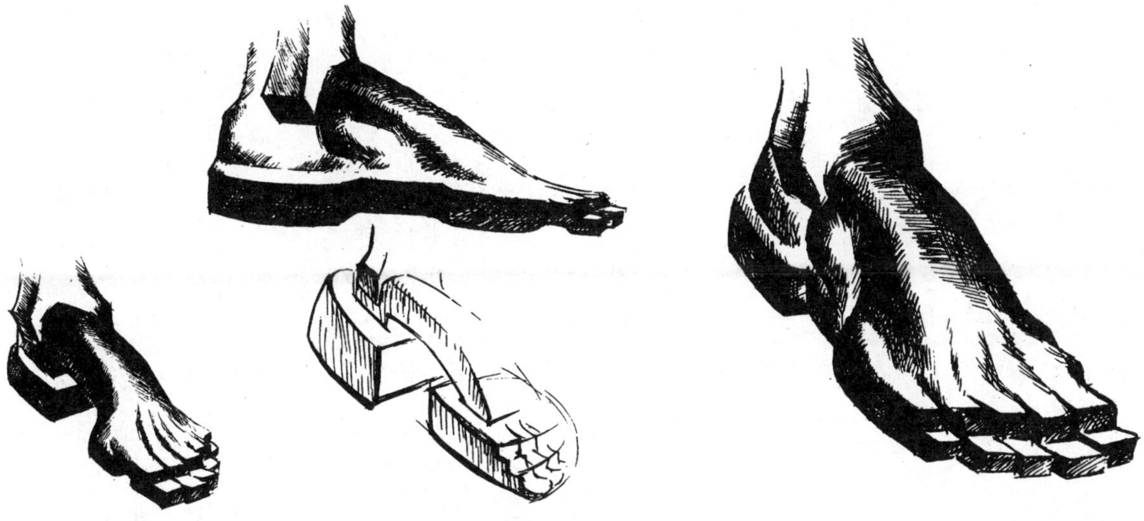

图2-32 脚部几何形体构造

发展状况，每隔10～20年进行一次这样的调查)，但时至今日仍有一定的参考价值。

男女成人脚型有较大区别。据当时全国脚型调查测量的结果，男性平均脚长252.10mm，女性平均脚长232.11mm，男女脚长平均相差20mm左右。以中等脚长为准时，男性脚跖围平均数值为253.53mm，女脚跖围平均值为243.09mm，男女中等脚跖围相差10mm左右。男性和女性年龄小的时候脚型差异较小，只是随着年龄的增长，男女脚型差异变得越来越大。

不同地域、职业和生活方式的人，他们的脚型也有一定差别。以全国城市中的人的脚型来说，山东成年男性的脚最长，平均为253.83mm，广东最短，平均为247.82mm，两者相差6.01mm；女性方面也是山东最长，平均数为234.37mm，四川女性脚长最短，平均数为228.59mm，两者相差5.78mm。从跖围上看，黑龙江男性跖围最大，平均数为249.20mm，上海男性最小，平均数为245.24mm；女性跖围最大的是广东人，平均数是227.51mm，最小的是四川女性，平均数为223.07mm，两者相差4.44mm。全国城市成年男女平均围差是21.68mm。从调查中可以看出，不同职业的人脚跖围有一定差异，例如，男石油工人与男医务人员的跖围差是7.19mm，女纺织工人与女机关工作者跖围差为3.88mm。不同生活方式对脚型有一定影响，经常负重走路的人或经常光脚的人比其他条件相同的人的脚要大一些。

一般情况下，人的脚越长，跖围就越大。成年人脚长每变化10mm，跖围变化6.17~6.86mm。

年龄与脚的形态结构及变化有很大关系，尤其是少年儿童的脚型受年龄的变化影响很大。儿童年龄越小，脚型变化越快。1~4岁幼童的脚长每年可增加10mm左右，跖围长度每年增加约9mm，4岁以后的脚长与跖围年增加量逐渐减小，到12~13岁，脚的长度增加量每年平均为7mm，跖围长度增加量每年平均为6mm，男孩到19岁左右，女孩到17岁左右，脚基本停止生长。

脚受夏季天热影响，尺寸相对偏大；寒冷的冬季又会使脚变得稍微小一些。

人脚在后跟抬高的时候，它的一些部位尺寸会发生变化，这种变化主要集中在脚跖围和脚跗围上。随着人脚后跟抬起，脚的跖围长度变大，跗围长度变小。

(五)皮肤

皮肤是人体重要生理组织之一。人的各处皮肤在构造和机能上是一样的，它的厚度、颜色和对外界刺激感觉是有一定差别的，如手掌、脚掌、后背等处皮肤较厚。人的皮肤构造可分为表皮层、真皮层和皮下组织层。

表皮层属于上皮组织，表皮层具有保护人体和新陈代谢的机能。角质层由于自身的新陈代谢要不断剥落，剥落下来的东西就是我们说的皮屑。在角质层不断剥落的同时，表皮的生发层不断给予新的生理组织补充。

真皮层由结缔组织组成，有血管、淋巴管、神经、神经末梢以及汗腺、毛根、皮脂腺等附属物。

在表皮层和真皮层的下方还有皮下组织层。皮下组织层有血管、神经、淋巴管等，并有吸收和贮藏脂肪防止体温散失的机能。

人的皮肤在不断新陈代谢的时候也具有呼吸机能，当我们的脚与外界空气隔绝时，我们的脚部就会感觉憋闷、不舒适。设计师在鞋靴设计时，对结构和材料的设计运用要注意其透气性。

人的皮肤会随着内部生理变化、运动或外界环境温度变化，从里向外分泌汗液，出汗多少与上面因素变化量大小有关。在人体中手、脚、额头分泌汗液相对较多。在汗液中水分占98%~99%，另有氯化钠（盐）、硫等无机物和尿素、脂肪及脂肪酸等有机物，这些有机物能促进细菌的大量繁殖，并在相互作用后对皮肤造成一定伤害，同时对鞋、袜产生腐蚀作用以及散发出臭味。

人在静止正常情况下，皮肤向外以蒸汽形式排放水分。活动激烈时以汗液形式排出。脚在静止状态下，其皮肤水分蒸发量为0.5~1.6g/h；中等负重时蒸发水分为1.8~3.2g/h；在重负情况下蒸发为6~12g/h。

（六）血液

血液分布于人体全身，正常的血液循环是维系生命存在的必要条件。下肢小腿至脚的血液主要通过胫后和胫前两大动脉供应，脚背血液是由动脉分支供应，这些分支是胫前动脉的延续。脚底有胫后动脉的末梢分支。脚部血液循环系统对外界反应敏感，如果鞋靴帮面某处过于压迫脚面，致使血液循环受阻和减弱，就会影响脚的生理机能，容易使脚感到疲劳，如果外界温度低，还易使脚部冻伤。

（七）神经

神经在人体中发挥重要作用，人体中有复杂的经络系统。人的肌肉受神经控制，而肌肉控制人体各个部分的活动。人的各种生理感受由神经传导和控制，如痛感、痒感、麻感等。人体某处神经坏死，相应的身体部位也会失去感觉和失控，人类脚部神经分布较密，对人的生理机能影响较大。鞋靴设计师应密切关注神经医学的发展及脚部神经所能发挥的各种作用，以便设计开发出具有一定医疗、保健作用的鞋靴。

（八）关节

下肢主要关节有膝关节、踝关节和脚的关节，脚的关节中还有趾关节、跖趾关节、跗跖关节、跗关节。关节由关节囊、关节腔和关节软骨所组成。寒冷、潮湿的环境气候对人的关节损害很大。

膝关节由股骨下端、胫骨上端和髌骨组成。膝关节能使大腿和小腿间做160° 的屈伸运动，小腿悬起，能做约40° 的旋外和旋内运动。

踝关节由胫骨和腓骨的下端与距骨构成。踝关节主要是做背屈（屈曲）和跖屈（伸展）运动，也可做轻微的侧向活动。脚通过踝关节做屈曲运动是指脚背接近小腿的运动，范围是20°~30°；伸展运动是指脚背远离小腿的运动，范围是30°~50°（图2-33）。

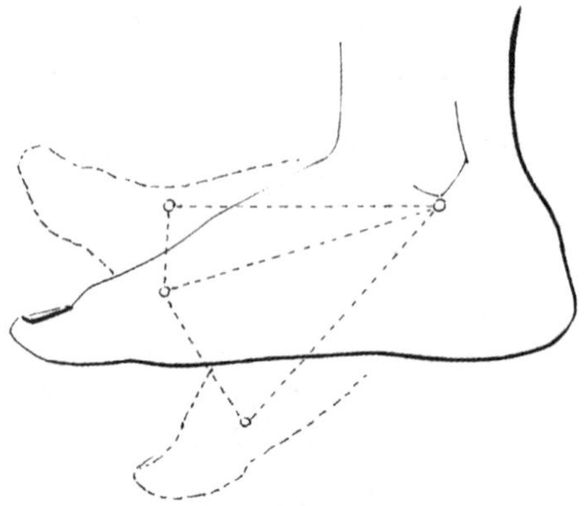

图2-33 踝关节运动范围

趾关节和跖趾关节能做屈曲和伸展运动。跖趾关节的伸展范围大于屈曲范围，主动伸展范围为50°~60°，被动伸展（迈步的时候）可达到或超过90°，主动屈曲范围为30°~40°，被动屈曲范围为45°~50°（图2-34）。

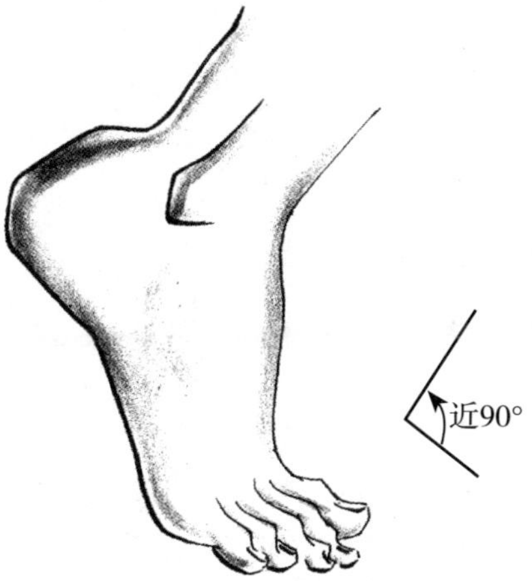

图2-34 跖趾关节的运动

五、鞋靴舒适性构成

鞋靴与服装相比，舒适性构成因素要复杂一些。人们穿鞋除要求具有实用功能、审美功能、象征功能、娱乐功能、健身功能等以外，对舒适性的要求也越来越高。缺少舒适性的鞋，其实用功能大打折扣，有的甚至无法实现实用功能。鞋靴舒适性源自于脚及身体的生理要求和感受。有着良好舒适性的鞋靴对人们来说无疑具有很大吸引力。因此，鞋靴设计师在进行产品设计时不能忽视对诸多舒适性因素的考虑，从鞋靴设计角度看，影响鞋靴舒适性主要有形态、材料和结构三个方面。

影响鞋靴舒适性的构成因素主要有合脚性、透气性、吸湿性、屈挠性、减震性（缓冲性）、质量、柔软性、压力的分散、摩擦性、阻隔性（隔锐物、隔热、隔冷）等。在诸多鞋靴舒适性构成因素中，究竟哪些重要、哪些次要？经调查研究发现，各种舒适性因素相对重要性要视具体穿着者的特点（性别、职业、年龄等）和鞋靴用途等条件而定，并且有的舒适性因素的作用是互相依存的。

一般来说，鞋靴的合脚性对鞋靴的舒适性影响最大，也就是说合脚性是鞋靴穿着者能否舒服最关键的因素。鞋靴过紧、过松等不合脚现象都会造成穿鞋者的不舒服。有时即使较小的不适，也会因为长时间穿着而加重，而且不合脚的鞋还会使穿着者对捂脚（闷脚）、寒冷、潮湿等其他不舒适感更加明显和引起不良反应。

鞋靴合脚性通常要具备以下条件：

① 鞋靴内腔形态与脚、脚腕和小腿的形态相对应。

② 鞋靴帮部件不能顶着或硌着脚的某个部位。

③ 鞋靴内腔要有足够的长度以保证脚趾自由伸缩。

④ 鞋靴帮面材料应采用柔软和延伸性强的材料，以使其能够适应不同的脚型。

⑤ 鞋靴前部应当是柔韧的，后部应当紧实。

⑥ 当人负重时，鞋靴前部应有足够的宽度容纳变宽的前脚掌。

⑦ 鞋跟高度应以脚掌能做适当弯曲为准。

舒适性的鞋靴首先要对合脚性给予详尽周密的考虑才能趋于完善。

人的皮肤具有呼吸功能，透气性差的鞋使人觉得脚部憋闷，很不舒适，并且透气性差常常伴随吸湿性也差，这种情况下鞋内极易滋生细菌，造成各种脚病。

脚部同身体其他部位一样，以蒸汽的形式向外排出一定数量的水分。当在内部或外界一定刺激或运动加剧情况下，脚便会分泌出较多的水分——汗液，汗液中有多种化学成分，对鞋、袜都有较强的腐蚀作用，在寒冷环境下，湿冷的鞋靴使脚部感到极不舒适，并容易造成冻伤。因此，设计师应通过对吸湿性较好材料的研究和使用，尽量保持鞋腔内干燥。另外，鞋靴内部潮湿、闷热会导致霉菌快速滋长，霉菌是产生脚臭的主要原因，霉菌滋长得越多，脚的恶臭现象也就越严重。

鞋靴减震性也称其为吸震性、缓冲性或避震性。人们通过试验发现，在剧烈的运动中，减震性差的鞋靴会对关节和后背造成一定的损伤，即使一般地行走，如果鞋后跟很硬并踩在坚硬的路面上，时间长了也会对人的身体造成伤害，使头部、腰部、前脚掌和后脚跟感到不舒服。因而，鞋靴设计师应通过对鞋靴内底、中底或外底的材料、结构上的设计来减轻或消除这种震荡（动）对人体的伤害和不舒适感。

鞋靴屈挠性对鞋的舒适性有很大影响。屈挠性不好的鞋靴就是平日常说的“板脚”，使人脚跖趾部位正常屈伸功能受阻，行走、跑步都受到很大影响。有人曾做过一个实验，当把一个薄钢片插入跑鞋的外底和中底之间的时候，人穿上这双鞋奔跑所耗能量要比不加入钢片的跑鞋多出5%，很容易疲劳，并使腿部肌肉容易产生酸痛感。当鞋底过硬或过厚的时候，人基本上是“拖”着鞋行走，同样使人感到不舒适。

鞋靴质量对人体能量消耗有很大影响。人们通过生物力学测试发现，鞋靴每增加质量100g，人的运动能量消耗便会增加1%。这对于从事能量消耗大的活动的人来说，鞋靴越轻，他们便会感觉越舒适。旅游鞋、跑鞋、劳保鞋、军用靴、休闲鞋等鞋类减轻质量对于使用产品的人来说有很大的实际意义。

鞋靴舒适性构成中的柔软性因素包括帮面材料和鞋底材料的柔软。作为帮面材料在不影响其他实用功能（强度和质感等）基础上越软越好。穿坚硬鞋底的人走路时间和站立时间稍长便会脚掌疼痛，因此有一定柔软度的鞋底会让人感到更舒适。

人受地球引力的作用，在站立或行走时，双脚总要承受来自自身体重的压力，当鞋跟不是很高时，身体压力主要集中于脚跟，如果鞋跟很细，就会使压力和重心过于集中于脚跟狭小的面积上，使人在站立和走路时间稍长的情况下脚跟产生痛感，并容易造成整个身体的疲劳。因此将鞋跟加大或用无跟的整体鞋底（包括楔形底），使压力分散，会让人的脚感觉较为舒服。

鞋靴穿着舒适性需要鞋的内部与脚之间存在一定的摩擦性。如果鞋内底很光滑（在没有鞋垫的情况），人穿这种鞋走路便会多消耗能量，前脚掌和身体容易感觉到疲劳，这就相当于车轮在打滑的路面上行驶。如果是后帮主跟处鞋内里光滑，缺乏摩擦性，鞋的跟脚性就会差一些。因此，鞋靴的舒适性中应该包括脚与鞋之间的这种摩擦性。

鞋靴阻隔性是指鞋靴大底在隔热和防硌脚方面的功能。一般情况下，较薄的鞋底导热比较快，踩在硬物上脚会被硌得不舒服，因此，在一定条件下鞋靴阻隔性也是鞋靴舒适性因素之一。

上述所谈鞋靴舒适性只是从脚部和身体生理上对舒适性的要求，实际上鞋靴舒适性还应包括精神上的舒适感，它主要是指鞋靴造型美感和鞋靴造型给穿着所带来的一种精神上的满足感和愉悦感，以及对材料质地手感上的满足。随着人们物质生活水平不断提高，对鞋靴舒适性的要求也越来越高，越来越全面，设计师应通过对鞋靴新结构、新造型的设计和新技术、新材料的应用不遗余力地去满足这种要求。

六、鞋靴结构与样板设计基础知识

鞋靴设计要转化为实物就必须经过鞋楦设计、鞋靴结构与样板设计和工艺加工三个环节。鞋楦设计和鞋靴结构及样板设计属于生产工艺大环节中的技术性设计。这种设计是依据脚型规律、下肢生理构造与运动机能、材料和工艺加工等来进行的一种合理性设计，通过鞋靴结构与样板设计环节使设计能顺利地过渡到产品工艺加工阶段，直至生产出符合设计要求的实物产品。

鞋靴结构与样板设计目前主要有三种方法：一种是贴楦设计法；另一种是比楦设计法；再有一种是平面设计法。目前，我国制鞋界多采用贴楦设计法。随着计算机技术和制鞋软件的应用，在计算机上完成鞋靴结构与样板设计及其制取已获得突破，这将大大提高鞋靴设计和生产的工作效率。鞋靴结构与样板设计方法多样，但一般需经过以下步骤来完成。

（一）根据设计确定楦型

鞋楦是生产鞋靴的模具，起着定型和工艺成型的作用。鞋楦设计是依据脚型规律、鞋号、鞋类品种、脚部运动及形态变化规律、审美和流行时尚等方面内容和要求来进行的。鞋靴结构与样板设计必须是在这种确定的楦型上进行。贴楦设计法是用纸粘贴在楦体上进行帮样结构设计；比楦设计法是在用纸与楦体相比中把帮样设计和制作出来；平面设计法是先将楦面展平，然后对其进行跷度处理，最后再依据基本控制线来完成鞋靴结构与样板设计。

（二）在已贴好楦纸的楦型上定出帮样控制点和控制线

控制点和控制线，顾名思义，是用来控制帮部件位置的点和线。鞋靴结构与样板设计（帮样设计及样板设计）从这里真正开始。控制点和控制线制定时，不同的鞋类品种、结构式样、加工工艺、鞋帮材料、脚型规律、设计方法和习惯经验等都可能造成帮样控制点和控制线位置、数量上的变化。帮样控制点和控制线制定的依据有多方面因素，但主要是根据帮样的结构合理性（符合脚型规律、穿着使用、加工工艺、材料特性等要求）来进行制定的。帮样控制点和控制线的制定既是帮样结构及样板设计工作的第一步，也是非常重要的一步，它直接关系到下面的工作是否能顺利开展和产品是否能穿、穿着是否舒适。

（三）贴楦

贴楦设计法是按设计和制定好的帮样造型与帮样控制点和控制线将帮部件轮廓和部分辅件轮廓（横条、保险皮、后筋条、橡筋等）画到楦体上。平面设计法是将帮样造型画在楦面展平图上，在描画帮样时，要求样板师将线条画得流畅、精细、准确，否则一是会造成部件样板不准确，影响后面的工作；二是歪曲了原有设计，改变了原有造型意图和感觉；三是笨拙、琐碎的线条看上去不美观。

（四）样板设计与制取

描画在贴有纸的楦体上或楦面展平图上的帮样轮廓是样板设计与制取的基础。样板师在此基础上再根据款式、工艺、结构、材料等方面要求对样板进行设计和制取。

一般情况下，鞋靴生产中的样板主要包括原始样板、下料样板和鞋里样板。原始样板也叫基础样板、基本样板、原板，它是制作其他样板的依据，下料样板也叫活样板、划料样板等，下料样板是经过对原始样板的设计及处理后得出的样板。鞋里样板也叫里样板、里样，它是用于划裁鞋里的样板，是在原始样板基础上根据一定要求和处理后制作出来的样板。

在鞋靴样板设计与制取上虽然有较多的环节与内容需进行技术上的设计和处理，但其中最核心的问题是对“跷”的技术处理，鞋楦上存在许多不规则的曲面，无论用什么方法设计，将从楦体上取下来的不规则多向曲面立体形态转化为平面样板形态时（能用于工业生产的平面样板）就必然存在一个“角度及面积”的丧失、补充和转换问题，否则，用没有进行“角度及面积”处理的平面样板下裁出的鞋面材料就无法贴伏在楦体上，也就是伏楦性差（个别鞋类及款式例外），这个“角度”就是我们说的“跷”，没有“角度”也就没有“跷”。在样板中对“跷”的处理会因人、款式结构造型、鞋靴部位、帮面材料种类、工艺实施方式等方面的不同而不同，但让鞋靴帮面材料如何更好地伏楦的本质要求是一样的。样板制取中对“跷”的处理实际上是样板师在寻求由楦上的不规则多向曲面立体形态向平面形状样板转换中的一种角度及面积的守衡，原始样板在从立体楦体上取下展平过程中，原始样板在楦体弯曲部位的地方必然会失去一定的角度及面积，楦体弯曲角度越大的地方，失去的角度和面积也就越大，这个角度及面积只有在展平的划料样板上补回来才能使根据这个样板划裁出的帮面材料在绷帮时基本伏楦。鞋靴样板制取精确与否，取决于样板师对材料延伸性能、帮面主辅材料厚度和绷帮力量等对帮面结构控制位置"位移"现象及控制数据影响方面的经验的多少。应该说，整个鞋靴样板工作中对"跷"的处理具有较高的技术含量，对"跷"的技术处理，既需要人们去研究、把握其中的规律，同时也需要人们去积累丰富的经验。

七、制鞋工艺基础知识

目前，制鞋生产工艺主要有5种，它们是：胶粘工艺、热硫化工艺、注塑工艺、模压工艺和缝制工艺。鞋靴胶粘工艺是目前制鞋工业中运用最广的一种工艺，这种工艺的优点是适合各种材料，生产效率高，适合流水线作业。以胶粘鞋为例，工艺主要流程如下：面料、里料裁断—制帮（包括片边、折边、缝帮等）—制底（包括各种底料整型、处理，绷帮等）—合底（帮底结合）—烘干定型—出楦—检验等。

鞋靴热硫化工艺分为热硫化粘贴工艺和热硫化模压工艺，前者应用更为广泛。热硫化制鞋工艺主要运用于旅游鞋、运动鞋和运动式休闲鞋等胶底鞋类生产。热硫化粘贴工艺主要流程是：鞋帮制造和胶部件制造—成型—硫化—脱楦。

注塑是注射成型的一种制鞋方法。这种工艺多应用于旅游鞋、运动鞋、运动式休闲鞋等鞋类中。注塑工艺又分为整鞋注塑工艺（鞋帮另制）和鞋底注塑工艺，鞋底注塑工艺又可分为单色注塑工艺和多色注塑工艺。注塑工艺主要流程是在注射成型装置中先将物料压缩，接着塑化（固体塑料转变成流体）、均化，然后通过模具的注射通道将流体塑料注入鞋的模腔中，经冷却后得到成型的产品。

模压工艺在帮底结合强度要求高的鞋类品种中应用较多，如劳动保护鞋、军用鞋等。模压工艺分为绷帮模压和套楦模压两种。绷帮模压工艺主要流程是将绷好帮的鞋帮，经过起毛、拔出原楦，涂上胶粘剂等处理后，套在模压机同型号铝楦上，然后在底模中放入胶料，再经过模压机加温热熔和向下施压，最后胶料热熔、压制同时与鞋帮紧密合成，整个工艺就基本完成了。

缝制工艺是一种传统制鞋工艺，缝制工艺的基本特点是帮底结合用特制麻线缝制起来，缝制工艺较为复杂，技术要求比较高，充分体现人的一种工艺能力和技巧，多用于高档皮鞋的生产。

工艺不仅仅是将材料加工成型的制作过程，精致、完善、复杂的工艺还能给使用者（消费者）带来一种工艺美感，即存在一种审美价值。

八、制鞋材料基础知识

制鞋材料从大的方面分有鞋面材料、鞋底材料和各种辅料。制鞋材料以天然革、人造革为主。

（一）鞋面材料

鞋面材料在工艺加工中也叫帮料或帮材。鞋面材料主要有天然皮革、人造革、再生革、合成革、天然纤维织物、化学纤维织物等。

天然皮革是各种动物的表层组织经过鞣制等工艺加工出来的。革和皮是两个概念，原皮加工后称为革，也叫熟革，习惯上叫皮革。从各种动物身上直接剥下而未经处理过的表层组织，称为皮，也叫生皮。主要天然皮革有牛革、猪革、羊革，另外还有鳄鱼革、鸵鸟革、蛇革、鱼革等稀有革类。

1. 天然皮革的主要性能

目前，天然皮革仍是主要制鞋材料，理化性能总体上优于人造革和合成革。天然皮革以下性能指标对制鞋有较大影响。

（1）抗张强度　天然皮革的抗张强度是指革的结实程度。抗张程度低的皮革容易在加工过程和使用过程中损坏。皮革的抗张强度与皮革的种类、部位、鞣制方法都有关系，如黄牛革抗张强度大于水牛革，皮革臀部部位抗张强度大于腹部部位，铬鞣加工的皮革的抗张程度大于植鞣加工的皮革。

（2）透气性　天然皮革的透气性是其一种优越的使用性能和固有特性。天然皮革良好的透气性可以使鞋内人脚散发出的水汽透出去，使鞋内保持干燥舒爽。一般情况下，猪革比牛革透气性好，缝制工艺制作的皮鞋好于同样款式的其他工艺做出的皮鞋，缝制工艺皮鞋不但帮面能透气，而且帮脚和缝线处也都能透气，因此，讲究舒适的人都喜欢穿缝制工艺制作的皮鞋。

（3）延伸性　与目前制鞋用的绝大多数人造革、合成革相比，天然皮革的延伸性最好。延伸性小的鞋面材料在绷楦（帮）时不易绷得平服。而延伸性过大也不好，那样容易将鞋帮绷歪，成鞋也容易走形。因此，皮革延伸率保持在15%~30%为好。通常情况下，抗张强度高的皮革延伸性小，反之，抗张强度低的皮革延伸性大。

（4）崩裂强度　皮革崩裂强度是看皮革表面裂纹能承受的压力，用kg/cm^2表示。一般黄牛面革不能低于$25kg/cm^2$，而且越大越好。

2. 常用鞋革的性能特点

（1）正面革　正面革是指具有天然粒面的鞋面革。牛正面革粒纹细致、美观光洁，手感柔软丰满，透气性、吸湿性好，抗张强度高、拉力强，可塑性好，定型后不易变形。猪正面革粒面较粗，抗张强度好，透气性能好，但受潮吸水快，容易变形。羊正面革有山羊革和绵羊革两种。山羊革厚而坚实，绵羊革皮身略薄，一般情况下多用山羊革做鞋。羊正面革粒纹细腻，革身柔软，抗张强度较低，穿用后易产生皱纹。

（2）修面革　修面革是指粒面层经过修饰的鞋面革。轻修饰过的皮革除天然粒纹受影响以外，其他各种性能与正面革相近。

（3）绒面革　绒面革是指经过起绒的鞋面革。绒面革一般是由于原料皮上疵点较多难于生产正面革而制成的。牛绒面革一般多用来生产劳动保护鞋、休闲鞋。绒面革容易出现色差。

（4）苯胺革　苯胺革是指不涂刷光浆的正面革。苯胺革能较大限度地展现出皮革的粒纹，真皮感特别强，常用于做高档鞋靴。

（5）油浸革（油鞣革）　油浸革有油浸正面革和油浸绒面革两种。油浸革皮身较厚，多用于生产休闲鞋、劳动保护鞋。由于油浸革是在成革后再增加油料，所以能增加穿着使用寿命。油浸革表面质感特殊，给人以温厚、朴素、含蓄感。

（6）压花革　压花革是指经过压花处理的各种革。压花革主要是由于原料皮粒面疵点较多，经过表面压花，使疵点被遮盖。它的性能与原来的革基本相同。

（7）漆革　漆革是将革的表面涂饰以光亮的漆膜。漆革透气性较差，适宜生产女浅口鞋、凉鞋等。

（二）鞋底材料

鞋底材料种类相对较少，主要有天然底革、橡胶、聚氨酯、聚氯乙烯、热塑丁苯橡胶（SBS）等。对鞋底材料主要性能要求有耐磨性强、屈挠性好等。

（三）辅料

在制鞋生产中，除主要的鞋面材料和鞋底材料以外，还需较多的辅助材料。辅料分为制帮辅料和制底辅料。辅料质量、品种也直接关系到成鞋质量高低。

（1）制帮辅料　丝线、鞋带、鞋眼圈、鞋钎、松紧布等。

（2）制底辅料　绷帮钉、鞋勾心、填心料、沿条、软木片、蜡饼、底涂处理剂、各种胶粘剂等。

思考与练习题

1．试论现代鞋靴产品款式造型设计的意义和作用。

2．以鞋靴产品开发为例，试论产品内部因素和外部因素的不同作用。

实训一　运用"点""线""面"平面造型元素各设计一款运动鞋

一、目的、要求

通过"点""线""面"平面造型元素鞋靴款式造型实训，初步掌握"点""线""面"平面造型元素在鞋靴款式造型设计中的运用与创新方法。

二、内容

运用"点""线""面"平面造型元素各设计一款运动鞋。

三、步骤

（1）了解"点""线""面"在平面造型设计中的特点、主要构成形式。

（2）了解不同造型"点""线""面"主要表情性格和主要构成形式。

（3）认识和了解造型关系元素内涵及其在平面设计中的作用。

（4）设定和分析运动鞋穿着者的审美偏好及象征需求。

（5）了解运动鞋穿着者喜爱的图案或影像。

（6）将运动鞋穿着者喜爱的图案或影像作为"点""线""面"造型元素来进行创新变化，如果打算运用多个"点"或"线"，还要对其构成形式及排列组合进行创新。注意创新变化过程中，"点"或"线"造型要始终保持其原本造型的基本特征。"点""线""面"造型元素创新过程中需不断用草图表现和推敲，各设计和画出10～15款变化草图方案。

（7）"点""线""面"造型及其构成形式创新变化基本满意后，再结合其造型关系元素方面的创新变化进行创新把握。此设计创新过程同样需不断用草图表现和推敲，各设计和画出5～8款变化草图方案。

（8）将"点""线""面"平面造型元素在自身造型和造型关系元素创新两个方面都较好的设计方案整合后分别绘制成3款运动鞋效果图。

四、考核标准（100分）

（1）"点""线""面"的造型富有创意。（各40分）

（2）"点""线""面"的造型关系元素运用具有创新性。（各30分）

（3）运动鞋结构造型设计合理（符合舒适穿用、合理制板、省料等要求）。（各20分）

（4）效果图绘制具有较高的写实表现性。（各10分）

实训二　运用“线”材和“面”材立体构成分别设计一款女时装凉鞋和女时装靴

一、目的、要求

通过“线”材和“面”材在鞋靴款式造型中的立体构成设计实训，初步掌握实体“线”材和“面”材在鞋靴款式造型设计中的创新变化方法。

二、内容

运用“线”材放射立体构成形式和“面”材翻折立体构成形式分别设计一款女时装凉鞋和女时装靴。

三、步骤

（1）了解不同造型“线”材和“面”材主要表情性格，分析“线”材和“面”材在女时装凉鞋和女时装靴上的主要表现形式。

（2）了解“线”材放射立体构成形式和“面”材翻折立体构成形式在女时装凉鞋和女时装靴上的设计创新点及创新方法和要求。

（3）了解当前品牌女时装凉鞋和女时装靴楦头式造型、基本结构式样、跟型、底型、材质、色彩和配件等流行时尚表现。

（4）从“线”材放射构成形状、放射构成位置、放射构成数量、放射“点”造型及连接方式造型、放射“线”材造型、放射“线”材构成造型、放射“线”材质肌理、放射“线”色彩等创新点上进行变化。另外，从“面”材翻折部件形状、翻折构成位置、翻折构成数量、翻折部件大小、翻折部件与其他部件再构成、翻折部件材质肌理、翻折部件色彩等创新点上进行变化。以上创新过程中需不断用草图表现和推敲，各设计和画出10~15款变化草图方案。

（5）分别将较好的女时装凉鞋“线”材放射立体构成和女时装靴“面”材翻折立体构成设计方案绘制成写实效果图。

（6）用实物材料将较好的女时装凉鞋“线”状放射立体构成和女时装靴“面”材翻折立体构成设计方案制作成实物样品。

四、考核标准（100分）

（1）女时装凉鞋和女时装靴楦头式、基本结构式样、跟型、底型、材质、色彩和配件等造型符合流行时尚。（20分）

（2）“线”材放射立体构成和女时装靴“面”材翻折立体构成造型创新点把握具有较高的创新性。（40分）

（3）女时装凉鞋和女时装靴结构造型设计合理（符合穿着舒适、合理制板、省料等要求）。（20分）

（4）效果图绘制具有较高的写实表现性。（10分）

（5）女时装凉鞋“线”材放射立体构成和女时装靴“面”材翻折立体构成实物样品制作精良。（10分）

第三章

鞋靴设计与流行

本章提要 本章主要讲授流行在鞋靴产品市场销售和设计开发中的意义和作用、鞋靴流行产生的原因、鞋靴流行发生基本过程和如何对鞋靴流行进行预测和把握等内容。

学习目标 1．充分认识和理解流行在鞋靴产品市场销售和设计开发中的意义和作用。
2．认识和理解鞋靴流行产生的原因。
3．认识和了解鞋靴流行发生基本过程。
4．初步掌握鞋靴流行预测方法。

一、鞋靴流行涵义与产生

流行是指在某个范围的时间内有较多的人接受同一种事物。鞋靴流行是指鞋靴的某种式样或功能在一定范围和时间内被较多人所接受。例如20世纪80年代三节头皮鞋曾经为许多人所喜欢，90年代中期的军警靴和90年代末的超厚底的“松糕”鞋在我国男女青年中广为流行。

鞋靴流行受诸多因素影响，如政治、经济、文化、宗教、心理、地理、气候、生理、时代等。中国20世纪六七十年代绿军装、解放胶鞋的流行主要是受当时的政治气候的影响。社会经济的发展程度对鞋靴流行有较大影响，一般来说，经济发达地区，鞋靴流行特点表现为流行性强和变换周期短；经济不发达的地方，人们对鞋靴流行敏感度差，流行变换的周期较长，甚至没有流行。文化因素的影响有两个方面，一方面是作为消费鞋靴主体的人的文化程度，文化过高或过低对鞋靴流行敏感度都较低；另一方面文化的某些领域，对鞋靴的造型或功能有一定影响，如新潮文化对前卫鞋靴影响较大。从主观上看，人类心理因素是事物能在人们生活当中形成流行的重要原因，人们的模仿心理和表现心理是事物得以形成流行的两种主要心理，尤其是模仿心理是某种事物形成流行的最主要心理因素。地理和气候条件对鞋靴的某些结构式样的流行有一定影响，如在潮湿、炎热的地方就很难流行靴鞋这种结构式样。生理因素有两个方面，一是指性别差异，二是指年龄上的差异。生理因素这两个方面都对鞋靴流行有一定影响，如男性对鞋靴流行敏感度不如女性强烈，男鞋流行周期较长。女性则对鞋靴、服装等服饰品的流行很敏感，在流行变化上相对较为频繁。青年人和老年人对鞋靴流行敏感度也有很大差距，青年人热衷于模仿和表现，老年人一般比较保守、传统，注意鞋靴的舒适性，不追求鞋靴式样上的新潮和时尚。老年鞋如在保健功能上有所突破，也可以形成一种流行。时代因素是综合性的因素，它包括了社会的政治、经济、文化等各个方面内容，在开放、发达和多元化的时代，鞋靴流行表现的丰富而强烈。相反，鞋靴的流行性表现则较弱。

鞋靴流行产生的原因和条件多种多样，但一般性况下，鞋靴流行的产生有以下几种情况。

（一）模仿产生

模仿是动物的一种本能，人类的模仿行为要比一般动物丰富、复杂得多，人们相互模仿是一种趋同心理及被同类群体承认、肯定的心理驱使下的行为，这种心理是模仿得以产生的内在动因。模仿产生的另一个原因是一些人并不十分清楚自己做什么合适，他们从观察其他较多现象中判断那样可能比较合适，于是便去模仿，这样推动了某种流行的产生和扩大。人们在鞋靴穿着模仿中，有时是完全模仿，即别人穿什么样子，也跟着穿这种样子，但在色彩、材质或结构式样等方面，有的人根据自己的实际情况或某种偏好另有选择。模仿名人或明星的穿着打扮，以表达对名人或明星的仰慕心理和达到抬高自己品位的目的，也是一种模仿流行的常见现象。

（二）引导产生

引导产生的流行，在鞋靴和服装中表现得十分明显。所谓鞋靴流行引导产生是某个专业组织或企业通过各种媒体向社会发布鞋靴流行趋势，以引导人们对某些造型和功能鞋靴的消费。能够实现引导产生流行一般都是一些权威的专业组织机构或企业，像著名的意大利米兰鞋展、德国杜塞尔多夫鞋展和法国巴黎鞋展等展览会上，一些专业组织机构发布下一季鞋靴流行趋势，以影响和引导生产商和消费者对鞋靴制品的生产和消费。某些具备了强大实力的制鞋企业或公司通过自己强大的产品设计开发能力和品牌影响力，也常能够引导某些鞋靴消费的流行，如耐克和阿迪达斯生产的运动鞋、旅游鞋常常能带动这类鞋的造型或功能上的消费流行，像耐克率先设计开发出的气垫运动鞋，很快风靡全球，并带动其他运动鞋、旅游鞋、休闲鞋采用此项技术。

（三）自然产生

“喜新厌旧”是人类对各种事物的一种普遍心理反应，人们对一种毫无变化的事物看久了、听久了或用久了，就会自然地产生一种厌烦，本能中想寻求一种变化。法国时装大师迪奥曾说过：“流行是按一种愿望展开的，当你对它厌倦时就会去改变它，厌倦会使你很快抛弃先前曾十分喜爱的东西。”服装流行色的冷色与暖色的相互转变，纯色与灰色的相互转变，亮色与暗色的相互转变，以及圆型鞋头和方型鞋头的相互转变，薄头型与厚头型的相互转变，对称头型与非对称头型（斜头型）的相互转变，鞋跟，高的和矮的相互转变，方的与圆的相互转变等，都是顺应和满足人们对使用已久的服饰“喜新厌旧”心理，于是设计师要不断推出形、色、质的相反变化或创新变化。

另外，随着新材料、新技术、新生活方式的出现，人们自然也会不约而同地选择同一种事物。如随着人们对旅游和运动健身的热衷，旅游鞋、运动鞋自然开始流行起来；随着人们生活方式中的休闲风尚的兴起，人们自然开始流行穿着随意、轻松的休闲鞋。

（四）偶然产生

鞋靴流行的偶然产生是指这种流行没有明确的承接源头，某种式样或功能的鞋靴突然间被许多消费者所接受，如20世纪90年代中期在中国男性青年中突然开始流行穿军警靴，流行时间持续数年之久。

二、鞋靴流行规律

鞋靴流行是有一定规律和生命周期的，某种鞋靴式样从流行萌动，到流行全面展开，再到流行衰退消失，我们称其为鞋靴流行的一个生命周期。鞋靴流行内容包含有形式和功能两个大的方面。鞋靴形式包括了鞋靴形态、色彩、材质、装饰工艺等具体形式构成要素；鞋靴功能一般是指鞋靴产品的实用功能。鞋靴主要侧重于形式内容的流行，如在鞋靴形态方面，鞋靴头式造型由圆到方、由方到尖、由厚到薄、由对称到不对称、再由短到长等循环往复的变化流行。再如，同属鞋靴形态方面的鞋靴跟部造型，由低到高、由圆到方和由细到粗的变化等也是鞋靴形态流行主要形式内容之一。鞋靴除形态为主要流行内容外，它的其他形式构成要素如色彩、材质、装饰工艺、装饰配件、图案等也常常表现出一种流行性。通常情况下，鞋靴形式流行时间较短，鞋靴功能流行时间较长，像运动鞋、旅游鞋的气垫功能，自发明至今仍广泛流行。再有，通过增加内底厚度以达到增加身材高度的"增高鞋"，它迎合的是一种普遍和持久的心理，因此，这种功能鞋靴也能较长时间的流行。

从总体上看，鞋靴流行一般要经过以下三个阶段：

1. 萌动产生阶段

任何事物产生，都有最初的萌动发生阶段。某种鞋靴在流行之前，它都需要一个发生的最初时期，从这个时期过渡到全面流行阶段或短或长。鞋靴流行萌动的产生有多种情况，一般情况下，鞋靴最初的流行萌动产生源自于鞋业发达地区某些专业组织或有实力企业的引导，这些专业组织或企业通过各种媒体，如展览会、展示会、专业报刊等，向社会不断推出下一季可能流行的鞋靴式样或新功能的鞋靴，以引导鞋靴的消费，带动流行。各种新的鞋靴推出后，先是少部分人开始接受，这部分人往往是有品位、有个性、有一定经济基础的超前型消费者，他们是引导鞋靴流行、推动流行的主要力量。

2. 流行普及盛行阶段

在少数超前消费引导下，越来越多的人开始接受新式样、新功能鞋靴。模仿者渐多的内在根据是人们大都具有从众心理和渴望被社会所承认的心理。另外，鞋靴新造型的美感或能满足人的某种需求的实用功能本身也具有很大吸引力，促使人们竞相去穿用这种产品。如穿着运动鞋、旅游鞋当初只是被当做一种时髦，后来人们发现，这类鞋确实能给人们带来舒适和方便，并随着社会上旅游和运动健身风潮的兴起，这类鞋迅速流行普及开来，某种鞋靴能被较多的人接受即进入流行盛行阶段。

3. 流行衰退消失阶段

任何事物都有生有灭，这是自然规律，鞋靴流行现象同样如此。无论是从人的心理特性上看，还是从人的创造本能上看，旧的事物被新的事物所取带是一种必然。原来的鞋靴产品（主要是指造型）在人们司空见惯后，人们自然在感觉上会产生对新鞋靴产品的渴望。这时，设计师和企业不断推出新产品，它们首先被超前型消费者接受，接着更多的人跟进和模仿，形成新一轮的流行，原来流行的产品逐渐衰退并消失。鞋靴在这种流行—衰退—再流行—再衰退中循环往复地向前发展。

三、鞋靴流行预测

流行的产生和消亡有一定的规律性。鞋靴产品随着人们生活水平的提高，流行性越加明显。消费者通过对流行的把握，可以获得一种社会认同感。生产者对流行的把握，可以获取巨大的经济效益。鞋靴设计师对鞋靴流行进行准确预测，是其工作重要内容和能力表现之一。鞋靴设计师面对流行可以有两种表现，一种是跟随流行，在把握流行基础上，进行鞋靴产品的设计开发；另一种是创造流行，引导鞋靴消费时尚，后一种能力的实现，需要设计师有突出才华，同时，也需要与有很强实力的鞋靴企业合作，以造就出具有强大辐射力、影响力的鞋靴时尚发布源。创造流行的鞋靴公司，可以最大限度地获取利润和塑造形象，创造企业和品牌的无形价值，有力地推动企业发展。

目前，我国尚未建立起鞋靴流行预测的专门组织及其信息流行发布系统，很多企业都是根据某种鞋靴产品在市场上的反应，再决定自己是否生产。这种状况已经开始影响整个行业的发展。随着中国制鞋工业日渐强大和全球经济一体化进程的加快，中国制鞋业应建立起与国际鞋业相一致的流行预测体系、内容和方法，使中国制鞋生产和鞋品消费与国际流行趋势接轨，有针对性地设计开发新产品，引导和满足消费，使企业更好地把握国内外市场，获得更好的经济效益。

鞋靴流行受多方面因素影响和制约，因此，预测流行工作具有某种程度的非确定性。例如政治、经济、文化、种族、地域、习俗、社会思潮、新生活方式、新审美倾向等因素都可以影响流行的产生和流行实现程度。由于我国目前没有鞋靴流行预测专门组织、机构及其相关内容的权威发布，因此，现阶段设计师对鞋靴流行的预测和把握主要做好以下三个方面工作，一是要找准流行源头，这一点至关重要，国内顶尖品牌寻求的是国外有世界影响的国际大品牌或权威发布组织这样的流行源头，其他绝大多数国内品牌找准国内跟踪目标及流行源头就可以。二是要充分了解自己产品定位的区域市场及消费者对流行的接受敏感程度和接受所需时间的长短。三是准确预测鞋靴产品流行内容，即确切知道下一季鞋靴产品将流行什么造型元素及其表现。例如，流行什么样的季节造型风格、流行什么样的楦型和头式造型、流行什么样的结构式样，以及流行什么样的跟型、底型、色彩、材质肌理、装饰配件或装饰工艺等。不同鞋类流行的形式要素重点不尽相同，正装鞋流行主要表现在鞋靴头式造型、材质运用和装饰配件的运用上；运动鞋、童鞋和旅游鞋流行主要表现在色彩和图案的变化上；休闲鞋着重于装饰工艺的设计运用和部件造型变化；而晚礼鞋流行内容是注重装饰配件和图案的设计运用。

总之，鞋靴设计师对鞋靴流行的预测应从多个方面去考虑和把握。既要考虑流行源头的流行内容，又要考虑设计产品投放区域对流行源头的反应与接受程度；既要注意对流行总体趋势的把握，又要根据产品具体对象去做有针对性的调整设计。随着鞋业发展日趋成熟，对鞋靴流行的研究与预测将越来越受设计师、生产商和经销商的关注。

思考与练习题

1．结合实际，试论鞋靴流行的成因以及在鞋靴消费和设计开发中的重要作用。

2．结合实际，试论鞋靴流行的发生发展规律。

实训三　女浅口时装鞋流行时尚把握

一、目的、要求

学生通过女浅口时装鞋流行预测实训练习，使学生掌握对鞋靴流行时尚的预测与把握方法。

二、内容

女浅口时装鞋的流行预测把握。

三、步骤

（1）对要预测的女浅口时装鞋的消费者年龄、职业、地域、性格等方面进行定位，并了解这些消费者对鞋靴时尚的接受程度。

（2）寻找女浅口时装鞋流行源头、转播路径以及确定到达自己产品市场的时间。

（3）根据权威专业刊物、专业网站、专业机构、具有市场引领作用的同类产品等流行源头发布或展示出的女浅口时装鞋各造型元素流行表现信息，预测和确定下一季女浅口时装鞋的整体造型风格、楦型、跟型、底型、基本结构式样、色彩、材质肌理、装饰工艺、装饰配件等造型内容和元素流行时尚表现。

（4）将预测得出的下一季女浅口时装鞋流行状况用分析报告和效果图表现出来。

四、考核标准（100分）

（1）女浅口时装鞋整体造型风格及造型元素流行表现预测准确，其中，整体风格、楦型、基本结构式样、材质肌理及颜色等内容的准确预测尤为重要。（60分）

（2）能用写实效果图（手绘或电脑绘制均可）充分、准确地表现出女浅口时装鞋流行预测的整体款式风格以及各组成造型元素面貌。（20分）

（3）流行预测分析报告内容分析详实、可靠，报告内容结构合理、层次清楚，论述严谨。（20分）

参考案例

鞋靴流行预测与把握

在鞋靴新产品设计开发中，鞋靴设计师对时尚元素把握得如何，对其整个一季产品设计开发工作能否取得成功起着至关重要的作用。鞋靴时尚性就是设计师对时尚元素把握的充分体现。在日益讲究服饰时尚消费的当下，穿着不流行的服饰，将严重贬低穿着者的审美判断力和社会从属性，即穿着者会被人认为缺乏审美品位和不入流。因此，鞋靴时尚性如何已成为消费者对这种服饰品的一个重要评价内容和取舍标准。鞋靴时尚元素把握实质上等同于鞋靴产品设计企划，广东一些鞋靴企业也叫前期开发，只不过很多企业这种前期开发做得比较简单。存在的主要问题是：这些企业所开展的产品设计前期开发缺少对特定消费人群需求、市场同类产品状况、鞋靴产业发展趋势、竞争企业等方面的广泛、深入、严谨的调研与分析，当然，一些企业中的设计师凭借丰富的市场经验，也可以将这种简单的产品前期开发做得富有实效性。下面著者以2012春夏女鞋设计开发为例，试论鞋靴时尚元素是如何把握的。

第一步，设计师把握时尚元素首先要做的工作是及时、准确地获取鞋靴流行资讯。这一点非常重要，如不能及时、准确地获得流行资讯将很可能导致下一季产品开发失败。因此，设计师必须找到有效的方式和渠道去及时、准确地捕捉鞋靴流行资讯。目前，国内多数鞋靴企业主要有两种方式去获取鞋靴流行资讯，一种方式是通过国内外权威鞋靴资讯网站、国外权威鞋刊、国外重要鞋业博览会、国内外重要鞋靴市场、国际著名服装发布会等渠道来获取流行资讯，例如，目前国内许多皮鞋企业就是直接到国内最重要的鞋业市场广州鞋城获取各种流行资讯；另一种方式是一些中小型鞋靴企业通过对自己锁定的国内著名品牌产品的及时跟踪来获取流行资讯，而国内一些大型鞋靴企业则是对自己锁定的国外某个或某几个著名品牌进行及时跟踪来获取鞋靴流行资讯，具体做法是第一时间购买这些国内外著名品牌公司的产品，或到国际著名鞋靴贸易展会现场观看它们的产品或鞋靴发布会来获取流行资讯。

2011年秋季，鞋靴设计师通过以上鞋靴流行资讯获取方式，并通过归纳与分析，确定2012年春夏将流行撞色风格女时装鞋。下面就以撞色风格女时装鞋为例，分析和论述撞色风格女时装鞋时尚元素如何进一步具体把握。

第二步，鞋靴设计师在掌握下一季鞋靴流行风格以后，下面的工作便是要进一步了解和分析这种风格鞋靴款式造型是由哪些造型元素组成的，因为不同风格的鞋靴其构成的时尚造型元素并不完全一样。此外，这一步设计师还要分析和确定出撞色风格女时装鞋造型构成元素的具体面貌特征。撞色风格女时装鞋这些构成元素连带这种风格一同构成了下一季这种风格女时装鞋的时尚性和流行性，包括风格在内的这些构成元素也就可以称为这种风格女时装鞋的时尚元素。

设计师通过对前期获得的撞色风格女时装鞋流行资讯进行分析，得出撞色风格女时装鞋下一季时尚元素主要包括流行风格、流行色、流行基本结构式样（基本款型）、流行帮面平面分割造型、流行楦型、流行底型、流行跟型、流行材质肌理、流行配件等造型元素。但仅知道流行时尚造型元素还不够，设计师要想对以上流行时尚元素内容进行准确把握，还必须准确地分析出这些流行元素的具体特征和面貌以及它们的组织形式，只有在抓住时尚流行造型元素具体特征和面貌以及它们的组织形式的基础上再进行创新变化才能较好地完成对时尚元素的把握与创新工作。

首先，设计开发人员从前期获得的下一季流行的撞色风格女时装鞋有关信息中可以分析得出，一种对比色、非协调色发挥了对这种风格把握的主要作用，这种对比的、非协调的撞色构成了下一季女时装鞋款式造型的主要特征和亮点。这种对比色、非协调色组成的撞色组合主要运用了有彩色颜色对比组合和有彩色颜色与无彩色颜色对比组合两种组织形式，其中有彩色对比组合主要包括：粉蓝色与粉紫色组合（图3-1）、粉蓝色与粉黄色组合、沙滩色与粉红色或粉紫色组合（图3-2）、粉翠绿色与粉红色及粉黄色组合（图3-3）、红色系颜色与黄色系颜色和蓝色系颜色的三原色组合（图3-4）等。无色彩系与有彩色对比组合主要包括：黑色与不同的红色或蓝色、黄色等颜色的组合（图3-5）、单独的中性灰色或与黑色一起与不同的红色或蓝色、黄色等颜色的组合（图3-6）、白色与粉红色或粉黄色、粉蓝色、粉翠绿色等颜色的组合（图3-7）等。

设计开发人员从前期获得的下一季撞色风格女时装鞋的有关信息中分析得出，这种风格女时装鞋流行基本结构式样（基本款型）主要有四种，一种是流行于春季的鱼嘴式高跟厚防水台小圆头浅口鞋（船鞋、瓢鞋）（图3-8），另三种属于流行于夏季的常见结构式样凉鞋，它们分别是全空式高跟厚防水台条带凉鞋、前满后空式鱼嘴高跟厚防水台浅口凉鞋、前后满中空式鱼嘴高跟厚防水台浅口凉鞋。

设计开发人员从前期获得的下一季撞色风格女时装鞋有关信息中还分析得出，鞋靴设计师为实现两种或两种以上的对比色或不协调色在鞋靴帮面上形成一种对比，较多的撞色风格女时装鞋会进行一种帮面平面分割造型，而且，这种帮面平面分割造型多以横向直线和前后段的分割形式出现（图3-9），其中，有些帮面直线平面分割造型借鉴了蒙德里安式的冷抽象分割形式（图3-10）。由此，帮面平面分割造型也就成为这种风格女鞋重要时尚造型变化元素之一。

图3-1　蓝色与紫色组合使本款撞色风格女鞋显得个性、张扬

图3-2　沙滩色与粉红色组合可将撞色风格女鞋塑造的优雅、妩媚

图3-3　多种粉色对比色组合使本款撞色风格女鞋显得活泼、俏丽、可爱

图3-4　红色、黄色、蓝色三原色组合使本款撞色风格女鞋显得强烈、醒目

图3-5　黑色与粉红色组合使本款撞色女鞋显得端庄而又可爱

图3-6 黑色、灰色与红色组合使本款撞色风格女鞋显得干练而又充满激情

图3-7 白色与粉红色组合使本款撞色风格女鞋显得优雅、可爱

图3-8 桃红色与黄色组合使本款撞色风格女鞋显得青春、俏丽、妩媚

图3-9 纯度较高的红色与黑色组合使本款撞色风格女鞋显得浓郁、强烈

图3-10 本款撞色风格女鞋显然借鉴了蒙德里安冷抽象绘画，因此它身兼撞色与蒙德里安抽象两种风格

此外，设计开发人员还从前期获得的流行资讯中分析得出，2012年春夏撞色风格女时装鞋还将流行厚防水台、高锥形跟、磨砂质感材料、蝴蝶结配件等时尚造型元素，其中，厚防水台又分为外露型和内藏型两种，与此同时，也将流行一定数量的中低鞋跟、楔形底以及高亮度质感的漆皮革材料。由于以上时尚流行造型元素的变化内容和变化作用在下一季撞色风格女鞋中都相对较小，因此，在这里就不专门展开相关的论述。此外，下一季撞色风格女时装鞋还呈现出帮面与底、跟色彩整体化组织与设计的特点，即这种风格女时装鞋的厚防水台和高锥形跟成为这种风格女鞋配色设计的重要组成部分。

最后一步，设计师在对以上时尚造型元素的具体特征、面貌以及它们的组织形式充分、准确地了解并给予一定保持的基础上，再对以上各个时尚造型元素进行有针对性的创新变化。须特别注意的是，设计师在对以上时尚造型元素进行创新把握时，还必须注意满足本企业定位的特定消费人群审美偏好、生产加工、成本控制等要求，只有这样，这种创新变化才可能具有实际意义和商业价值。设计师对时尚元素的把握不仅仅是了解将流行什么，更重要的是要将这些时尚元素富有创造性地融入到自主开发的产品中，使自己开发的新产品既充满时尚性，又彰显出一种满足需求的创新性。为此，设计师对撞色风格女时装鞋以上各时尚造型元素还要做如下进一步的把握。

鞋靴设计师在对色彩时尚造型元素进一步把握的时候，首先要注意在具体运用哪一种红色、黄色、蓝色、绿色、粉色等流行颜色的时候，一定要以鞋靴材料市场上的流行实物材料色标或色卡为准。其次，由于鞋靴消费人群受年龄、职业、性格等因素影响，消费者会产生端庄沉稳型、活泼可爱型、个性硬朗型、优雅含蓄型等几种常见审美风格类型，为此，设计师在为新产品配色时，既要注意用准流行色，还要注意围绕以上四种常见审美风格类型去组织这些流行色。为使下一季撞色风格女鞋配色能满足更多消费者的审美需求，设计师还可以对以上四种常见色彩审美风格类型做进一步的相互融合，例如，在端庄沉稳大的色彩审美类型中划分出带有稍许活泼可爱感的端庄沉稳型、带有稍许个性硬朗感的端庄沉稳型、带有稍许优雅含蓄感的端庄沉稳型等四种细分色彩审美类型。实际当中，人们审美不仅分类型，而且还分程度，同一审美类型可以制造出高、中、低三种不同程度的审美感受，因此，为满足更多消费者对下一季撞色风格女鞋的色彩审美需求，设计师在针对这四种常见色彩审美风格类型配色时，还应将这四种色彩常见审美风格类型进行不同程度的划分，并以此对流行撞色色彩的审美感受程度进行进一步细分并加以运用。此外，设计师在为撞色风格女时装鞋配色时，还须注意所运用的两个或两个以上的对比颜色或不协调颜色在面积大小上一般不能相等或接近，即其中的一个颜色的面积要远大于其他颜色（与帮部件平面分割造型后的帮部件间的面积大小比例要求一样），但颜色之间的面积大小也不能过于失衡。

另外，由于审美具有较强的地域性，设计师还应根据自己特定市场区域消费人群的色彩审美偏好对以上流行的对比色相、色彩纯度、色彩明度等某一方面做一定的改变，而这种改变色的比例数量要视以往的市场经验而定。同时，考虑到服饰消费人群中总有一小部分人热衷中个性表现和引领潮头，因此，设计师还可以安排较小比例数量的个性少见的对比色、非协调色组合，如黑色与金色（图3-11）、银色与白色组合（图3-12）、驼色与金色和黑色及中性灰色组合、多对比色组合（图3-13）等。设计师在进行两个或两个以上颜色组合配色时，一定要以其中的某一个颜色为主，即在鞋靴上占的面积较大，其他颜色为辅，即在鞋靴上占的面积相对较小，大小比例一般大约控制在1：4~1：6。

鞋靴新颖、简洁的结构式样对鞋靴款式造型的创新感和新颖度发挥着重要作用。因此，鞋靴设计师在遵循撞色风格女时装鞋流行基本结构式样的基础上，还须对其结构式样时尚造型元素做进一步的把握与变化。对于全空式高跟厚防水台条带凉鞋，设计师可以重点通过增加或减少条带部件，并通过对条带部件进行组织造型上的变化，形成新的结构式样，也可以在原有条带部件数量不变的情况下，继续通过对条带部件的组织造型变化

图3-11 黑色与金色组合使本款撞色风格女鞋显得端庄而又辉煌，同时这两种颜色组合也是当年经典、时尚的撞色搭配

图3-12 白色与银色组合使本款撞色风格女鞋显得高贵、个性和干练

图3-13 多种高纯度对比色组合使本款撞色风格女鞋显得缤纷多彩、活泼动感

来获取一种新的结构式样。对于前满后空式鱼嘴高跟厚防水台浅口鞋和前后满中空鱼嘴式高跟厚防水台浅口鞋，设计师可以重点通过在这两种凉鞋的后空和中空的位置上加装一根或两根条带部件，并通过对这一根或两根条带部件与其他部件或它们之间进行新颖的组织造型变化，形成新的既时尚又新颖的结构式样及款式造型。此外，设计师还可以对这两种鞋头部位的鱼嘴形状进行变化。

鞋靴帮面平面分割造型对鞋靴款式造型创新感和新颖性同样发挥着较为重要的作用。同时，又由于帮面平面分割造型是撞色风格女鞋重要的时尚造型变化元素之一。因此，在遵循撞色风格女时装鞋帮面横向直线分割和前后段分割两个基本形式的基础上，鞋靴设计师对这个时尚造型元素还应该做进一步变化。当帮面上只进行一或两个横向直线分割造型时，设计师要遵循一个基本原则，那就是分割后的若干个帮部件中，必须要以其中一个为主，这个部件的面积大于其他部件面积较多，但大小之间也不能过于失衡，大小比例控制与色彩面积大小比例控制相同。

撞色风格女时装鞋上的横向直线分割造型的新颖性主要来自于以下三个创新点和变化手法，一是横向分割直线在鞋靴帮面上的新颖位置选择；二是横向分割直线的数量变化以及它们之间的相互组织造型变化；三是横向分割直线的局部转折变化，这种转折变化，可以为横向分割直线带来一种形状上的改变和新颖感。当然，除了横向直线分割以外，设计师也可以在这种风格女鞋帮面上进行一些曲线平面分割（适合鞋头较圆或鱼嘴较圆的撞色风格女鞋）和纵向平面分割上的造型变化。

鞋靴楦、底、跟是其时尚感和流行性重要体现部位，也是鞋靴重要时尚造型元素——形态造型元素的重要构成内容。绝大多数鞋靴企业不会对下一季流行的楦、底、跟造型做过多的调整和改变，一般鞋靴材料市场上流行什么就直接拿来用什么。设计师对鞋楦的进一步设计把握是在遵循经典流行楦型的基础上，并根据不同审美类型对其头式俯视二维廓型或鞋楦头式上方的某种形状凸起的立体三维造型进行设计变化，这种楦头式造型上的设计变化不是无的放矢的随意改变，而是要根据设定的审美类型进行有针对性的调整与变化，使设计变化后的鞋楦造型所产生的审美感受与特定审美类型给人带来的审美感受相一致。大底（主要指大底前部，即所谓的防水台）与鞋跟的进一步设计把握同样是在遵循经典流行式样的基础上，并根据自己定位的消费者的审美偏好和审美接受程度对防水台的厚度和鞋跟的高度与粗细程度进行调整与改变。

材质肌理同样是鞋靴重要时尚造型元素之一。从前期获得的流行资讯中可以看出，磨砂革和漆皮革将成为下一季撞色风格女时装鞋两种主要流行材质肌理，同时也流行少量的金皮、银皮等金属效应革。运用组织方式主要有两种，一种是帮底全部为磨砂革或漆皮革，另一种是帮面上磨砂革与漆皮革并置对比运用。这两种材质并置对比运用时，设计师通常会将磨砂革的面积安排得大一些，大小比例控制与对比色彩之间的面积大小以及帮部件之间分割面积的大小比例控制基本相同。设计师对撞色风格女鞋材质肌理的进一步设计把握是在遵循经典流行材质的基础上，对不同材质数量的运用、材质变化与对比节奏、材质变化与对比呼应以及承载材质的帮部件形状等方面做进一步的调整与变化。另外，设计师还要根据自己定位的消费人群的材质审美偏好和撞色风格中的四大审美风格类型，精心安排新开发产品中全磨砂革、全漆皮革、磨砂革与漆皮革搭配、金属效应革与磨砂革或漆皮革搭配等四种材质运用形式的配置数量比例，例如，端庄稳重撞色风格女时装鞋就比较适合运用全磨砂革或以磨砂革为主的磨砂革与漆皮革搭配的材质效果。

配件（配饰、饰件）不仅是鞋靴重要时尚造型元素之一，而且也是把握各种风格鞋靴的重要造型元素之一。从前期获得的流行资讯中可以看出，蝴蝶结、铆钉是下一季撞色风格女时装鞋的两种重要流行配件，其中，铆钉也属于装饰工艺造型元素。蝴蝶结和铆钉在丰富和变化撞色风格女鞋款式造型以及把握撞色风格女鞋可爱感和野性前卫感两个方面发挥着重要作用。蝴蝶结的造型变化与铆钉的组织造型变化构成了下一季撞色风格女时装鞋款式造型上的审美亮点。因此，设计师在对下一季撞色风格女时装鞋设计开发进行整体规划时，应拿出一定比例数量的产品加装蝴蝶结和铆钉，这样既顺应了时尚潮流，同时也细化丰富了撞色风格女时装鞋，满足了更多消费者的不同审美趣味需求。对蝴蝶结配件做进一步的把握，首先是要根据自己定位的消费者审美

图3-14 少见的粉绿色与淡粉红色组合使本款撞色风格女鞋显得个性、可爱

风格类型来确定把握和变化哪几种审美风格类型的蝴蝶结；其次，设计师在对蝴蝶结款式造型进行变化时，还要注意在同一审美风格类型下的不同审美程度的把握，最后是对蝴蝶结的形态和色彩这两个发挥主要造型作用的造型元素的把握与变化，其中，蝴蝶结两翼的形态变化对蝴蝶结的造型新颖性影响最大，可作为蝴蝶结一个重要创新点去把握。蝴蝶结色彩既可以选择与帮面色彩对比或不协调的颜色，也可以使蝴蝶结的色彩或多层蝴蝶结中的一部分色彩与帮面色彩相同（图3-14），如果设计师想通过蝴蝶结彰显鞋款的新颖度和款式造型上的审美亮点，那么，其色彩就应选择与帮面色彩有对比性或不协调的颜色。实际当中，多数时候，设计师是凭借经验和眼光直接为新开发的鞋靴产品选用鞋靴材料市场中现成的蝴蝶结配件，但对于有实力的鞋靴企业，则完全可以自己设计开发既流行又个性的装饰配件，这样能更好地彰显自己产品款式造型方面的独特性，突出自己产品的亮点与卖点，从而赚取更多的附加值和利润。铆钉设计变化的创新点主要是组织造型和数量上的变化把握，铆钉组织造型上的创新变化决定了铆钉使用的新颖性，铆钉数量、大小、形状和质感等方面的把握则决定了撞色风格女时装鞋野性前卫感的不同程度。

设计师通过以上三个步骤和运用以上相关设计方法便可以对鞋靴时尚元素进行有效和创造性地把握。

第四章

鞋靴设计程序

本章提要 本章主要讲授鞋靴设计程序的意义和作用、鞋靴设计程序的关键、鞋靴设计程序内容展开等内容。

学习目标 1．认识和理解鞋靴设计程序的意义和作用。

2．认识和理解鞋靴设计程序的关键，掌握解决这些关键问题的基本方法。

3．认识和理解鞋靴设计程序展开的主要内容和顺序。

4．认识和理解鞋靴设计信息收集与分析都有哪些内容。

5．认识和理解鞋靴产品定位的内容、意义和作用。

6．认识和理解鞋靴设计几种主要思维形式。

7．认识和理解鞋靴款式造型设计都有哪些基本构思方法。

8．初步掌握鞋靴款式造型设计六种基本构思方法。

一、鞋靴产品设计程序的概念

在发展日新月异的社会里，工业领域的产品设计开发变得越来越复杂化，涉及的知识、技术、学科、部门越来越多。产品设计的日渐复杂化、综合化以及日趋激烈的产品竞争，促使人们为取得良好设计效果而去寻求和建立一种行之有效的设计实施步骤及方法，这样，设计程序便产生了。

鞋靴产品设计程序是指鞋靴设计者从整体利益（生产—消费—社会、自然）出发，去建立和遵循的一种设计实施步骤与方法。

二、程序在鞋靴设计中的作用及意义

目前，如果没有一套正确的条理清晰而完整的设计程序，就很难设计出有市场竞争力的产品。不同产品领域，程序应用程度不同，技术复杂、竞争激烈的行业及产品，设计程序的应用、作用、价值和意义相对大一些；技术较为简单、竞争不很激烈的产品，设计程序应用的价值和意义相对就小一些。企业之间的竞争，最终是产品创新设计开发上的竞争。鞋靴产品设计受生产、消费、时尚、材料等各个方面因素影响，产品的服务对象——消费者，是对产品的设计开发起决定性影响的因素。鞋靴设计程序的提出和实施是顺应制鞋业高层次发展竞争的需要，也是保证鞋靴设计开发工作能有一个比较科学、客观的认识问题、解决问题的方法。只有运用正确、科学的设计程序，才能使我们的新产品设计的开发卓有成效。

鞋靴设计不单是形式（造型）和功能的考虑，它受诸多因素影响和制约。这种制约和影响是有先后、轻重的，于是在鞋靴设计过程中，除对鞋靴造型和功能做深入细致的研究和思考外，还应充分认识到鞋靴造型和功能设计不是一种纯粹的形式和功能设计，而是针对不同消费者、不同环境条件下对鞋靴形式和功能的特定需求的设计。另外，流行趋势、材料供给、企业加工设备、生产技术、营销方式与策略等因素都对设计有重大影响。诸多因素对设计的影响，使设计必须遵循某种程序或流程去开展。当然，这种程序或者说流程不是一成不变和严格固定的模式，有时程序或流程也是可以根据企业和自身情况进行一定的调整。

三、鞋靴设计程序的关键

运用鞋靴产品设计程序要注意把握好以下两个关键之处：

第一是程序的前期，设计者要能够发现行业和现有产品中存在的“问题”。只有能够正确地发现“问题”，设计者才能在此基础上调动各方面力量去解决这个“问题”，然后，也才可能使新的设计更完美，最终取得成功。实际上，整个程序的各个环节都是围绕所发现的“问题”来展开。应该说，无论哪个行业，哪类产品，都不可能没有“问题”，现有的产品也不可能完全地满足不同条件和不同类型的人的需求。况且社会在发展，人们在生活中的追求也是在不断变化的。

鞋靴的“问题”如何去发现，我们可以从以下两个主要方面去着手。一方面从鞋靴特定的消费者角度去分析、发现问题，唯有鞋靴产品消费者，才是设计的源泉，不同条件、不同类型的特定消费者对产品有着丰富而多样的现实和潜在需求。例如，在鞋靴款式审美上，男人和女人不一样，20岁的女性和30岁的女性不一样，成人和儿童不一样，艺术工作者与科学工作者不一样。在鞋靴实用功能上，各种职业都有自己特定的功能需求，甚至在同一职业中，具体岗位、环境等的不同，对产品功能要求也会不同。鞋靴设计者应从不同消费者对鞋靴造型（款式）和实用功能的不同需求中发现“问题”所在。另一方面从现有鞋靴产品中去发现“问题”，这就需要对现有的同类产品进行深入而广泛的调研，看它们在满足人们对鞋靴的审美或实用功能上是否已经做得很好，是否有不完善之处，这便是“问题”所在。

在发现“问题”的基础上，设计者还需进一步对企业、市场、材料等方面进行调查、分析。内容可涉及企业管理状况、资金状况、技术状况、设备状况、市场价格接受能力等。随着对“问题”全面深入的分析，我们就可以给“新”产品以较全面的定义。

第二是设计者能将发现的“问题”用针对性的设计方案加以解决。这个时候需要设计者运用自己的设计能力，包括设计技巧、经验、修养等，从各个角度、各个方面对产品进行构思。在构思设计过程中，要时刻注意不能脱离已得出的“新”产品定义，即“新”产品各个方面的定位要求，除非实际情况或企业有所变化。经过深入和反复的设计思考，并权衡诸多设计方案中工艺、材料、成本、效果、资金等方面利弊以后，逐步筛选出若干方案，然后，再用效果图、结构图表现出来。

四、鞋靴设计程序展开

鞋靴企业的发展程度、组织管理方式和对设计的理解、认识的不同，以及设计师设计方法、理念和习惯等的差异，使鞋靴设计程序的开展存在一定的差别，但总的内容、结构、顺序、步骤及相应要求应是一样的。一般地讲，鞋靴产品开发设计程序如下。

（一）信息收集与分析

前面说过，程序的关键是发现“问题”，给出“新”产品的定义，实则也就是发现设计的目标，亦即开发。而要想发现有价值的“问题”，对行业各个方面信息（也有谓之情报）的广泛收集与深入分析是必要而有效的。信息收集与分析的方面主要有：

1. 对产品市场方面的信息收集与分析

通过对市场上现有鞋靴产品的类别、数量、功能、造型（款式）、发展趋势、价格、材料等信息收集和分析，确定现有的鞋靴产品是否已满足各种特定消费者的需求，从中发现“问题”。

2. 对消费者信息的收集与分析

这方面信息的收集与分析在新产品设计开发中至关重要，因为消费者才是企业产品的最终受用者或者说服务对象，只有对这个市场源头进行深入的了解和充分的分析，企业才能不断地有“问题”去解决。对同一种产品，不同的消费者有不尽相同的爱好和需求，设计师应对特定消费者对产品的具体需求和偏好的信息进行收集与分析，并根据现有市场产品状况，从中发现、判断、限定出“问题”，准确选定开发的目标。

3. 对新材料、新工艺、新技术方面的信息的收集与分析

这几个方面的突破和发展，对鞋靴的式样或功能创新都能起到积极推动作用。

4. 对行业发展动态方面的信息进行收集和分析

这方面信息对企业发展和产品的开发、设计、生产同样有很大影响。例如，在中国加入WTO后，虽然中国制鞋业依靠劳动力资源的优势，可以在国际市场上有很强的价格竞争力，但同时，出口产品在设计上又存在很大不足，这个“问题”给国内企业指明了追求的方向，带来了发展机遇。解决好这个“问题”，企业便能在国际市场上打开一片天地。另外，加入WTO后，国外花色繁多的鞋面材料也会以较低价格进入中国市场，这为国内设计师设计出更新颖的鞋靴产品提供了有利条件。

5. 对自身企业和竞争企业的信息收集与分析

鞋靴产品的设计开发离不开企业的能力和条件限制，也避免不了与其他企业在产品上的竞争。设计师只有知己知彼、扬长避短，才能设计开发出既能为企业能力和条件所接受，又能抓住市场卖点，满足市场需求，并为企业带来良好经济效益的新产品。对企业信息收集与分析，主要是了解企业在管理、工艺设备、技术、资金、营销、员工素质等方面的水平和能力。对主要竞争企业的信息收集与分析主要有他们的生产能力、技术能力、设计开发能力、主要产品类型、数量、价格、投放市场区域、营销方式及策略等方面。

6. 对流行与时尚信息的收集与分析

鞋类产品作为服饰整体的一部分，近些年同服装一样，其流行性和时尚性越加明显。鞋靴产品流行性与时尚性对制鞋企业具有很大的经济价值。因此，鞋靴企业设计人员或独立的鞋靴设计师应十分注意对鞋靴流行与时尚信息和其他相关时尚信息的收集及分析。对于企业来说，产品流行与时尚只有与企业产品投放区域相联系才有意义。从目前我国鞋类产品消费状况看，经济越发达的地区，其鞋靴的流行及时尚性越明显。对鞋靴产品

流行与时尚信息的收集与分析主要有楦型（主要是指鞋靴头式造型特点）变化特点、结构式样特点、鞋靴材料花色情况、鞋靴流行色彩信息、鞋底（跟）的造型（形态、高低、材质、装饰）流行信息、鞋靴装饰工艺流行信息、鞋靴装饰配件（色彩、造型、质地）流行信息、鞋靴图案流行信息。设计人员对间接流行时尚信息收集和分析主要有社会生活方式、社会思潮及心理追求倾向、服装流行及时尚表现、通俗文化方面的流行及时尚表现等。这些流行因素往往对鞋靴新产品的设计开发产生重要影响。

（二）鞋靴产品设计定位

经过前一程序对各方面信息的广泛收集和深入分析，设计师便可以从中发现现有鞋靴产品在满足市场需求上，存在着这样或那样的"问题"。有的是整体、普遍"问题"，有的是局部"问题"，有的是空白"问题"，有的可能是修补"问题"。仅靠发现市场上同类产品存在的"问题"，设计师还无法设定新产品开发的目标和详尽的目标定位。此时设计师还需要对企业的各种信息做详细了解，诸如企业的发展目标、技术能力、工艺设备、资金状况、营销方式及策略等，另外设计师还需要对材料状况做全面的了解。鞋靴设计师根据以上综合信息在满足市场需求—企业能力—材料供给之间寻找出最佳融合点，才能最终设定新产品开发目标及其设计定位。

1. 鞋靴类型定位

鞋靴类型定位是指新产品在品种和档次上的确定，即设计师依据对各方面信息和因素的分析，尤其是在市场需求和企业能力及材料供给之间找到融合点后，设定企业新产品类型开发目标。鞋靴产品类型定位包括以下两个方面：

（1）产品类别定位　产品类别是指企业产品种类，定位就是企业根据主客观情况选定新产品开发设计的鞋靴种类，如男鞋、女鞋、童鞋、旅游鞋、休闲鞋、职业鞋等。根据市场需求或发展趋势，鞋靴类别定位还可以进一步细化，如是生产正装女鞋还是时装女鞋，是生产小童鞋还是大童鞋等。

（2）产品档次定位　鞋靴产品档次定位主要是根据消费者情况及相应需求和企业能力与条件来确定。某种鞋类所针对的消费者一般会依据自身条件，如阶层、收入、职业、教育、年龄、地域等情况来选择适合自己的产品档次，社会地位较高、收入丰厚的人，对鞋的选择必然是档次较高，收入较低的一般选择中、低档产品。另外中小企业由于受技术、设备、资金、员工素质等方面条件限制，一般只能生产中、低档产品。企业和设计师在给产品档次定位时，一定要从特定消费者和企业自身实际情况以及市场出发，慎重把握，不能盲目地一味追求高档次。

2. 消费者定位

（1）生理定位　消费者生理包括性别和年龄。在性别上确定是男鞋还是女鞋，在年龄上确定是成年人鞋、青年人鞋还是童鞋。在年龄划分上还可以分得更细一些，如童鞋可以分为幼儿鞋、小童鞋、大童鞋等。

（2）职业定位　确定产品使用对象是成功的商务人士，还是普通职员；是学生还是第三产业中的服务人员等。

（3）收入定位　产品使用者收入的多少往往影响着他们选购产品的档次和数量。收入定位一般分为高收入、中等收入、一般收入和低收入几种。

（4）地域定位　不同地域的消费者受环境和消费习俗的影响，对产品要求也不尽相同。其中环境因素包括地理环境和气候环境，消费习俗包括消费者对产品类型的选择、对产品实用功能和审美、象征方面的偏爱。

（5）心理定位　心理定位主要是对消费心理和对产品某种象征、寓意的期待与满足两个方面心理的确定。

这两方面的消费心理受消费者生理、年龄、职业、教育、收入、地域等因素影响很大。例如，青年学生在选购鞋时，特别重视款式的新颖性和个性的体现。同时由于经济条件的限制，他们对鞋的价格也考虑较多。而高级商务人士对鞋靴的要求主要是高档次、大品牌和舒适性，当然这与他们的经济能力有关，另一方面这样消费也与自己的身份、地位相符。

3. 鞋靴产品风格定位

产品造型风格定位是指设计出的产品造型审美上表现出的一种总体感觉倾向，这种倾向（风格）又是打动特定消费者重要的因素。例如，优雅高贵风格的正装鞋、干练简约风格的正装鞋、浪漫风格女时装鞋、民族风格女时装鞋等。风格独特、鲜明的鞋靴产品能够培养越来越多的忠诚顾客，树立起产品的品牌形象。鞋靴产品造型风格定位取决于消费者在某种风格审美和象征需求上尚没有得到较好地满足。

（三）产品组合设计

产品组合设计是企业为更多地占领市场及获得更多的经济利益而采取的一种产品类型、风格与结构式样（结构款型）组合策略。企业实施产品组合策略来自于满足市场的多样需求的需要。产品组合设计既表现于设计企划前期，也表现于设计企划展开中期。

产品组合设计主要表现为对鞋靴产品种类和大的风格类型进行组合设计，这主要是根据消费者对某种类鞋靴或风格有更多需求来进行组合把握。企业采取某种鞋靴产品组合设计，一方面要考虑企业自身人才、设计、资金、技术等方面能力来做某种产品组合策略，另一方面要考虑消费者对鞋靴种类、风格类型或结构式样更多的需要来做某种产品组合策略。一般来说，当企业以上各方面实力还不够强大或初次涉入鞋靴行业时，所做产品种类和风格类型应相对少一些。涉及产品种类多，企业面对的技术、资金等问题也会较多，容易使企业顾此失彼。涉及风格类型多，对企业设计开发能力及设计人才团队素质要求会比较高。应该说，消费者对鞋靴种类或风格类型的更多需求，是企业产品组合设计的主要出发点和依据。例如，从鞋靴种类和风格类型上看，我国目前的童皮鞋尤其是具有儿童审美特点的中高档正装童皮鞋基本处于空白状态，因此，做时装童皮鞋的企业，如果条件允许，在设计开发和强化风格特色时装童皮鞋的同时，可将正装童皮鞋作为自己企业设计开发和生产的重要方向和内容，并根据市场需求和竞争状况，对男女小童正装或时装皮鞋、男女中童正装或时装皮鞋、男女大童正装或时装皮鞋进行合理组合把握。

鞋靴设计企划中期产品组合设计主要表现为对鞋靴产品结构式样、鞋靴产品档次和鞋靴风格细化方面做进一步的组合设计。

鞋靴产品结构式样组合设计还以童皮鞋为例，在设计企划前期对不同风格和不同年龄段童鞋的合理组合设计基础上，企业还要根据特定区域市场人群对不同年龄段童鞋结构式样的审美偏好或使用习惯的消费数量结构，对不同童鞋结构式样及数量进行合理组合和有重点的把握。例如，有的区域市场可能喜欢耳式系带结构式样男童鞋的较多，而有的区域市场可能较多的人喜欢耳式绊带结构式样男童鞋，还有的区域市场又可能喜欢围条围盖结构式样男童鞋的人较多，童鞋企业要根据特定区域市场对以上几种结构式样男童鞋消费数量的多少来进行合理组合和有重点的把握。鞋靴结构式样不仅表现在不同的缚脚结构造型方面，还可以表现在低腰鞋、低筒靴、中筒靴和高筒靴方面，在鞋靴市场中，相同或相近造型的不同高度鞋靴会受到不同消费群体的喜欢。因此，企业在做进一步产品组合设计时，也应从此方面并结合某种高度鞋靴流行时尚进行组合设计与把握。

不同社会地位或经济实力的消费者会选择不同档次的鞋靴，在鞋靴组合设计中，企业应根据自身实力、不同档次鞋靴市场需求情况、品牌塑造与延伸需要以及不同档次鞋靴竞争状况来进行不同档次的鞋靴组合。一般情况下，鞋靴企业会选择高档鞋靴与中档鞋靴或中档鞋靴与低档鞋靴进行组合，由于产品具有象征作用，高档鞋靴产品与低档鞋靴产品组合时，势必影响高档鞋靴产品的销售与品牌塑造。

在实际鞋靴消费中，对中高端消费者来说，通常是以鞋靴某种造型风格是否突出以及是否新颖、美观、时尚来进行取舍的。消费者对不同造型风格鞋靴选择源于自身性格气质、审美偏好、象征需要、特定职业、教育程度、穿用具体环境、地域风俗等因素的影响和驱动，由于这些因素是消费者所固有，因此，消费者对某种造型风格鞋靴的选择购买也就是必然的，例如，同样是在办公场所穿着的女浅口正装鞋，性格内敛、有较多人文艺术修养的女性可能较多地选择优雅高贵风格的女浅口正装鞋；性格外向、做事讲求效率和能力的女性则可能较多地选择干练简约风格的女浅口正装鞋；而性格稳重和有较高文化修养的女性则可能更多地选择端庄典雅风格的女浅口正装鞋。而实际当中，鞋靴风格还可以进一步细化复合，例如，以上已细化的女浅口正装鞋在干练中可带有一定的优雅感，优雅高贵的女浅口正装鞋中也可带有一定的浪漫感和性感等。细化复合风格鞋靴更符合市场实际消费购买穿着状况，当然，消费者对鞋靴细化风格的选择不一定都是自觉的选择。

消费人群对其他鞋靴风格的追逐也同样会在首先确定某种大风格下再选择他们更喜爱的某种细化复合风格的鞋靴，因此，在鞋靴产品组合设计中，对鞋靴产品进行一种细腻复合风格的组合把握，对鞋靴产品赢得更多的市场份额具有很大作用。

（四）鞋楦设计与组数确定

鞋楦不仅在鞋靴成型中具有重要作用，而且对鞋靴款式造型美感、个性和时尚感也有着重要作用。鞋楦造型决定了低腰鞋靴基本廓型（相当于服装板型），尤其是备受消费者和设计师重视的鞋靴头式造型的美感、时尚和个性均是由鞋楦头式造型决定。对于绝大多数中小鞋靴企业来说，鞋楦造型的基本特征是紧跟自己跟踪的鞋靴品牌的楦型走，抓住鞋楦的流行性，如果定位的产品销售区域和消费者相同，多数情况下，鞋楦是不做修改的。对于有实力的大型品牌鞋靴企业，它们可在跟踪领先品牌企业流行楦型的基础上做一定的造型修改，在对楦型的修改中，一般不对楦型头式俯视两维轮廓造型进行修改，因为，楦型头式俯视二维轮廓造型主要体现着鞋楦的流行时尚性，楦型头式修改一般是在鞋楦头部的上方进行，造型变化主要在线状和面状形体中展开，其新颖与个性化的设计把握要视鞋靴类型和风格而定。

鞋楦组数确定要根据企业鞋靴产品准备覆盖消费者的数量来决定，一般情况下，高档和偏于正装的鞋靴，其鞋楦组数确定数量相对较少，低档和时装风格鞋靴，其鞋楦组数确定数量相对较多。鞋楦组数变化内容主要是在系列造型变化和号型变化两个方面上。

（五）鞋靴基本款型设计与组数确定

鞋靴款型主要是指鞋靴外轮廓造型（包括楦型）的某种高低、长短、肥瘦、方圆斜尖、厚薄等方面特征以及帮部件组合、排列形成的某种结构造型或帮部件增减、翻折形成的某种结构造型。鞋靴基本款型是指鞋靴大的外轮廓型与结构式样，在结构式样中，重点是鞋靴的开闭结构造型。根据上述鞋靴款型内涵，鞋靴基本款型确定工作中实际也包括前期鞋楦设计与确定工作。鞋靴流行首先是这种基本款型的流行，消费者购买鞋靴时一般也首先关注鞋靴的基本款型是否时尚和漂亮，因此，企业鞋靴新产品开发在充分了解消费者及市场需求和流行时尚的基础上，首先要设计和确定出下一季的鞋靴基本款型。实际当中，多数企业基本款型来自于权威鞋靴发布机构或领先企业发布将要流行或刚刚上市的若干种鞋靴大的廓型与结构式样，然后在此基础上再做一些造型幅度变化较小的延伸变化。

鞋靴基本款型变化重要内容是对帮部件进行新的组合、排列及其他构成变化，款型上的变化，可以为鞋靴产品造型带来明显的创新性，为鞋靴产品在市场上赢得更多的关注，与此同时，由于是帮部件的新组合、排列和构成，使得鞋靴款型变化往往给鞋靴加工生产带来一定的难度，工人需重新掌握和熟悉新的制作技术与方法，这期间势必要影响生产效率，而且也容易发生产品质量问题。因此，对于生产低档鞋的企业来说，一般不进行过多或繁杂的款型变化，这些企业多是通过色彩搭配变化、实施方便的装饰工艺、图案变化、帮部件分割造型、添加或变化装饰配件以及变换材质来寻求款式上的变化。鞋靴企业确定款型与组数与产品上市方式有关，如果是参加贸易展览会或订货会，其开发的款型与组数要相对多一些，如果是直接投入卖场，试探市场反应，其开发的款型与组数可相对少一些。此外，鞋靴企业确定款型与组数与企业生产经营的鞋类品种和开发水平也有关，正装鞋或职业鞋开发的基本款型和组数相对少一些，时装鞋、童鞋和运动鞋开发的基本款型和组数则相对多一些；再就是，由于设计师开发满足市场需求的能力较强，因此，开发水平较高的企业往往可以开发相对少一些的基本款型与组数，同样能获得较高的市场占有率。鞋靴基本款型确定一定要在时尚性、新颖性、实用性、生产性和成本控制等五个原则指导下去确定。对直接面对卖场的中型女时装鞋或童时装鞋企业来说，一般每季可开发50～80个新款型，每个款型再通过4～6种色彩、配件、材质肌理搭配、图案或装饰工艺等方面变化，形成相应组数和款式数量的新产品。

（六）底、跟设计与搭配

鞋靴底、跟是鞋靴设计重要内容，也是鞋靴整体造型的重要组成部分，鞋靴底、跟对鞋靴穿着舒适性和安全性也有重要影响。不同鞋类品种对底、跟的功能性要求不同，运动鞋、童鞋、休闲鞋和登山鞋的鞋底强调要有好的防滑性和耐磨性，劳保鞋的鞋底一般强调要有好的绝缘性和阻隔性，时装鞋的底、跟造型要求有与楦型、帮面造型风格及特征相协调的艺术和个性的造型，正装鞋底、跟的厚薄、宽窄与造型特征要求与楦型和帮面造型风格及特征高度协调。通常情况下，鞋靴底、跟设计与搭配要遵循以下要求：第一，要与鞋楦底形和后跷高相适合与贴合；第二，要根据鞋类品种具体要求来设计或选择其相应的功能性；第三，注意底、跟造型、材质以及上面的图案、装饰等要紧随流行时尚；第四，注意底、跟造型风格、形态方圆特征及体量大小要与楦型和帮面造型风格、形态方圆特征及体量大小高度协调；第五，设计定制或挑选出的底、跟必须符合成本控制要求；第六，在满足上述要求情况下，设计师要设计或挑选具有新颖性的底、跟。

（七）色彩设计及色卡制作

对多数鞋靴品种来说，色彩都发挥着重要的审美、象征和经济效益作用。鞋靴色彩设计成功与否对鞋靴产品的成功开发有着至关重要的作用。鞋靴色彩设计离不开对色彩特性的了解、遵循和把握。首先，色彩是一种非常感性的造型元素，具有很强的特定性，这就要求设计师一定要针对特定消费者的色彩偏爱进行设计；其次，色彩在不同材质肌理上面所呈现的表情和象征效果有很大不同，例如，红色在漆皮革上给人感觉躁动、激情和狂放，在绒面革上则显得相对沉稳、端庄；最后，鞋靴色彩具有较强的时尚性，这要求设计师在进行鞋靴色彩设计时，要能通过有效方法准确预测和把握特定鞋类品种的流行色，并通过对市场的了解，能较好地将流行色和常规色在产品中按一定比例配置运用（参看由中国轻工业出版社出版的拙著《鞋靴色彩设计》）。

色卡流行于工业产品设计诸多领域，有纺织材料色卡、皮革材料色卡、建筑涂料色卡等，目前我国使用较广泛的色卡是潘东色卡。色卡使用有两个作用，一是可以使产品色彩在更广阔的范围内有了统一识别和评价标准；二是可以避免凭视觉感官难免出现的不同批次产品中的色差问题。鞋靴设计企划中的色卡制作目前有两种方式，一种是将经过分析后准备使用的某些色彩帮面材料剪成一定形状贴在硬纸板上；另一种是将皮革色卡上选中的色彩剪切下来，贴在硬纸板上。用这两种方式制作出来的色卡都可用于市场上比对购买某种色彩的材料或验货时比对产品色彩是否符合要求。

（八）材料设计与搭配

鞋靴材料是鞋靴产品的物质载体，任何产品都是由一定的材料构成，鞋靴材料的理化性能不仅影响着鞋靴产品的使用质量和舒适性，而且，材料的材质肌理、色彩还是鞋靴产品造型美感和某种象征性的重要组成部分，对鞋靴、服装等装扮人外在形象的服饰品来说，鞋靴材料美感、时尚性和象征性所发挥的作用尤为重要。鞋靴材料以上两种属性决定了鞋靴材料设计与搭配时，设计师首先要考虑材料选用在理化性能及舒适性上是否符合自己的产品要求，其次，就是要重点考虑材料的时尚性和美观，所谓鞋靴材料设计与搭配主要是指不同材质肌理的组合搭配，在这里材质与肌理有着既相互联系又有一定区别的内涵，不同材质是指不同种类的材料质地，不同肌理既可能是指不同材料的不同肌理，也可能是指同一种材料的不同肌理。最后，鞋靴材料设计运用要考虑产品成本控制要求，在较高档的满帮鞋靴中，材料成本在其总成本构成中占有较大比重，同样花色和功能接近的材料，可能会由于不同种类或不同档次，其价格相差甚大，对成本和利润都有较大影响，因此，在保证材料理化性能和花色与设计要求相符的情况下，设计师应尽量选择价格较低的材料。

鞋靴材料视觉美感设计主要是将流行材料间或流行材料与常用材料、装饰配件间进行不同肌理的一种对比组合，这种材质肌理对比可以使观者获得一种视觉新颖性和美感。需要注意的是，不同材质肌理有不同的表情语言和象征含义，例如，平滑高亮度的漆皮或金属材质使人产生一种现代、活泼、高级的感觉，亚光的绒面革、磨砂革给人感觉温厚、庄重、朴实，稀有的鳄鱼皮革、蜥蜴皮革等给人感觉高档、富有，有一定光泽的天然全粒面小牛皮则给人以典雅、高贵的感觉。

鞋靴材料视觉美感设计，首先要考虑选用时尚材料，时尚与美感有紧密联系，不时尚的材料难言有美感；其次，材料设计运用要服从于鞋靴风格类型与产品档次定位要求，例如，正装鞋的材质肌理要求必须是在能体现高贵、典雅、端庄的前提下去设计变化与搭配；不同风格时装鞋的材质肌理则要求能充分体现风格类型、时尚、艺术和新颖性的前提下去设计变化与搭配；而休闲鞋的材质肌理要求在体现平和、温馨、轻松的前提下去设计变化与搭配。当然，不同档次的鞋靴，设计师要选用效果相同的不同档次的材料。

（九）设计构思及效果图表现

鞋靴设计构思是解决产品满足消费者需求及实现企业经营目的的核心环节，也是鞋靴产品企划的核心内容及工作。鞋靴设计构思的本质是创新，鞋靴设计工作的价值在于为消费者提供他们所预期得到的实用功能、审美、象征方面的物质或精神上的诉求，在满足消费者的同时，鞋靴设计创新也为企业带来丰厚的经济回报。前文说过，鞋靴作为一种装扮人们的重要服饰品，其审美作用更为消费者所看重，多项调查表明，消费者尤其是女性消费者都将鞋靴美观与时尚感如何作为其选择购买的首要因素，因此，鞋靴企业中鞋靴设计工作更多的时候应是对鞋靴款式造型美感方面的创新以及时尚感方面的把握。同时，鞋靴作为一种实用类的工业产品，其舒适性、特定功能性和生产性方面的技术设计与创新也是必不可少的。鞋靴舒适性主要是通过对鞋靴结构和材料的合理设计与运用来获得，鞋靴特定功能性主要是通过对鞋靴新的使用功能原理方面的突破来获得，鞋靴生产性主要是通过对鞋靴生产工艺与工序的合理设计与创新来获得。

鞋靴设计能否取得预期效果，及时、准确地发现消费者的现实或潜在需求是第一个关键，第二个关键是设计师在鞋靴款式造型方面必须有强大的创造性表现。鞋靴设计是一项集设计、技术、管理、生产、材料等众多因素为一体的综合性工作，忽视哪一方面，都会对鞋靴设计工作开展带来严重影响。鞋靴设计工作一般可分为前期、中期和后期三大阶段，在我国南方，鞋靴设计前期工作也称为开发，在国外也叫产品企划，即对下一季节鞋靴产品进行概念、风格、款型、色彩、材料、整体搭配等方面的方向性筹划。我国南方许多鞋靴企业高度重视鞋靴设计前期开发，许多中小企业老板亲自抓这项工作，因为他们深知，设计前期开发工作做得如何对整个鞋靴设计工作成功与否有着至关重要的影响，前期开发工作只有及时、全面、准确，后面的设计具体把握工作才能有效展开。鞋靴设计中期工作是对开发或产品企划工作的具体展开把握，如果是进行造型设计方面工作，设计师需围绕消费者某种审美偏爱以及某种复合细化造型风格和鞋靴结构、材料、工艺、成本等因素对鞋靴形态、色彩、材质肌理、图案、装饰工艺等方面进行整体协调的创新把握。如果是进行新功能方面的设计，设计师则要根据具体使用者的使用目的、环境要求、技术条件、材料条件、成本要求等对鞋靴新功能原理或材料机能进行突破创新。鞋靴设计后期工作是从实际穿用效果、生产和经营角度出发对设计方案进行物化及不断完善。

鞋靴设计构思是进行新产品设计的第一步，是产品本体设计的开始，它决定了产品设计成功与否。鞋靴设计构思集中体现了设计师的水平与整体素养。设计构思不是盲目地、与其他事物毫无联系的形式创造，也不是为功能而功能进行的创新，它必须是在产品企划的基础上进行的设计，是围绕特定的消费者及特定的需求进行的特定的设计构思。设计构思过程就是针对已定位的特定目标对象及特定需求、流行时尚、生产条件、材料条件等，调动各种造型要素和功能设计要素（结构、构造、工艺、技术、材料、原理等）进行有针对性的设计。

这一阶段是设计的真正开始，它要求设计师有超凡的想像力和卓越的创造力。鞋靴设计构思主要是通过以下设计思维和款式造型设计一般构思方法来进行。

1. 鞋靴设计思维

鞋靴设计思维是从宏观角度谈设计方法，与其他工业产品设计思维并无大的区别。与以功能设计开发为主的产品相比，鞋靴设计思维中更多的是用形象语言来思维。无疑鞋靴设计主要是一种创造性的形象思维设计，这种设计同样需要古为今用、洋为中用、他为我用，对一切有用的东西进行归纳、分析、吸收、扬弃、创造，不断在继承中去创新发展。设计思维总的特点和要求就是创造性和开放性地去设计思维一切事物。现代工业设计实践为我们积累了不少行之有效的设计思维方法，较常见的有逆向思维、合成思维、变异思维、联想思维、延伸思维等。

（1）逆向思维　逆向思维的特点是异军突起，标新立异。逆向思维风险大，但一旦成功便特别容易引起人们的注意，可以开辟新的途径，创造新的市场。逆向思维比较适合前卫鞋的设计。在进行逆向思维时应注意对度的把握（图4-1）。

（2）合成思维　合成思维也有叫做聚成思维或集成思维。这种设计思维的特点是设计者根据自己的需要将他人优秀的东西或其他一切有用的事物拿来为我所用，进行合理的组合，创造出一种新的实用功能或造型。运动凉鞋的出现即是这种设计思维的表现（图4-2）。这种鞋的帮面是凉鞋结构，镂空较多，鞋底是用弹性较好的运动鞋底。运动凉鞋的出现，满足了人们夏季运动的需要。多功能运动鞋的发明设计也是用的这

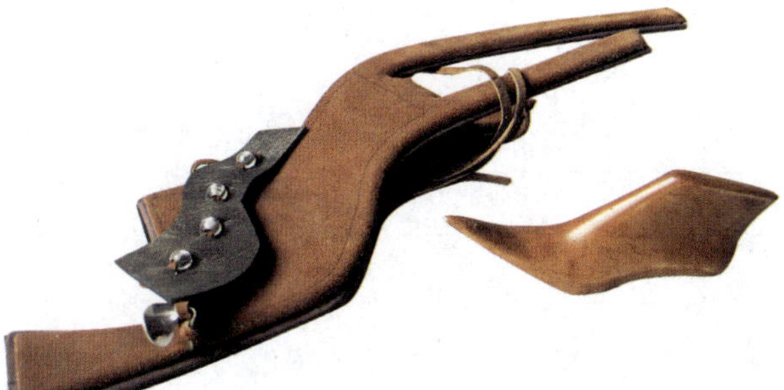

图4-1　逆向思维

图4-2　合成思维

种设计思维方法，设计师将训练运动员用的计时、计步和记距离的表压缩至很小，然后安装在鞋舌上面，使运动锻炼者随时能了解到有关数据。合成设计思维要求设计师涉猎广泛，对各种新事物有浓厚兴趣，并且善于发现其中的潜在价值。

（3）变异思维　变异思维是把原有设计的核心部分从使用功能或造型审美上加以根本性的变化，从而形成一种新的创造性的设计。变异思维的特点是移花接木，这种设计思维方法将熟悉变为陌生，又变陌生为熟悉，使新的设计因为有熟悉的东西而容易被人接受；又因熟悉中还有别出心裁的新意，又容易被人所喜爱。20世纪90年代一位叫乔尼的设计师就是运用这种设计思维方法发明出了运动式休闲鞋（图4-3）。在这款鞋中，设计师移花接木，将高跟置于运动鞋上，从而使鞋的穿用性质发生了变化，创造了一种新的流行式样。

图4-3　变异思维

（4）联想思维　联想思维是设计师充分调动联系事物的想像力，模拟同类或异类事物的功能、形态、色彩等，加以整合、演变、创新，从而形成一种新的设计产品。联想设计思维中又分为类比联想、对比联想等。

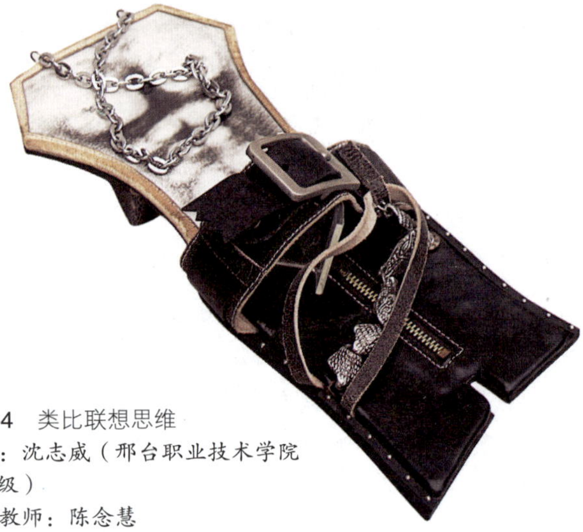

图4-4　类比联想思维
作者：沈志威（邢台职业技术学院2002级）
指导教师：陈念慧

类比联想的特点是触类旁通、举一反三。这种设计思维是扣住同类事物或异类事物之间的共同点，根据自己的设计需求和具体情况对其共同点进行调整和完善，从而创造出新的设计。滑草鞋的发明即是这种设计思维方法的结果。设计师从普通滑轮鞋上获得启发，将其结构及形态加以改变，设计开发出了能在草地上滑行的轮滑鞋。类比联想思维方法要求设计师平日细心观察，勤于思考，善于发现事物之间的共同点，并能加以有效地利用。类比联想设计较易展开，这种设计思维是从已知事物的某个方面，引发出类比联想并加以类推，重新设计、组合或改造，从而产生新的设计及产品（图4-4）。

对比联想思维与逆向思维既有联系，又有区别。逆向思维的对象比较稳定，而对比联想思维则须转换对象；对比联想思维既要同质异化，又要异质同化，而逆向设计思维主要是同质异化。对比联想设计的特点是指东画西，这种设计思维抓住不同类事物之间有用的共同之外，创造性地进行重新组合原有设计，根据自己需要和现有条件加以组合、调整、完善，构成一种新的设计及事物。如鞋靴设计师在设计一款凉鞋造型的时候，逆向思维表现为将原有简洁的全空条带形式变为繁杂的全空式条带形式，而对比联想设计是从其他事物中获得灵感，巧妙地加以组合。

（5）延伸思维　延伸思维是指设计师在原有设计基础上扩展、完善的一种设计思维方法。这种设计思维是设计师看到了原有设计及产品对于使用者或消费者来说不够完善或完美，设计师凭借自己敏锐地发现和设计才能将其不断地推向完美和完善。如目前市场上出现的隐形增高鞋就有许多不足地方，设计师可以用延伸思维方法将其扩展、深化，增加造型的变化和美感。

鞋靴设计思维可以借鉴的方法很多，这里只是列举较为常见的几种，这些设计思维方法在实际应用中，有时是单独运用，有时是相互渗透和综合运用。同时，设计师在设计中要高度重视民族精神与现代理念、传统文化与当代文化、民族习俗与国际时尚、普遍共性与独特个性等各个方面的渗入、融合、转化、发挥和平衡。

2. 鞋靴造型设计一般构思方法

（1）局部修改构思法　鞋靴造型设计思维与工程技术人员严谨的逻辑思维不同，它是一种跳跃式的形象思维，设计师离不开对形态、色彩、材质、图案等方面的想像，鞋靴造型设计方法多样，不拘一格，有的人在现成的鞋款中“移花接木”，拼合出自己的设计，有的从大自然的花草树木、飞鸟走兽的形象中获取设计灵感；还有的从其他实用艺术如服装、建筑、现代艺术、剪纸、各种工业产品造型中吸取设计养料来丰富自己产品造型上的表现力，大自然和各种人为事物的丰富多彩的形态、色彩和图案为我们提供了无穷的设计灵感。

局部修改设计法是一种相对容易的构思方法，它是设计人员在他人已有款式基础上对某些局部重新设计安排，例如把原来鞋款的头式造型改变一下，或色彩上改变一下，也可以把原有的某个帮部件轮廓修改一下等。局部修改设计不是盲目的修改，它是根据特定消费者的审美偏好和市场流行趋势进行有针对性地修改设计（图4-5、图4-6）。

图4-5　局部修改构思法

图4-6　局部配色修改后形成的系列产品

（2）局部借鉴构思法　局部借鉴构思法与局部修改法的不同之处是，局部修改构思法以他人作品为主，是对原来已有鞋款进行局部改动，而局部借鉴构思法是以自己为主，在造型的某个局部上借鉴他人优秀的东西为自己所用，更好地表现自己设计意图。借鉴的因素有形态、色彩、材质、图案、配件等（图4-7、图4-8）。

无论是局部修改法还是局部借鉴构思法，设计者在设计时都要注意新的设计是针对特定消费者的修改或借鉴设计，当然个别时候也可能是创造一种纯粹的形式美，此外，这两种设计法都要注意新的鞋靴款式造型设计在形式上的统一感。

（3）具象联想构思法　具象是具体形象的简称，是指由特定的形态、色彩、肌理等组成的各种具体可感知

图4-7　局部借鉴构思法

图4-8　借鉴局部曲线造型设计

的形体。具象联想设计构思法是指设计师从变化万千的具体可感的形象中获取造型设计的灵感。例如运动鞋上火焰般图案，就是设计师从火焰的形象中借鉴而来，借此表现体育运动如火的热情和不灭的追求（图4-9）。有的设计师在运动鞋上用足球的黑、白图案来装饰，以满足那些对足球狂热的人们的追求。模仿汽车形态的童鞋显然是设计师从汽车的形象中获得的灵感。还有的设计师从钢琴键盘的形象中获得启发，并直接搬用到女鞋上作为装饰图案，使鞋增添了几分优雅。

具象联想构思法须要注意的是设计师选用的具体形象要与鞋的品种和穿用对象对这种形象的审美偏好相吻合。

（4）抽象联想构思法　与具象联想构思法相反，抽象联想构思不是以现实事物的具体形象来启发设计思维，这种构思方法是从抽象的词语意境或某种颜色、肌理中感受一种鞋靴造型的风格状态，然后组织鞋靴造型要素来进行产品的造型设计。这些词语或颜色是对一种感性状态、风格的描述或象征，如优雅、端庄、稚气纯真、前卫、新奇、高贵、热烈、奔放、神秘、沉重、狂放不羁、飘逸灵秀、悠然田园等（图4-10）。设计师可以根据这些形容词语所描述的一种状态风格，组织鞋靴款式造型要素，来表现词语中的状态风格，以达到实现设计的目的。例如职业女性的服饰用品往往追求高雅大方的风格，她们需要鞋靴款式造型同样具有优雅端庄的风格，以便与自己的身份、气质相吻合。鞋靴要体现出这种风格，须通过设计师对各个造型要素的正确运用及组织来实现，也就是设计选择能表现优雅端庄的形态、色彩、结构式样、材料、配件和装饰工艺手法，将它们组合成所需要的一种造型风格的鞋靴。

图4-9　具象联想构思法

图4-10　抽象联想构思法

（5）题材、主题构思法　鞋靴造型设计中的题材、主题构思法，使造型设计更多地有了一种自觉性、思想性和文化性，这种设计构思法能充分体现设计师全面的文化艺术与专业素养，使产品具有更多的内涵和时尚性。

题材是指设计创作中所选择的社会与自然的某个方面，如城市题材、乡土题材、历史题材、校园题材、自然题材等。主题是题材中要表达的具体的思想或内容。题材、主题构思法就是设计师通过对某个题材、主题的确立来进行产品的设计。服装、鞋靴等实用与艺术相结合的产品设计不像文学艺术那样对题材和主题的依重，它主要是起到引导和深化构思，确定造型风格，以及提升设计师自身全面素养的作用。在题材主题构思法中，同一个题材可以有不同的主题，如都市生活题材中既可以表现刻意求新、前卫新潮的摩登青年一族的“都市幻影”主题。也可以表现干练、高品位的“丽人清风”主题，还可以表现充满理想与朝气的校园一族的“青春节拍”主题。题材主题构思法要求设计师必须是围绕确定的题材和主题来进行鞋靴造型上的创新变化，在这个过程中，设计师一定要努力使变化创新的造型要素能贴切、深刻和有主次地诠释产品或作品的主题，不要形成产品或作品造型与主题毫不相干或造型诠释与表现的过于平淡。主题的确立离不开对时尚和社会热点的把握与反映，主题具有一定的普遍性和典型性。如环保热点的出现使这类主题的作品较受关注。随着怀旧、复古风的兴起，传统主题不断出现。设计师通过对鞋靴产品一种主题的确立、开拓与表现，能使产品的形式（造型）具有一种深度和感染力。单纯地对鞋靴造型进行一些随意变化，其造型品位较低，新形式有时显的不耐看和肤浅（图4-11至图4-15）。

图4-11 题材主题构思法“楚河汉界”
作者：何文峰（邢台职业技术学院 2002级）
指导教师：陈念慧

图4-12 “为了忘却的白垩季”
作者：赵筱黯（邢台职业技术学院 1998级）
指导教师：陈念慧

图4-13 “e时代”
作者：张亚琛（邢台职业技术学院 1998级）
指导教师：陈念慧

图4-14 “竞”
作者：黄新军（邢台职业技术学院 2002级）
指导教师：陈念慧

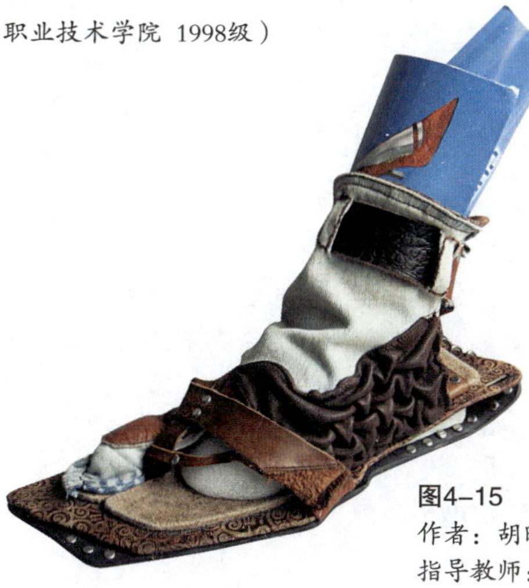

图4-15 “媚妹”
作者：胡晓萍（邢台职业技术学院 2000级）
指导教师：陈念慧

（6）局部展开法　鞋靴造型设计局部展开法是指造型设计从造型某一要素入手，根据这一要素的特点，组织其他造型要素共同构成预期需要的鞋靴造型。设计师运用局部展开设计方法通常情况是，设计师可能突然发现某一种造型要素能非常好地体现整体造型要求，于是设计师便围绕这一造型要素组织其他造型要素来进行产品整体造型设计。例如，设计师发现一种精致、秀美的小方头加长楦很适合开发方向的产品造型风格要求，那么设计师可以从这个局部造型出发，依照其形态风格设计帮部件造型、配件造型、材质和色彩等造型构成要素，并将它们组合成理想整体鞋靴造型。再如：设计师发现由宽条带编织而成的鞋面材料，给人感觉新颖大方，设计师依据这种材料的风格，设计和组织方头加长楦、大方新颖的配件等其他造型要素，最后设计出新颖大方、自信洒脱的鞋款。

3. 鞋靴款式造型设计与效果图

鞋靴款式造型设计与效果图表现不可分离，鞋靴款式造型设计是在设计师不断画草图或效果图的过程中展开的，设计师设计工作前期是通过对草图或效果图的推敲和感受来完成鞋靴设计方案的初步制定。鞋靴效果图分为草图和写实彩色效果图两种形式，其中，写实效果图又分为手绘和电脑绘制两种形式。

鞋靴设计草图用于设计师快速捕捉设计想像的灵感，需注意的是，设计师画草图的方式对设计成效和提高设计能力有重大影响，慢慢修改一款变化草图来寻求设计方案的表现方式不利于对比推敲和发挥思维想像活力与潜力，因为，作为形象思维的鞋靴款式造型设计是一种发散、跳跃性的思维，它要求设计师集中精力去进行跳跃性地形象联想思维，快速画草图设计表现方式不仅可以较快地捕捉到这种思维形式中的一些瞬间鞋靴形态、色彩或肌理等造型元素形象，而且快速画草图设计表现方式反过来还可以促使设计师集中精力去想像鞋靴款式造型各元素的各种变化。此外，由于快速画草图设计表现方式能有效积聚设计师精力去进行设计思维，因此，这种设计表现方式还可以有效推进设计师在鞋靴款式造型方面的想像能力。当然，当设计师画出较多草图后还要对其中一些较满意的草图做进一步的深入推敲，推敲形态、色彩、材质肌理、图案或装饰工艺等鞋靴款式造型构成元素是否新颖、时尚和实用地表现出了预期设计要求，鞋靴设计师在这种长期、深入、反复的鞋靴款式造型变化推敲过程中，可以有效地锻炼出鞋靴款式造型方面的强大想像力和提升对鞋靴款式造型的审美品位（参看由中国轻工业出版社出版的拙著《鞋靴设计效果图技法》）。

设计师通过较真实的鞋靴设计写实效果图以使自己或和生产管理人员、营销人员、技术人员甚至是客户进行更好的设计方案推敲。与过去国内许多企业动不动就做实物样品进行推敲相比，鞋靴设计写实效果图不仅非常经济，可节省大量人工和材料费用，而且还可以大幅度提高设计效率。随着鞋靴绘图专业软件性能的不断提高，以及计算机和互联网技术的日益普及和成熟，用计算机绘制鞋靴写实效果图将越加普遍，目前国内一些鞋靴企业已开始专门配备用计算机绘写实鞋靴效果图的"美工"，并已开始把鞋靴产品写实效果图通过互联网与经销商进行直接沟通。

（十）设计方案筛选与确定

在鞋靴设计展开过程中，设计方案要经过多次筛选与确定，不同阶段的方案筛选与确定也是对其不断完善的过程。设计方案筛选与确定环节需把握好两个关键，一是设计方案筛选与确定的评价标准要正确，二是设计方案筛选与确定的方式要科学。

好的鞋靴设计方案应做到以下几个方面：

① 鞋靴新产品设计方案要符合国内或国外有关产品标准或要求。

② 鞋靴新产品设计方案具有良好的穿着舒适性。

③ 鞋靴新产品设计方案有超出特定消费者或客户预期的审美、象征或功能方面的表现。

④ 鞋靴新产品设计方案能充分、鲜明、细腻、有创新高度和有品位的表现出既定的产品概念、主题和风格。

⑤ 鞋靴新产品设计方案具有很强的时尚性。

⑥ 鞋靴新产品设计方案要符合企业既定的产品价格定位及成本控制要求。

⑦ 鞋靴新产品设计方案要符合自己企业或多数同类型企业现有的技术与生产条件。新设计方案不仅要容易大批量地加工生产，而且要做到新设计方案在生产和消费者穿用过程中不易出现质量问题。

⑧ 鞋靴新产品设计方案具有较高的附加值，能为企业带来较多的经济利益。

鞋靴新产品设计方案筛选与确定的方式正确与否对正确选择设计方案同样有重要影响。初步设计方案一般由设计师自己判断选择，这种方式的方案筛选与确定要注意坚决避免设计师带有自己个人主观偏好的判断与评价。经过设计师初步筛选并得到修改的方案还需做进一步的筛选与确定，这时应由设计师、产品企划人员、技术人员、营销人员和生产管理人员等组成评审小组共同筛选与确定，如果企业做有产品企划，鞋靴新产品设计方案应以产品企划作内容和要求为评审、筛选的重要标准之一，产品企划除有锁定和指导产品开发基本内容和方向以外，在企业中还具有统一认识、围绕目标展开工作和作为产品设计、技术、生产工作评价标准的作用。由以上产品关系紧密的多方人员共同参与的鞋靴设计方案筛选与确定方式是企业内部一种较为科学的评价筛选方式。这个阶段要防止不了解消费者需求、产品设计、市场状况和生产技术的企业管理人员不负责任的主观判断与决定。这一阶段的新设计方案筛选与确定，既可以是通过看能真实再现设计构思的效果图来进行，也可以是通过看新设计方案实物样品的方式来进行。如果是采用后一种方式进行新设计方案的筛选与评价，就涉及鞋靴产品企划中的鞋靴样板设计与制作和样鞋试制两个重要技术环节。

经过前一阶段企业内部的筛选，得出了相对满意的鞋靴设计方案，但这还不能说明新的设计方案一定能得到消费者或客户的肯定，新的设计方案还需做出小批量实物样品拿到市场或订货会上由消费者或客户对其进行最后的筛选与确定，由消费者或客户直接参与的新产品筛选与确定活动是本环节工作最权威的评价方式，在这种方式的筛选评价过程中，企业设计师、技术人员、产品企划人员和营销人员都应及时、准确和全面地获取消费者或客户对新产品或样品的各种意见，并做出及时修改。

（十一）鞋靴样板设计与制作

鞋靴制板主要是为满足企业鞋靴批量工业化生产和鞋靴结构合理构造而开展的一项工作，其中，鞋靴结构合理构造有三个方面涵义，一是指鞋靴穿着使用上的结构合理构造；二是指鞋靴利于加工生产上的结构合理构造；三是指节约省料上的结构合理构造。从鞋靴设计整体过程看，制板工作是鞋靴设计物化的第一个重要技术环节，鞋靴制板是根据某种鞋靴特定结构构造、脚型规律、鞋靴穿着舒适性、鞋靴成型加工和材料使用等要求对鞋靴帮部件结构、形状、位置和相关数据进行科学合理的把握。由于人类脚部对鞋靴内部构造及造型有较高的适体要求，而且鞋靴形体较小，因此，鞋靴制出的帮部件、底部件和里部件的纸板形状、位置及其数据控制必须严谨、精确。

鞋靴制板不仅要根据以上诸多内容来开展，更要服务于鞋靴设计新方案的制板要求，做到既满足鞋靴制板以上基本要求，又能很好地还原和表现出新设计方案构思。由于鞋靴设计主要是对其款式造型进行一种美的形式创造，因此，样板师应具有一定美学素养，能感受对比、节奏、呼应、比例、均衡、协调、统一等美的构成形式，这样，样板师才能更好地理解设计师在新款式造型设计中的意图，也才能更好地配合设计师工作。在鞋靴制板工作中，样板师要与设计师始终保持良好的沟通，切忌自我主张随意修改原设计方案。

鞋靴制板工作一般分试板、修板（调板、改板）、定板、样板扩缩（样板级放、放板）四个不同阶段。试板也叫初板，是对新的鞋靴款型做首次制板，试板前，样板师要充分了解和分析新的鞋靴款型特点、工艺要求、所用材料性能与规格以及所用设备性能，以上方面都对制板的结构位置（点）选择、样板造型和相关数据产生影响。修板也叫调板、改板，首次制板一般难以完全符合设计和成型中的各种要求，往往需要对首次试板样板进行一定的修改和调整，修板多是从美观、鞋帮材料伏楦、鞋帮结构穿着舒适或节省材料等原由出发对试板样板进行调整。对低档鞋来说，由于缺少附加值，当样板造型（帮部件造型）美观与省料产生冲突时，省料成为修板的根据；对高档鞋来说，由于有较高的附加值，如果样板造型新颖美观与省料产生冲突，那么，新颖美观将成为修板的根据；而如果是中档鞋发生同样的冲突时，那就要算依据那方面修板能带来较多的利益。定板是指在舒适、新颖、美观、良好加工性、材料节省等方面达到一个较好综合点而确定下来的帮面样板，同时也包括确定做出的鞋里样板、鞋内底样板，有的还包括鞋跟样板。放板是指在中间号型定板的基础上，按照企业准备做几种号型的鞋靴向上下扩缩几个型号的样板，也有企业挑着号型进行样板扩缩。

当鞋靴样板达到定板条件后，鞋靴样板的伏楦平整性（实指由样板裁断出的帮部件的伏楦平整性）和精确性成为鞋靴制板工作的核心要求。而鞋靴样板的伏楦平整性取决于样板师在样板跷度处理技术上的高低，不过近年来，企业中广泛使用一种能使鞋靴帮面弯曲处平伏的拔跷机，较好地解决了此类问题。

在鞋靴制板中经常会出现一种"位移"现象，缺乏对帮部件"位移"现象经验的人无法做到精确、快速制板。所谓"位移"现象是指由于受帮面材料延伸性、帮面材料厚度、帮里材料厚度、包头厚度、主跟厚度、绷帮方式及力量大小等因素影响，使原本画在鞋楦上的满意造型在鞋靴后出现帮部件造型变形和帮部件分割造型线条变形，同时也会使帮部件在大小和位置上发生变化，一些控制数据也会出现错误。因此，样板师要想制板准确就必须积累以上因素对成型后的帮部件造型及大小、位置控制数据的影响程度和影响数值的多少，在制取某种造型样板以及要控制帮部件某些数据时，提前将以上影响变化的数值多少考虑在内，从而使鞋靴成型过程中"位移"现象所造成的帮部件变形及对帮部件控制数据的影响降到最低，有效提高鞋靴制板的精确性和效率。

（十二）样鞋制作与确定

样鞋的意义在于它给人带来的是一种真实的视觉与穿着感受，平面的写实效果图只是一种相对真实，与用真实材料做成的立体样鞋总是存在一定的视觉感受误差，这种误差表现在样鞋形态（款式造型）、色彩、材质肌理与效果图上同样三个造型元素之间总会存在的一定差别，况且效果图无法体会新设计鞋款的穿着真实感受。设计师只有通过对实物样鞋的观察，才能判断出新设计方案是否符合要求，也才能做出正确满意的调整，客户也才能最后予以确认。

样品实物制作的目的，一是检查、验证新产品的设计在结构及样板上是否存在问题，结构上是否符合脚型规律，样板制作上是否存在问题等；二是看在工艺制作方面是否存在问题，虽然在设计时已考虑到企业设备加工能力和技术能力，但如果新产品在工艺生产上成本过高或效率过低也不可行；三是看鞋靴样品实物与原设计构思预想的效果是否吻合。毕竟效果图与实物之间存在一定差距，有时效果图好于实物，有时效果图不及实物效果，后一种达到设计目的，前一种由于实物达不到理想的设计效果，此时设计师须与样板师、工艺师共同分析问题所在，找出问题，及时解决；四是通过样品试制可以核定出材料成本，计算出单位工时，对工艺流程进行合理安排，为技术文件的制定提供参考数据，并核算出总成本。

鞋靴样品制作各环节必须严格依据鞋靴设计效果图来进行，不得随意改变，在制作过程中做好必要的数据记录。鞋靴样品制作可按下列程序展开：

样鞋分为初样、初步确定样和最终确定样三种。初样主要用于比对设计效果和试穿效果以及做出相应调整。经过修改达到设计师满意的样品即为初步确定样，企业确定样一般用于参加订货会、展销会或交于客户确认。

为了更好地满足不同地区客户及消费者的需要，以求有更多的订单和占领更多的市场。企业一般都会通过局部形态、色彩或材质肌理的变化对初步确定样进行系列变化，其中，用消费者喜欢较多的色彩做鞋靴系列变化最为普遍，也最容易获得好的效果。

在订货会、展销会上得到订单的初步确定样或得到客户确认了的初步确定样即为最终确定样。最终确定样客户需签名确认，同时确认的还包括确定样上所用材料制成的色卡以及各种主辅材料品种、花色、规格、价格等，然后双方封样保存，以此作为验货标准和依据。在根据客户意见对初步确定样修改和调整的同时，技术人员要制定出有关规范的工艺技术文件（工艺指导书），有关部门要核算出产品成本和报出出厂价格。

由于在样鞋试制过程中，试制人员需对材料性能、制鞋工艺与工序、流水线批量生产等方面进行相关分析和合理设计，因此，要求样鞋试制人员不仅要有娴熟的制鞋技术，而且，还要懂得制鞋工艺原理，并能结合流水线生产实际合理设计工艺、工序和使用材料。

初样在制作过程中一定要严格按照产品设计方案及要求去做，并及时、细致地做好相关材料消耗、材料性能表现、各工序耗时、技术要点以及存在的问题等方面记录。

（十三）量产

当企业设计开发出的最终确定样获得市场良好反应后或客户下量产订单后，企业便进入到量产阶段。量产阶段分为准备、试产和正式生产三个阶段。准备阶段主要包括人员及操作技术准备、材料准备和设备准备三个方面内容的准备，如果是客户下单量产，并且对材料使用要求严格，企业在材料准备好后，要让客户签名确认，有时还需按客户指定的某种品牌材料去准备。

对于新款型，大批量生产前进行小批量试产是必要的，技术部中完成的样品鞋与产品在流水线上批量加工生产所遇问题不尽相同，有些问题只有在时间限制下高强度劳动或多人配合工作时才会出现，例如，鞋帮上两条逐渐相聚的缝线，在技术部中稳稳地做，只做几只并不会产生什么问题，但若放在生产线上高强度和反复做时就大不一样了，长时间高强度反复工作所带来的生理与心理疲惫，使缝帮工人容易将斜缝过来的线缝过头，从而造成产品质量问题和降低生产效率。又如，产品的单位产量对产品报价及单位利润有很大影响，新得鞋靴帮面结构造型（新鞋靴结构式样）是否便于大批量生产，只有在流水线上通过众多员工和工序试产后才能得知。

量产前的新产品试产必须将产品生产加工所有工作都放在现场流水线上进行，每个号型都要试做若干双，必须以正常流程试产，机器设备都必须事先按一定要求设定好，只有这样，企业才能发现大批量生产中是否有问题或有什么问题。如遇到问题要及时调整和解决。

（十四）新品试销

如果是自营品牌，新产品还要进行试销。新产品进行的试销有多重意义，最根本的目的和意义是看市场对它的反应如何，如果受到市场欢迎，则设计开发工作总体上已获成功，如果不受欢迎，设计开发人员应尽快找出问题所在，并及时解决。此外，试销还可以达到以下目的：

① 可以得到市场对新产品在功能、造型、价格等方面的反馈信息，企业可以根据这些信息对产品进行修改完善。

② 可以获取市场需求量的信息，而不是原先根据市场一般性数据预测出的可能的市场份额及所需产量。产品销售量与价格是企业获得效益最敏感的因素，产品试销能为企业提供这方面很有价值的信息。

③ 能取得关于原先制定的产品营销针划是否合理、完善方面的信息。应根据不同品种的鞋靴产品、不同的消费对象、不同的市场环境制定不同的营销策略。在新产品试销及与营销商接触之前，对新产品制定的营销策略只是一种预测性的，这样就可能出现原来制定的营销策略不是很适合新开发出的产品。那么，企业将新产品通过在鞋靴产品展销会、订货会或市场上直接试销，可以直接征求到营销商、客户或消费者对新产品营销方

式上的意见，企业可以根据这些意见修改和完善新产品的营销方式和策略。

（十五）新产品的市场导入

新产品经过试销获得许多宝贵和有价值的反馈意见和信息，企业据此可以对新产品进行改进，使之更符合市场需求，同时，对新产品导入市场的正确营销策略和方式也能通过试销工作的信息反馈而制定出来。经过成功的新产品试销工作，并通过修改各个方面的不足，企业便可以进行新产品的批量生产，并通过正确而有效的营销战略与方式将新产品正式导入市场。此时，整个鞋靴设计程序到此结束。

最后需要指出的是，鞋靴设计程序是一种方法，而不是目的，设计者的不同、设计要求的不同、企业运作模式的不同、设计环境的不同以及设计开发产品功能需求方面的不同，都可能导致设计程序的某些调整变化。这就需要设计者从实际出发，调整设计程序，针对具体情况、具体问题，用更合理的设计程序和具体的方式、方法去完成鞋靴新产品的设计开发。

思考与练习题

结合实际，试论遵循科学鞋靴设计程序的意义和作用。

实训四　鞋靴设计局部修改构思法

一、目的、要求

通过鞋靴局部修改构思法设计实训，使学生掌握鞋靴款式造型设计一种常用方法。

二、内容

运用鞋靴局部修改构思法设计一款鞋靴。

三、步骤

（1）了解鞋靴局部修改构思法的内涵与要求。

（2）确定一款时下流行鞋靴款式（图片）。

（3）对图片上的鞋靴款式某一流行造型元素进行创新变化，设计和画出10~15个变化款式及草图。

（4）进一步推敲和修改较好的局部修改设计方案。

（5）用写实效果图完整表现出最终局部修改设计方案。

四、考核标准（100分）

（1）局部修改设计方案与原设计方案保持风格上的高度整体性与协调性。（30分）

（2）修改后的局部设计方案比原局部设计方案更具创新性和审美性，比原局部造型风格更为突出。（50分）

（3）设计方案效果图表现具有较高的写实性。（20分）

实训五　鞋靴设计局部借鉴构思法

一、目的、要求

通过鞋靴局部借鉴构思法设计实训，使学生掌握鞋靴款式造型设计一种常用方法。

二、内容

运用鞋靴局部借鉴构思法设计一款鞋靴。

三、步骤

（1）了解鞋靴局部借鉴构思法的内涵与要求。

（2）以自己为主设计一款具有流行性的鞋靴款式。

（3）寻找和筛选别人同类产品款式造型的精彩局部，推敲谁的造型局部更精彩，更能融于自己的设计方案。

（4）用写实效果图完整表现出最终局部借鉴设计方案。

四、考核标准（100分）

（1）局部借鉴设计方案与自己的设计方案保持风格上的高度整体性与协调性。（30分）

（2）借鉴来的局部设计方案比自己原局部设计方案更具创新性和审美性，也使自己的设计方案原有风格上更为突出。（50分）

（3）设计方案效果图表现具有较高的写实性。（20分）

实训六　鞋靴设计具象构思法

一、目的、要求

通过鞋靴具象构思法设计实训，使学生掌握鞋靴款式造型设计一种常用方法。

二、内容

运用鞋靴具象构思法设计一款女童时装鞋。

三、步骤

（1）了解鞋靴具象构思法的内涵与要求。

（2）了解当下女童鞋流行那些具象形象。

（3）对女童鞋喜欢的具象形象在保持原貌特征的基础上进行创新变化。设计和画出10~15个某种具象形象的变化草图。

（4）对设计变化的具象形象进行造型关系元素方面的创新把握。设计和画出5~8个具象形象造型关系元素方面的变化草图。

（5）用写实效果图表现出设计方案。

四、考核标准（100分）

（1）女童时装鞋具象形象素材选取符合特定消费者审美偏好，并具有时尚性。（20分）

（2）女童时装鞋具象形象设计变化具有较高的创新性和审美性。（40分）

（3）设计变化的具象形象能结合造型关系元素方面的创新把握进一步提高其设计创新性。（30分）

（4）设计方案效果图表现具有较高的写实性。（10分）

实训七　鞋靴设计题材主题构思法

一、目的、要求

通过鞋靴题材主题构思法设计实训，使学生初步掌握带有某种主题思想或概念的鞋靴设计方法。

二、内容

运用题材主题构思法设计一款创意女时装鞋。

三、步骤

（1）选取和确定题材和主题。

（2）根据题材和主题命名合适作品名称。

（3）紧紧围绕题材和主题去组织和创新把握相关造型元素，设计和画出5~8个变化草图。

（4）重点推敲其中一款设计较好的草图，在基本符合脚型规律及穿着的前提下，继续紧紧围绕主题，对鞋靴的楦型、结构式样、材质肌理等方面进行进一步的大胆创新，力争使各造型元素既能贴切和深刻地诠释作品主题思想，同时对这些鞋靴款式造型元素的把握又具有较高的创新性，期间要设计和画出3~5个变化草图。

（5）用写实效果图表现出设计方案。

四、考核标准（100分）

（1）题材、主题选取具有普遍现实意义或深刻价值。（20分）

（2）作品名称与主题吻合，既能感受到作品思想所指，又具有一定的含蓄性。（10分）

（3）各造型元素既能贴切和深刻地诠释出作品主题思想，同时这些鞋靴款式造型元素又具有较高的创新性。（50分）

（4）作品基本符合脚型规律。（10分）

（5）设计方案效果图表现具有较高的写实性，绘制技巧娴熟。（10分）

参考案例

鞋靴产品设计开发流程模式一

张亚琛　美国布朗鞋业中国东莞利威鞋业有限公司设计师

鞋靴产品开发是一项既复杂而又极具风险的工作，它直接关系到公司经营的成败，所以鞋靴设计师在进行产品开发设计时必须遵循严谨、科学的开发程序。鞋靴产品开发一般分为三个阶段。

1. 鞋靴产品前期设计开发

主要包括流行信息的搜集、同季鞋靴产品在销售市场中的信息反馈、根据企业品牌DNA拟订新产品的开发方案、拟订生产时间与进度等。鞋靴前期开发是开展鞋靴开发工作的第一步。有些鞋靴企业为了尽早完成开发而忽略了必要的前期开发工作。其实好的开始是成功的一半，认真做好前期开发，把开发工作合理化、明确化和重点化，开发工作就完成了一半。

（1）信息搜集与分析　鞋靴相关信息的了解是发现问题，激发创意的基础性工作。不进行相关信息的搜集与分析，开发就没有现实基础，创意也只是缺乏市场基础及没有实际价值的凭空想像。搜集信息一般可从两个方面着手，一是外部信息的搜集，二是内部信息的搜集。

外部信息搜集来源：从各种期刊、报纸、网站、展会中掌握信息；在与客户或消费者的沟通中获得信息。

内部信息搜集来源：从畅销产品中找线索、从消费者抱怨中找线索、从消费者希望中找线索等。

对这些已经搜集到的信息资料必须进行分析、研究。也就是说，这些资料、信息不是单纯的搜集和使用，而必须加上企业产品的内涵与文化和竞争品牌目前现状的分析与研究，才可以用于鞋靴产品开发方案中。

成熟的鞋靴信息分析图应该包括：色卡、主题风格、主题表现元素、材料、楦型、跟型等。一般为表格和图片结合的形式出现。可以是一个主题一个风格，也可以是多个主题多个风格，需要根据企业实际情况来绘制。

（2）确定鞋靴开发方案　在绘制了鞋靴产品信息分析图表后，接下来的工作就是进一步的将其细化，即确定最终的开发方案。包括：确定鞋靴产品的风格、开发的数量、产品开发完成的时间。筛选鞋靴产品信息分析图表，筛选的目的是尽可能早地发现和放弃错误的主题与风格。最终绘制出符合企业和流行方向的产品信息分析图表。一旦产品风格确定下来之后，就可以根据销售的需要拟订各个风格的具体鞋靴产品总数和完成时间，并且绘制产品开发进度表。

2. 鞋靴产品中期设计开发

主要包括拟订鞋靴各个要素的数量与比例、绘制鞋靴研发工程基础图表等。鞋靴开发中的中期开发是将数量明晰化，为后期开发做好合理的铺垫工作。就像盖楼房，前段工作是确定建筑风格，中期阶段就是要根据前期风格、数据、比例打好鞋靴开发的框架与结构。中期开发是承上启下的重要环节。

（1）落实鞋靴设计各要素的数量与比例关系　二次明确主题与设计风格。从前期开发中发掘出来的产品设计要素很多，但是不能把它们全部纳入到新产品开发中来。这时就要根据已经确定的开发总数中对鞋靴设计各要素进行合理配比，将各个要素落实到将要开发的每一个鞋靴产品中。具体要完成的产品要素数量与比例如下：

色彩
- A. 色相
- B. 主要色相
- C. 色相在款式中的比例

材料
- A. 材料品种名称
- B. 主要材料品种名称
- C. 各种材料在款式中的配比

鞋楦
- A. 楦型
- B. 主要楦型
- C. 各个楦型在款式中的比例

鞋跟
- A. 跟型
- B. 主要跟型
- C. 跟高
- D. 各个跟型、跟高在款式中的比例

鞋底
- A. 底型
- B. 底材
- C. 各种底型、底材在款式中的比例

饰件
- A. 饰件形状
- B. 主要饰件
- C. 各个饰件在款式中的比例

款式
- A. 主题款式
- B. 主要款式
- C. 各个款式的比例

以上列出为鞋靴设计元素及其配比内容。当然这种方式不是固定的，只是用来控制数量和鞋靴款式花色比例。例如在相同楦型上设计不同风格的款式，也可以在不同楦型上设计相同风格的款式，都可以有机地将主题风格表现出来。需要特别注意的是，此阶段以后，一切设计活动都要围绕前期既定的主题与风格展开，将设计主题在鞋靴产品中明确化是鞋靴开发成功的重要保证。

（2）绘制鞋靴研发工程基础数据表　在综合以上鞋靴各个要素的数量与比例的基础上，就可以绘制组成一个完整清晰的开发数据图表。也就是说研发工程基础数据表是将上述的鞋靴开发风格与构成的各个要素综合在一起的、具体的、最佳的开发方案。它的形式很多，可以综合绘制在同一张数据表中，也可以分开绘制各个要素的数据表。其目的就是更清晰地控制、调整每个鞋靴款式，以求最大限度地符合开发计划。

3. 鞋靴产品后期设计开发

主要包括鞋靴产品外观效果图的绘制、鞋靴产品技术图纸的绘制、鞋靴样品的制作与调整、鞋靴产品的整体组合与调整等。

鞋靴产品的后期开发是把前期、中期开发的概念、思路由设计研发部门和鞋靴产品试做部门共同研制开发成实际产品实体的过程。这一阶段要力争把鞋靴产品构思转化为在技术和商业上可行的产品。

（1）鞋靴工程图与鞋靴效果图的绘制　鞋靴工程图与效果图就是准确表现设计师思想和设计意图的一种形

象表现形式。是实现鞋靴开发的具体行动方案，也是正确表达设计内容的载体。鞋靴设计师通过工程图与效果图，可以有效传递和说明鞋靴结构，直观地展现鞋靴产品的造型与结构。

鞋靴工程图的绘制是交于相关制作部门的表达产品设计结构与制作方法的形象技术文件。主要包括：鞋跟结构造型的绘制、底部结构造型的绘制、饰件结构造型的绘制、鞋靴款式结构造型绘制等内容。在绘制时要注意掌握以下几个原则：图纸干净整洁、结构与工艺做法正确明晰、尺寸标注准确、作图规范等。

鞋靴工程图一般都要配合鞋靴样品制作单来制作实际样品。鞋靴样品制作单的形式多种多样，主要描述了鞋靴样品详细的制作内容、要求与数据，例如：制作日期、楦号、面料、里料、中皮、领口里、后套里、饰件、跟、底、商标等。可以根据实际情况来进行制表编排。

鞋靴效果图绘制是鞋靴设计师基本任务与能力之一。鞋靴效果图是将设计师的构思用具象的形象表达出来，可以有效地预见鞋靴新产品的外观效果。与其他工业产品的效果图一样，鞋靴效果图的绘制方法多种多样，原则是在规定时间内将鞋靴组成的各个要素很好地表达出来。

（2）鞋靴产品的试制与完成　一旦鞋靴图纸和样品制作单制作完成后就要尽力解决鞋靴产品试制实施过程中的各种问题，以保证鞋靴产品开发顺利实现。鞋靴产品试制的主要步骤大致如下：

试楦：在此期间制作的鞋款主要目的为调试和修改鞋楦，以满足基本穿用需求。调整好后的鞋楦即为母楦，应该根据试制的数量进行拷贝待用。

试款：鞋楦调整好后即可以进行各种鞋款的试做。一般调整、修改2~3次为宜，将鞋款的结构、线条调整至满意为止。同时交由技术部门核算单位耗材数量。

配色：一般每个鞋款会有两到三个配色，其中一个色彩为主打色。

这个阶段就是要选用正确的花色材料、最佳的工艺流程将鞋款按照样品制作单要求制作出来。完成后由生产部门编制产品制作流程表，同时技术部门会根据单位耗材量和材料单价核算出鞋款的成本价格，以备各个鞋款进行商品定价。

鞋靴产品设计开发流程模式二

一、资讯搜集与分析

1. 资讯搜集来源

（1）媒体资讯　企业设计开发人员要及时搜集和分析权威行业部门、媒体和具有引领作用的鞋靴企业在互联网或专门发布会上发布的未来鞋靴市场流行资讯。

（2）市场资讯　企业设计开发人员还要及时搜集和分析包括竞争产品、产品特定消费者消费习惯和审美偏好、制鞋材料供给等市场资讯。

2. 资讯搜集内容

（1）不同地区、不同层次（年龄、社会地位、教育程度、收入）消费者在鞋靴款式造型审美和功能需求方面的差异性及具体内容。

（2）不同地区的产品市场消费者有哪些不同消费习惯。

（3）不同地区的产品市场消费者可接受的产品价格范围。

（4）同档次、同类型主要竞争鞋靴品牌产品有哪些优缺点。

二、品牌与产品企划

1. 品牌企划

（1）首先对当前目标市场上各类或特定种类鞋靴主要品牌的市场占有率、品牌概念（理念、内涵、主张）、主要造型风格类型、产品优缺点等方面进行严谨、深入和全面的分析。

（2）新品牌概念建立　新品牌概念建立有两个基本原则，一是新概念要具有实际性，不能空洞或笼统，概念内涵要能真正体现人的某种价值或功能追求；二是新概念应具有独特性，与其他品牌概念有明显不同。

（3）确定新品牌名称。

2. 鞋靴产品企划

（1）产品定位　①鞋靴类别定位；②消费目标人群定位；③鞋靴档次定位；④风格类型定位（新的功能和功能原理确定）。

（2）确立季节主题。

（3）确定基本楦体造型。

（4）确定基本款型。

（5）确定底、跟基本款型与搭配。

（6）确定基本配色及组合。

（7）确定材料种类、花色及组合。

三、设计构思

1. 设计师针对产品企划展开设计

设计师在设计构思鞋靴款式的同时，寻找各种能表达主题设计理念的材料和配件。总体设计要力求符合主题内涵、新颖、美观、整体和谐、实际可操作性强，设计方案必须考虑到工艺细节、量化生产和既定的成本控制要求等方面。鞋靴设计构思具体内容主要根据产品风格定位、消费者审美偏好、流行时尚、生产技术条件等进行以下几个方面的设计：

（1）鞋靴款式造型形态方面的设计（包括楦头式造型设计、帮部件分割造型平面形态设计、帮结构式样设计、帮部件立体形态设计）。

（2）进行新产品配色设计。

（3）进行新产品材质肌理设计。

（4）进行新产品图案设计。

（5）进行新产品装饰工艺设计。

以上设计内容及设计元素并非要在每次新产品设计开发中都全面去展开设计，设计师要根据流行的造型元素内容和特定消费者的审美偏好有所选择和针对性地进行创新把握。

2. 初步设计筛选

设计筛选除设计师外，一般还要组织市场销售人员、板师、生产技术人员等共同参与讨论，以使设计出的款式更具有市场需求性和量产的可操作性。

设计构思阶段工作是整个设计开发工作的核心和重中之重，是找到新产品满足市场及消费者需求的环节。

四、新产品楦、底、跟模型设计与制作

设计师与楦师配合共同确定新产品楦型，力求做到造型上符合设计主题和时尚要求，功能上符合脚型规律及穿用舒适性要求。

鞋楦、鞋跟、成型底模型做出后，需经设计师确认和生产试做无误后，才能确定出季节新产品鞋楦、鞋跟和大底的形体造型，这时再转交给鞋楦、鞋跟和大底制造商进行批量加工。

鞋靴的整体造型依赖于鞋楦、鞋跟及大底和谐统一的整体搭配，三者之间和谐完美的造型与精密的装配至关重要。这项工作如果做得不扎实，会给后面的工作及产品造成无法挽救的损失与后果。

五、新产品结构设计与样板制取

在制板前，板师要与设计师充分沟通，了解本季新产品设计风格与设计意图，然后根据特定消费者的脚型规律、现有材料、特定鞋款工艺要求及本企业生产工艺特点，对鞋靴结构与样板进行合理设计与制取。

为使新产品能顺利进行量产，设计师和板师要及时将记录鞋款设计和工艺制作有关事项的各种设计资料和技术资料提供给生产部门，并进行充分沟通，完成设计、技术到实物生产上的技术转移。

与此同时，新产品量产所用各种材料也应在此阶段准备完成。

六、样品试制

样品工艺技师同样必须严格按照设计方案，运用合理、规范的工艺及流程将样鞋制作出来，使其真正具有样品鞋的价值。在样鞋制作过程中，试制人员要注意对各种技术数据的收集，如材料消耗、各工序所需时间等，同时注意发现制作当中易出现问题的地方，将其记录写入工艺技术文件中，技术人员要对试制产品的技术难点、要点有一个清晰认识。

七、新产品评价、筛选与确认

样品鞋制作出来后首先要得到设计师确认，然后还要通过企划、设计、技术、营销、生产和经销商等多个部门及人员联合进行评价、筛选和确认。新产品评价、筛选和确认有两个标准，一是看样品鞋是否符合市场及消费者需求；二是看样品鞋是否有较好的量产性和盈利性。

新产品款式确定，设计师一般通过色彩或肌理变化对新产品进行系列变化设计。

八、新产品建档和成本核算

确定出样品鞋后，设计部、技术部、生产部、后勤保障部和财务部要及时开展新产品建档和成本核算工作。

新产品建档内容包括新产品款型编号、产品拍照、填写材料配搭表，列出出仓明细、当季各款所用材料明细与消耗量、工艺说明、出厂报价清单等。技术部门要将技术文件准备充分，包括：全套样板、各款的材料搭配、各款的工艺要求及注意事项，文件内容要条理清晰且完整无误，这样可以更好地帮助生产一线管理人员和技术人员做好新产品批量生产。

企业产品都有预定的价格控制和盈利要求，因此，有关部门要仔细核算出新产品单位成本和不同批量成本，如成本超过预期，就要从设计、生产、管理等各方面查找原因，并寻求解决方案。

加工型鞋靴企业技术部工作流程

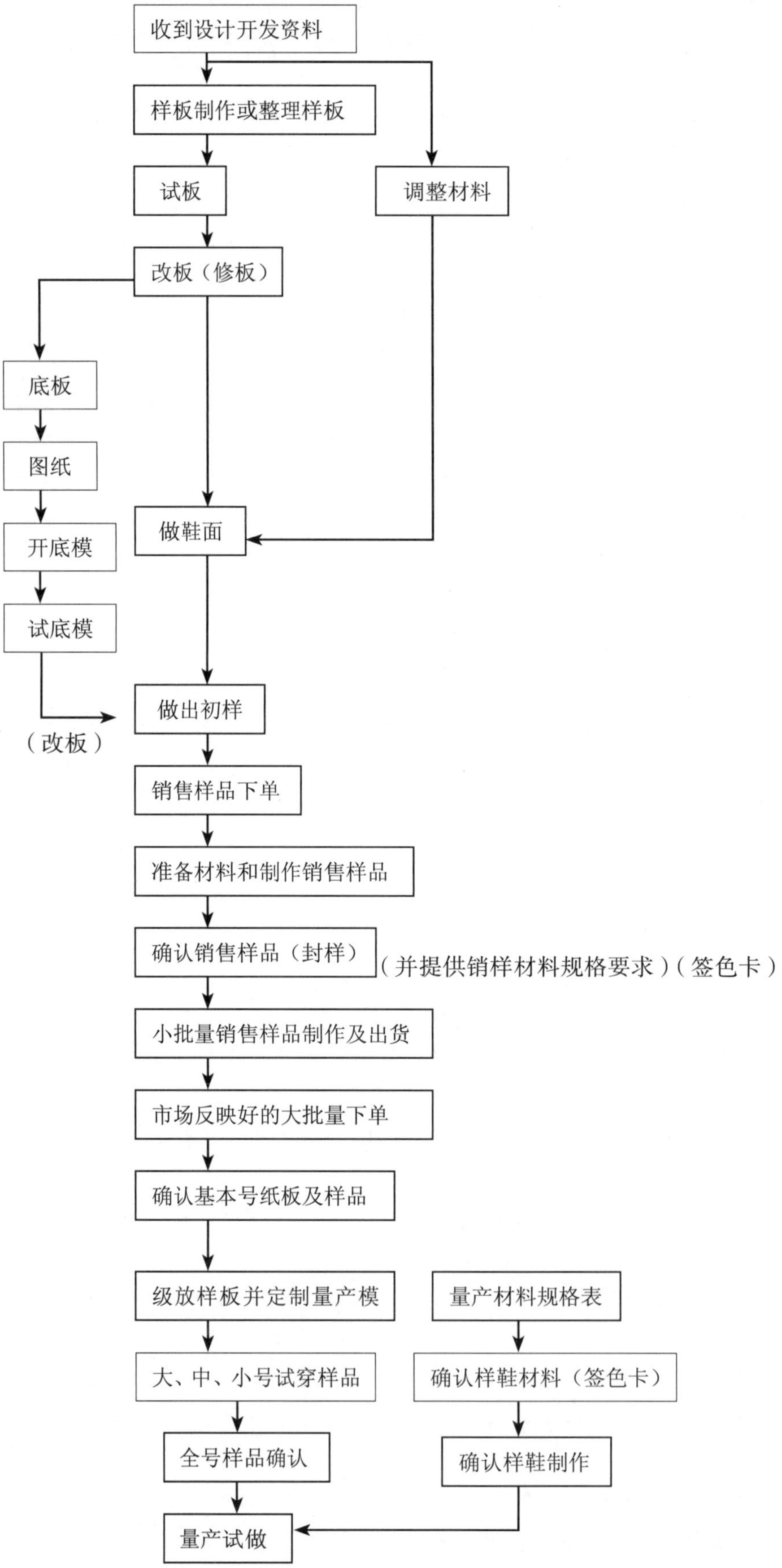

1. 收到设计开发资料

所谓设计开发资料，包含了鞋款效果图或样品鞋、样板、材料规格表（SPEC）、配件、鞋楦等。但并非每一次开发或每一品牌都能提供以上资料，有些品牌只提供鞋款效果图或鞋样，其他如样板、鞋楦、材料规格表皆由工厂根据客商要求自行解决。如果资料齐全，技术部就可以直接采集和调整相关材料做出样品。

2. 样板制作或整理样板

样板制作的同时，技术人员要同时进行材料开发，将客户提供的色卡交给相关材料厂商打样，通常样品材料因时间急迫，无法每次都达到测试要求，所以样品材料不提供确认样品或量产用。此时的样品仅注重看鞋靴的初步感觉。在做第二轮样品时，可能改材料、改纸板以节省成本。还同时将客户提供的英文SPEC改写成中文，提供其他部门使用。

3. 试板

样板制作完成，接下来即是试板，试板时往往尚未取得正式材料，可用类似材料来代用。若试板鞋的材料厚度正确，则可提供板师开内底板，以提供绘制2D大底图用。与此同时，开底模和跟模。

4. 改板（修板）

试板完成后，往往须将纸板再略做调整即改板，也叫修板。因为样板制作是由3D的鞋楦展开至平面纸板，再缝合成立体的鞋面，另外，帮面、帮里、包头等多种材料叠加、绷帮、材料延伸性等因素都可能使原来的样板定位位置、帮面线条形状和数据发生位移、变形和变化，修板即是解决以上问题。

5. 做出初样

完成的鞋面再配上大底，初样即告完成。初样大多用于参加展销会或客商确认，展销会或客商决定该样品的命运。每个初样都会有数种配色。初样被客商看好，接下来他们会下小批量订单，委托加工企业做一些销售样品拿到市场上销售，若反映不良则被取消。

6. 准备材料和制作销售样品

接到销售样品订单后，技术部也是依SPEC要求来调料，材料或已不同于前一次样品。销售样品的数量依品牌、地方的不同，差距较大，有的销售样品只需十余双，有的则需数百双。在制作销售样品之前，尚须做各种配色的销售确认样品，由客户签名确认，然后双方封样保存，其使用的材料须制作成色卡本，也要由客户签名确认。销售样品如果数量较多，可打刀模来代替手工裁料，这样不仅可节省时间，且材料裁边整齐美观。销售样品只制作封样号型。

7. 大批量下单

销售样品受到市场欢迎后，客商便要大批量下单，通常量产订单首先到达业务部，而后再到技术部。这时技术部门须马上展开后续工作，技术人员须完成成套样板制作、成套号型样板试帮直到量产试做完成才算结束。量产材料采购由采购部门负责。

8. 确认基本号纸板及样品

首先须确定基本号的正确性，虽然初样、销售样品皆是基本号，但制作程序有时并不完全符合量产设计及程序，有必要重新确认基本号纸板，另外，帮面刀模因纸板有修改也无法使用。若手裁样品确认通过，就可打刀模，此确认工作必须有客商在工厂的技术人员共同完成。刀模基本号样品也须经过相同流程。

9. 确认样鞋材料（签色卡确认）

在收到量产订单时，客户会提供一份量产材料规格表，在开发及销售样品阶段的材料规格表中未列入的材料，如补强材料或其他填充材料以及中途修改的材料，在量产规格表中都必须修正及补齐。以免影响报价的正确性。大批量采购材料前，一定要得到客商对后增加的材料色卡的签名确认。

10. 级放样板并定制量产模具

刀模基本号确认完成后，就可级放帮面样板、底样板以及订做量产模具。

11. 大、中、小号试穿样品

通常会先安排大、中、小号试穿样品，提供原客商安排试穿，以确定鞋楦、纸板、大底是否级放正确。试穿无误再进行全号样品试作，有的品牌规定做半号的尺寸。技术人员须先检查纸板级放是否均匀，大底与楦底是否紧密，每个过程都必须细心谨慎，否则容易遭受损失。

12. 量产试做

量产试做必须全部都放在现场流水线上制作，而且每个号码（含半号）都必须准备数双。胶水、外理剂、烤箱温度、机器设备都必须事先准备和设定好，量产试做必须以正常流程生产，以便发现正常流程中量产产品是否有问题。量产样品出来后须全部送到样品室，由技术部、生产部和客商等相关人员共同确认，如果鞋靴有重大瑕疵，则要抓紧调整修改，直至客商满意并签名确认，然后封样双方保留，以备以后检验。接下来大批量生产正式开始。

第五章

鞋靴款式造型设计构成要素与形式构成法则

本章提要 本章主要讲授鞋靴款式造型设计构成要素和鞋靴形式构成法则两方面内容。在鞋靴款式造型设计构成要素中主要讲述如何进行形态、色彩、材质肌理、图案、工艺和装饰配件等造型要素在鞋靴款式造型设计中的变化；在鞋靴形式构成法则中，主要讲述如何在鞋靴款式造型设计中应用对比、均衡、呼应、节奏、夸张、强调等形式美构成法则。

学习目标 1. 认识和理解鞋靴造型设计中的各造型元素的涵义、包含的内容、应遵循的设计变化原则或要求，初步掌握鞋靴各造型元素设计变化的一般方法。

2. 认识和理解鞋靴造型设计中常见形式美构成法则的涵义、包含的内容，初步掌握常见形式构成法则设计运用的一般方法。

一、鞋靴款式造型设计构成要素

鞋靴款式造型设计是对鞋靴物质构成所进行的一种形式美创造。鞋靴设计工作主要内涵便是设计师在一定条件下，针对特定的消费者，调动和运用鞋靴款式造型设计要素进行鞋靴款式造型上的创造。鞋靴款式造型设计本质上是一种视觉形象设计，鞋靴视觉形象是由各种视觉要素组成的。鞋靴设计就是对鞋靴款式造型构成要素进行创造性的富有美感的组织和变化，赋予鞋靴以美的造型。鞋靴款式造型是由形态、色彩、材质肌理、图案、装饰工艺和配件六个造型元素组成，鞋靴款式造型设计就是对这些造型元素的重新组织和创新运用。当然，鞋靴款式造型设计要想获得成功只靠对这些造型元素进行单纯的变化和组织是无法实现的，因为，任何设计都必须是在满足了特定顾客需要、市场需求和生产经营等条件的情况下才能取得成功，鞋靴款式造型设计也同样如此。设计师在进行鞋靴款式造型设计之前，必须了解和掌握特定区域市场、特定年龄、特定职业等特定条件下的消费者对某种鞋靴的审美偏好和价格取向，同时还要对市场同类产品设计与销售状况以及流行时尚有准确的了解和明晰的洞察，最后还要满足企业在生产技术、成本控制和赚取利润等方面的需要。在鞋靴款式造型设计的六个造型元素中，形态、色彩和材质肌理是最基本的三个造型元素，其他三个造型元素都包含在这三个基本造型元素中，将它们单列出来，是因为图案、装饰工艺和配件三个造型元素在鞋靴款式造型中具有自己相对独立的审美和使用价值。鞋靴款式造型构成诸元素本是相互不可分离的一个整体，但为了便于理解和把握，笔者才将它们分别进行论述。

（一）鞋靴形态造型元素设计

任何物体形态都由内部形态和外部形态两个部分构成，形态在产品和艺术设计中指的是它的外观形体，是任何产品和艺术设计整体造型构成的重要视觉组成元素。鞋靴形态包括立体形态、平面形态和结构式样形态三种形式，并由此形成鞋靴形态造型元素的立体、平面和结构式样三个方面的设计。形态造型元素在鞋靴整体造型设计中发挥着重要的视觉审美和个性塑造的作用，也是其他造型元素的形象载体。

1. 鞋靴形态造型元素的立体造型设计

鞋靴形态立体造型设计指的是鞋靴帮、底部件的一种占有三维立体空间的设计，它包括"块"状、"面"状和"线"状三种立体形式以及这三种形式的相互组合形式。

鞋靴形态造型元素的"块"状立体造型设计主要体现在鞋楦的头部立体造型上，另外，还较多地体现在鞋靴的后跟设计上。对于鞋靴款式造型设计来说，鞋的楦型造型一直被人们视为鞋靴款式造型的灵魂，也是鞋靴时尚造型的代表，因而，鞋靴的楦头部立体造型更应成为其款式造型设计的重点。鞋靴楦型头部立体造型设计主要是在楦头部的上方进行设计变化，这种变化主要表现为凸起的"点"状（图5-1）、凸起的"线"状（图5-2）和凸起的"面"状（图5-3）三种变化形式，鞋靴楦型头式立体造型就是对这三种变化形式的造型设计。设计师不仅要对鞋靴楦头部上凸起的"点"状形态、"线"状形态和"面"状形态进行各种造型上的变化，同时，由于它们的造型效果还受到大小、多少、方向和位置等造型关系元素的影响，因此，设计师还要注意对影响造型效果的这些造型关系元素的创新把握。以上各个变化因素中，形状因素和大小因素变化给鞋楦头部带来的立体造型设计

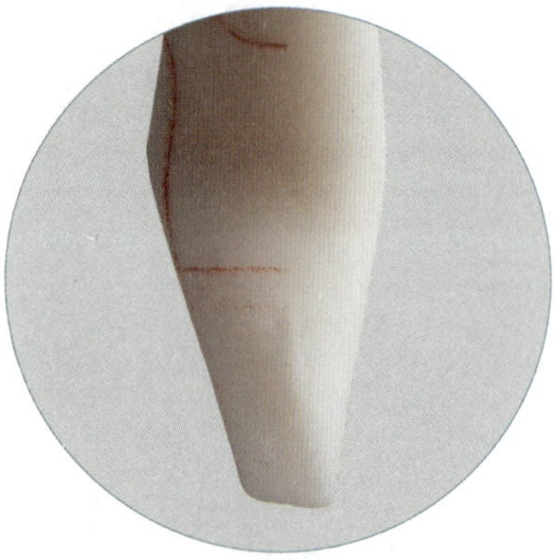

图5-1 楦头"点"状造型

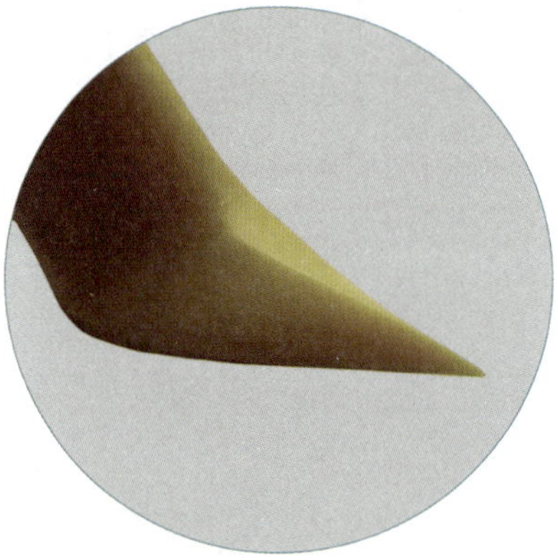

图5-2 楦头"线"状造型

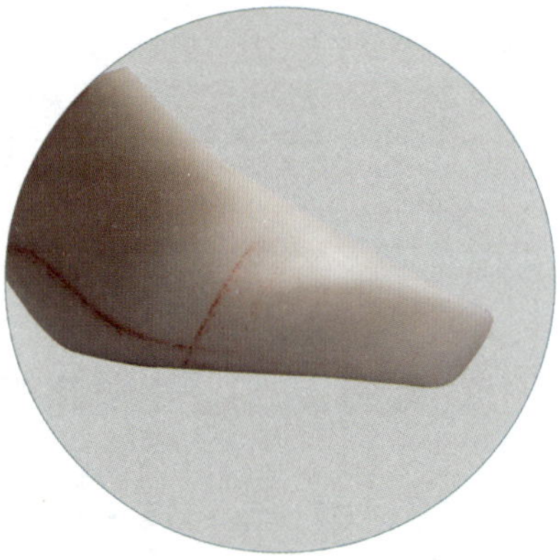

图5-3 楦头"面"状造型

效果相对较大也较为常用。在对鞋靴楦型头部进行立体造型变化时，设计师一定要注意与鞋靴楦头部造型流行时尚和产品造型风格相结合，因为，即便同是鞋靴，它们也有着不同的造型风格，有的端庄一些，有的个性一些，还有的华丽一些，另外，鞋靴楦型头部立体造型设计还要注意穿着的舒适性、鞋头部的定型要求和出楦的工艺要求。

鞋靴形态造型元素的"面"状立体造型设计主要表现为帮部件的穿插、搭接和翻折三种形式，其中，帮部件的翻折立体造型表现形式更容易获得一种艺术感和新颖的视觉效果（图5-4），同时，如果帮部件翻折立体造

图5-4 鞋靴形态翻折立体造型
作者：冯丽丽（石家庄铁道学院 邢台职业技术学院 2005级 本科）
指导教师：陈念慧

图5-5 鞋靴形态插接立体造型

图5-6 鞋靴形态搭接立体造型

型变化数量较多，其工艺实施也较为麻烦，较多的单位工时消耗会增加鞋靴的生产成本，这是设计师必须要考虑到的。帮部件的穿插立体造型是指一个部件从另一个部件中进去和出来的一种形式构成，这种插接有单方插接和互为插接、单次插接和多次插接、直接插接和扭转插接等多种形式（图5-5）。帮部件的搭接立体造型是指部件间一种上下有一定空间的形式构成，这种立体造型设计重点是对部件间的空间距离和搭接形式构成位置的创新设计（图5-6）。设计师在进行帮部件的穿插和搭接两种“面”状立体造型设计时，除要注意对部件间的穿插、搭接方式、位置、数量和大小进行设计创新外，还要注意对帮部件的形状和它们之间的颜色、明暗、材质肌理的设计变化，这样能够促进穿插、搭接立体造型的设计效果，因为，帮部件的穿插和搭接构成形式本身难有较多的新颖变化，它们只有结合以上各个造型变化元素才能更好地显现一种立体造型的美感。另外，设计师还需注意，帮部件穿插或搭接时，部件间不可缝合在一起，那样就形成不了帮部件的立体造型。帮部件翻折立体造型设计效果同样与翻折部件的大小、数量和构成形状等三个因素有很大关系，同时，翻折部件颜色和材质肌理变化也都对设计效果有一定影响。一般来说，翻折部件越大或数量越多，其翻折立体造型效果也就越明显，当帮部件翻折数量较多时，其构成形状对设计效果将产生较大影响，新颖的构成形状使多数量的部件翻折立体造型效果更富有艺术美感。

鞋靴形态造型元素的“线”状立体造型设计主要表现为鞋的一种条带状帮部件的连接形式构成，可以直接应用于时装凉鞋造型设计，当然也可以用于其他鞋靴的立体造型设计。“线”状立体造型设计的关键有两个，一是设计师应加强对“线”状帮部件的一种律动性和节奏感的设计把握，条带部件的律动性和节奏感主要是靠对它们之间的一种有规律性的空间距离、粗细、材质、颜色等方面的变化来获得；二是设计师应对“线”状帮部件的连接处即连接的“结点”造型进行全面的设计创新，这其中包括连接方式的创新和连接“结点”的造型设计变化。“线”状帮部件的连接方式设计是指连接具体手法及形式的创新，即用什么具体的捆绑扎结方法将两个或多个“线”状帮部件连接起来，新颖巧妙的捆绑扎结连接方式本身就可以产生一种美感，而如果再将这种连接实用性与造型其他元素的创新设计结合起来，那么就会使连接处更具欣赏性，如，“线”状帮部件连接捆绑处如果打一个小的“结”，即使是新颖可能它的审美性还是不够突出，而如果将这个“结”加大并对这个新颖的花样“结”进行颜色、肌理和装饰工艺等方面进行创新变化，此时它的美感就会变得更加突出。鞋靴条带“线”状部件立体造型设计有网状和放射状两种常见立体构成形式。

鞋靴条带部件网状立体造型设计是指鞋靴上较多的条带部件按一定秩序和排列方式进行相互穿插，形成一种网状立体造型（图5-7）。在实际的鞋靴网状立体造型设计中，仅靠网状立体构成的形成还难以产生新颖的立体造型美感，网状立体构成还必须与它

图5-7 条带状帮部件网状立体造型

图5-8 带状帮部件放射状立体造型

图5-9 帮部件平面分割造型

图5-10 突出"线"造型的帮部件平面分割造型

图5-11 突出"面"造型的帮部件平面分割造型

的形状变化、编织连接手法的创新、编织网状的"线"状部件的材质变化、线状部件的颜色变化等联系起来创新才能产生较好的视觉效果。另外，在网状立体造型形成的连接处加新颖的装饰件或连接件，也可以增加网状立体造型一种新颖美感。

鞋靴"线"状帮部件放射状立体造型设计是指鞋的条带部件以一个或多个部位为中心向四周做放射状连接，从而形成一种放射感的造型构成形式（图5-8）。鞋靴"线"状帮部件放射状立体造型创新设计主要可以从以下几个方面去开展：一是对放射中心处的"线"状帮部件之间或"线"状帮部件与放射中心的连接配件之间的捆绑扎结连接方式上去创新变化；二是对放射中心连接配件进行创新变化，包括它的造型、质感、色彩等；三是对放射中心的位置、放射中心的数量、放射中心的大小进行富有想像力的设计变化；四是对放射"线"状帮部件进行节奏韵律上的设计，这种节奏韵律可以通过"线"状帮部件的长短、粗细、质地、颜色等方面的有规律变化来获得。当然在做以上创新设计时，设计师还要一并考虑新的立体造型对生产加工和成本的影响以及能否被特定消费者所喜欢。

2. 鞋靴形态造型元素的平面分割造型设计

鞋靴形态造型元素的平面分割造型设计是指设计师对鞋靴帮面进行一种平面分割造型（图5-9），这种平面分割造型在鞋靴上有时是追求一种"线"的美妙，有时是追求一种"面"的美感，还有的时候是寻求"线""面"结合的一种新颖感。当帮部件分割后，设计师在分割线上即部件间用立体线或是用与帮部件不同颜色、不同质感的平面线来表现一种"线"形时，这时设计师是在追求鞋上的一种"线"形美感（图5-10）；当帮部件做平面分割造型后，设计师有意将两个帮部件的材质肌理或颜色做差别处理时，这时设计师是在追求鞋上的一种"面"形的美感（图5-11）；当帮部件分割后，设计师通过以上两种方法手段都追求时，鞋靴上就会出现"线""面"造型同时突出的效果。鞋靴帮部件形态平面分割造型设计相对于帮部件形态的立体造型设计应用更为广泛，因为，帮部件的形态平面分割造型设计效果可以更多地适宜于常规工艺和机器来完成，有利于产品加工成本的控制。在对鞋靴形态元素做平面分割造型设计之前，设计师应了解和遵循以下几个原则：

① 鞋靴帮部件平面分割后的造型要与楦型造型相吻合，例如，一款鞋靴的楦型为方头时，它的帮部件平面分割造型及分割线条应以方、直的变化为好。

② 帮部件形态的平面分割造型变化应尽量有利于帮面材料的套裁，帮部件分割后的造型形状如果套裁性不好，就会使鞋

的材料成本上升，这对于那些用高档天然皮革做的鞋靴来说其影响更为明显。

③ 帮部件形态的平面分割造型设计要能满足加工过程中样板和工艺等技术方面的要求，并且变化后的帮部件造型应尽量减少工时消耗，并且在加工时不容易出差错。

④ 帮部件形态的平面分割造型设计变化不能影响鞋靴穿着的舒适性和牢固性。

⑤ 帮部件形态的平面分割造型设计应具有创新性和艺术性。鞋靴穿着重要属性之一是装扮女性，这也就决定了鞋靴的造型设计应是富有个性和充满艺术美感的，因此，设计师在对鞋靴帮部件进行平面分割造型设计时，应特别注重对它的创新性和艺术性的把握。

鞋靴的帮部件形态平面分割造型设计从不同角度分可以有以下几种形式：从分割造型上看，有直线型分割造型（图5-12）和曲线型分割造型（图5-13），其中直线分割造型又分为斜直线、水平直线和垂直直线三种分割造型，曲线分割造型又分为几何曲线（规则曲线）和自由曲线两种分割造型。直线型分割造型给人以挺拔、干练、率真的感觉，曲线型分割造型则给人以优美、柔和、含蓄的感觉。从分割造型的组合构成形式上看，有分离式分割造型、平行式分割造型、放射式分割造型和交叉式分割造型；从分割造型的形式上看，有开放式分割造型和封闭式分割造型两种。

图5-12 帮部件直线分割造型

图5-13 帮部件曲线分割造型

在鞋靴帮部件形态平面分割造型的直线分割造型中，斜直线和水平直线分割造型多用于低腰鞋靴的帮部件形态平面分割造型变化，垂直直线分割造型多用于中、高筒女时装靴的靴筒部件的形态平面分割造型变化，女时装靴筒上的垂直直线分割造型可以产生两个作用，一个作用是可以显示女性挺拔和富有活力，另一个作用是可以让女性的小腿产生修长、消瘦的错觉，这两个作用对于女性来说都具有较大吸引力。设计师在运用垂直直线分割造型时，一般要突出垂直直线在靴筒上的存在，突出的方法主要是将垂直线以实物立体的线型再结合颜色或材质。曲线分割造型在鞋靴的帮部件形态平面分割造型变化中运用得最为广泛，这是因为曲线所表述出的一种秀美和飘逸能被更多的人所喜爱。由于几何曲线具有对称性，因而这种曲线在具有柔美的同时还具有一种规整美，因此，几何曲线型的帮部件形态平面分割造型变化更适合用在具有正装感和低度时装化的女鞋上。自由曲线飘逸、洒脱及其个性化的造型，使得它更适合用在鞋靴的平面形态分割造型设计中。在进行自由曲线分割造型设计时，设计师首先应注意对“线”形本身进行造型上的设计创新，“线”形设计的是否新颖对帮部件形态平面分割造型效果影响很大；其次，设计师要注意已设计好的“线”形的位置摆放，不同的位置，“线”形及帮面的平面分割造型效果也会有较大不同，一般情况下不能将设计好的“线”形摆在过偏的位置上或分割后的两个部分大小不成比例；最后，设计师要注意对帮部件平面形态曲线分割造型的节奏感设计，这里的曲线分割造型的节奏感设计变化有两层涵义，一是对自由曲线分割“线”形本身的节奏感设计，二是如果对帮部件形态平面分割造型进行多个自由曲线形的分割设计，设计师要注意对这些“线”形和分割后的“面”形进行大小和距离上的节奏变化。

无论帮部件形态平面分割造型是直线分割还是曲线分割，如果只是用一条线分割，那么设计师要高度重视对这个"线"的造型和放置位置的设计，这两个方面基本决定了设计师要表现的"线"形或帮部件"面"形的设计效果；如果设计师对鞋靴的帮部件进行多个平面分割造型，那么设计师除要注意对分割"线"形或"面"形的造型变化外，还要注意对分割后的"线"形或"面"形的组合构成及其节奏感的设计，"线"形组合构成形式主要有平行、交叉、放射等以及它们的混合形式，"面"形组合构成形式主要有分离、接触、重叠、透叠等以及它们的混合形式。节奏变化主要是通过对"线"形或"面"形轮廓的起伏形状、宽窄、大小、粗细、长短、颜色、肌理、明暗等方面的有规律变化来实现。通过对"线"形或"面"形的新颖构成及节奏变化的设计，达到对鞋靴形态造型元素中的平面分割造型的美感创造。

帮部件"线"形开放式分割造型是指分割线贯通到某个帮部件的边缘或鞋的某个部位的边缘的一种分割形式，多数帮部件形态平面分割造型都是这种形式（图5-14）。帮部件"线"形封闭式分割形式是指分割线不贯通到任何帮部件或鞋的某个部位边缘，而是自己相连，形成一个独立的"面"形（图5-15），这种分割手法往往突出一种"面"形的造型意味；另外还有一种半封闭式的"线"形分割形式，即分割线两端头都与同一个帮部件的同一个边缘相交，并且"线"的两端头距离较近。由于目前运用封闭和半封闭分割形式进行鞋靴形态平面分割造型的较少，使得这两种分割形式常可以给鞋靴形态平面分割造型带来较强的新颖感和审美效果。

图5-14 帮部件开放式分割造型

图5-15 帮部件封闭式分割造型

3. 鞋靴形态造型元素的结构式样设计

鞋靴结构式样是鞋靴款式造型构成要素中的形态造型要素的重要组成部分，与形态造型要素中的平面分割造型和立体造型相比，鞋靴的结构式样造型对鞋靴的形态造型往往更具视觉冲击力，在给鞋靴款式造型带来较大视觉冲击力及创新感的同时，它的设计难度也相对较大，并且结构式样上的创新变化还常常伴随着加工生产、管理难度以及成本上的提高，但由于鞋靴结构式样上的创新可以为企业和品牌创造更大的市场影响力和价值，因而，对于那些正在努力创品牌的企业或已具有领导性的品牌鞋靴及企业来说，鞋靴的结构式样创新还是应该努力去把握好的。所谓结构式样是指物体一种新的结构造型，鞋靴结构式样是指鞋靴帮部件间或帮部件与底部件间一种新的排列、组合后的结构造型式样，通常反映在鞋靴的缚脚结构也称开闭结构的造型变化（图5-16）、帮部件的增减造型变化和帮底部件的重新组合或翻折（翻转）造型变化（图5-17、图5-18）上。结构式样创新有高低程度之分，与以往的结构式样距离越远，那么它的创新程度就越高，相反则越低。在对鞋靴进行结构式样设计时，设计师要将鞋靴的良好加工性、缚脚性、时尚性、成本控制和创新性等几个方面结合起来考虑，不能忽视任何一个方面。

鞋靴结构式样的缚脚结构造型设计，既具有实用性，同时也具有造型的变化性，而且新颖的缚脚结构造型通常能给鞋靴带来一种较大的造型创新感。鞋靴的缚脚结构造型设计变化一般可从以下两个方面来把握。一是将原有的缚脚结构造型进行改变，使其呈现出一种新的缚脚结构造型，例如，系带式结构式样与橡筋式结构式

图5-16 帮面新开闭结构式样

图5-17 帮部件增减形成新的结构式样

图5-18 帮底部件翻折或翻转形成新的结构式样

样就是一种有着较大不同的缚脚结构式样，再如，系带式结构式样与绊带式结构式样相比也有着较大的结构造型上的不同。二是对缚脚结构在鞋靴上的位置、数量进行创新运用，同样的缚脚结构由于在鞋上的放置位置不同或增加了数量，鞋靴款式造型同样可以给人产生较大的创新感，除靴鞋以外，多数鞋靴的缚脚结构位置都是在鞋的正前方，而设计师其实还可以将它斜着放或放到侧面、后面等位置上，缚脚结构增加数量时，既可以是原缚脚结构式样数量上的增加，也可以是增加一种或多种新的缚脚结构式样。

鞋靴结构式样的帮部件增减造型设计是指通过在鞋上增加或减少部件，以形成新的鞋靴结构式样造型。增加的部件既可以是固定住的，也可以是能拆装的；既可以是实用的，也可以是纯装饰的；既可以增加一个，也可以增加多个。增加的帮部件一般都放在鞋靴的明显处，如鞋头部位、鞋的脚踝部位、鞋的后跟部位、鞋口部位。为获得更好的结构式样造型效果，增加的部件不仅要注意自身造型的新颖性变化以及放置部位、放置角度、体积大小和放置方式等方面的处理，同时还要注意增加的部件，在生产加工和穿着舒适等方面要符合要求。减少部件既可以是去掉原有的部件，也可以是将帮部件的某处去掉，减少或去掉的部件数量或面积由自己把握，但前提是不能影响鞋靴的穿着舒适性和耐穿性。当去掉帮部件的某处时，设计师应特别注意对所去掉的部件部位轮廓和去掉的所在部位位置的设计，因为这两个因素对所形成的新结构式样造型有较大影响。

鞋靴结构式样的帮部件重新组合造型设计是指通过将原有的部件进行重新组织和组合，以形成新的鞋靴结构式样造型。结构式样帮部件重新组合造型设计较适合于多部件的女时装凉鞋或有活的外加单独部件的女时装满帮鞋的结构式样设计变化。设计师在采取重新组合帮部件来设计新的结构式样造型时，可以从两个方面去把握：一是将帮部件的位置进行调换，通过部件位置的调换来达到新的结构式样的形成，这种位置调换可以是左右调、上下调、前后调、中间向四边调或四边向中间调等；二是对帮部件的连接方式、放置方式或缚脚方式进行改变。

鞋靴形态造型元素是鞋靴款式造型重要组成部分，也是鞋靴款式造型创新设计中最常用的一个造型元素，由于鞋靴形态造型元素通常以帮部件或底部件的形式存在及体现，因而造成很多时候对它的变化都会影响到鞋靴的加工及成本的控制，这也就使的鞋靴形态造型元素设计成为既有艺术性又有技术性和实际功利性的一种实践创造活动，它既要创造一种既新又美同时还要时尚的形态，同时还要符合企业生产加工和赚取利润的目的，设计师对鞋靴形态造型元素的把握就是要在设计和生产经营两个方面寻求到一个好的平衡点。

（二）鞋靴色彩造型元素设计

色彩要素在鞋靴款式造型设计中占有极其重要的地位，除在正装鞋设计中应用较少以外，在其他主要鞋类的设计中，色彩都发挥着重要作用。在鞋靴款式造型设计诸要素中，色彩造型要素给人的最初视觉印象要强于其他造型要素。鞋靴设计师对鞋靴色彩的研究和运用是不可忽视的。

在鞋靴色彩设计展开过程中，设计师要注意以下几个方面：

① 一定要围绕前期获取的消费者色彩偏好、市场同类产品色彩状况和色彩时尚等方面信息来进行鞋靴色彩设计把握。

② 要注意不同色彩在新产品中的配置比例，包括时尚色比例、常规色比例、消费者偏爱色和变化色比例，由于鞋靴品种和目标消费人群的不同，以上几个方面的色彩使用在新产品中的配置比例也会不同，设计师应根据以往市场经验，对以上几种颜色在新产品中的配置比例进行较好地把握。

③ 要注意把握影响配色效果的几个因素，即同一色彩不同形状、同一色彩不同位置、同一色彩不同面积和同一色彩不同肌理承载都会对配色效果有较大影响。另外，色彩构成形式对配色效果影响也较大，如呼应构成形式、节奏构成形式等如果运用恰当、新颖能使配色效果更好。

（详细内容请参看由中国轻工业出版社出版的拙著《鞋靴色彩设计》）

（三）鞋靴材质（肌理）造型元素设计

鞋靴材质肌理造型元素是鞋靴设计三大构成要素之一，随着制鞋材料技术的突飞猛进和人们审美的不断提高和细化，制鞋材料已不仅仅是鞋靴产品物化的物质载体，材料质地及肌理已成为鞋靴产品造型的重要审美内容，鞋靴产品市场竞争很多时候是通过新颖的材质肌理效果来体现的，鞋靴材料制造商每季推出花样繁多的各种材料，多数时候表现为材料款式花色上的创新变化，这种变化经常成为鞋靴款式流行时尚和变化重要内容之一。因此，我们可以看到，鞋靴设计师在每季新产品开发前期，都高度关注材料市场将流行什么功能和花色的材料，哪些流行材料适合于自己定位的产品。当代鞋靴创新设计的变化与突破，已很大程度上体现为设计师对材料的创新设计与运用上。材质肌理造型元素在鞋靴款式造型设计中同样发挥着十分重要的作用，材质肌理正成为设计师鞋靴设计创新的重要灵感来源之一。

鞋靴材料款式花色主要由色彩、肌理和图案三方面内容组成，目前国内多数鞋靴设计人员在产品设计中主要是通过材料的色彩和图案两个方面寻求鞋靴设计上的变化，然而，随着新一代鞋靴设计师的不断成长和设计理念的不断提升，材料的材质肌理变化将成为设计师进行鞋靴设计创新的重要手段和途径之一。

材料的功能和审美双重属性要求鞋靴设计师既要了解材料在制鞋工艺和穿着使用中的理化性能、卫生性能，同时，还要求设计师对各种材料材质肌理要有敏锐的审美感受力和创造力。鞋靴材质肌理设计运用有两种方式，一种是将现成的不同材质肌理材料进行组合搭配，获得一种新颖的审美视觉及心理感受；另一种是对原有材料表面组织结构（肌理）进行加工再造，形成一种新的表面组织结构（肌理）。

对鞋靴设计师而言，鞋靴材质肌理设计有两个方面的涵义，一种涵义是指设计师用不同材料的原有肌理进行组织搭配，以求鞋靴设计肌理效果方面的新颖美观；另一种是指设计师首先对材料原有肌理进行再创造，然后再运用这些新肌理来获取鞋靴设计肌理效果方面的新颖美观。

不同材质具有不同的视觉感受和手感，可以产生不同的材质美感。例如，胎牛皮和小牛皮纹理细腻、柔软，视觉、手感都非常舒服；鳄鱼皮、鸵鸟皮等鞋面材料稀少，本身就是一种高档材料，而且纹理特殊，给人一种高贵、神秘感。在进行高档鞋设计时，这些材料运用得好，可明显增强鞋的高档效果。一些新材料往往能产生特殊的材质美感。

鞋靴款式造型设计要充分利用不同材料的特殊质感，根据特定的消费者、鞋类品种或特定功能需要，尽可能发挥材料特有的材质美感和功能。如为商务人士设计的高档正装鞋，帮面上选用部分鳄鱼皮或鸵鸟皮，可使鞋产生一种高贵感，前卫鞋或时装鞋选用金属效应革、漆皮革或珠光革，能表现出现代感和华丽感。休闲鞋选用亚光的油鞣革、纳帕革或无光泽的绒面革能充分表现出其朴实、自然的风格。

图5-19 天然纹理的正面革给人感觉率真、柔和、自然

图5-20 磨砂革给人感觉含蓄、沉稳、朴实

1. 材质肌理与人的心理感受

人们在长期的生活实践中逐渐积累出对各种材料（材质肌理）的不同心理感受，这种心理感受潜移默化地影响着消费者对产品的购买意向，进而影响着产品在市场上的表现。常见的材料质地肌理容易让人产生某种心理感受，少见的材料质地肌理可以引起人们的视觉注意，但不能给人以明确的心理感受。不同的人对同一种材质肌理可以产生不同的心理感受，感性较强的人对材质肌理、色彩和形体等物体表面形式因素感觉敏锐、强烈，内向理性的人对这些物体形式构成元素相对感受较弱；经常接触某种材料的人，容易对这种材料质地肌理产生一种丰富的感受和亲近感，就像农民对土地，纺织工人对纺织面料、渔民对水等都会产生以上感受。当然，不同质地肌理材料给人以不同的感受，主要还是因为它在日常生活中给人们所留下的现实经验积累，这种心理感受来自于人对这些材料的视觉和触觉是直接或间接感受。另外，材料的材质肌理给人所产生的心理感受与其形状、颜色、面积大小和所使用的具体用品有较大关系。以下是一些常见制鞋材料给人的常见心理感受：

皮革：皮革是中高档皮鞋主要用材，呈现天然纹理（肌理）的正面革给人感觉率真、自然的感觉（图5-19），无光泽的磨砂革、绒面革给人感觉沉稳、朴实（图5-20），光滑的漆皮革给人以干练、现代的感觉（图5-21），有金属光泽感的金属效应革（主要指金皮和银皮）则给人感觉华贵、前卫、干练、现代（图5-22）。

图5-21 漆皮革给人感觉干练、现代

图5-22 金属效应革给人感觉华贵、现代、干练

棉麻：棉麻材料多用于传统布鞋和轻便休闲鞋，棉麻给人的心理感受与无光泽的磨砂革、绒面革相近，同样给人感觉朴素、温和。

丝绸：同样是高亮度的材料，由于丝绸比漆皮革柔软，加之丝绸传统上一直是高贵服装材料，因此，丝绸给人感觉华丽、柔和、飘逸。

裘皮：裘皮是人类最早使用的服饰材料，裘皮的稀有性和保温性，使得裘皮给人感觉奢华、高贵、温暖（图5-23）。

薄纱：当轻飘透明质地的薄纱在女鞋上做蕾丝花边装饰的时候，给人以浪漫、单纯的感觉（图5-24），当用做帮面"犹抱琵琶半遮面"的时候，则显得性感、神秘。

塑料：透明挺括的塑料一般用于女鞋和童鞋上面，用在童鞋上给人以单纯、轻灵的感觉，用在女鞋上则有性感意味。

金属（金属效应革）：金属质地的材料可以给人以多种心理感受，鞋靴上较小体积的暗银色金属能给人以干练、精明的感觉，形状怪异的银色金属饰件或大面积地使用银色金属或银色金属感的材料能使人产生现代、前卫的感觉（图5-25）；金色金属材料给人以辉煌、高贵和富有的感觉。

水晶（玻璃）：晶莹剔透的水晶或玻璃材料给人以纯洁、可爱的感觉，多以装饰配件的形式用于女鞋尤其是女童鞋上面。

图5-23 裘皮给人奢华、高贵的感觉
作者：卢圆圆（石家庄铁道学院 邢台职业技术学院 2005级 本科）
指导教师：陈念慧

图5-24 薄纱给人浪漫、单纯的感觉
作者：卢晓旭（石家庄铁道学院 邢台职业技术学院 2005级 本科）
指导教师：陈念慧

图5-25 形状怪异或较大体积的金属饰件给人个性、前卫的感觉

钻石：钻石的稀有珍贵使这种质地材料给人以高贵、奢华的感觉，鞋靴上的钻石饰件多以仿制品代替。

2. 鞋靴材质肌理设计基本原则

① 鞋靴材质肌理设计要符合鞋靴品牌概念内涵及风格定位和季节主题。材质肌理造型元素只是鞋靴整体设计的一个组成部分，局部服从整体、局部融于整体是把握事物的基本原则，鞋靴材质肌理设计也如此，无论在鞋靴设计中如何对材质肌理进行创新变化，都必须遵循材质肌理创新组合或再创造都要符合、提升和有利于阐释鞋靴的品牌概念内涵、风格定位和季节主题。例如，正装鞋上的材质肌理的重组或再造变化就不能过于夸张，曲线形状的肌理较适合用于优雅风格的女鞋。

② 材质肌理设计运用不能影响产品成本控制。消费者的产品价格预期和企业产品盈利预期是产品成本必须控制在一定范围内的必然要求，尤其对于低附加值的产品来说，成本控制的要求就更为严格，因此，设计师在选用或专门去定制某种新颖肌理材料时，一定要考虑产品成本控制要求。当然，新产品材质肌理设计运用突破成本控制要求也并非绝对不行，关键是突破成本控制要求后的新产品在市场上的盈利性如何。

③ 材质肌理设计运用不能影响鞋靴穿着舒适性和耐用性。舒适性是鞋靴产品穿用的基本功能要求，新的材质肌理材料选用或创新设计对此要予以充分考虑，如透气性差的新肌理材料不适合用在满帮童鞋上面。

④ 材质肌理设计运用一定要符合流行时尚。无论是选用材料市场上已有的新肌理材料，还是专门定制某种肌理材料，设计师都必须提前了解本产品材料的流行情况，在把握材料流行时尚的基础上，在对市场上已有的各种材质肌理材料进行重组或定制某种新肌理材料，以获得一种新的材质肌理视觉效果。

⑤ 材质肌理设计运用在满足以上条件下，应具有创新性。材质肌理设计运用创新包括两个方面内涵，一种是对现有市场上的不同材质肌理材料进行新颖的组合搭配，在重组过程中同时还结合材料形态、大小、位置摆放等方面的创新；另一种是到制鞋材料企业专门定制某种新肌理材料，后一种适合于时装化程度较高的鞋靴（图5-26）。

图5-26 为突出鞋靴材质肌理美感和新颖性企业可以专门定制材料肌理

3. 鞋靴材质肌理设计运用一般方法

设计师对不同材质肌理材料进行重新组合搭配，其本质是为了获取一种不同材质肌理材料组合的对比效果，材质肌理对比效果分强对比和弱对比两种，对比强弱效果要根据鞋靴种类和造型风格类型来决定，正装鞋对比效果一般要弱一些，时装鞋对比效果则要强一些，前卫鞋对比效果则应更强一些。

材质肌理对比视觉与心理感觉主要有硬与软、厚重与轻灵、光滑与粗糙、虚与实、平与凸、透明与不透明、镂空与实体等。鞋靴材料重组一般表现为：

① 硬与软的视觉与心理感觉在鞋靴材质肌理重组中，一般是通过金属或金属效应革与皮革或裘皮的组合来获得（图5-27）。

图5-27 裘皮与金属效应革形成硬与软的对比
作者：逯自飞（邢台职业技术学院 2005级）
指导教师：刘作东

② 厚重与轻灵的视觉与心理感觉在鞋靴材质肌理重组中，一般是通过皮革与裘皮或羽毛、塑料的组合来获得（图5-28）。

③ 高光与无光的视觉与心理感觉在鞋靴材质肌理重组中，一般是通过漆皮革与磨砂革、绒面革或其他粗糙肌理材料的组合来获得（图5-29）。

④ 虚与实的视觉与心理感觉在鞋靴材质肌理重组中，一般是通过镂空材料、冲孔材料或透明材料与其他实体或不透明材料组合来获得（图5-30）。

⑤ 平与凸的视觉与心理感觉在鞋靴材质肌理重组中，一般是通过平坦的皮革材料或其他材料与有肌理凸起较大的皮革材料或其他材料的组合来获得（图5-31）。

⑥ 透明与不透明的视觉与心理感觉在鞋靴材质肌理重组中，一般是通过塑料或薄纱与皮革或其他不透明的纺织面料组合来获得。

图5-28 塑料与羽毛材质组合形成一种强烈对比感

图5-29 光亮材质的配件与磨砂蛇皮革形成肌理上的对比

图5-30 帮面材料镂空与非镂空处形成材质肌理的虚与实

作者：赵李花（石家庄铁道学院 邢台职业技术学院 2005级 本科）

指导教师：陈念慧

图5-31 鞋耳平坦肌理与鞋前帮凸起肌理形成强烈对比

4. 创造新的鞋靴材质肌理

创造新的鞋靴材质肌理也叫肌理再造，是培养鞋靴设计师对材质肌理的丰富想像力、感受力和创造力的重要环节，也是满足时装化程度较高鞋靴对肌理视觉元素更高的创新与塑造要求。新的肌理创造往往是通过人对皮革或其他材料表面进行各种装饰工艺处理来获得（图5-32、图5-33）。学习者可以通过以下一些主要手工装饰工艺手段对材料表面进行处理，改变原有材料表面组织结构形式及肌理，以获取材料某种新的肌理效果及培养自己在材质肌理视觉上丰富的想像力、感受力和创造力。在实际经营中，企业在产品成本控制允许的情况下可向材料厂商定制自己所需要的某种新肌理材料。学习者在创造新的材质肌理效果时，一定要注意创造出的新单元肌理造型在一定的材料面积中要达到一定密度，否则会让人难以感到是新的材质肌理，只是像材料局部的装饰工艺或图案而已。再有，多种装饰工艺结合可以创新变化出更多的新肌理。

图5-32 通过对原材料表面的某种工艺处理可以获得一种新颖肌理

图5-33 再造肌理体现了设计师对材质肌理的创造力及鞋靴造型能力

（1）材料打磨肌理　打磨是人们用金属锉或磨石对皮革或其他材料表面反复摩擦，让其呈现出一种特有肌理，这种肌理给人以温和、平静、内敛的感觉，这种肌理较多用于男休闲鞋造型设计变化上。材料打磨肌理创新主要是通过打磨工具、打磨工艺创新和打磨肌理再装饰工艺处理创新三个方面的不断变化来获得。鞋靴材料打磨肌理有全打磨和局部打磨两种形式，全打磨是指鞋靴材料某个局部面积全部被打磨出一种新肌理，局部打磨是指鞋靴材料某个局部面积里只被打磨出局部新肌理。全打磨肌理又分为同样全打磨肌理和不同样全打磨肌理两种，同样全打磨肌理是指鞋靴材料某个局部面积里被打磨出的新肌理是一样的，不同样全打磨肌理是指鞋靴某个局部面积里被打磨出的新肌理是不一样的；局部打磨肌理也分为有规律局部打磨肌理和无规律局部打磨肌理两种，局部有规律打磨肌理和无规律打磨肌理是指鞋靴材料某个局部面积里被打磨出的局部新肌理在肌理打磨效果、肌理形状、肌理位置和肌理大小等方面所呈现出的有规律和无规律的两种表现。

（2）材料起皱肌理　起皱肌理是人们通过抽皱或捏皱的工艺手法将柔软的皮革或其他材料形成条纹状的凸起，当这种条纹状的凸起在一定面积大小的材料上达到一定密度时，便形成材料一种特有肌理效果。皱褶肌理效果立体感较强，用在鞋靴上可以产生优雅和浪漫的感觉，因此，皱褶肌理多用在女时装鞋上。皱褶肌理创新主要是通过对单元皱褶形状和皱褶再装饰工艺处理两个方面的不断创新来获得。

（3）材料编花肌理　编花肌理是人们通过对条带状皮革材料或其他柔软条带状材料的相互编织而形成的一种肌理。这种肌理用在鞋靴上，可以使人产生典雅和华丽的感觉，由于编花肌理具有良好的透气性，因此，编花肌理不仅是一种造型变化视觉元素，而且还很适宜用于男女正装凉鞋上。编花肌理创新主要是通过编条连接方式创新、编孔形状创新、编条色彩创新、编条材质组合创新和编条连接点再装饰创新五个方面来获得。

（4）材料缝埂肌理　鞋靴帮面缝埂肌理是通过将皮革对缝起埂或皮革下埋绳的方法并在一定面积里达到一

定密度所形成的一种肌理。缝埂肌理同皱褶肌理一样，有较强的立体感，弯曲、细长的缝埂肌理可以塑造鞋靴优雅、浪漫、飘逸的风格，直而较粗的缝埂肌理适宜塑造男时装靴或男休闲靴一种个性和粗犷的风格。缝埂肌理创新主要是通过对缝埂肌理单元线形和缝埂再装饰工艺处理两个方面的不断创新来获得。

（5）材料镂空肌理　鞋靴帮面镂空肌理是对帮面上层皮革或其他帮面材料按照一定形状进行挖空并在一定面积里进行一定密度的挖空所形成的一种肌理。镂空肌理同样可以鞋靴帮面产生一种向里的立体感，不规则曲线图形镂空肌理可以塑造女时装靴艺术而又神秘的风格，民族图形的镂空肌理可以塑造女时装靴民族风格。另外，镂空肌理还可以使鞋靴产生一种强烈的工艺美感。在生产实际当中，企业一般是通过刀模压裁帮面材料来进行镂空肌理形成的。镂空肌理创新主要是通过对镂空的单元图形和镂空再装饰工艺处理两个方面的不断创新来获得。

（6）材料冲孔肌理　鞋靴帮面冲孔肌理是对帮面上层皮革或其他帮面材料按照一定形状和单位图形组织进行冲孔并在一定面积里达到一定密度所形成的一种肌理。冲孔肌理与镂空肌理的不同之处，是镂空形成的空洞比冲孔形成的空洞要大得多。冲孔肌理给人感觉较平，不规则曲线图形里的冲孔肌理同样可以塑造女时装靴艺术而又神秘的风格，以民族图形出现的冲孔肌理同样可以塑造女时装靴一种民族风格。简洁、有序的方、圆、三角、半圆等几何形状冲孔肌理可以塑造鞋靴一种强烈的装饰工艺规整美。冲孔肌理创新主要是通过对冲孔的单元孔形、冲孔形状组织和冲孔再装饰工艺处理三个方面的不断创新来获得。

（7）材料挑花肌理　鞋靴帮面挑花肌理是通过挑起皮革表层并在一定面积里达到一定密度所形成的一种肌理。挑花肌理同样有较强的立体感，挑花肌理给人的审美感受取决于挑起的花形，半圆并且较小的挑花肌理可以产生一种新颖典雅的美感，细线状的挑花肌理可以产生新颖浪漫的美感，三角状的挑花肌理则可以塑造鞋靴一种个性前卫的风格。挑花肌理创新主要是通过对挑起的单元花形和挑花再装饰工艺处理两个方面的不断创新来获得。

（8）材料钉缀肌理　鞋靴帮面钉缀肌理是通过在皮革表层钉缀某种东西并在一定面积里达到一定密度所形成的一种肌理。钉缀肌理是否有立体感取决于钉缀的东西的高低，钉缀的东西高，其钉缀肌理立体感就强，钉缀的东西低，其钉缀肌理立体感则就弱。钉缀的审美风格随钉缀东西的形状和质地而变化，钉缀钻石、水晶、宝石、黄金、裘皮等物品，其帮面钉缀肌理呈现华丽、奢华、高贵的风格，钉缀自然中的花、草、木、树叶等物品，其帮面钉缀肌理则会呈现亲切、温馨和回归自然的美感，如果钉缀金属钉或金属丝，那么帮面钉缀肌理则会呈现前卫个性的风格。钉缀肌理创新主要是通过对钉缀东西的形状和质地以及钉缀肌理再装饰工艺处理三个方面的不断创新来获得。

（9）材料刺绣肌理　鞋靴帮面刺绣肌理是对帮面皮革或其他帮面材料按照一定形状进行刺绣并在一定面积里达到一定密度所形成的一种肌理。刺绣肌理既可以机器完成，也可以手工完成，刺绣肌理可以使鞋靴帮面产生一种半浮雕的立体感。作为一种传统工艺，刺绣在女时装鞋和童时装鞋中运用广泛，但用刺绣形成一种肌理来塑造鞋靴款式造型美感还较为少见。刺绣肌理审美风格同样是随着刺绣肌理形成的单元肌理造型、质地和色彩而变化的，民族图形的刺绣肌理可以塑造女时装靴一种民族风格。在生产实际当中，企业可以通过专门的绣花机来完成帮面材料刺绣肌理的形成。刺绣肌理创新主要是通过刺绣单元肌理造型、刺绣用线质地和花色、刺绣肌理色彩和刺绣肌理再装饰工艺处理等四个方面的不断创新来获得。

（10）材料捏花肌理　鞋靴帮面捏花肌理是将皮革或其他柔软帮面材料从后面按一定花型捏缝起来并在一定面积里达到一定密度所形成的一种肌理。捏花肌理具有较强的立体感和艺术性，花型变化丰富，捏花肌理给人的审美感受取决于捏起的花形，捏起曲线状的花型肌理可以使鞋靴产生优雅浪漫的美感，捏起"点"状的花型肌理可以使鞋靴产生典雅高贵和艺术的美感，捏花肌理创新主要是通过对捏起的单元花形和捏花肌理再装饰工艺处理两个方面的不断创新来获得。

（11）材料绗缝肌理　鞋靴帮面绗缝肌理是将皮革或其他柔软帮面材料与鞋里之间放入海绵或其他有弹性的软填充物，然后按某种几何图形或花型在上面缝线（辑线），此时帮面便形成一种凸起肌理。绗缝肌理可以给鞋靴款式造型带来一种厚实和加强保护性的感觉，适合于冬靴尤其是时装童靴的造型变化。绗缝肌理创新主要是通过对绗缝肌理的单元花形和绗缝肌理再装饰工艺处理两个方面的不断创新来获得。

（四）鞋靴图案造型元素设计

图案元素在鞋靴款式造型设计中应用较广。在设计中图案应用分为抽象图案和具象图案两种。其中抽象图案应用最多、最广，如在休闲鞋、旅游鞋、运动鞋、时装鞋、前卫鞋等鞋类中。具象图案多应用于童鞋中，在女鞋中也常有运用。

按不同标准，图案有不同的分类形式。

按构成素材分类有几何图案（图5-34）、传统纹样图案（图5-35）、动物图案和花卉图案等。几何图案可以运用于各种鞋类。传统纹样图案能使鞋靴充满一种传统文化气息，具有古典格调。动物图案最适合于童鞋设计。花卉图案既适用于童鞋，也适用于某些女鞋。另外还有一些特殊图案，如：文字、字母、数字、标识等，目前这类图案在青少年鞋靴中很有市场（图5-36）。

按构成形式分有独立图案（图5-37）和连续图案（图5-38）。其中独立图案分为单独图案和适合图案，单独图案是不受任何“形”的局限

图5-34 几何图案

图5-35 传统图案

图5-36 特殊图案在鞋靴上的应用

图5-37 独立图案

图5-38 连续图案

而独立存在的一个图案。单独图案完全可以根据需要放在鞋靴任何部位。适合图案是根据一定的"形"来进行的图案的设计和运用。如舌式鞋的前帮盖上比较适宜用适合图案做装饰。连续图案有二方连续和四方连续两种，二方连续常用于礼鞋（花式鞋）、休闲鞋和童鞋上。

按空间构成效果有平面图案（图5-39）和立体图案（图5-40）两种形式。平面图案指装饰鞋靴的图案是没有起伏的、平面的。如在鞋面上用冲孔装饰工艺做出的图案、印刷的图案等。立体图案是指占有一定空间或具有较大起伏性的图案。如鞋靴上的装饰件、运动鞋和旅游鞋鞋底"侧墙"上的立体浮雕式图案等。

按图案工艺手法分类有冲孔图案（图5-41）、编花图案、刺绣图案（图5-42）、印刷图案和镂空图案（图5-43）等。用冲孔工艺做出的图案在鞋靴产品上运用最为普遍。图案工艺手法不同，其效果也不同。

图案具有装饰和实用两种功能。在绝大多数情况下，图案在服装、床上用品、纺织面料、鞋靴等生活用品上发挥的是装饰美化功能。个别情况下，图案也具有实用功能。如商标图案具有很明确的实用性，军鞋上的迷彩图案完全是为了伪装自己、迷惑对方。鞋靴上的图案设计不是一种随意行为，应遵循一定的原则来设计和运用。

首先，图案应服从于鞋靴整体造型风格，也就是服从于特定消费对象的需要，这包括图案素材的选择、图案工艺的选择、图案形式的选择和图案空间效果的选择。如正装鞋类不可能选择动物图案做素材，而童鞋则特

图5-39 平面图案

图5-40 立体图案

图5-41 冲孔图案

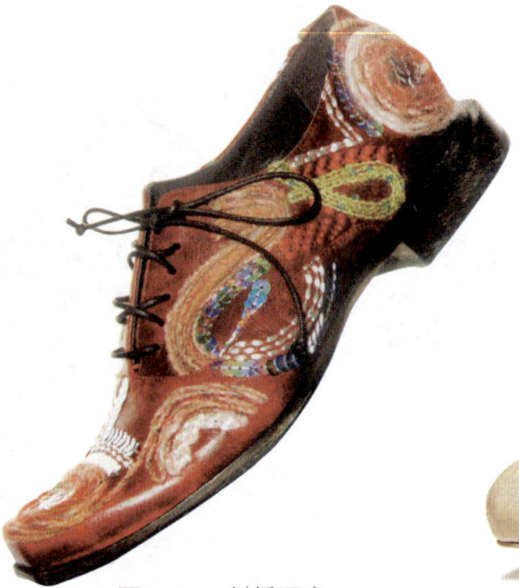

图5-42 刺绣图案

图5-43 镂空图案

别适合用空间效果强的动物素材立体图案。

其次，图案设计与运用应符合鞋靴材料性能、结构和加工工艺要求。

不同的制鞋材料（主要是鞋面材料）理化性能不同，冲孔图案对鞋面材料造成强度的影响，如拉伸强度、耐折强度，图案的大小、位置、形状、数量是影响鞋面材料强度的四个因素，如果冲孔图案在帮料用力部位上，由于上述某些因素的考虑不当，会使鞋帮材料强度降低，影响鞋的使用寿命。另外，由于各种材料理化性能上的差异，同样的图案设计对不同材料的强度影响不同。

图案设计要符合鞋靴结构要求是指冲孔图案的位置和形状不能影响鞋靴结构部位材料的强度，如帮围帮盖结合处、前帮跖、趾部位等。

图案设计中的工艺性要求有两方面涵义，首先是设计的图案要有较好的工艺加工性，尽量便于机器加工，并且在工艺加工中不易引起材料的损坏。其次是图案设计的素材选择要符合现有的工艺加工能力，包括工艺技术能力和工艺设备能力。

再有，图案的设计和运用要有创新性。人们对任何事物都会产生视觉"疲劳"，经常见到的东西会熟视无睹，鞋靴上的图案同样如此，常见的图案将失去对人的吸引力。因此，设计师在图案设计和运用上要有创新意识和创新能力，包括图案本身创新和图案位置、方向、数量、色彩、工艺等用法上的创新。

最后，图案设计要具有审美性。鞋靴图案的审美性来自它的形式构成美，如对称美、呼应美、节奏美、比例美、色彩美、流行美、创新美等。

（五）鞋靴工艺造型元素设计

鞋靴工艺有加工工艺和装饰工艺两种，通常情况下，工艺指的是加工工艺。在现代工业产品生产中，工艺不仅仅是指加工制作方法，它还应蕴含技术美的内容。装饰工艺在鞋靴产品中往往起到画龙点睛的作用，是鞋靴产品造型美的重要组成部分。

1. 加工工艺

鞋靴作为一种工业产品，存在着与其他工业品相同的工业美学内容，工艺除使产品成型以外，它还含有审美价值。工业品的工艺审美内容及价值最突出的表现就是由工艺加工所产生的精致和精巧的美感，这种美是由出色的工艺决定的。所谓产品的精美感实质就是产品的这种精致和精巧性。现代工业产品无不注意工艺的精致性和精巧性，力图创造一种工艺美感。产品工艺美感已成为其审美内容的重要组成部分，缺乏工艺美感，就意味着产品粗糙，也意味着产品质量"低劣"（实际产品工艺技术参数和实用功能可能没有问题）、缺乏档次。就像我们评价一只瓷水杯，尽管它的生产工艺（如窑温控制、烧制时间、摆放位置等）符合要求，成品出来后，它的本质功能——既能够盛水也有所保证，但若杯底托上有毛刺或杯体上有微小砂眼，就会使产品缺少精致感，即缺少工艺美感。如果对水杯做双层设计，外层做镂空处理并配以精美图案装饰，使会使之具有很强的美感，并且增加了隔热功能。

从以上可以看出，鞋靴加工工艺美感来自于鞋靴加工工艺的精确和巧妙。鞋靴产品工艺美感是在产品工艺加工上做到精致、精巧的结果，鞋靴产品工艺的精致性和精巧性是鞋靴产品整体美感不可缺少的内容，由工艺创造的这种美感是其他美的因素（如形态美、色彩美、材料美等）不可替代的。

2. 装饰工艺

鞋靴装饰工艺是为增加鞋靴的形式美感和价值感而运用的一种工艺。设计师赋予鞋靴装饰工艺时应注意以下几个原则：一是装饰工艺不能对鞋材（主要是帮材料）强度有破坏性影响，否则会造成鞋靴工艺质量（核心品质）下降，影响产品实用功能，成了本末倒置的行为。二是装饰工艺手法的选择应是加强鞋靴某种造型风格，而不是背道而驰。如精致的皮凉鞋就不适宜用粗皮条进行粗犷风格的串花装饰。三是装饰工艺手法的运用要有创新性，同为冲孔装饰工艺，有常规用法和创新用法之别。创新用法可在形状、大小、位置、布局、数量、方向等方面考虑。四是装饰工艺的经济性，装饰工艺不能过于复杂而造成成本过高。对于档次较低的鞋，装饰工艺尤要注意其经济性。

鞋靴帮面是鞋靴款式造型设计的重点部位，装饰工艺一般都以鞋靴帮面部位的装饰为主。常见的鞋靴装饰工艺有以下几种：

（1）冲孔　冲孔装饰工艺手法运用比较广泛。冲孔就是用各种形状的冲子在帮面上冲出各种孔洞。冲孔装饰工艺能带来的装饰效果取决于图案的大小、位置、布局和形状。冲孔装饰工艺的传统用法是在帮部件边缘处和前包头部位规则地冲出圆孔，制造一种典雅高贵的效果。这种装饰多用于礼鞋，最典型的是燕尾包头花孔三节头鞋上的冲孔装饰（图5-44）。目前其他鞋类、其他部位上的冲孔装饰也很常见，如凉鞋和休闲鞋等。

（2）编花　编花装饰工艺是指用皮条编织出各种装饰花纹的装饰手法（图5-45）。编花装饰工艺手法富有立体感，具有较强的装饰美化作用，是一种常用装饰工艺手法。这种装饰手法多应用于凉鞋、休闲鞋。影响编花装饰效果的因素主要有：编花形式是否有创新性，编花形状、编花数量和编花的位置等。

（3）缉线　缉线装饰有两种，一种是纯装饰的缉线，它的意义很明确，就是使鞋靴款式造型更新颖、更美观；另一种是既有装饰作用，又有缝合作用的缉线。缉线装饰手法在休闲鞋、童鞋中运用较广。缉线装饰使鞋产生一种轻松、活泼的视觉效果。缉线装饰效果如何取决于缉线形式手法是否有新意，缉线颜色是否符合和有助于加强鞋靴款式造型风格，缉线图形和缉线位置是否有新意等（图5-46）。

图5-44　冲孔装饰工艺

图5-45　编花装饰工艺

图5-46　缉线装饰工艺

（4）穿花　穿花装饰工艺是用条带在鞋帮上穿插出各种花纹的一种装饰工艺手法。穿花装饰工艺适宜于休闲鞋、凉鞋、童鞋等鞋类（图5-47）。穿花用的条带通常与鞋面材料相同。条带宽窄、穿进位置、穿入多少和穿出的形状都影响穿花装饰效果。宽条带显得大方、新颖、洒脱；细条带显得优雅、飘逸；宽、细条带组合使用则显得富有变化。

（5）镂空　镂空装饰工艺是对鞋面材料按照一定的图案设计对帮面进行较大面积的镂空。这种镂空适宜用刀模进行。镂空装饰工艺适用于中筒靴和高筒靴，这种装饰工艺做出的靴鞋很有艺术性和工艺美感，镂空装饰工艺的创新点在于镂空图案要设计的新颖（图5-48）。

（6）缝埂　也叫起埂，是运用较多的一种装饰工艺手法，一般有两种方法：一种是直接对缝，多见于不加鞋里、皮料较厚（1.5~2.0mm）的休闲鞋；另一种是在帮面材料中缝入绳子来起埂，常用于有鞋盖的休闲鞋（图5-49）。

（7）压印　压印装饰工艺是指通过模具辊压出图案花型的装饰手法。这种装饰手法能使鞋面材料富有立体感。压印工艺使用的位置、面积、形状、颜色等都对鞋靴装饰效果有较大影响（图5-50）。

（8）印刷　印刷装饰工艺是指将有特定装饰意义的图案、文字、标志等直接印制在鞋面的适当位置，或

图5-47　穿花装饰工艺

图5-48　镂空装饰工艺
作者：薛锐（石家庄铁道学院
邢台职业技术学院 2005级 本科）
指导教师：陈念慧

图5-49　缝埂装饰工艺

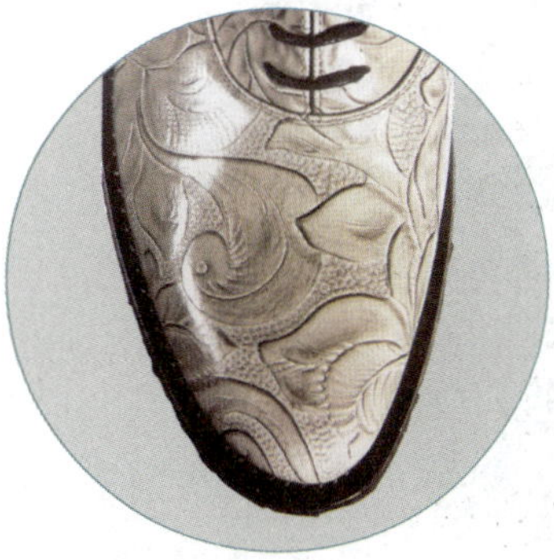

图5-50　压印装饰工艺

图5-51 印刷装饰工艺

图5-52 绗缝装饰工艺

图5-53 蕾丝装饰工艺
作者：周书琴（邢台职业技术学院 2006级）
指导教师：陈念慧

者直接采用已印刷好装饰图案的鞋面材料，以取得装饰效果（图5-51）。

（9）绗缝　绗缝装饰工艺是将面材、夹料（腈纶棉、海绵等）和里材用针线绗缝在一起而形成一种有立体感的装饰工艺，绗缝装饰工艺创新点在于绗缝所形成的形状是否新颖（图5-52）。

（10）蕾丝　蕾丝为外来语音译，意为花边或带子、鞋带。在鞋靴造型设计中多指花边，同时也指有网眼组织的一种镂空织物。蕾丝作为一种装饰工艺在女鞋和服装中运用非常广泛，能充分展现女性的柔美、妩媚和浪漫感。蕾丝的大小、花型、位置、数量、放置方式等是它的创新点（图5-53）。

（11）钉缀　钉缀装饰工艺是将各种装饰物钉缀在鞋靴上，钉缀装饰工艺给人以立体或动感的装饰美（图5-54）。

（12）刺绣　刺绣是一种常见的装饰工艺，刺绣目前多为电脑程控机器机绣，各种图案设计好后，输入电脑程序中由机器自动完成。刺绣不仅可以绣各种图案，还可以在帮面上形成某种造型的肌理，刺绣的创新点是刺绣图案的创新和刺绣的位置（图5-55）。

（13）拼缝　拼缝是将若干个帮部件有间隙或正好平接缝在一起，拼缝连接方式、拼缝帮部件造型、拼缝帮部件材质肌理、拼缝帮部件色彩，拼缝帮部件上的装饰等是它的创新点（图5-56）。

（14）扭花　扭花装饰工艺可以给鞋靴带来一种艺术美感，同时也可以使帮部件形成一种肌理。扭花装饰工艺创新点

图5-54 钉缀装饰工艺

图5-55 刺绣装饰工艺

在于扭花数量、扭花形成的轮廓形状、扭花位置、扭花的扭法、扭花上的装饰、扭花形成的节奏等（图5-57）。

（15）起皱（褶皱） 起皱装饰工艺适用于女鞋、男鞋和童鞋。起皱不仅可以给鞋靴带来浪漫、优雅感，还可以形成一种新的肌理。起皱的创新点是起皱的大小、疏密、位置、起皱方式、起皱形成的形状等（图5-58）。

（16）叠片 叠片装饰工艺就是将较小的装饰片按照一定的方向有秩序地叠压所形成的一种装饰工艺。叠片装饰工艺创新点在于叠片造型的新颖性、叠片形成的轮廓形状、叠片间距与大小形成的节奏感、叠片肌理变化、叠片装饰的位置、叠片上的装饰等（图5-59）。

图5-56 拼缝装饰工艺

图5-57 扭花装饰工艺
作者：张召镇（邢台职业技术学院 2005级）
指导教师：陈念慧

图5-58 起皱装饰工艺
作者：施展（石家庄铁道学院 邢台职业技术学院 2005级 本科）
指导教师：陈念慧

图5-59 叠片装饰工艺

图5-60 民族风格的配件有力诠释着民族风格的鞋款

图5-61 淡粉红色的似花配件强烈地塑造出本款女鞋的浪漫、甜美风格

图5-62 华丽风格的装饰配件在塑造晚礼鞋风格上的作用

作者：王琴（邢台职业技术学院 2006级）

指导教师：陈念慧

（六）配件

鞋靴上的配件分为两种，一种是装饰配件，也叫装饰件，在鞋靴上起装饰美化作用；另一种是功能配件，如鞋眼圈、铆钉、拉链、鞋带等，从鞋靴款式角度看，它们同样能发挥装饰美化作用，因此也可以看作是鞋靴款式造型设计组成部分之一。

配件对于鞋靴款式造型设计有较大作用，有时甚至是鞋靴设计中的主要组成部分。

配件包罗万象，有专用配件，如横条，更多的是非专用配件，如标志、珠子、金属件、盘花、纽扣、羽毛、树叶、小木片、动物骨骼等。

配件设计运用要注意以下几点：

① 配件的造型、质地和色彩要符合鞋靴款式造型总体风格，真正起到画龙点睛的作用，是对主题风格恰当、有力地诠释（图5-60、图5-61）。

② 配件设计运用要有创新性。在鞋靴款式造型构成诸要素中，配件有时发挥着重要作用。晚礼鞋设计中华丽的装饰配件在这种风格鞋中的作用举足轻重，晚礼鞋的设计实际更多的是对华丽风格装饰配件的设计（图5-62）。

另外，除了对配件造型、色彩和材质的创新设计运用，设计师对配件的创新设计还表现在对配件的数量、角度、位置等影响设计效果的关系因素的运用上。

③ 配件材质及档次要与鞋面材料相一致，这就好比"好马配好鞍"，高档的鳄鱼皮、胎牛皮若配以塑料配件会很不协调。另外，在低档次鞋上使用高档配件，从经济角度考虑也明显不妥。

此外，鞋靴造型构成要素（元素）组成了鞋靴外观造型形象，鞋靴（类）设计师对这些鞋靴造型构成要素创新把握得如何，直接关系到鞋靴款式造型设计的质量及设计开发工作的效果与效益。如果单纯从鞋靴创新度来讲，鞋靴设计师在鞋靴产品上设计变化的造型元素越多、变化得越大，其鞋靴的创新度也就越高。当然，鞋靴设计师在具体的一款产品上并不一定需要对全部六个造型元素都进行变化，要创新变化哪些造型元素，要视所开发产品那一季流行哪些具体造型元素。

二、造型关系元素

在鞋靴造型设计领域，除以上六个造型元素是把握和创新变化鞋靴款式造型必不可少的元素外，还有其他一些元素对鞋靴产品（包括其他任何产品）款式造型的创新度及新颖度有着重要影响，我们将这些影响鞋靴产品款式造型效果的元素称之为造型关系元素。鞋靴款式造型关系元素主要包括：形体大小、数量、位置、方向、组织（造型）、实现方式、空间。

1. 形体大小

形体大小在一般事物中通常只是一种物理学概念，但在造型艺术设计领域，形体的大小却可以使鞋靴产品风格及审美产生质变的一种“化学”反应。例如，当一款女鞋上的金属配件体量较小时，这款女鞋所表现出的风格是正装鞋，但当金属配件体量变得超大时，这款女鞋就会转化为前卫风格。鞋靴造型构成要素形态体量上的大小不仅可以改变鞋靴的风格类型，而且，通过加大某种造型元素或鞋靴某个部位（件）的体量或面积还可以使这个鞋靴造型元素或鞋靴某个部位更具视觉冲击力，同时也为鞋靴款式造型带来一种新颖性（图5-63、图5-64）。大小造型关系元素通常对鞋靴形态（帮部件余量形体大小、底部件余量形体大小、鞋头余量形体大小）、配件（饰件或配饰）、图案等造型构成要素的创新有较大作用。

2. 数量

数量对于一般事物来说不仅具有物理学上的意义，与大小造型关系元素一样，同样具有影响事物质变的化学意义，因为事物发展规律告诉我们，当事物运动与发展积累到一定数量的时候，事物就会发生质变。在造型艺术设计领域，数量变化同样可以影响鞋靴风格上的质变。例如，当一款端庄、大方的鞋靴上只用几个铆钉进行装饰的时候，这款鞋属于正装鞋，当这款鞋上面装饰了几十或上百个铆钉的时候，这款鞋就会变成时装鞋（图5-65）。除了数量可以改变鞋靴风格类型，造型元素数量的多少还对鞋靴款式造型的新颖性有着很大影响。数量造型关系元素通常对鞋靴配件、图案、装饰工艺等造型构成要素的创新变化有较大作用。设计师在运用较多数量的某种造型元素

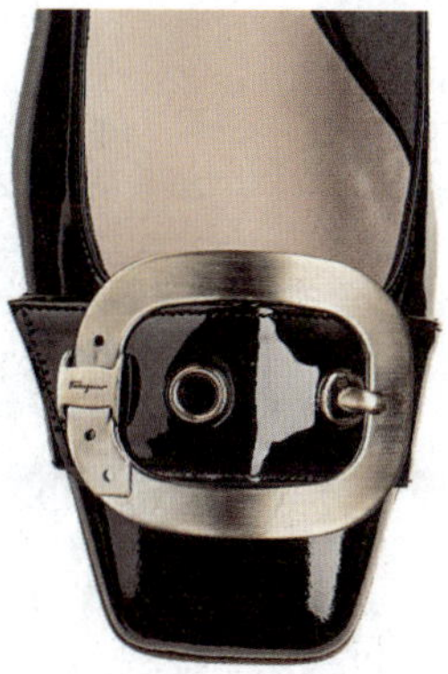

图5-63 超大体量的装饰配件使本款鞋变得引人注目，并使其由正装鞋变成了时装鞋，由端庄、内敛的审美改变为夸张、野性、张扬的审美

图5-64 超大体量的塑料材质装饰配件同样引人注意，但少了一种野性感

图5-65 数量众多的蝴蝶结提高了本款女鞋的新颖度，同时又将产品优雅端庄的正装风格转变为优雅夸张的时装风格

图5-66 量多且小的造型元素结合新颖的组织造型变化（某种廓形变化或走势造型变化）方能给鞋靴款式造型带来新颖感

图5-67 装饰性的缚脚结构式样别致地放在鞋后跟处使人产生一种新颖感

图5-68 超大的耐克标识打破常规地放到鞋头外侧位置上给人以较强的视觉冲击性

时，通常与组织造型关系元素的运用与变化相结合才能取得较好效果。因为，只有将较多的某个造型构成要素组织成某种新颖的形状时，数量造型关系元素的运用与变化才能取得更好的效果（图5-66）。此外，为使数量造型关系元素的运用与变化取得较好效果，设计师首先应对鞋靴配件、图案、装饰工艺中的某个造型构成要素的单个形态造型进行有创意的变化，在对单个造型构成要素的形态造型进行创意变化时，设计师要注意其创新变化后的形态一定要符合鞋靴类型、品牌独特概念与风格、季节流行主题与风格等方面对其在审美感受和寓意上的要求。

3. 位置

位置在事物中有多重含义，一是显现事物所处的地位；二是显现事物目前所处状况和发展阶段；三是表示事物之间的一种关系。在造型艺术设计领域，位置主要是用来突显一种造型效果。即设计师通过将某个造型元素在鞋靴上的新颖位置安排，来获取鞋靴款式造型上的一种新颖效果（图5-67、图5-68）。位置造型关系元素对鞋靴配件、图案、装饰工艺、形态（主要指鞋靴开闭或缚脚结构形态和多余的非功能部件形态）等造型构成要素的创新变化有较大作用。设计师运用好位置造型关系元素的前提是，设计师要对配件、图案和装饰工艺等在女浅口鞋、女高筒靴、女凉鞋、男舌式鞋、男耳式鞋、男休闲鞋、运动鞋等鞋类上的常规使用位置有所了解，只有如此，设计师才可能将以上某个造型构成要素放到一个独特而新颖的位置上，从而，使新开发的鞋靴产品获得一种新颖的造型效果。当然，对于男女正装鞋和女浅口鞋来说，其上面的标识配件和装饰配件的位置是相对固定的。

4. 方向

方向正确与否对于事物发展来说有着决定性影响。方向在造型艺术设计领域同样也发挥着重要作用，这种作用在鞋靴款式造型设计中主要表现为两个方面，一方面，当设计师将某个不对称造型构成要素倾斜摆放时，这个造型构成要素及整体造型便会产生一种运动感、不稳定感、升腾感或下沉感；另一方面，当设计师将某个不对称的鞋靴造型构成要素进行一种少见的方向摆放时，也可以使鞋靴款式造型产生一种新颖感。方向造型关系元素可以为较多的造型构成要素带来进一步的创新感，例如，翻折的帮部件、不对称的配件、不对称的图案、不对称的装饰工艺图形等造型构成要素都可以因少见的方向摆放而产生一种新颖感（图5-69）。当方向变化运用于较多的某种造型构成要素时，这个造型构成要素形态是否对称就无关紧要了。

5. 组织

组织在事物发展中有组合、调理的含义。组织及组织造型在造型艺术设计领域中有相互组合构成造型、组合摆放出某种造型、组合出某种平面廓形和走势造型等四层含义。其中，前三层含义，设计师若要运用组织造型关系元素来提高某个造型构成要素的创新度，那么，这个造型构成要素就必须具有两个或两个以上的数量，第三层含义则需要更多的较小单位的造型构成元素来实现，只有一个造型构成要素或单体的形态是无法形成新的组合构成造型或组合出某种新的造型。如图5-70、图5-71中的流苏构成了两种新颖的组织造型，前一种是三组流苏以某种新颖的组合摆放构成了一种组织造型流苏，后一种流苏上端以某种新颖相互组合交织构成一种

图5-69 拉链方向和位置的独特摆放使本款女鞋款式造型具有了一定的新颖性

图5-70 三组流苏交错摆放使其形成了一种新颖的组织造型，同时也提升了本款女鞋款式造型的新颖性

图5-71 流苏除了以组为单位摆放出各种组织造型，也可以像本款女鞋一样，将流苏进行各种相互交织以构成不同交叉编织的新颖组织造型

图5-72 较宽的加装条带也可以通过弯曲或交叉构成不同的新颖组织造型

图5-73 红色的带状翻折装饰部件通过其新颖的走势造型给本款女靴带来了较强的新颖感

组织造型。另外，图5-72中的条带也构成了一种新颖的相互组合交织组织造型。组织造型中的走势造型既可以用单一的形体形成，如图5-73的设计师就是用单一的形体形成一种新颖的走势造型；也可以用较多数量的形体形成，如图5-74就是用繁复密集的流苏通过缠绕来形成一种新颖的走势造型。从以上图例可以看出，组织造型通常是通过条状配件或某种实体装饰工艺来实现。组织造型关系元素在促进某个鞋靴造型构成要素创新度以及鞋靴整体款式造型创新感上发挥着重要作用。设计师要想运用与变化好组织造型关系元素，就必须对各种形有着敏锐的感知力和丰富的想象力与创造力。对形的认知、感受及变化能力是一切从事造型创意设计的人必须具备的基础能力。

6. 实现方式

实现方式作为一种造型关系元素主要用于图案造型构成要素的美感与新颖感方面的表现，通常是指某种图案或图形用何种装饰工艺去实现。同一种图案或图形用不同实现方式可以产生不同的审美效果，例如，同样的中国传统祥云图案，可以用刺绣、缉假线、镂空、高频压花等实现方式去表现，刺绣出的祥云图案可以给人增强这种图案及鞋靴的民族气息，同时产生一种古典优雅的美感；用缉假线表现的祥云图案则给人以轻灵、飘逸的美感；而用镂空表现出的祥云图案给人带来的是一种艺术性和空间感；用高频压花表现的祥云图案则充满一种现代古典气息和立体美感。实现方式造型关系元素为图案造型构成要素带来新颖感主要是靠新装饰工艺或多种装饰工艺组合运用两种方式来实现，如图5-75就是通过穿条装饰工艺实现方式使这款女靴充满一种典雅的工艺美感。

7. 空间

空间作为一种造型关系元素主要用于促进和提升形态（帮部件）或配件（这里的配件主要是指非鞋靴实际结构需要的主要用于装饰的面状或条带状的部件）两种造型构成要素的立体造型的新颖变化。鞋靴立体造型有多种形式，无论哪一种形式都是帮部件或配件占有三维空间的一种形式，这种占有三维空间的形式又分为封闭式、半封闭式和开放式。鞋头、鞋跟、鞋底或在鞋帮上缝合起某种凸起的形体都表现出一种封闭式的三维立体造型，面状或条带状装饰部件弯曲围裹鞋帮时则表现出一种半封闭式立体造型（图5-76），附加装饰部件围裹的空间越大，其立体夸张造型效果也就越突出。而当面状或较宽的条带状装饰部件垂直竖立或倾斜竖立于鞋靴帮面上时，这时呈现出的是一种开放式的竖立立体造型（后面艺术风格鞋靴中有介绍）。由于鞋靴是一种贴近

图5-74 长长的流苏通过一种新颖走势造型变化使本款女靴产生了一种别样造型

图5-75 穿条装饰工艺实现方式使本款女靴充满一种典雅的手工艺美感

图5-76 围裹的装饰部件与鞋靴实用结构形体之间的空间越大，这种立体造型形式也就显得越夸张

下肢及脚部形体的一种服饰品，因此，通常情况下，鞋靴上面的帮部件或配件与下肢及脚部不会有过多的空间距离。但是，有时鞋靴设计师为了获取一种新颖、艺术和夸张的造型效果，会在鞋靴帮面上加装一些面状或条带状的非结构需要的装饰部件，这些附加的装饰部件以上述的半封闭式和开放式两种方式来营造一种富有空间感和夸张感的艺术造型。

三、鞋靴款式造型设计形式构成法则

前面我们对鞋靴款式造型设计构成要素进行了介绍，对这些要素的概念、性质和作用有了一定了解和认识。如何将这些构成鞋靴的形式要素组合成一种美的形式是本节要解决的问题。

形式美的产生源自于人们长期的生产、生活实践，形式美构成法则是人们对事物形式美构成规律的总结。我们研究形式美构成法则，是为了提高对事物形式美的把握和创造能力，以便更好地运用鞋靴款式造型要素创造出更具美感和个性的鞋靴产品。

鞋靴款式造型设计形式构成法则主要有对比法则、对称法则、均衡法则、呼应法则、节奏法则、协调法则、重复法则和夸张法则等。下面分别加以介绍。

1. 对比形式构成法则

形式美中的对比是指形态、色彩、肌理、大小、明暗、虚实等形式因素在性质上存在较大差距，这种差距使形式构成呈现出一种对比强烈、鲜明、活泼的效果，是鞋靴款式造型设计中常用的一种形式构成法则，多用于童鞋、旅游鞋、运动鞋、时装鞋、前卫鞋等鞋类中。

鞋靴款式造型设计中，形式对比法则主要表现为以下几个方面：

（1）色彩对比　色彩对比在鞋靴款式造型设计中运用较多，尤其在童鞋、运动鞋中运用最普遍。色彩对比一般表现在色相对比（冷色相与暖色相）、纯度对比（灰色与高纯度色）、明度对比（亮色与暗色）和无彩色系的黑白对比（图5-77）。

（2）材质对比　材质在造型设计中指一种质感或肌理。材质肌理在鞋靴设计及产品消费中常发挥重要的审美作用，肌理实质是材料表面组织结构的特征。根据经验，人们对不同肌理会产生不同的心理感受，如漆革的光滑，给人以现代感，绒面革肌理给人以温和、含蓄的感觉等。这些材质穿插使用会有别致的效果（图5-78）。

图5-77　对比形式构成法则中的色彩对比

图5-78　对比形式构成法则中的材质对比

另外，材质对比还有性质上的对比，即不同材料在一起的对比，如皮革与金属、皮革与塑料、皮革与棉麻、皮革与木头等。

（3）形态对比　形态对比在鞋靴设计中主要以图案、线形在大小、方圆、疏密、线形的曲直、长短、粗细、横竖等方面的对比（图5-79）。

图5-79　对比形式构成法则中的形态对比

2. 对称形式构成法则

对称是指形态、图案、色彩等因素在物体对称轴两侧或中心点四周，以完全对等的面貌出现。人们对对称美的欣赏是因为对称在自然界中意味着圆满和完整。对称具有稳定、完整、庄严的感觉。由于人的单脚在形体上不对称，反映到鞋的形态上便无法产生严格意义的对称，鞋靴在体量上无法做到两侧对称，但在局部部位的样板设计和制取上是对称的，如鞋舌、包头、鞋耳、后包跟等。

根据日常经验，虽然鞋的形体不是严格对称，但只要鞋耳等在背中线两侧相等，人们就感觉是对称的。实际上，人们很少从正前方角度观察鞋，因此，除非在结构、图案、色彩等方面有大的变化，否则人们对鞋的对称性并不敏感。

3. 均衡形式构成法则

均衡是指形态、图案、色彩等因素在物体对称轴两侧或中心点四周的形状、大小、数量、位置等因素有一定变化，但总体上看这些因素给人在视觉、心理上的感觉是平衡的。在鞋靴款式造型构成中，均衡形式一般是通过下列几个方面来体现：

① 帮部件的形状、大小、数量构成鞋靴上的一种均衡，一般外侧部件大一些、多一些。

② 装饰工艺表现的数量、位置构成鞋靴上的一种均衡。

③ 色彩、造型的强弱、大小构成鞋靴上的一种均衡。

4. 呼应形式构成法则

事物在一定空间里存有一种相互联系、相互照应的关系，我们称之为呼应。呼应表现在鞋靴款式造型上是某种造型要素不是一种孤立的存在，而是在同一只鞋上出现相同或相似的造型要素。这种呼应在鞋靴款式造型设计中通常表现为色彩呼应、材质呼应、形态呼应、图案呼应和装饰工艺的呼应。

呼应法则在实际应用中要注意两点：一是呼应双方要保持一定距离，比较好的呼应位置安排一般是在鞋靴的两端，如前包头与后包跟或是靴鞋的口沿处和靴底部的呼应，也可以是中间位置与鞋靴四边的某一位置呼应。二是呼应双方在大小方面要拉开距离，这样视觉上有变化，感觉会更好一些（图5-80）。

图5-80　色彩呼应构成形式

5. 节奏形式构成法则

节奏原本为音乐的专用名词，是音乐的构成要素之一。这种有规律、反复出现的形式同样存在于其他事物和艺术门类中。因此它也经常被用于其他艺术门类的形式构成原则中。

节奏是指事物的构成因素在大与小、强与弱、轻与重、多与少、长与短、虚与实、明与暗、硬与软、曲与直等方面有规律和有秩序的变化。鞋靴款式造型设计中的节奏主要是通过构成要素的形态（点、线、面）和色彩在大小、强弱、多少、明暗、长短、曲直等方面有规律、有秩序的变化来形成。

节奏形式法则能使鞋靴款式显得活泼、有动感，因此，节奏形式法则适合于童鞋、运动鞋、休闲鞋等鞋类（图5-81）。

图5-81 节奏构成形式

6. 协调形式构成法则

协调是指事物间的一种和谐状态。反映在鞋靴款式造型设计上，是形态（点、线、面、体）、色彩、图案保持一种相似关系（图5-82）。例如，舌式鞋前帮盖前面造型与鞋楦头式造型的协调，浅口鞋口门前的造型与鞋楦头式的协调。

通常情况下，鞋靴款式造型设计中的协调有以下几方面：

① 整体与局部协调。如帮部件造型与鞋靴整体造型的协调，配件造型与鞋靴整体造型的协调，图案（形）与鞋靴整体造型的协调。

② 形态局部与局部协调。如运动鞋、旅游鞋、休闲鞋等鞋类部件间的造型经常需要一种协调。有时配件造型也与帮部件构成一种协调。

③ 色彩的协调。在休闲鞋中色彩协调法则运用最广，一般多为咖啡色系的协调。

图5-82 鞋靴形态和色彩协调构成形式

7. 夸张形式构成法则

夸张是指设计师发挥其想像力，对鞋靴进行一种超乎寻常的设计，以增强视觉冲击力。夸张形式构成法则常用于前卫鞋、时装鞋。夸张设计多表现在对形态（集中于鞋靴头式造型、鞋跟造型）、图案和配件等要素的运用。夸张法则运用应注意不能对鞋靴实用功能造成影响，要在对使用、经济、工艺等各方面因素综合考虑下进行适当的夸张（图5-83）。

图5-83 夸张构成形式

8. 强调形式构成法则

强调形式构成法则是设计师运用一定方法强化某个部位使之成为视觉中心，以达到一种功能目的。在鞋靴设计中强调法则运用多为了强调品牌、标识的突出。一般表现手法是将品牌标识作为一个"点"，其余部分是面和线，为了提高这个"点"（品牌标识）的视觉吸引力，将"点"周围帮面处理简洁，然后再将"点"的形状、色相、明度、纯度、质感与周围环境拉大，使之产生对比反衬效果，从而达到使"点"鲜明、突出的效果（图5-84）。

9. 流行形式构成法则

鞋靴流行性主要表现在它的外观造型上。流行的形式内容主要有鞋靴头式（楦头造型）、材料（肌理、质地、纹样）、结构式样、色彩等。鞋靴设计流行法则是对鞋靴款式造型中某种要素流行倾向的把握，鞋靴设计师将这种流行趋势，表现到设计的鞋款中。

10. 创新形式构成法则

鞋靴款式造型设计形式构成法则中的创新法则是最高法则。没有创新，设计将不复存在，创新使造型设计有了更高价值。创新法则离不开对其他形式法则的运用。

当然，鞋靴设计创新是在一定条件下，针对特定的对象的创新，否则，它是无意义的创新（图5-85）。

图5-84 强调构成形式

图5-85 创新构成形式
作者：管庆敏（石家庄铁道学院 邢台职业技术学院 2005级 本科）
指导老师：陈念慧

实训八 女浅口时装鞋形态造型元素帮面结构式样设计

一、目的、要求

通过鞋靴形态造型元素帮面结构式样设计实训，使学生进一步认识和真实体会鞋靴形态造型元素帮面结构式样的涵义、作用和实际效果表现，初步掌握鞋靴形态帮面结构式样设计变化的一般方法。

二、内容

女浅口时装鞋形态造型元素帮面结构式样设计。

三、步骤

（1）了解鞋靴形态造型元素帮面结构式样在鞋靴上的设计变化原则或要求以及流行结构式样。

（2）从女浅口时装鞋帮部件的加减、重新排列组合和开闭结构造型等四个方面进行设计把握，设计和画出16~20款变化草图。

（3）设计变化过程中，注意新的帮面结构式样不能影响鞋靴穿着舒适性，注意与既定的鞋靴风格和楦型造型特点相吻合，注意不能过于繁琐和不利于制作，注意结合流行基本结构式样。

（4）从草图中选出一款帮面结构式样变化较好的鞋款，画在女浅口时装鞋楦上做进一步的推敲和修改，直至获得较好的效果。

（5）师生共同评价和总结设计效果。

四、考核标准（100分）

（1）女浅口时装鞋帮面结构式样变化新颖、时尚。（50分）

（2）女浅口时装鞋结构设计合理（符合舒适穿用、合理制板、省料等要求）。（30分）

（3）鞋楦上的线描款式图绘制流畅、工致。（20分）

实训九　鞋靴形态造型元素帮面平面分割设计

一、目的、要求

通过鞋靴形态造型元素帮面平面分割设计实训，使学生进一步认识和真实体会形态造型元素帮面平面分割设计的涵义、作用和实际效果表现，应遵循的设计变化原则和要求，初步掌握鞋靴形态帮面平面分割设计变化的一般方法。

二、内容

男舌式正装鞋形态造型元素帮面平面分割设计。

三、步骤

（1）了解鞋靴形态造型元素帮面平面分割设计在鞋靴上的设计运用原则或要求。

（2）了解当前男舌式正装鞋楦头式造型特点（厚、薄、方、圆）和男正装鞋帮面平面分割造型设计的时尚性特点。

（3）在前帮上进行两长或两短的纵向对称分割设计变化，分割线条以直为主，1~2个转弯，注意分割线条的位置、起始点位置和分割线条形状三个方面的创新把握，设计和画出12~16款变化草图。

（4）从草图中选出一款帮面分割造型变化较好的鞋款，画在男舌式正装鞋楦上做进一步的推敲和修改，直至获得较好的效果。

（5）师生共同评价和总结设计效果。

四、考核标准（100分）

（1）男舌式正装鞋帮面平面分割设计新颖、时尚。（50分）

（2）男舌式正装鞋结构设计合理（符合舒适穿用、合理制板、省料等要求）。（30分）

（3）线描款式图绘制流畅、工致。（20分）

实训十　鞋靴材质肌理造型元素设计

一、目的、要求

通过鞋靴材质肌理造型元素设计实训，使学生进一步认识和真实体会鞋靴材质肌理造型元素的涵义、作用和实际效果表现，应遵循的设计变化原则和要求，初步掌握鞋靴材质肌理设计运用的一般方法。

二、内容

女时装鞋材质肌理造型元素设计。

三、步骤

（1）了解材质肌理造型元素在鞋靴上的设计运用原则或要求。

（2）了解当前女时装鞋楦头式造型特点（厚、薄、方、圆、尖、斜）和女时装鞋目前流行材质肌理。

（3）在女时装鞋的帮面上进行新颖的分割设计变化，分割线条以曲线为主，1~2个转弯，注意分割线条的位置、起始点位置和分割线条形状三个方面的创新把握，设计和画出4~6款变化草图。

（4）在流行的女时装鞋帮面材料上设计和再造新的肌理，设计和画出4~6种新肌理草图，注意新造的肌理风格要与特定的女时装鞋风格相协调。

（5）用再造的新肌理材料与其他同类色流行材料组合，放到已分割好的帮面造型中，再造的新颖肌理要放到帮面明显处，并且新颖肌理的帮面材料的面积要相对小一些。

（6）从草图中选出一款帮面分割造型和材质肌理设计变化较好的鞋款合在一起做进一步的推敲和修改，然后通过一只实物女时装鞋将其材质肌理设计方案表现出来。

（7）师生共同评价和总结设计效果。

四、考核标准（100分）

（1）女时装鞋楦型、底型、跟型搭配协调、时尚。（10分）

（2）女时装鞋帮面平面分割设计新颖、时尚。（30分）

（3）材料再造肌理有较高的创新性，并与女时装鞋特定风格相吻合。（40分）

（4）女时装鞋结构设计合理（符合舒适穿用、合理制板、省料等要求）。（10分）

（5）女时装鞋工艺制作较精良。（10分）

实训十一　鞋靴图案造型元素设计

一、目的、要求

通过鞋靴图案造型元素设计实训，使学生进一步认识和真实体会鞋靴图案造型元素的作用和实际效果表现，应遵循的设计变化原则和要求，初步掌握鞋靴图案设计运用的一般方法。

二、内容

女时装鞋图案造型元素设计。

三、步骤

（1）了解图案在鞋靴上的设计运用原则或要求。

（2）了解当前女时装鞋楦头式造型特点（厚、薄、方、圆、尖、斜）和女时装鞋流行图案。

（3）选取某种图案并进行形状、组织构成、肌理等方面的设计变化，设计者在对图案进行设计变化时，要注意不能失去原有图案的基本造型特征，设计和画出10~16个图案草图。

（4）对设计变化较好的图案进行造型关系元素方面的创新把握。设计和画出5~8个图案在造型关系元素方面的创新变化草图。

（5）将图案以上两个方面比较好的设计草图移到鞋楦上做进一步的推敲和修改，直至获得较满意的效果。

（6）师生共同评价和总结设计效果。

四、考核标准（100分）

（1）女时装鞋楦型、底型、跟型搭配协调、时尚。（15分）

（2）女时装鞋帮面平面分割设计新颖、时尚。（30分）

（3）图案设计运用有较高的创新性，并与女时装鞋特定风格相吻合。（40分）

（4）女时装鞋结构设计合理（符合舒适穿用、合理制板、省料等要求）。（15分）

实训十二　鞋靴协调形式构成设计

一、目的、要求

通过鞋靴协调形式构成设计实训，使学生进一步认识和真实体会鞋靴协调形式构成设计的作用和实际效果表现，初步掌握鞋靴协调形式构成设计的一般方法。

二、内容

女浅口正装鞋协调形式构成设计。

三、步骤

（1）了解鞋靴协调形式构成设计都有哪些协调内容和协调基本方法。

（2）了解当前女浅口正装鞋楦头式造型特点（厚、薄、方、圆、尖、斜）以及款式协调性表现。

（3）对女浅口正装鞋鞋口门造型与鞋楦头式造型、鞋楦头式造型与底跟造型、鞋楦头式造型与既定整体正装风格造型、配件造型风格与鞋楦和鞋款整体造型风格、帮部件形状及体量感与鞋款整体造型等方面进行协调设计把握，设计和画出3～5款变化草图。

（4）将一款整体协调性较好的草图移到鞋楦上做进一步的推敲和修改，直至获得较满意的效果。

（5）师生共同评价和总结设计效果。

四、考核标准（100分）

（1）女浅口正装鞋楦型时尚。（15分）

（2）女浅口正装鞋结构式样新颖、时尚。（30分）

（3）女浅口正装鞋款式造型有较好的整体协调感。（40分）

（4）女浅口正装鞋结构设计合理（符合舒适穿用、合理制板、省料等要求）。（15分）

实训十三　鞋靴呼应形式构成设计

一、目的、要求

通过鞋靴呼应形式构成设计实训，使学生进一步认识和真实体会鞋靴呼应形式构成设计的作用和实际效果表现，初步掌握鞋靴呼应形式构成设计的一般方法。

二、内容

运动鞋呼应形式构成设计。

三、步骤

（1）了解鞋靴呼应形式构成设计都有哪些呼应内容和呼应形式构成设计基本方法。

（2）了解当前运动鞋款式造型呼应形式构成表现。

（3）在运动鞋款式图上进行图案方面的呼应形式构成把握。

（4）结合特定消费人群对图案进行创新设计，设计和画出6～10款变化草图。然后按照呼应形式构成设计方法，将图案分为大小两种，大的图案置于运动鞋外侧中后部或中前部，小的图案置于运动鞋舌部件后端或运动鞋后帮保险皮上。

（5）将一款呼应形式较好的草图移到鞋楦上做进一步的推敲和修改，直至获得较满意的效果。

（6）师生共同评价和总结设计效果。

四、考核标准（100分）

（1）运动鞋结构式样新颖、时尚。（15分）

（2）图案设计新颖、时尚。（30分）

（3）运动鞋图案呼应形式构成设计把握较好。（40分）

（4）运动鞋结构设计合理（符合舒适穿用、合理制板、省料等要求）。（15分）

实训十四　鞋靴装饰工艺造型元素设计

一、目的、要求

通过鞋靴装饰工艺造型元素设计实训，使学生进一步认识和真实体会鞋靴装饰工艺造型元素的作用和实际效果表现，应遵循的设计变化原则和要求，初步掌握鞋靴装饰工艺设计运用的一般方法。

二、内容

男休闲鞋装饰工艺造型元素设计。

三、步骤

（1）了解装饰工艺在鞋靴上的设计运用原则或要求。

（2）了解当前男休闲鞋楦头式造型特点（厚、薄、方、圆）和男休闲鞋流行装饰工艺。

（3）选取男休闲鞋某种流行装饰工艺，首先对一个单元的装饰工艺进行形状和组织构成方面的设计变化，设计和画出10～16个不同造型的单元装饰工艺草图。

（4）对造型设计变化较好的单元装饰工艺进行造型关系元素方面的创新把握。设计和画出5～8个单元装饰工艺在造型关系元素方面的创新变化草图。

（5）将装饰工艺以上两个方面比较好的设计草图再做进一步的推敲和修改，然后通过一只套在鞋楦上的男休闲鞋实物帮套将其装饰工艺设计方案表现出来。

（6）师生共同评价和总结设计效果。

四、考核标准（100分）

（1）男休闲鞋楦型时尚。（15分）

（2）男休闲鞋帮面平面分割设计新颖、时尚。（30分）

（3）装饰工艺设计运用有较高的创新性，并与男休闲鞋特定风格相吻合。（40分）

（4）男休闲鞋结构设计合理（符合舒适穿用、合理制板、省料等要求）。（15分）

实训十五 鞋靴装饰配件造型元素设计

一、目的、要求

通过鞋靴装饰配件造型元素设计实训，使学生进一步认识和真实体会鞋靴装饰配件造型元素的作用和实际效果表现，应遵循的设计变化原则和要求，初步掌握鞋靴装饰配件设计运用的一般方法。

二、内容

女时装鞋装饰配件造型元素设计。

三、步骤

（1）了解装饰配件在鞋靴上的设计运用原则或要求。

（2）了解当前女时装鞋楦头式造型特点（厚、薄、方、圆、尖、斜）和女时装鞋流行装饰配件。

（3）选取某种风格装饰配件并进行形态、组织构成、材质肌理等方面的设计变化，设计者在对装饰配件进行设计变化时，要注意不能脱离既定的造型风格，设计和画出10～16个装饰配件草图。

（4）对设计变化较好的装饰配件进行造型关系元素方面的创新把握。设计和画出5～8个装饰配件在造型关系元素方面的创新变化草图。

（5）将装饰配件以上两个方面比较好的设计草图移到鞋楦上做进一步的推敲和修改，直至获得较满意的效果为止。

（6）师生共同评价和总结设计效果。

四、考核标准（100分）

（1）女时装鞋楦型、底型、跟型搭配协调、时尚。（15分）

（2）女时装鞋结构式样新颖、时尚。（30分）

（3）装饰配件设计有较高的创新性，并与女时装鞋特定风格相吻合。（40分）

（4）女时装鞋结构设计合理（符合舒适穿用、合理制板、省料等要求）。（15分）

第六章

鞋靴局部造型设计

本章提要 本章主要讲授鞋靴头式造型、底跟造型和耳部件造型三个鞋靴重要局部造型内容。

学习目标 1. 认识和理解鞋靴局部造型设计的意义和作用。

2. 认识和理解鞋靴各个局部造型设计应遵循的原则或要求。

3. 掌握鞋靴头式造型设计变化、底跟造型设计变化、耳部件造型设计变化的一般方法，并具有一定的变化能力。

鞋靴整体造型是由各个局部造型组成的。局部造型设计除自身变化外，还必须要与鞋靴整体造型风格相协调。鞋靴造型设计成功与否，与局部的造型设计是否成功紧密相关。一款成功的设计离不开精彩的局部设计和处理。鞋靴局部造型设计有形态方面，包括鞋靴头型、结构式样、帮部件造型、底与跟部件的造型、配件造型等，也有色彩方面、材质方面、配件方面、装饰工艺方面和图案方面。这里我们只研究对整体造型影响较大的几处鞋靴局部形体。不同的鞋类品种，这些局部设计影响不同，像鞋靴头造型设计变化对于运动鞋、旅游鞋影响较小；鞋靴耳部件造型设计必须是有鞋耳结构的鞋靴，并且休闲鞋靴要比正装鞋更加注意鞋耳的设计变化；鞋跟造型设计对女鞋来说要远比男鞋和童鞋重要。

鞋靴局部造型设计除前面已说的必须与鞋靴整体造型风格相协调外，还应遵循以下几个设计原则。首先局部造型设计必须是以满足穿着实用为前提下的设计。其次，局部造型设计要适宜于加工生产。鞋靴生产工艺较为独特，目前条件下还离不开对鞋楦的依赖，这就需要鞋靴头式设计（实际上是鞋楦头式造型设计）要考虑拔楦的可能性和方便性。其他局部设计也都应该考虑工艺加工的方便性和经济性。再次，鞋靴局部造型设计要有创新性。唯有好的、富有创意的局部造型设计才能形成鞋靴的视觉中心，充分表现鞋靴造型上的审美价值。最后，某些局部造型设计要注意与时尚性相结合，主要表现在鞋靴头式和鞋跟造型设计上，尤其是鞋靴头式造型流行性较强，设计者应在流行的基础上去设计，鞋跟造型时尚变化除形态外，还表现在鞋跟的材质、装饰变化上。最后，局部造型设计有时还要考虑与其他局部在造型上的协调和统一，如鞋靴头式是方形的，那么它的鞋跟造型应是方形的。

一、鞋靴头式造型设计

制鞋行业中历来认为鞋靴造型设计主要是楦型设计，楦型设计的重点又在鞋楦的头式造型设计变化上。这种认识虽然不全面，但至少说明鞋靴的头式造型变化对于鞋靴审美及对人的视觉吸引力是相当大的，尤其是在准正

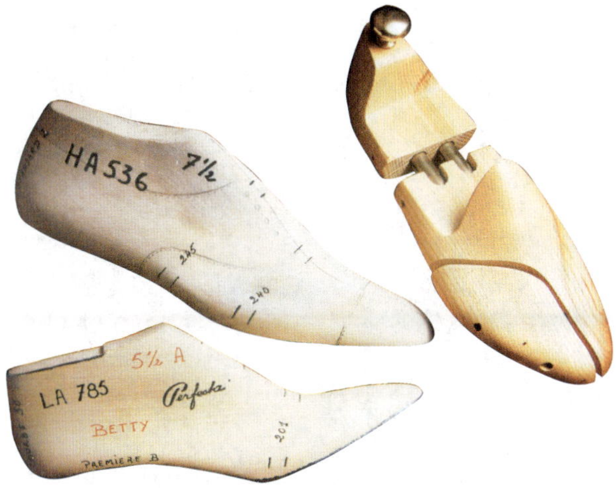

图6-1　不同的鞋楦设计

装鞋、时装鞋和某些休闲鞋等鞋类中表现尤为突出。

当鞋靴色彩变化较少时，鞋靴的头式造型和结构式样就成了人们注意的视觉因素。鞋靴头式造型，是设计师在某些鞋类设计中应给予关注较多的地方。鞋靴头式造型往往具有很强的流行性，鞋靴头式造型设计变化应注意这一点。

鞋靴头式造型设计实际上是设计师对鞋楦头式的造型设计，通常是指鞋楦跖趾以前的部位，而楦型与脚型关系紧密，这就要求设计师在进行鞋楦鞋靴头式造型设计时，要注意人的脚型规律和运动需求，过窄、过薄和过长等违背人的生理和使用的设计都是不可取的。鞋靴的加工工艺特点又使得设计师在进行鞋楦头式造型设计时，不能不考虑鞋靴成型后拔楦的可能性，不同的鞋楦设计见图6-1。

鞋靴头式造型设计是对鞋靴头部形体三维形态上的一种变化和塑造。要求鞋靴设计师应该对较为常见的鞋靴头式形态有敏锐的感觉。常见的鞋靴头式有：薄方头式、厚方头式、小方头式、大方头式、斜方头式、薄圆头式、厚圆头式、小圆头式、大圆头式、圆铲头式、小方铲头式、小圆铲头式、斜方铲头式、斜圆铲头式和尖头式等。在这些头式基础上还可以变化出许多鞋靴头式造型。鞋靴方头造型一般给人以精明、干练、刚毅、自信、进取等感觉，圆头造型通常能给人以优雅、秀丽、俊逸、含蓄、柔和、舒展等感觉，尖头造型和一些变化头式造型则给人以个性张扬的感觉。

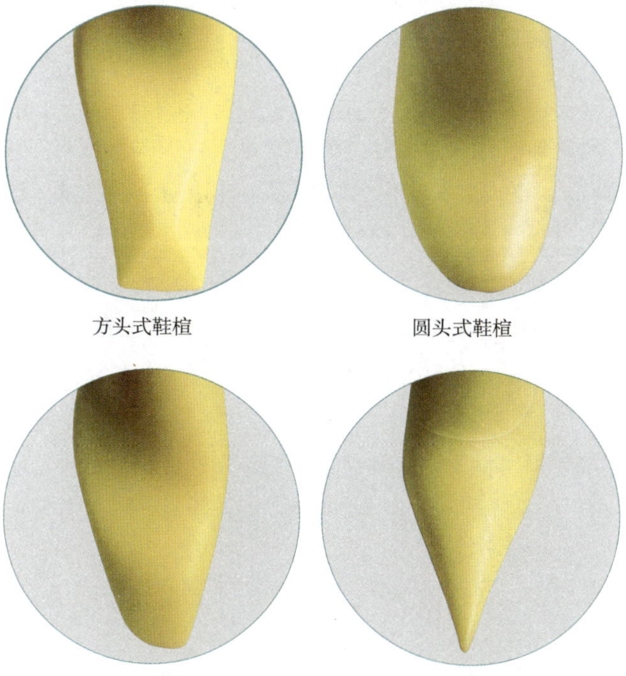

图6-2　鞋楦头式造型设计

鞋楦头式造型设计在充分考虑脚型规律、运动机能、工艺加工、流行时尚和特定消费者审美喜好的基础上，设计师先从二维形状上变化，变化在方头式、圆头式、斜头式和尖头式四种基本形状中进行（图6-2）。然后再从三维形态上进行设计变化，塑造鞋靴头部三维造型，一般是在二维形状把握基础上，从平视正侧鞋靴头部角度来进行设计变化。变化分为直线型（图6-3）、弧线型（图6-4）、厚

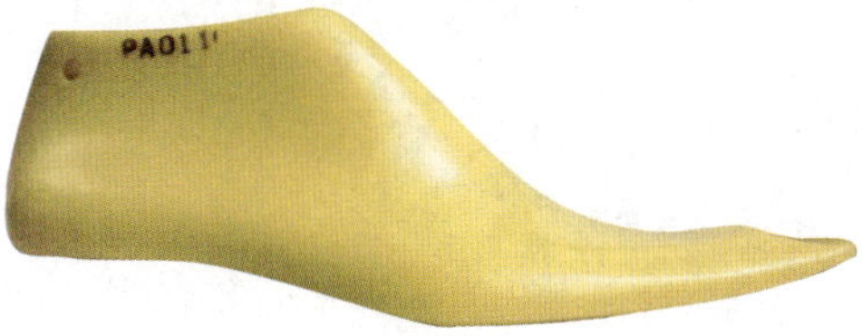

图6-3　鞋楦头式直线型变化

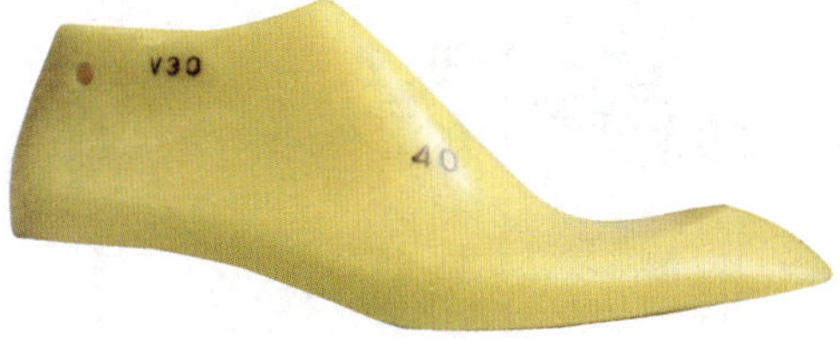

图6-4　鞋楦头式弧线型变化

头式（图6-5）与薄头式等，然后再由俯视外侧3/4角度将立体效果表达出来（图6-6）。另外，鞋靴头部造型可以进行一些特异变化，适合于比较前卫的鞋靴消费者，这种特异变化往往是将鞋靴头部进行局部凹凸或用装饰工艺进行处理（图6-7）。

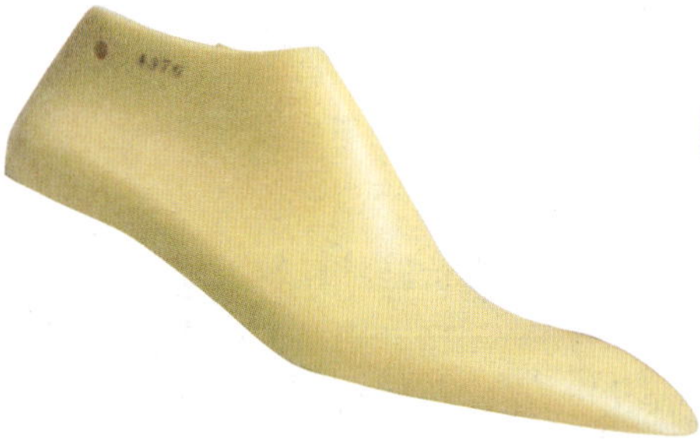

图6-5 鞋楦头式厚头式变化

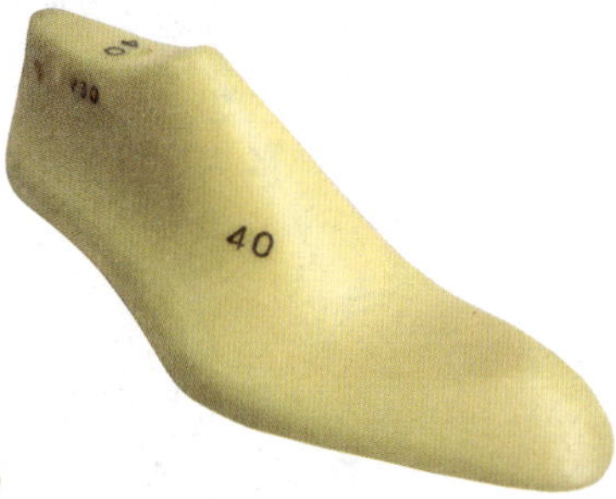

图6-6 鞋楦俯视外侧3/4角度是观察鞋楦头式造型的典型角度

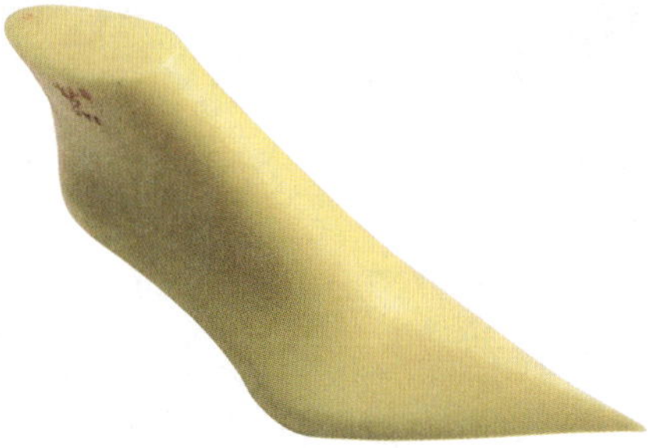

图6-7 棱角分明的超长、超尖的鞋楦头式充满个性和前卫感

二、鞋靴底、跟造型设计

鞋靴的大底有整底和带跟底两种基本形式。大底是任何一种鞋靴不可缺少的组成部分，是鞋靴形式美感的重要部位和组成部分，而且在某些鞋类中（如运动鞋、旅游鞋等中）大底可以全方位地展示它造型上的美感（图6-8）。

不同鞋类品种对鞋靴底、跟造型要求不同，如正装鞋类的底、跟造型设计变化较少，时装鞋、凉鞋、晚礼鞋、拖鞋、运动鞋、旅游鞋、休闲鞋、前卫鞋等鞋类对底、跟造型设计比较关注，设计变化较多。凉鞋和拖鞋一般露出内底，这时设计师可以把它看成大底造型组成部分进行色彩、材质和图形上的设计，凉鞋和拖鞋这一部位设计得好，对消费者的吸引力是比较大的（图6-9）。

鞋靴底、跟造型设计有一般形态造型变化、色彩变化（图6-10）、材质变化及装饰变化（图6-11）、图案

图6-8 运动鞋大底从侧墙到鞋底部都要进行造型变化

图6-9 凉鞋或拖鞋的内底造型设计是不可缺少的

变化（图6-12）、立体构成变化（图6-13）等设计手法。其中一般形态造型变化和材质变化适合于正装鞋类、准正装鞋类；材质变化、色彩变化和图案变化适合于运动鞋、旅游鞋、休闲鞋和童鞋；立体构成变化、镂空变化、材质变化和装饰饰件设计手法适合于时装鞋、晚礼鞋和前卫鞋。以上各种鞋靴底、跟设计手法所对应的鞋类品种并不是绝对的。

在各种鞋靴底、跟造型设计中，女鞋和运动鞋、旅游鞋表现尤为突出。在女鞋底、跟设计中有几种式样较为常见，如楔形底、“松糕底”、“路易斯”式跟、锥形（匕首）跟、酒杯跟等（图6-14），很多女式鞋跟都是由此变化而来。

图6-10 注重色彩变化的女时装鞋跟

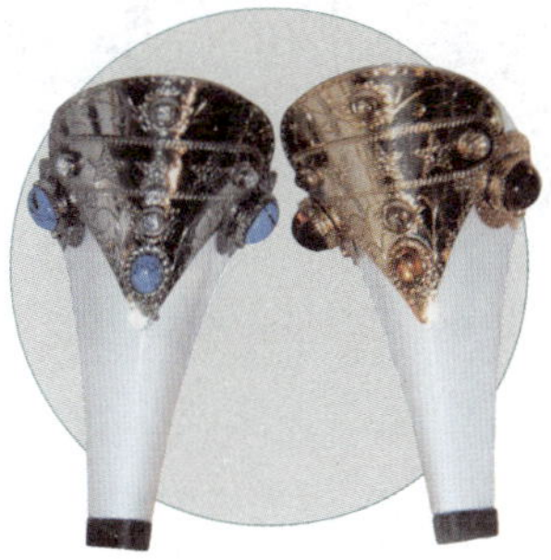

图6-11 注重材质变化的女时装鞋跟

图6-12 注重图案变化的女时装鞋跟

图6-13 注重立体构成变化的女时装鞋底

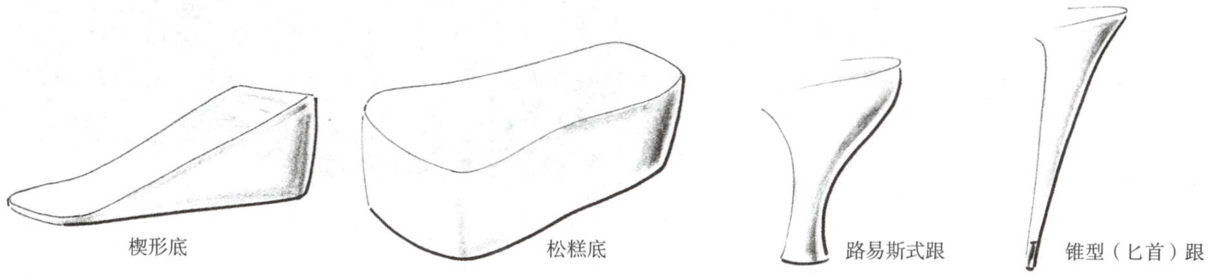

图6-14 女式鞋跟

三、鞋靴耳部件造型设计

耳式鞋分为外耳式和内耳式。鞋靴的耳部件造型设计主要是针对外耳式鞋的耳部件，内耳式的耳部件有时也可以借鉴。在耳式鞋的造型设计中，耳部件常常成为整个造型设计和视觉美感注意力的焦点，尤其是在男休闲鞋和男准正装鞋中表现较为突出（图6-15）。在进行鞋靴耳部件造型设计时，设计师应注意耳部件与鞋靴整体造型风格相协调；与特定消费者的审美喜好相吻合。如青年男性的休闲鞋和准正装鞋的耳部件设计可大胆、新奇一些，儿童鞋的耳部件造型设计应是新颖、活泼、有趣的（图6-16）。

鞋靴耳部件造型设计可以从以下几个方面展开：

图6-15 耳部件是外耳式男休闲鞋重点设计变化部位之一

1. 形态设计

耳部件形态设计分为平面造型设计和立体构成造型设计两种。

耳部件平面造型设计是指对耳部件二维空间上的一种轮廓形状设计（图6-17）。长方形是较常见的一种耳部件造型，包括其他接近于方形的形状。

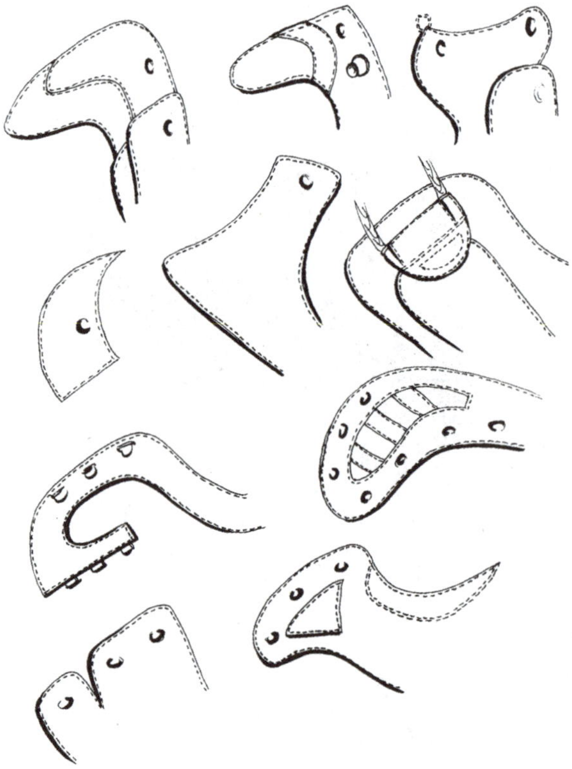

图6-16 儿童鞋耳部件造型

图6-17 耳部件的平面廓型设计

图6-18　不规则形状的耳部件造型

圆弧形、三角形也是较常见的耳部件造型，不规则形状的耳部件造型设计适用于童鞋、休闲鞋、前卫鞋等鞋类设计中（图6-18）。

耳部件立体构成造型设计是指耳部件自身或与其他部件形成一种三维空间的组合构成，设计得新颖巧妙，其视觉效果强烈，但有时会提高工艺加工的难度及生产成本，另外给清洁保养也带来一些困难（图6-19）。

2. 耳部件装饰设计

耳部件装饰设计是指在耳部件上施以某种装饰工艺，如冲孔、串花、刺绣等，以提高耳部件的造型美感和视觉吸引力（图6-20）

3. 耳部件材质设计

耳部件材质设计是指在耳部件上用不同的材质，以同其他部位形成一种肌理上的对比，从而构成视觉新鲜感和美感。

4. 耳部件色彩设计

在耳部件上用不同于其他部位的色彩，可以提高耳部件的视觉吸引力，在耳式休闲鞋上一般用同类色，在耳式童鞋上既可以用同类色，也可以用对比色（图6-21）。

图6-19　耳部件的立体造型设计

图6-20　耳部件装饰工艺设计运用

图6-21　耳部件色彩设计

四、蝴蝶结造型设计

蝴蝶结是女性生活当中一种常见的服饰装饰品，蝴蝶结给女性带来的优雅、可爱、甜美感，使其深受女性青睐，蝴蝶结一方面多用于女性的发卡上，常用来束缚和固定女性的某种发式，另一方面也多用于女性的鞋靴和包袋上，尤其在女浅口鞋上运用较为广泛，并且常常成为女鞋款式造型的审美中心和设计亮点所在。蝴蝶结不仅在女鞋整体造型创新度及审美作用方面发挥着重要作用，而且在把握女鞋甜美、优雅、可爱风格方面同样也发挥着重要作用。因此，蝴蝶结作为一个相对独立的鞋靴局部，有着重要的设计意义和商业价值。虽然当前多数时候是设计师直接到鞋靴材料市场上选购蝴蝶结用于新开发的产品中，但随着消费者审美要求越来越高和越来越个性化，有一定实力的鞋靴企业专门设计和定制这种重要装饰配件正在逐步变为可能。

蝴蝶结造型同样是由形态、色彩、材质肌理、图案、装饰工艺等造型元素构成，蝴蝶结设计便是对以上五种造型元素的把握与变化。当然，这种变化与创新必须是在符合女鞋风格类型、风格程度、成本控制等要求的情况下来完成。

1. 蝴蝶结形态造型

蝴蝶结形态主要由两翼形态和捆扎蝴蝶结中间（个别时候非中间）形成两翼的“结”的形态组成，多数情况下，蝴蝶结两翼形态的大小和形状是对称的（用软质面料时，两翼形态为近似对称），而且两翼形态造型也是变化创新的重点，但蝴蝶结的“结”的形态造型变化有时也可以成为变化创新的重点。

蝴蝶结两翼形态分为近似几何抽象形（图6-22）、近似具象形（图6-23）和非规则形（图6-24）三大类型，多数蝴蝶结为近似几何抽象形，近似花瓣形、树叶形等近似具象形和非规则抽象形蝴蝶结相对少一些。常见蝴蝶结两翼基本廓型形态有长方形或近似长方形、半圆形或大半圆形、菱形或近似菱形、三角形或近似三角形、梯形或近似梯形等几种几何造型类型。实际当中，对以上几种几何形态进行组合把握也是设计师常见的设计变化手法。另外，近似扇形（图6-25）的蝴蝶结两翼形态也较为常见。

蝴蝶结两翼几何廓型形态可变化的范围较小，如果是常见的几何廓型形态，其设计变化的创新点和变化手法主要有以下三个方面：一是用新颖且数量较多的较小形态来组成常见的几何形态，这种较小、新颖的形态，既可以是以实体（立体）的形态来呈现（图6-26、图6-27），也可以是在蝴蝶结常见廓形的两翼上镂空出新颖

图6-22 长方几何形蝴蝶结再结合稳重高雅的配色使本款女浅口鞋呈现出端庄、优雅的感觉

图6-23 具象造型的蝴蝶结可以给人带来较为直观的单纯、美好的审美感受

图6-24 由于非规则造型蝴蝶结在女鞋中使用较少，因此，这种造型的蝴蝶结缺少了普遍意义上的审美效果

图6-25 扇形蝴蝶结属于一种熟悉形蝴蝶结，因而也就容易让人产生一种亲近感

图6-26 通过对蝴蝶结中一些局部构成形体的形态、材质和颜色等方面的变化可以使平淡无奇的近似几何长方形的蝴蝶结具有了一种新颖感

图6-27 本款蝴蝶结款式造型设计与上一款（图6-26）有异曲同工之妙

形状的孔洞来呈现，或以实体或镂空两种形态相结合的形式来呈现。这种通过经典几何廓型形态中的较小新颖形态的组合设计可以使原本常见无奇的蝴蝶结两翼形态展现出一种新颖的造型效果。二是通过对较多数量常见形态蝴蝶结进行新颖地组织造型（图6-28）来获得一种新颖感。三是通过对数量较多的蝴蝶结两翼进行翻卷和堆叠等立体造型变化来获取一种新颖的两翼形态造型效果（图6-29），即使单纯增加蝴蝶结两翼数量并进行一种新颖组织造型也可以获得一种新颖的两翼形态造型效果。

蝴蝶结两翼近似具象形态的变化幅度相对较大，设计师多数时候是在近似某种花瓣形和近似某种树叶形中寻求变化，因此，这种蝴蝶结两翼近似具象形态变化的灵感和设计参考来源必定是从各种形象的花卉叶片和树叶中去获得。设计师对蝴蝶结两翼形态进行近似某种花瓣形或近似某种树叶形的造型变化，不仅可以使蝴蝶结两翼形态获得比较多的造型变化，而且，还可以使蝴蝶结呈现出可爱、美好、浪漫的审美意象和感受（图6-30）。蝴蝶结两翼近似花瓣形态或树叶形态比较适合塑料、金属等硬质材料来实现，单层不折叠的柔软材料也能够较方便地实现。此外，对蝴蝶结两翼近似几何形态与近似具象形态进行组合设计把握往往也能获得较好

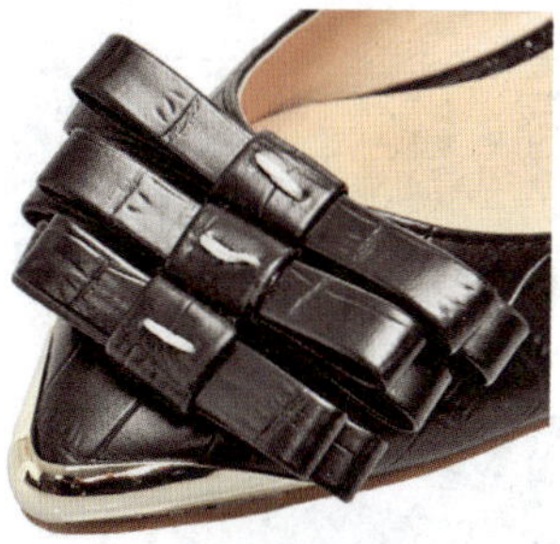

图6-28 平淡无奇的长条状蝴蝶结通过增加数量和长短节奏变化使其增添了不少吸引力

图6-29 同样平常的长方形蝴蝶结通过增加数量和向上堆叠起较大体量也使其增加了不少新颖感

图6-30 近似花瓣或树叶形状的蝴蝶结给人带来更多的是一种可爱、美好、浪漫的审美意象和感受

的造型效果（图6-31）。

目前，蝴蝶结两翼非规则形态设计运用得比较少，这就使得蝴蝶结两翼这种形态造型变化和审美市场价值有相当大的发挥空间。蝴蝶结两翼这种非规则形态变化易为追求新奇和个性审美的消费者青睐。因此，设计师在为可爱、浪漫、新奇的女时装鞋设计蝴蝶结时，可以对其两翼形态进行这种非规则形态的设计变化。设计变化思路主要有两个，一是在自然景物或生活用品某些抽象的局部中为这种非规则形态变化寻求设计创新的灵感；二是对现有熟悉的各种形状进行平面或立体方面的变形处理。具体把握方法有两个，一是对原有的规则形或比较规则的形进行大胆的形体减缺或增加方面的处理；二是对原有规则形或比较规则的形进行扭曲、翻转、捏褶等方面的处理。这两种变化方法都可以使蝴蝶结两翼形态获得一种非规则的新颖造型。

由于蝴蝶结中的"结"通常在蝴蝶结中间位置，因此，蝴蝶结中的"结"往往也可以设置成整个蝴蝶结的视觉中心和造型设计亮点。蝴蝶结中的"结"的形态造型变化主要是通过加装一个新颖形态的配件来实现其形态创新上的把握，这就要求设计师对加装配件的形态要尽力设计得新颖别致（图6-32、图6-33）。在对加装配件形态进行设计变化时，设计师一定要注意其形态风格及造型特征要与女鞋整体造型风格和蝴蝶结造型风格及特征相一致，即，如果女鞋整体造型风格和蝴蝶结造型风格及特征是简洁、硬朗，那么，加装配件形态的造型风格和造型特征也应该是简洁、硬朗的（图6-34）。此外，设计师对加装配件的形态设计变化，还必须考虑其

图6-31 进一步接近抽象同时又稍有一点具象感的蝴蝶结给人带来的是一种变化熟悉形

图6-32 用钥匙做蝴蝶结中的"结"的形态既新颖别致，同时又有特定寓意，不失为一种好的创意

图6-33 蝴蝶结中的"结"不仅要新颖别致，而且有时还可以追求以某种新颖的方式来打这个"结"，这同样是蝴蝶结创意设计的一部分

图6-34 蝴蝶结中的"结"的配件形态造型不仅要新颖别致，同时还要与鞋靴及蝴蝶结的风格相一致

工艺制造的可行性和成本控制要求两个方面。

此外，设计师在对蝴蝶结形态进行造型变化时，还要注意这种形态变化最好是由点状形态、线状形态、面状形态等多种形态组合而成，这样蝴蝶结的形态整体造型效果会更好（图6-35）。当然，蝴蝶结形态由新颖的线状形态和面状形态或新颖的点状形态和面状形态组合而成也可以获得较为理想的整体造型效果。

2. 蝴蝶结色彩造型

由于蝴蝶结只是女鞋上面的一个配件，因此，多数情况下，蝴蝶结的颜色要求与女鞋帮面的颜色保持一致或相近，这样，蝴蝶结色彩造型元素的设计把握也就相对比较简单。如果女鞋帮面由两种颜色组成，通常设计师会将蝴蝶结的颜色与女鞋帮面主色保持一致或相近。但如果女鞋有意追求一种色彩对比效果，那么，蝴蝶结的颜色就可以用与帮面颜色形成对比的或不协调的颜色，例如，撞色风格女时装鞋上的蝴蝶结颜色往往是用与帮面颜色形成对比的颜色。

3. 蝴蝶结材质肌理造型

设计师对蝴蝶结材质肌理造型元素的把握的变化，对蝴蝶结整体造型效果有着较为重要的作用。蝴蝶结材质肌理设计把握主要有两种方式，一是对蝴蝶结材质肌理与女鞋帮面材质肌理之间的一种对比或协调的把握；另一种是对蝴蝶结本身材质肌理的一种对比或协调的把握；当前一种方式中蝴蝶结材质肌理与女鞋帮面材质肌理保持一致时，并且颜色也保持一致时，这时候设计师是为了突出女鞋的一种整体造型感，这种蝴蝶结材质肌理把握多数是用在女正装鞋上，或用在品位高端、造型适度夸张的女时装鞋上。当前一种方式中蝴蝶结材质肌理与女鞋帮面材质肌理不同有一定对比性时，同时，蝴蝶结颜色与女鞋帮面颜色也不相同时，这时候，设计师或是有意寻求一种对比、活泼、个性的造型风格，或是寻求突出蝴蝶结的某种造型风格和造型审美效果。后一种蝴蝶结本身寻求材质肌理变化，是设计师为了更加突出蝴蝶结造型给消费者带来的审美亮点效果，设计师对蝴蝶结本身材质肌理设计把握与变化主要是通过让蝴蝶结由两种或三种不同的材质肌理组合来获取一种醒目的造型效果。其具体做法有两种，一种是当蝴蝶结上面没有其他装饰物的时候，设计师让组成蝴蝶结的材料或前后、或左右、或上下（下面材料面积较大）由不同材质肌理材料组合而成，从而让蝴蝶结材质肌理造型把握方面形成一种新颖、生动的对比效果（图6-36）；另一种是当蝴蝶结上面有装饰物的时候，设计师让装饰物材质肌理与蝴蝶结主体材料的材质肌理具有差异性和对比性，从而也可以在蝴蝶结材质肌理造型元素把握方面形成

图6-35 由点、线、面三种形态构成的蝴蝶结使其看上去形态造型变化较为丰富

图6-36 蝴蝶结不同构成部分的材质肌理对比变化也是其款式造型整体设计把握的重要组成部分

图6-37 蝴蝶结中的熠熠闪光的亮钻不仅塑造了本款女鞋的优雅华丽风格，而且其与蝴蝶结其他部分所形成材质对比也使蝴蝶结分外夺目

图6-38 在蝴蝶结上钉缀各种形态、材质、颜色的小饰品是提高其造型魅力的一种重要手段

一种新颖、生动的对比效果（图6-37），这种材质肌理把握方法，设计师通常让较小的装饰物的材质肌理更光滑闪亮和炫目耀眼一些，即装饰物材质通常为金属（仿金属）、钻石（仿钻石）、水晶（仿水晶）等。

4. 蝴蝶结装饰工艺

为使蝴蝶结获得更丰富和更新颖的造型变化，设计师对装饰工艺造型元素的运用不可或缺，至于运用哪一种或哪几种装饰工艺，要视那一年装饰工艺运用流行情况而定，或者要视自己开发的女鞋风格而定。目前，蝴蝶结上运用的主要装饰工艺有钉缀、烫钻、铆钉等。钉缀装饰工艺是指将较大的立体装饰物钉缀在蝴蝶结上面（图6-38、图6-39）。蝴蝶结上面的装饰工艺造型元素设计变化主要是通过对其组织造型（图6-40）、数量多少和位置选择等三个创新点的把握与变化来实现，其中，组织造型变化对蝴蝶结上的装饰工艺造型元素运用的效果影响最大。如何进行组织造型变化请参看本书第五章相关内容。

5. 图案造型元素的应用

图案造型元素在各种产品设计中都有着广泛和重要的应用价值，在蝴蝶结造型设计中，这种价值也同样如此。图案有相对独立的知识与设计技能体系，鞋靴设计师必须对图案这个知识与设计体系有较深的认识和基础变化能力后才能较好地将其运用于蝴蝶结的造型变化中。服饰产品及配饰中设计运用图案造型元素主要有四个作用，一是设计师通过对某种图案的设计运用来满足特定消费者对某种特定价值观或审美偏好的追求；二是设计师通过对某种图案的设计运用来满足某种图案在服饰产品及配饰上的流行（图6-41）；

图6-39 在蝴蝶结上钉缀各种立体形态小饰品可使其看上去富有立体感

图6-40 蝴蝶结上钉缀线状饰品时，其最大创新点是组织造型方面的新颖变化

图6-41 蝴蝶结上的豹纹图案与鞋底、鞋跟上的豹纹图案共同塑造出本款女鞋的浪漫而又略带野性的风格，同时也体现了当下的一种流行

三是设计师通过对某种图案的设计运用来满足对服饰产品某种风格的把握（图6-42）；四是设计师通过对某种图案的设计运用来提升服饰产品的新颖度和个性化的造型（图6-43）。以上四个图案设计运用目的也是设计师图案设计运用时必须满足的四个要求。图案设计变化创新点和变化手法比较多，首先设计师可以通过图案形态变形、图案色彩变化、图案材质肌理变化、图案装饰等造型元素方面的新颖变化来达到蝴蝶结上图案设计运用的创新效果，对于有特定寓意指向的图案，其形态创新变化必须是在不改变基本造型特征基础上的变形。其次，设计师还可以通过对图案组织造型、图案大小、图案位置、图案方向、图案数量、图案实现方式等六个造型关系元素方面的变化来获得蝴蝶结上图案设计运用的新颖感。

图6-42 仅依靠白色蝴蝶结上玫瑰红圆点图案就基本完成了对本款女鞋天真可爱风格的塑造

图6-43 在蝴蝶结上设计和运用新颖的图案是设计师常用来提升蝴蝶结及整个鞋款造型新颖度的手段

实训十六　鞋靴头式局部造型设计

一、目的、要求

通过鞋靴头式局部造型设计实训，使学生初步掌握鞋靴头式造型变化规律和方法，具有一定的鞋靴头式造型变化能力。

二、内容

鞋靴头式局部造型设计。

三、步骤

（1）收集和分析鞋靴头式图片，了解鞋靴头式造型变化内容。

（2）做鞋靴头式正俯视两维廓形变化（大方头、小方头、中方头、大方圆头、小方圆头、中方圆头、大圆头、小圆头、中圆头、大圆方头、小圆方头、中圆方头、超长方尖头、超长圆尖头、中长方尖头、中长圆尖头、短尖头、斜方头、斜圆头等）。

（3）做鞋靴头式正侧视两维廓形变化（直线变化、曲线变化、直曲线变化、曲直线变化、长直线变化、短直线变化、长曲线变化、短曲线变化等）。

（4）做鞋靴头式上方不同造型的点、线、面凸起变化。

（5）设计和画出20~30个有立体感的俯视外侧3/4角度鞋靴头式款式图。

（6）师生共同评价和总结设计效果。

四、考核标准（100分）

（1）鞋靴头式造型符合穿着和工艺要求。（30分）

（2）鞋靴头式造型变化丰富。（50分）

（3）鞋靴头式造型效果图表现有较强的立体感。（20分）

实训十七 鞋靴底、跟局部造型设计

一、目的、要求

通过鞋靴底、跟局部造型设计实训，使学生初步掌握鞋靴底、跟造型变化规律和方法，具有一定的鞋靴底、跟造型变化能力。

二、内容

鞋靴底、跟局部造型设计。

三、步骤

（1）收集和分析鞋靴底、跟图片，了解鞋靴底、跟造型变化内容。

（2）做女鞋跟正侧视二维廓形变化，女鞋跟分常规跟和异型跟两种廓形变化，常规鞋跟造型主要是变化鞋跟后面或两侧的轮廓线，异型鞋跟造型除上下两个面外，四边（侧）方向都可以变化。

（3）做常规鞋跟单体直线、曲线、曲直线、高低、粗细、凹凸等造型变化，做常规鞋跟多体组合直线、曲线、曲直线、高低、粗细、凹凸等造型变化；做异型鞋跟抽象、具象和抽象与具象结合三个方面的造型变化。常规鞋跟设计和画出30~35款变化草图变化，异型鞋跟设计和画出20~25款变化草图变化。

（4）做运动鞋大底"侧墙"造型变化，侧墙造型设计分"侧墙"廓形造型和"侧墙"里面的抽象几何造型两部分，"侧墙"廓形造型主要是抽象的曲线变化造型，有时也做直线变化造型或曲直线结合变化造型。运动鞋大底"侧墙"造型设计和画出15~20款变化草图变化。

（5）在常规鞋跟和运动鞋大底草图中各选出10款较好设计方案绘制成有立体感和质感的效果图。

（6）师生共同评价和总结设计效果。

四、考核标准（100分）

（1）鞋靴底跟造型结构设计合理，符合工艺要求。（30分）

（2）鞋靴底跟造型设计有较高的创新性。（50分）

（3）鞋靴底跟造型效果图表现有较强的立体感和质感。（20分）

实训十八 鞋靴"耳"部件局部造型设计

一、目的、要求

通过鞋靴"耳"部件局部造型设计实训，使学生初步掌握鞋靴"耳"部件造型变化规律和方法，具有一定的鞋靴"耳"部件造型变化能力。

二、内容

鞋靴"耳"部件局部造型设计。

三、步骤

（1）收集和分析鞋靴"耳"部件图片，了解鞋靴"耳"部件造型变化内容。

（2）做“耳”部件二维廓形变化。如果是正装风格鞋靴耳部件，其造型变化要注意与鞋靴的正装风格和楦型头式造型特点相协调，廓形向着简洁、新颖的方向去变。时装风格耳部件二维廓形变化则可以夸张一些。正装耳部件设计和画出15~20款变化草图，时装耳部件设计和画出20~25款变化草图。

（3）做“耳”部件立体造型变化。“耳”部件立体造型变化主要从“耳”部件上的穿插立体造型、翻折立体造型和叠加立体造型三个方面去获得。分别用以上三种立体造型方式设计和画出18~24个“耳”部件立体造型草图。

（4）在“耳”部件二维廓形和立体造型草图中各选出9款较好的设计方案，绘制成严谨的“耳”部件款式图，其中，“耳”部件三种立体造型方式各选出3款较好草图绘制成严谨的“耳”部件款式图。

（5）师生共同评价和总结设计效果。

四、考核标准（100分）

（1）“耳”部件正装与时装两种风格把握准确。（30分）

（2）“耳”部件造型设计有较高创新性。（50分）

（3）“耳”部件款式图表现流畅、严谨。（20分）

专题篇

第七章

鞋靴产品企划

本章提要 本章主要讲授鞋靴品牌企划和设计企划两方面内容。

学习目标 1．理解和认识鞋靴产品企划的内涵与作用。

2．理解和认识鞋靴品牌概念独特定位的意义和作用。

3．初步掌握鞋靴品牌企划和鞋靴产品设计企划的基本方法。

本章主要论述鞋靴产品企划中的产品品牌和产品设计两个方面，不涉及产品营销、服饰搭配等其他方面的企划。

一、鞋靴产品企划的涵义与作用

（一）涵义

产品企划源自于产品竞争，产品企划的出发点和目的是为了使产品更好地满足消费者需要，占领更多的市场。随着社会经济的迅速发展，人们的物质与精神追求也在快速变化，消费者的消费行为呈现出多样化、个性化、感性化和变化快等特点，感性消费实质是对产品的一种精神诉求，表现为对产品的审美和某种自我价值观的象征追求。消费者消费行为的以上特点，使得产品要想满足当今消费者需要的难度越来越大，当今时代产品设计已不是一种简单的功能或造型把握，从市场方面看，同类型产品比比皆是，大家都在努力打造自己产品特色，市场竞争异常激烈，同时对于鞋靴、服装等服饰产品来说，强烈的流行变化也使得这类产品设计开发工作充满变数和不确定性。针对以上两种情况，一些服饰企业为使产品在满足消费者需求上更具针对性和独特性，在市场同类产品竞争中觅得更好机会，使自己产品更具竞争性，这些公司开始注重产品企划，企划内容包括：品牌企划、品种企划、造型风格企划、季节主题企划、楦型企划、基本结构式样企划、色彩企划、材料企划、搭配企划、生产企划、营销企划等方面进行全面策划和设计。鞋靴产品企划不同于产品战略性规划，它是一种应季产品策划，产品开发方向和基本方案一般提前6个月或12个月，有的顶级品牌提前时间为18个月。企业产品企划是一项严谨和充满挑战性的策划活动，它要求产品企划者对消费需求、市场状况、流行时尚、产品属性等方面有充分的了解以及分析、预测和归纳能力。我国目前鞋靴企业尚没有真正开展此项活动，代表我国鞋靴产业发展水平的一些广东鞋靴企业目前所进行的产品前期开发只是一种初级的产品企划活动，广东鞋靴企业只是对当季产品款式流行时尚的追踪和把握，也没有去做全面展示产品整体企划的说明书（产品企划书）。由于目前国内鞋靴企业没有严谨深入的产品企划，缺乏对市场和消费者需求的充分了解，导致国内鞋靴企业设计开发工作具有相当的盲目性，很多鞋靴企业靠“设计开发”出大量的实物样品来求取客户、代理商或服务配合的企业多下订单，这种做法使企业设计开发成本大幅上升，而且经常难以取得理想的订单效果。

企业经营模式主要有品牌运营与设计开发型、生产型、设计开发与生产型、销售型四种类型。品牌运营与设计开发型企业高度重视鞋靴品牌策划、营销和设计开发；生产型企业没有自己的品牌产品，靠为其他企业加工产品生存，这种企业多数难以长久生存；设计开发与生产型企业分为两类，一种是做自己品牌产品的设计开发与生产型企业；另一种是为其他企业产品进行设计开发并生产的设计开发与生产型企业，这类企业开始多为大牌企业做加工业务，后来为争取更多订单和较多利润，逐渐开始做贴牌设计开发再加生产的业务，这类企业的出现对占主导地位的企业来说，比较容易地扩展和加强了自己的经营实力，整合了产业有效资源；销售型企业也可称为商贸型企业，这类企业分为批发商贸型和零售商贸型两种，有的商贸型企业也做有自己的销售品牌产品。对于品牌运营与设计开发型和设计开发与生产型企业来说，它们侧重于设计生产出什么样的产品到市场上销售，而销售型企业则侧重于拿什么样的产品在市场中销售。三种类型企业共同点都是以满足消费者需求来展开产品企划。

产品企划的基本涵义是：围绕市场状况、根据特定消费者需求，针对企业现有资源而对鞋靴产品进行的一种全面策划。

（二）作用

鞋靴产品企划是鞋靴企业其他工作的先导，准确、全面的鞋靴产品企划是随后鞋靴产品设计展开的重要铺垫，可有效减少设计开发的盲目性，同时，产品企划也将原先相对独立的设计、材料使用、生产加工和产品营销等各个环节有机统一起来，不再是各自为战，互不沟通，从而提高企业围绕产品设计、生产和销售方面的工作效率。

（三）地位

我国鞋靴产业总体尚处于加工和模仿型的发展阶段，快速发展主要表现在生产数量和规模上，产品单位利润还很低，赚取的只是微薄的辛苦费。产业发展规律表明，一个产业和企业若想持久发展就必须注重设计创新，创新是推动事物发展的根本动力。未来鞋靴产业突破和走向国际化道路，产品设计创新将起到决定性的作用，作为设计重要组成部分的产品企划对设计开发成功又具有非常重要的作用，它同设计一起构成了未来鞋靴产业及企业的核心竞争力。国内目前许多鞋靴企业还把经营重点放在生产加工和生产管理方面，有的企业又过分重视营销的作用，前者只考虑“如何把鞋靴产品制造出来”，后者则主要考虑“如何把产品卖出去”，两者都没有认真考虑消费者想要什么，都没有抓住企业经营的关键。随着消费者需求的日益多样化和个性化，以及市场的变化无常，企业必须认真考虑向消费者提供什么样令其满意的产品，让鞋靴产品不仅只有实用价值，还要通过产品企划和设计使产品具有符合特定消费者审美、象征等精神诉求的产品，为产品增加更多的附加值，而怎么为消费者提供满意的产品，关键就在于产品企划与设计两个环节能否做好，作为鞋靴产品设计的前一个重要环节，产品企划能否做好将直接影响后面的产品设计效果。因此，产品企划在鞋靴设计中居于先导和方向性的地位。

二、鞋靴品牌企划

（一）品牌概述

1. 品牌的涵义

目前什么是品牌尚没有统一的说法，通常认为："具有一定认知度和完整形象的，形成一定商业信誉的产品系统或服务系统。"一般人认为，品牌就是一个不同于别人的商标及名称。而作为一个系统，商标及名称只是品牌的外在形式，商标是用来区别同类产品，使产品能成为在销售体系中流通的商品而使用的，商标仅仅用来标识商品，不能标识服务，品牌则不仅标识商品，而且可以标识不同的服务。商标的内涵比较单一，品牌的内涵相对丰富，商标是品牌的符号，品牌是商标的外延。

品牌的价值在于它有一个被某个特定人群所接受的内涵，这种内涵体现了一种文化、价值观、生活方式和生存理想。这是一个品牌区别于另一个品牌的根本之所在。品牌从另一角度说也是对顾客的一种承诺和满足，这种承诺和满足必然要通过产品来实现。一个品牌的确立应该是经过对市场同类品牌和顾客需求调研分析后得出的，它蕴含着一种被特定顾客群所认同的一种概念内涵，即一个好的品牌首先应有一个好的定位及区隔概念，这个定位及区隔概念实际就是代表着某一特定顾客群的生活方式和审美偏爱追求。

2. 品牌构成要素

（1）品牌战略　品牌战略是指对品牌发展有决定性影响的建设规划及实施方案。品牌战略制定的意义就在于让品牌走上正确、健康的发展之路，充分发挥和积累品牌价值，并为企业发展带来最巨大的促进作用。

（2）品牌定位（Brand Positioning）　定位是为自己找到一个独特的位置。品牌产品定位就是在纷繁杂乱的品牌产品世界中找到一个能引起消费者兴趣的位置。在目标消费者心中占据一个独具价值的地位。如果企业找不到一个非常好的品牌定位，发展就会受到影响。市场永远都会有空隙，关键看你能不能找到好的品牌定位，找到市场的空隙。我们要创业和创新，就要做自己最有特长的东西，要用智慧去赢得竞争的胜利。

（3）品牌概念　品牌概念也称品牌理念、品牌核心价值或品牌内涵，它是品牌的灵魂。品牌概念树立的是否成功对品牌今后的发展有着重大影响。品牌概念就是要以一种积极而独特的价值内涵及追求去打动消费者的心灵。

（4）品牌符号　品牌符号是一种产品区别于其他同类产品或服务的一种基本手段，它包括品牌的名称、标识、标准色、口号、象征物、代言人、包装等形象元素。这些识别元素形成一个有机的形象体系。成功的品牌符号是公司的重要资产，在品牌与消费者的互动中发挥作用。

（5）品牌识别（Brand Identity）　品牌识别是品牌运营者希望创造和保持的，能引起人们对品牌美好印象的联想物。品牌识别是规划品牌的关键因素，它主要是指以品牌核心价值为中心的品牌识别体系，既包括产品、企业、符号的识别，还包括品牌文化识别、气质识别、销售识别四大核心识别、五大落地识别体系。

（6）品牌文化　品牌文化是指品牌在经营中逐步形成的文化积淀，代表了企业和消费者的利益认知和情感归属。与企业文化的内部凝聚作用不同，品牌文化突出了企业及产品的外在宣传和整合优势，将企业品牌理念有效地传递给消费者，进而在消费者的心里占有一席之地。

（7）优质产品　品牌的产品品质是构成名牌的基础，没有一流的优秀产品作为基石，品牌就不可能发展成为真正的名牌。

3. 强势品牌的作用

（1）实现更多的附加值及利润　品牌的实质有两个，一是区别产品和占有者；二是向消费者传达品牌下的产品的使用价值。强势品牌产品之所以强势就在于它能比其他产品提供更多或更好的使用价值，产品更多、更好的使用价值就使消费者愿意付出更多的代价、资金去获得，由此，强势品牌为其企业可以带来更多的附加值及利润。

（2）使产品更具竞争力　由于强势品牌产品一般有着比其他产品更好的功能和更好、更稳定的质量，因此，在定价合理和服务水平接近的情况下，强势品牌产品在市场上自然更能吸引消费者和更具竞争力。

（3）较强的抗市场波动能力　产品市场有时会因为竞争激烈或产品质量问题而出现降价潮或产品滞销局面。此时，没有产品质量问题和有更好功能的强势品牌产品往往更能抵抗这种市场波动。

（二）品牌命名

产品品牌名称相当于我们每一个人的姓名，它的表面作用是区别事物，内在作用是区别事物的属性、功能和作用。品牌名称具有将品牌下的产品的各种信息浓缩的功能，好的品牌名字应能准确和富有感染力地直接或隐喻地表明产品的内涵、属性和功效，引起人们对产品的兴趣和向往。品牌命名的核心有两点，一是品牌名称个性化，二是品牌名称能长久使用。

品牌命名主要考虑到听和寓意两个方面。好听的品牌名称对消费者有着巨大的吸引力，尤其是女性和儿童感性较强，好听的品牌名称首先就能引起他们的关注和好感，如“千百度”和“百丽”女鞋品牌名称可以给女性带来风姿绰约多变和百般美丽的美好联想。好的品牌寓意是指品牌名称所蕴涵的一种人类美好生存理想或道德理想。如“童天”牌童鞋即是寓意希望所有的儿童都能拥有一片属于自己快乐的天空。

1. 品牌命名的基本原则

（1）法律允许　在为产品命名时，首先要符合国家商标法的有关规定，否则，你自己认为再好的名字也无法在国家有关部门注册，无法走向市场和得到法律保护。例如，产品品牌中不能出现与国家或国际组织的名称、国旗、国徽等相同或相类似的图案及文字。

（2）容易读写　难读难写的名字容易让人厌烦，而且由于难读，品牌产品的名字容易让人读错，产生歧义，从而对产品销售产生不利影响。

（3）名称内涵具有跨越时空性　品牌名称的时间性是指品牌名称不会因时间的推移而影响品牌名称的涵义和给人的感受。品牌名称的空间性指不同的地域和文化背景都能适应，有些字词在不同文化背景中有不同的涵义，甚至是相悖的涵义，在一个国家中可能是美好的寓意，在另一个国家中则可能是不好的象征。因此，为产品品牌起名字一要注意适合各种文化背景。

（4）能产生美好的象征和联想　品牌名称的象征性是指消费者能在品牌名称中得到某种美好的象征，例如，我国曾经有一个男装品牌名字叫“派”，“派”在北方方言中表示“风度、气质不凡”，因此，“派”这一名称象征了这种男装穿着者的一种不凡风度。同时也给人一美好的联想。

（5）品牌名称独特　如果是新的品牌命名，品牌名称的个性化非常重要，新的品牌一定要与竞争品牌形成差别，使其在众多的同类产品品牌中无论是词义还是读音都能显得与众不同，容易辨识和引起人的注意。由于消费者接触到的同类商品品牌信息繁杂，差别化的品牌名称便成为向消费者传递产品信息最快捷和最有效的途径之一。

（6）容易发音　品牌名字应不仅要容易发音，而且名字的发音方法也应只有一种。

2. 品牌命名方法

（1）直接命名法　直接命名法是指将人名、地名或物名直接用于品牌的名称。如：李宁、古奇、百花、黄河等。

（2）关联命名法　关联命名法是指选择与产品风格或功能有一定关联性的文字命名。如：童天、百丽等。

（3）造词命名法　造词命名法是指不用现有或常规的字、词来命名或组合命名。如：玫妹、媚妹等。

（4）怪异命名法　怪异命名法是指用少见字词来命名品牌名称，如：星期八、格外等。

（5）谐音命名法　谐音命名法是指企业有意用有特定涵义的同音字去表示品牌产品的特色或功能，并以此来吸引消费者的注意力。如：鞋阳、小鸟依人等。

（6）模仿命名法　模仿命名法是指模仿其他名牌产品名称以迷惑消费者，达到以假乱真增加自己产品销售量的目的。如：康踏、红蜘蛛等。

（7）系列命名法　系列命名法是指将系列产品进行一种相近的命名。如：雷速、风速、光速等。

3. 品牌命名主要类型

（1）模仿型　如红蜻蜓与小蜻蜓。

（2）拟音型　如Ecco（爱步）、Nike（耐克）。

（3）数字型　如O．L．P．K2008、星期六。

（4）寓意型　如童天、金猴、双凤。

（5）洋名型　如吉尔达、亨达、阿迪丽娅斯、孚德。

（6）汉字型　如天意、伊人。

（三）经营者面对竞争日趋激烈的市场选择

1. 说服消费者购买

当自己产品与其他同类产品功能和价格相近的时候，企业可以对消费者进行各种方式的说服，让他们对自己的产品产生不一样的感觉，这种说服，有的是虚的，有的是实的，例如，产品没有的功能企业欺骗消费者说有或换一个概念冒充某种新功能。又如，商家替厂家说自己的产品功能更符合实际需要，为你节省开支，这种说法往往能说服一些消费者转念购买他们的产品。

2. 降低产品价格

在产品促销中，降价是最有力的手段。对于无创新能力的企业来说，降价促销就成了唯一选择。当一个产业中多数企业普遍都缺乏创新能力，都靠价格战来赢得市场竞争时，降低产品价格来赚取利润和求得发展的经营模式便会显得异常艰难。降低产品价格就意味着必须降低产品成本，企业降低产品成本主要方法和途径有两个，一是扩大生产规模，将单位产品成本摊派出去；二是提高生产效率，降低产品生产中的人工成本和设备折旧成本。

3. 提高服务质量

服务质量是当今产品整体质量观的重要组成部分，紧张的生活节奏和繁重的工作压力使得许多城市消费者都对产品使用过程中的良好服务充满期待，厂家通过提供优质的产品服务，可以减少消费者日常事务，让消费者腾出更多的时间和精力专注于自己的事业，换取他们对自己产品消费的一种好感。提高产品服务质量对一些大件贵重商品的促销比较有效。

4. 对产品进行差异化定位和创新

在开放多元的当今时代，人们的消费需求越来越个性化和多样化，这种差异化需求为产品差异化定位奠定了现实基础，产品差异化定位实质也是一种错位竞争。企业对产品实行差异化定位是满足消费者在市场上寻找不到满足的一种产品策略。实施差异化定位的关键是企业能探知到消费者市场上未能满足他们某种需求的空隙，只有这样，企业才能为产品找到一个有市场价值的差异化定位。产品只有差异化定位还不能使产品真正具有竞争力，产品真正竞争力来自于它的不断创新的功能或时尚造型。产品差异化定位和创新带来的消费补缺满足和领先满足，才能使企业及产品在激烈的市场竞争中取得优势。

（四）品牌概念差异化定位

品牌概念又指品牌理念，是指品牌为消费者带来的某种作用、功能或表现出的某种价值取向，对于鞋靴这种特定服饰产品来说，鞋靴品牌概念多数转化表现为某种造型风格，通过鞋靴某种造型风格满足消费者审美或象征上的需要。品牌概念差异化定位就是使品牌实现区隔，亦即品牌核心理念之区分，品牌概念区隔不是为区分而区分，而是为满足某种尚未满足的需求建立的一种新的和独特的品牌概念。

目前，市场上同类商品成百上千，消费者往往只关心其中有限的几个品牌产品，其他多数产品很可能被消费者所忽略。今天的消费者面临着太多的选择，面对这种状况，经营者要么想尽办法使自己的品牌概念及产品做到差异化定位，并有好的创新设计方案做支撑，要么就与其他品牌及产品展开价格竞争，以较低的价格来占领市场和维持生存。

品牌概念定位的关键在于找到独属自己并为特定消费人群所认同的一种独特概念内涵，使自己的产品在某一方面具有独特价值、占据主导地位，只有这样，你的品牌及产品才能在众多同类产品中脱颖而出。鞋靴品牌概念及风格的独特定位是鞋靴产品开拓市场、提高市场占有率的重要基础，围绕品牌独特定位进行的设计才能发挥更大作用。鞋靴品牌概念及造型风格差异化定位有以下三个基本步骤：

第一步：对行业环境和消费者需求进行分析

我们不能在真空中建立鞋靴品牌概念及风格的独特定位，名列前茅的其他品牌都有属于自己的概念及风格，因此，首先要从了解市场上的竞争者开始为自己的品牌定位，了解他们的品牌概念及产品造型风格，了解他们在消费者心中所占据的位置，以及他们的优点和缺点。另外，鞋靴品牌概念定位及风格建立者还要深入了解消费者对现有鞋靴品牌及产品有哪些要求。这一步骤主要是为赋予鞋靴品牌概念新的独特内涵或造型风格寻找空隙和机会。

第二步：寻找独特概念内涵或造型风格

对行业环境和消费者需求进行分析后，我们要为自己的产品寻找出一个差异化的概念或造型风格，使自己的产品与竞争者区别开来。例如，全球市场上的休闲鞋靴品牌数以千计，但这些休闲鞋功能方面都相似，而丹麦著名的休闲鞋靴品牌“爱步”（Ecco）提出了一个“最舒适的行走”的差异化定位的品牌概念，“爱步”公司的品牌策划人员深知休闲鞋的主要功能诉求是人们休闲放松时的一种行走舒适，因此他们提出了以上符合人们对休闲鞋舒适性要求越高越好的品牌概念差异化定位，使自己的品牌区隔概念深入人心。又如，世界著名运动鞋靴品牌耐克（Nike）和阿迪达斯（Adidas）之间造型风格就有着各自鲜明的风格定位，前者展现的是激情、个性、自由、豪放的美，后者展现的是理性、秩序、简约、内敛、大气的美，两种风格都吸引了大量的追随者。

第三步：为独特品牌概念或造型风格找到支撑

产品品牌只有好的独特概念，还不能为消费者带来真实作用或感受。它还仅是一种意识或主张，因为概念毕竟不能为消费者带来任何实质性的功效，因此，我们还必须通过对产品功能或造型上的创新，让产品功能或造型能充分体现品牌的独特概念或风格，为品牌独特概念或造型风格找到实实在在的支撑点，让独特的品牌概念真实可信。就像可口可乐品牌所打出的核心概念宣称自己是"正宗的可乐"那样，因为它确实是可乐的发明者；又如，爱步休闲鞋打出"最舒适的行走"的品牌区隔概念，同样它就要有比其他休闲鞋有更舒适的穿着行走功能。任何一个鞋靴独特概念或造型风格都不能是空中楼阁，都必须要用鞋靴产品的实在功能或款式造型来证明给消费者，只有这样，产品差异化定位才能落到实处，才能真正发挥品牌差异化定位的作用。

（五）新鞋靴品牌概念策划

新鞋靴品牌的建立或对原有品牌的重新策划都主要是根据品牌概念差异化定位来开展。

1. 主要竞争鞋靴品牌调研分析

首先对当前目标市场上各类或特定种类领先品牌鞋靴的市场占有率、品牌概念（主张、理念、内涵）、主要造型风格类型、产品大致优缺点等方面进行深入、全面的分析。

2. 鞋靴类别及大的风格类型和目标消费者定位

通过以上调研和分析，发现主要竞争鞋靴品牌在满足消费者上存在的某些功能、造型风格类型、造型审美高度上的缺失或不足，由此定位出本企业要做的鞋靴类别和造型风格类型。类别定位是指选择男鞋、女鞋、童鞋、休闲鞋，还是选择运动鞋、职业鞋、功能鞋等种类中的一种或多种；风格类型定位是指选择男正装鞋、男准正装鞋、男正装休闲鞋（商务舒适男鞋）、男时装休闲鞋、男时装鞋、男礼鞋，还是选择女正装鞋、女时装鞋、女晚礼鞋（晚宴鞋）、正装童鞋（学生鞋）、时装童鞋等一种或多种，针对以上分析，发现和定位出新品牌目标消费者。目标消费者定位内容一般有：年龄、职业、社会地位（社会阶层）、所在地域、教育程度及专业背景、民族、性格气质、习俗、文化背景、消费习惯等。这些定位出的特定消费者，有自己特定的生活理想、生活方式、审美倾向和鞋靴功能诉求。

3. 新品牌概念的建立

品牌概念的实质是指品牌所蕴涵的一种主张（价值观或特色功能），这种主张应反映和满足当前某些特定消费人群对某种价值或功能的一种追求。品牌概念是品牌的灵魂，品牌标识、名称是品牌之间的形式区别，品牌概念则是品牌之间一种内容上的不同，是一个品牌区别于另一个品牌的根本。

通过以上调研和分析，我们可以发现主要竞争鞋靴品牌概念（主张）在某些方面不能够满足消费者的需要，这种不能满足有两种表现，一种可能是没有提出某些特定消费者所关注的某种流行价值观或满足对鞋靴某种特定功能的需要，如："永不止步"、"轻松、自信"、"一路有你，真好"等，这些产品宣传广告词其口号式的品牌概念及核心价值观根本无法让消费者在它们的产品中找到一种真实可感的有力支撑；另一种可能是提出了某种流行价值观，但笼统模糊或不够完善，如："08，看中国脚步"、"我出色，你精彩"等，这类宣传广告词让消费者不知与企业的鞋靴产品有多大关系。

新品牌概念建立有两个基本原则，一是新概念要具有审美特点或实用功效方面的真实性，不能是空洞笼统的概念，概念内涵要能真正体现人对某种审美风格或鞋靴功能的诉求，二是新概念应具有独特性，即与其他品牌概念区隔开来，新的品牌主张应是其他品牌所没有，或比其他品牌概念主张的更有高度、更全面。只有这样，新品牌概念才有存在的意义。新品牌概念建立后，要用高度凝练的词语给予正确和富有联想的表述，如，世界著名休闲鞋靴品牌"爱步"（Ecco）的品牌内涵是用"最舒适的行走"来向消费者传递休闲鞋最本质追求的品牌概念。

4. 新品牌细化风格的分析与确立

新品牌产品细化造型风格亦指鞋靴一种复合风格，鞋靴产品造型风格细化源自于从心理、气质、职业、地域、民族等某个方面细化定位的消费者对鞋靴款式造型审美或象征方面的细化追求。因此，新品牌风格内涵分析必须与特定消费者以上因素造成的细化审美或象征需求相结合才具有合理性和有效性。

实际当中，大的风格类型鞋靴无法满足不同性格、气质、地域、民族、生活态度和做事风格消费者在审美或象征方面的追求。例如，端庄、大方新颖的女浅口正装鞋能较好满足性格稳重、做事有条理的职业白领女性喜爱，而端庄中带有一定优雅感的新颖女浅口正装鞋则能得到有人文艺术修养的职业白领女性的推崇，另外，端庄中带有一定奢华感的新颖女浅口正装鞋可以赢得有炫富心理的白领女性好感。这样，我们在实际设计把握某种品牌风格时，往往需要将某种大的造型风格类型进行细化，使其成为有多种风格存在的一种独特的复合风格，如，时装女鞋中的浪漫风格、天真风格、牛仔风格、传统风格、民族风格和田园风格等之间可以组合交融出一些复合风格的时装女鞋，当然，以上某种风格女鞋还可以融进其他一些风格，例如，浪漫时装女鞋中可以融入一种野性、性感等当前某些消费者所喜欢的某种风格。需要注意的是，细化复合风格的鞋不能平均表现其多种审美及内涵倾向，而是要有轻重主次地依次体现，例如，一款浪漫、优雅、干练风格的女时装靴，浪漫造型要表现得最为充分，优雅表现稍弱，干练则要表现得再弱一点。另外，细化复合风格也不是各种风格能够随意组合，对立的造型风格是无法组合的，例如，野性和优雅、优雅与粗犷等是无法组合交融的。

5. 新品牌概念产生的社会背景分析

社会背景是产生某种品牌概念的重要源泉，社会背景主要是指人对社会、自然、生命、生存等方面的某种意识、思潮及其表现，这些社会背景会随着社会发展而不断变化，并形成流行思潮或流行文化，这些流行思潮和文化又深刻影响着人们的生活方式和生命价值追求。例如，人们对休闲生活方式的追求，带出了旅游、休闲装和休闲鞋等产业的大发展。随着人们对健康的日益关注，人们对休闲鞋的舒适性和健康性开始越加关注。而随着我国社会拜金主义的盛行和社会的日益浮躁，近几年，鞋靴款式造型中的奢华、炫耀、夸张的风格也随之流行。近年，西方流行的“嘻哈”文化，造就出嘻哈风格的服装和鞋靴。我国年轻女性中流行的矫情主义，催生出天真风格的服装和鞋靴。而社会在性观念上的日益开放，又使得鞋靴风格中的性感表现也越来越多。

因此，我们建立和挖掘新的鞋靴品牌概念以及定位某种风格鞋靴，要找到社会背景对它的支撑。

6. 新品牌概念产生的消费者分析

消费者是品牌概念产生的直接根源，也是鞋靴风格的直接受众，因此，对消费者的价值观、生活理想、生活方式、生活环境、生理特点、工作环境、气质性格、做事风格及着装特点进行深入分析是建立新品牌概念的重要环节和手段。当然，我们在这里只是对我们已定好位的特定消费人群进行以上内容的分析，通过以上分析，我们要找到以上分析内容会对特定消费人群对鞋靴功能、审美和心理象征产生哪些诉求点，哪些已被其他鞋靴品牌满足，哪些尚没有满足，没有被满足的即是我们建立新品牌概念的坚实出发点和依据。

7. 新品牌概念产生的市场分析

市场需求与流行时尚可以产生新的需求理念，新品牌概念的推出有时是源于一种市场需求。如，目前市场中还缺少强有力的民族风格女鞋，没有与婚礼服搭配的婚礼鞋等，这些都可以成为新品牌概念产生的源泉，企划人员或设计师应从市场空缺分析中得出的新品牌概念找到详实可靠的市场需求依据。

8. 新品牌细化造型风格通过造型元素设计把握描述

鞋靴细化造型风格最终要由设计师通过对形态、色彩、材质、图案等造型元素的设计把握表现出来。在新鞋靴品牌建立或对原有品牌重新策划中，产品企划或设计负责人应对各种造型元素如何表现新品牌造型风格有方向性和大致操作把握上的描述，并附以图示。

9. 新品牌市场前景分析

主要对新品牌概念鞋靴在定位的区域市场、拓展市场、当前市场和未来市场需求进行数量、产值、利润等方面的分析。

三、鞋靴产品企划

（一）鞋靴产品企划的定义

鞋靴产品企划是指鞋靴企业为实现经营目标，采用最为适合市场及消费者需要的设计方案以及在最为有利的场所、时间、价格和数量，将鞋靴产品推向市场所制定与实施的计划和管理。

鞋靴企业分为生产型企业与销售型企业两大类，鞋靴产品企划相应地也就有两种，一种是生产型的鞋靴企业，鞋靴产品企划为"设计与生产的产品企划"；另一种是销售型的企业，其鞋靴产品企划为"采购或配货产品企划"。生产型的鞋靴企业侧重于"设计与生产出什么样的鞋靴产品送到市场上去销售"，销售型的鞋靴企业则侧重于"采购什么样的鞋靴产品拿到市场上去销售"。两者的都是以市场需求为依据，以满足顾客需要为策划理念。

（二）鞋靴产品企划的"五适"

无论是从生产商角度考虑，还是从销售商的立场去考虑，鞋靴产品企划都应遵从"五适"原则：

①适品：合适的产品。

②适所：合适的场所。

③适量：合适的数量。

④适价：合适的价格。

⑤适时：合适的时机。

合适的产品是指企业根据目标消费者的需求来设计开发出他们满意的产品；合适的场所是指企业根据目标消费者喜欢去的消费场所推出自己的产品；合适的数量是指企业要根据目标消费者的消费数量来向市场推出相应数量的产品；合适的价格是指企业根据目标消费者消费承受能力为新产品制定他们愿意接受的价格；合适的时机是指企业在消费者想去购买的时间适时推出新产品。

由此可见，鞋靴产品企划就是企业根据消费者需求设计生产出满足这种需要的鞋靴，在其需要的时候，以其可以接受的价格，向其提供能满足其需求数量的产品而事先进行的一系列策划活动。

（三）鞋靴产品企划的特征

鞋靴产品，从鞋靴企业经营角度看是实现企业经济效益的载体。对消费者来说，鞋靴产品是承载时尚流行信息、生活方式与价值观念的媒体，是消费者自我实现、自我满足的手段。鞋靴产品企划要解决的就是"如何为消费者提供些什么样的鞋靴产品”的问题。

鞋靴产品企划是以鞋靴产品为线索，将以往相对独立、自成体系的鞋靴设计、鞋靴结构设计与样板制取、鞋靴工艺、鞋靴材料、鞋靴生产管理、鞋靴市场营销等贯穿起来，基于鞋靴产品形成属性来对鞋靴产品如何满足消费需求、生产、销售等方面的应用性的研究。鞋靴产品企划可以利用企业组织体系和制度来保证产品从设计到制板，从生产到展示等环节相互协调，使各环节围绕产品企划这一目标统一运行，以提高企业整体经营效率和效益。

鞋靴产业发展在各国都会呈现出一种共性，即产业初级发展阶段表现为产品供不应求，此时，企业关心的是如何提高产能和保证产品基本质量；等到产业发展到产品供大于求的时候，企业进入大力推销产品的阶段。针对鞋靴市场逐步成熟，以及消费者对鞋靴产品需求的日渐多样，鞋靴产品企划应将关注点逐步移到“如何引导与满足消费者的新生活方式和生活主张”上。

（四）鞋靴产品企划的地位

鞋靴产品从生产到使用一般要经历前期开发（鞋靴产品企划）、设计方案制定、制板、生产加工、销售等环节。鞋靴产业具有低技术含量和劳动密集型的特征，我国鞋靴产业三十余年的高速发展主要是基于国内有着极其丰富和低廉的劳动力这一优势，在全球鞋靴产品链中主要承担生产加工这一环节。为他人做加工，我们只能赚取可怜的辛苦费，也有部分企业自己做产品和品牌，但主要是靠模仿别人的产品，这样缺乏原创性的鞋靴产品，附加值很低，因此，我国的鞋靴产量及出口量虽然多年位居世界第一，但赚取的产品单位利润远不及意大利、美国等鞋靴强国。随着我国经济的迅速发展，国内劳动力成本也在迅速上升，来自经济全球化中劳动力更低廉的发展中国家的竞争压力也在不断加大，单纯地生产加工或模仿跟随战略都将使我国鞋业难以得到持久发展，如果我国鞋靴企业不能及时升级转型，走向设计研发和系统科学地开展品牌运作的发展之路，我国鞋靴产业必将转移至劳动力成本更为低廉的国家和地区。因此，我国鞋靴产业及企业今后必将日益注重新产品的设计开发，而要使新产品设计开发有较高的成功率，科学严谨地开展鞋靴产品企划工作是必不可少的。鞋靴产品企划和设计创新是鞋靴产品获得高附加值的源泉。

遗憾的是，目前我国鞋靴企业绝大多数都没有开展严谨、科学的鞋靴产品企划，许多企业设计开发还停留在对市场、时尚和消费者的简单了解的基础上，从而导致这些鞋靴企业设计开发工作的效率和效益始终难有大的突破。

（五）鞋靴产品企划的源泉

鞋靴与其他服饰产业一样都属于典型的时尚产业，追求鞋靴时尚的消费者与提供鞋靴产品的企业是鞋靴商业活动的基石。在日常生活中，消费者通常将各种服饰品作为体现自己品位、个性与某种价值观的道具，这要求鞋靴产品企划能将消费者的某些需求以其特有的方式呈现出来。因此，鞋靴产品企划的源泉是基于目标消费者的生活方式、生活态度、审美观和价值观，以消费者为导向，以鞋靴产品为载体，满足消费者自我实现的诉求。

以“消费者为导向”是指站在目标消费者的立场上，从消费者的生活方式、生活态度、审美观和某种价值诉求出发，策划和设计出使消费者满意的产品以及产品的销售和展示方式，实现顾客对产品的理想追求。为此，企业的企划人员或设计人员需要站在消费者的立场上进行鞋靴产品的企划和生产，从以生产和推销为导向的经营模式向以市场及消费者为导向、以设计创新为手段的经营模式的转变，是时代发展的要求，为此，企业应建立相应的战略和机制，深入追踪和准确把握消费者的消费动机和欲求，引导消费者的购买行为和消费欲望向着企业倡导的方向发展。

另一方面，随着经济的不断发展，感性消费和体验消费的特征越加明显，许多鞋靴消费者由过去重视鞋靴的牢固质量和做工，转向更加注重鞋靴款式美感和时尚；消费者由趋同从众装扮到转向个性化的装扮。这些发展趋势影响了消费者对鞋靴产品选择的基本价值观。随着鞋靴产品在市场中的极大丰富，必然导致消费者弱化鞋靴一般使用功能，开始强化差别意识，越来越重视鞋靴在满足自我实现精神方面的诉求。在人的各种诉求中，自我实现是最高层次的诉求，这种诉求及消费行为近年正在形成一股风潮。例如，消费者以个人的眼光和要求出发，将鞋靴与其他服饰搭配穿着，或者定制某种款式鞋靴等。

总之，鞋靴产品企划不是从其自身来展开，而是以消费者为出发点，将消费者当下与潜在需要、诉求用产品富有美感和时尚的款式造型或独特功能来加以实现。

（六）高感度和个性化的鞋靴市场

1. 消费的高感度、个性化动向

近年来，我国经济持续稳定强劲增长，人们的物质生活水平迅速提高，在上海、北京、广州、深圳、重庆、杭州等经济较发达地区，消费者的消费已不再单纯追求鞋靴产品的基本功能和质量，他们开始日益关注鞋靴产品款式美感和象征性的感性一面，追求鞋靴造型夸张、艺术的效果，同时，追求鞋靴个性化的潮流也正在形成，鞋靴产品在市场中开始向高感度化（视觉、触觉的新颖夸张表现）的方向迅速发展。鞋靴的高感度化和个性化是通过鞋靴的形态、色彩、材质肌理等造型要素的夸张和对比性来表现的。

这种鞋靴感性化的发展动向，已在鞋靴产业界有所反映，形态、色彩或材质肌理新颖、夸张的鞋靴产品在市场上越来越多，这些产品满足了人们日益对感官和感觉上的享受追求。在鞋靴产品丰富多样的情况下，企业单纯关注鞋靴产品的物质属性和价值已经远远不够，为吸引消费者的关注与兴趣，企业更重要的是要为鞋靴产品赋予更多的时代特性和款式造型上的感知刺激性。

2. 鞋靴消费的感性信息

时尚是最具感性的世界，随着鞋靴产业的发展，鞋靴产业已成为一种传播色彩、风格、品位、风度等感觉信息的产业。当前鞋靴消费逐渐感性化和个性化，正是由鞋靴产品中的形态、色彩、材质肌理的夸张性、对比性和多样化传达出来的。

3. 高感度、个性化鞋靴市场的形成和发展

（1）高感度、个性化消费市场的形成　随着人们物质生活水平的不断提高，我国大中城市中的许多消费者对鞋靴、服装等服饰品的要求已不仅仅是对其实用性的关注，鞋靴消费观念正迅速向着审美、象征和自我表现阶段发展。这种消费倾向，使得那些将鞋靴款式造型美感、流行性和个性化融合较好的鞋靴受到了较多消费者的欢迎，同时也表明中国的鞋靴市场存在向高感度、个性化方向发展的趋势。

另一方面，消费者的审美品位也在不断提升，他们不再满足于鞋靴的美感与时尚，越来越多的人开始注重鞋靴与服装、鞋靴与包袋等服饰品之间的整体搭配所产生的统一协调的美感。越来越多的消费者在选择鞋靴时会考虑是否能与自己的工作环境、生活环境、休闲活动等相协调；是否能与自己的个性、生活方式相吻合。

目前，国内许多鞋靴企业并未觉察消费者这种鞋靴消费观念的变化。在关注生产后，现在又对市场营销的作用迷信有加，而且，狭隘地将营销理解为促销（特别是卖场促销），为此，这些企业投入大量的人力、物力与财力，以期提高销售额及经营效益。这种经营理念和运营手段虽然能使企业在短期里获得一定的销售与经营业绩，但从长远看，由于没能在鞋靴产品这一唯一沟通企业与消费者关系的媒介物上进行不断创新，消费者无法得到真正的产品使用满足，这样也就难以赢得未来高感度、个性化消费者的长期关注和支持。

没有个性的同质化严重的大众化产品从不考虑不同的消费者对同一种产品需求的差异性，无论谁来购买，都提供相同或相似的产品。而个性化的产品和设计开发人员则将产品设计重点放在对差异性的追求上，他们只针对一部分目标消费者，甚至是一小部分目标消费者的特殊喜好进行设计和定制生产。虽然这样可能会失去一部分消费者，但却能牢牢锁住自己的特定消费者，而且，这样也才会使品牌的特色更加鲜明。相对于传统大众化鞋靴领域，消费者对高感度、个性化的鞋靴产品的需求量将逐渐增加。

（2）高感度、个性化的时装女鞋　我国高感度、个性化鞋靴市场主要表现在女时装鞋造型的日益感性上。女时装鞋将女性时尚和美感形象融入经典、优雅、个性的风格中，女时装鞋通过艺术、时尚和夸张的造型，表现现代都市女性对生活、时尚与美感的理解。随着国内的女时装鞋市场竞争走向多极化，天真风格、浪漫风格、田园风格等更多的时装女鞋细分市场相继出现，今后，高感度、个性化的时装女鞋将日益丰富多彩。

（七）鞋靴产品企划的实施过程

1. 目标确定（目标企划）

鞋靴产品企划目标市场确定是产品企划的第一个环节，目标确定的是否准确关系到整个企划工作的成败。鞋靴产品目标市场确定是通过对市场的科学细分，并根据企业自身条件（设计开发能力、资金状况、技术能力等）来对自己产品的品牌概念、特定消费人群（年龄、职业、社会地位、性格气质、市场区域、文化背景等）、鞋靴种类、风格类型（包括主风格与主风格下的细化时尚变化风格）、价位、经营目标等方面进行确定，其中，前三种和风格类型中的主风格等内容的确定相对稳定，不必每次企划都出现。市场细分主要考虑因素：

（1）地理因素　按地理因素进行细分是指以国家、城镇、乡村等地域概念出发对市场进行分类，不同的地域市场有不同的特点，表现在不同地区的消费者，其需求会有明显的差异性，此外，不同地区的不同气候与地理特点，也会造成消费者对鞋靴的不同需求。根据不同地理位置，宏观上可以把市场划分为国内市场和国际市场。我国国内市场又可分为华北、华中、华南、华东、西南、西北、东北等区域市场。

（2）人口统计学因素　按人口统计学方面一些可以测评的因素，如年龄、性别、家族构成、收入、职业、教育程度、家庭成员的生活圈、国籍、宗教、社会阶层等为依据进行市场细分，这是一种常见和基本的市场细分方法。

性别：消费者性别不同，会在购买鞋靴产品种类、购买行为习惯和购买动机等方面存在较大差异。

经济收入：经济收入是市场细分重要依据之一。企划或设计人员可以根据消费者的收入水平、家庭收入总额、人均收入状况等对鞋靴市场需求和消费支出总量进行预测，并作为制定合理企划方案定价策略和营销计划的重要依据之一。

职业：不同职业的消费者其消费行为有所不同，同一职业阶层的人在价值观、审美观方面会较为相似，因而也可以按消费者的职业来细分市场。不同职业的人其鞋靴穿着在很大程度上受职业环境和职业群体的影响，鞋靴穿着的这种职业性特点源自于它提示着穿着者的职业与身份。

受教育水平：不同文化程度的消费者对鞋靴的审美品位、风格偏好和审美标准会有较大不同。

（3）心理因素　心理因素是指以消费者不同的生活方式、个性、购买动机为依据进行市场细分。即使是按地理和人口统计学因素细分后得出的同一群体的消费者，心理学方面的特征也可能有显著差异。

生活方式指人在消费、工作、娱乐等活动中表现出来的特定习惯和倾向性。即使是年龄、职业、收入等许多方面相同和相近的消费者，其生活方式也可能显著不同。消费者生活方式的变化，就会对一些用品产生新的需求，由此可细分出一些新的消费群体及新的市场和产品。

个性指一个人特有的心理特征。成熟的人往往对所处的环境会做出相对一致和稳定的反应。按个性进行细分是指根据消费者的性格、气质进行市场细分。对于按人口统计学因素细分得到的同一个群体，通常也还可分成保守型、时尚型、激进型等。消费者之间的个性差异可以从他们对产品风格类型的偏好中表现出来。例如，"外向型"的消费者，往往有较强的表现欲，这类消费者倾向于购买时尚性强、颜色鲜艳和造型新颖的时髦鞋靴；"内向型"的消费者则喜欢购买较质朴、端庄的鞋靴。

现代人的价值观趋向多元化，在经济较发达和开放的地区，人们更加向往自我实现和个性的表达。"个性"基本已超越"家庭"对消费者购买行为的影响和作用，成为重要的市场细分依据之一。

（4）行为因素　消费行为是一种客观的消费现象，比人们内在心理活动更容易观察和判断，是一种实用的细分标准。用于市场细分的行为因素主要有：购买情况、品牌忠诚度、购买频率、购买时间、购买地点等方面。

2. 情报分析

（1）环境分析的意义及流程　在环境分析中要求收集和整理与品牌运作环境相关的情报信息。根据环境分析得出的结论，可以确认和调整所设定的目标市场，并有助于制定正确的产品企划策略。在鞋靴产品企划中，把握时尚消费市场是流行预测的起点。流行预测对某一时期鞋靴风格的具体设定将产生直接影响。"环境分析与流行预测"可与目标市场的确定交错进行。

环境分析与流行预测的核心是获取、分析相关有效信息。信息在鞋靴产品企划中发挥着重要作用。建立完善而及时的信息管理系统是企业建立高效市场机制的基础，也是企业与对手竞争取胜的关键因素之一。全球500强企业之一——日本住友商社总结的成功经验是"没有别的，我们只是快人一步地顺应环境变化"。

国外一些著名鞋靴企业已经逐渐将信息收集作为一项专门工作来开展。基本任务是用科学系统的方法，对原始资料进行收集、整理、分类、分析，做成可供随时查阅的资料，针对品牌要求提供相应的信息服务。

鞋靴企业经营常面临两个问题：一是关于企业生存和持续发展问题；二是关于产品企划问题。这就要求除了收集消费者、设计、生产、技术、材料、时尚、管理、竞争产品等信息外，还必须收集与长期经营相关的各类信息，如社会、经济、文化、产业发展等方面信息。

环境分析工作流程可简单表示为：分析信息资料—产生某种预测—提出新的设想或提案。由于鞋靴信息包括定量的和定性的两个方面，因此，企划或设计人员往往需要从定量和定性两个角度进行分析，基于产品企划的预测要求，企划或设计人员情报分析要落实到量化数据上。为了保证最后情报分析结论的可靠和准确，企划或设计人员可以通过扩大信息的采集与分析数量来提高预测结果的准确度。

（2）环境分析的内容

① 社会环境信息：鞋靴企业是社会组成部分之一，社会经济发展状况、国家政策法规、社会风尚、流行思潮、物价走向等都会对产品企划产生直接或间接影响，因此，企划或设计人员应努力收集以上社会环境信息，以利于产品企划中的产品定位。

② 文化艺术动向信息：鞋靴是服饰的重要组成部分之一，服饰文化又深受其他文化艺术的影响，因此，了解其他文化艺术信息，有助于产品企划中的产品风格及流行趋势的把握。文化艺术动向信息主要来自于绘画艺术、设计思潮、电影艺术、电视艺术、音乐艺术和文学艺术等方面。

③ 技术创新信息：技术创新为我们的生活带来层出不穷的变化，尤其是制鞋、制革、纺织等技术方面的创新可以给鞋靴造型美感和新功能的出现带来巨大影响。

④ 社会消费状况信息：我国近年来每年都会定期公布社会消费景气指数，这个指数主要表明了消费者的消费信心和消费能力，了解社会消费状况，有助于企业制定中长期发展战略。

⑤ 鞋靴产业信息：鞋靴产业信息属于鞋靴企业大的内部信息，这方面信息量较多，也更直接地影响企业品牌策划、产品企划、新产品设计创新、营销策略和手段等经营环节。

首先是对市场信息的收集与分析。这主要包括对区域市场政策、竞争产品（设计水平、销售情况、消费者对其不满意见等）、鞋靴材料（花色、价格、数量、生产商）、流行时尚等信息进行收集和分析。这类信息既可以由企业开展调查获得，也可以从国际、国内行业协会等机构的统计数据、调查报告或专业媒体中获得。

其次是对竞争企业及品牌信息的收集与分析。深入和准确了解竞争企业及品牌经营状况可有效规避市场风险，并可寻找出自己品牌及产品的市场机会。在日趋成熟的市场中，很多企业都以对竞争企业及品牌的经营状况分析作为开展产品企划的重要参考依据之一。

⑥ 目标消费者特征分析：文化特征与社会特征：文化阶层、社会阶层、所属群体等。

个人特征：年龄、性别、职业、收入、教育程度与专业方向、地域、个性（气质性格）、信仰等。

生活方式：生活场景、嗜好、鞋靴穿着特性（产品种类选择、鞋靴款式造型偏好、鞋靴功能需求等）。

购买取向因素：品牌性、产品卖场环境及服务、产品时尚性、产品款式造型、材料质量与档次、产品功能等。

价格认可：与消费者收入水平和购买取向等因素相关。

购买行为：购买时间、场所、方法、动机。

穿用机会：鞋靴穿用时间长短和穿用频率。

在上述消费者诸多特征中，核心是消费者的个性化生活方式及对鞋靴款式造型的审美偏好或鞋靴功能方面的需求，只有准确把握了消费者此方面的特征因素，企划或设计人员才能准确发掘出消费者的需求，而消费者的需求是产品企划的原点和根本依据。

（3）情报收集方法

① 调查法：指企划或设计人员利用问答、问卷、拍照、互联网等形式来收集与分析以上各种信息。

② 实验法：通过将公司产品提供给消费者使用，来获得消费者对本公司产品的反馈信息，以达到收集产品使用需求的有效信息。

3. 主题及风格确定

主题即是主张、主义、价值观，包括鞋靴、服装等在内的各种服饰品，每季都应根据社会热点和流行风尚为自己的产品确定若干个主题，根据这个主题再确立若干个风格，消费者根据自己的审美习惯、价值观和个性要求，对鞋靴产品形成了一些相对稳定的风格类型追求。

（1）民族风格（Folklore、Ethnic） 鞋靴民族风格是从民族文化中汲取灵感的一种风格，这种风格鞋靴常利用具有强烈民族风格的材料、图案、色彩等视觉元素来表现。

① 非洲民族风格：这种风格主要以非洲大陆民族风情为设计源泉，主要从埃及、肯尼亚、津巴布韦等国传统文化中汲取灵感，或以热带地域的花卉、树木、动物等形象为造型元素，表现出一种热烈、动感和神秘的非洲大陆风情。

② 东方民族风格：这种风格以亚洲民族风情为设计源泉，主要从中国、印度、日本等国传统文化中汲取灵感，表现出一种华贵、委婉、含蓄的东方特色。

（2）浪漫风格（Romantic） 浪漫风格是指如同梦境般的一种飘逸、柔美风格。这种风格会随着时代和季节变化而有不同倾向，有的季节表现出一种少女般的甜美、可爱的浪漫风格，有的时候又可能表现出一种大胆、性感的浪漫风格。但这些风格的共同点都在于追求纤细、透明、摇曳生姿的飘逸、柔美的效果。这种风格通常采用蕾丝、褶皱等装饰工艺和白色、粉色等颜色来表现。

（3）田园风格（乡村风格） 田园风格是指以自然中的某些形象为造型元素来表现的一种平和、温馨、悠然的风格。主要通过花草、树木、山川河流、蔬菜、稻谷、水果、乡村用具等形象表现一种淳朴、原始、回归本性的审美境界，当然，这些形象在不失原貌特征的情况下，设计人员可以作一定的夸张变形处理，例如，可以将某种自然形象巧妙地化作一种立体的帮部件造型。

（4）牛仔风格（西部风格） 牛仔风格是指以自由、洒脱、粗犷为审美特征的风格。这种风格产自于美国西部牛仔的服饰穿戴，因此也叫牛仔风格，牛仔风格鞋靴最为典型的表现元素是牛仔布、灰棕色皮革、流苏、褶皱、铆钉等。

（5）天真风格（可爱风格） 天真风格是指以可爱、有趣为审美特征的风格，主要是通过对几何形、动物、植物等形象进行有趣变形或有趣组合来表现。

（6）华丽风格 华丽风格是指以辉煌、高贵、奢华、炫耀为审美特征的风格，主要是通过高亮度材料或贵重材料来表现，例如，宝石、钻石、裘皮、珍珠、白银、黄金等。

（7）优雅风格 优雅风格是指以雅致、高贵、纤秀为审美特征的风格。优雅风格既可以在正装风格中出现，也可以在时装风格中出现。这种风格主要通过简练、新颖的曲线和柔软、光滑的材料以及皱褶装饰工艺来表现。

（8）端庄风格 端庄风格是指以庄重、大方为审美特征的风格。端庄风格鞋靴适用于正装鞋，这种风格通常是用对称、稳重的形态、色彩、材质肌理等造型元素来表现。

（9）干练风格 干练风格是指以硬朗、简约为审美特征的风格。干练风格鞋靴也只适用于正装鞋，这种风格通常是用简洁、新颖的直线条和稳重的色彩来表现。

（10）前卫风格 鞋靴前卫风格是将波普艺术、幻觉艺术、未来派等前卫艺术以及街头艺术等作为灵感来源而得到的一种奇异风格。

朋克前卫风格。以20世纪70年代后半期在伦敦产生的一种以反叛旧体制的时尚运动为灵感来源的一种鞋靴风格。通常以金属链条、铆钉、骷髅形象为基本表现元素。

未来感前卫风格。通过采用由高科技制造出来的前所未有的新颖肌理或色彩效果来获得一种前卫和奔放不羁的风格塑造。

4. 基本造型元素及造型设计方案确定

主题及风格确定后，企划或设计人员就要根据主题及风格对鞋靴基本造型元素及造型设计方案进行把握，要把握的基本造型元素及造型设计方案有：楦型、底型、跟型、基本结构式样、材质肌理、色彩。为使产品造型与主题及风格相一致，企划或设计人员就必须设计出或选用最能表现这种主题及风格的基本结构式样、材质肌理和色彩。

5. 具体造型设计方案确定

有了基本造型元素及造型设计方案，设计人员就要在此基础上进行具体鞋靴设计方案的把握。鞋靴产品企划这一环节的把握至关重要，它是使产品企划由策划转为成功商品的关键一跃。具体鞋靴造型方案的设计把握要坚持以下原则：一是必须围绕上一环节已确定的基本造型元素及造型设计方案来开展。二是必须做到鞋靴结构造型穿着舒适。三是鞋靴结构造型必须便于批量生产制造。四是新设计出的造型方案必须具有流行时尚性。

本环节要以效果图的形式进行展示，同时需注明所用面料名称（或用材料样卡）、色彩（或用色卡）、工艺及规格等内容。

6. 样品制作

具体造型设计方案出来后进入到样品制作阶段，这一环节首先是进行结构设计与样板制作阶段，然后是工艺制作实施，同时制定相关技术文件。样品制作往往不是一次就能完成通过的，在企业内部判断和外部经销商提出意见后，多数时候要进行一到三次修改，样品直至达到投产要求后，样品制作环节才算真正完成。

7. 展示企划

样品制作完成后，企划或设计人员随即进入到如何将产品企划“内容”传达给企业营销人员、经销商、零售商和消费者的环节当中，务求让他们感兴趣和被吸引。展示活动要把握的内容有：陈列设计、内外包装设计、内外部环境布置设计等。展示企划可参考以下程序和内容开展：

① 首先制定展示企划的整体方针，作为纲要指导整个展示企划的制作完成。

② 确定展示宣传主题，印发宣传品，说明产品特点、品种、价格及穿着搭配要点等。

③ 展示会产品陈列必须要符合季节主题与产品风格及消费者需求心理。展示环境、展台、展柜的设计要富有创意，并做到突出品牌独特概念和产品特色及风格，以使品牌及产品深入人心。

④ 进行新产品包装设计。

思考与练习题

结合实际，试论述鞋靴产品企划的意义和作用。

实训十九　新鞋靴品牌企划

一、目的、要求

通过鞋靴新品牌企划实训，使学生初步掌握鞋靴新品牌企划能力。

二、内容

某鞋靴品牌企划。

三、步骤

（1）深入了解鞋靴行业发展趋势和消费者对鞋靴审美、心理象征和实用功能方面的需求。

（2）对同类领先产品品牌概念内涵及功能进行分析，寻找其不足。

（3）为新品牌寻找独特概念内涵或造型风格。

（4）为独特品牌概念或造型风格找到切实的产品独特审美或独特功能上的支撑。

（5）新品牌命名。

（6）新品牌标识设计。

（7）编写新品牌企划书。

四、考核标准（100分）

（1）同类品牌内涵及产品表现和消费者需求分析准确、深入。（15分）

（2）新品牌概念内涵独特，具有广阔市场价值。（30分）

（3）产品设计方案能够支持新品牌概念内涵的实现。（35分）

（4）品牌命名新颖、独特，与产品特色结合紧密。（5分）

（5）品牌标识设计新颖、独特，与产品特色结合紧密。（5分）

（6）品牌企划书编写内容结构完整，论述严谨、详实。（10分）

参考案例

鞋靴品牌设计一般流程和方法

鞋靴品牌设计是针对自营鞋靴品牌企业而言。随着人们生活水平的不断提高，鞋靴品牌消费不断普及和加强，品牌在企业竞争和消费中的力量日显重要，而品牌设计的成长又是根本性的，缺乏优良设计支持下的产品品牌，就会显得虚空和虚假。鞋靴品牌设计就是要将品牌特有的一种概念、内涵用具体可感和独特的产品形式（款式造型）去表现出来，品牌鞋靴有了这种实实在在的支持，品牌鞋靴才会真正深入人心，并培养出越来越多的忠诚顾客，从而实现企业经营及其品牌运营的目的。鞋靴品牌设计首先是在大的品牌概念下的设计，是针对品牌市场及特定目标顾客群的一种设计，无论是独立鞋靴设计公司或自由鞋靴设计师，还是品牌鞋靴企业自己的设计人员都必须围绕品牌已定概念和市场目标去开展设计。鞋靴品牌设计并非由设计师独自完成，这个工作常需要经营者、生产管理者、技术人员、销售人员共同努力、互相协调才能做好。鞋靴品牌设计从属性上看是企业经营活动重要组成部分，它与管理、财务、营销、物流、技术、企业文化等共同构成企业经营重要环节和内容。在以顾客为导向经营模式和品牌消费渐成主流的今天，设计的作用无疑显得尤为重要，因为取悦顾客、满足顾客必须是通过设计来完成，鞋靴产品的品牌概念也必须通过设计才能有效诠释给它所服务的顾客，并让顾客对品牌产生认同感。因此可以说，鞋靴设计是现代鞋靴企业发展中的一个极为重要的环节，也是鞋靴品牌的灵魂。

鞋靴品牌设计是针对顾客、市场和企业生产的一种设计，受诸多因素影响和制约，它同企业经营一样，总是成功与失败相伴，期望与风险并存。它既然是面向市场的一种企业行为，就必须遵循企业产品一般设计研发和生产规律，遵循品牌运营和消费规律，并由此形成鞋靴品牌设计流程及其方法。鞋靴品牌设计人员可通过对此流程的了解和相关方法的掌握，促进其鞋靴品牌设计工作的展开。当然，这个流程并非是固定不变的程式，设计主体性质的不同、各鞋靴企业经营模式及设计管理方式的不同，其鞋靴品牌设计流程也会有一定差别，本文仅供鞋靴品牌设计人员参考。

一、了解企业，了解品牌

鞋靴品牌设计首先是为企业的设计，对企业各个方面的了解是鞋靴品牌设计顺利开展的前提。鞋靴企业的技术力量、生产管理能力、设备能力、生产技术特点、员工素质、资金状况、企业文化等都可以对品牌鞋靴设计的最终实现造成或大或小的影响。设计人员缺乏对企业以上生产环节和条件的了解，设计工作就难以顺利开展，因为，设计毕竟要通过企业生产才能转化为一种实物产品。对企业的了解主要就是对企业的这种生产能力的了解。当然，企业文化对鞋靴品牌设计也有较大影响。倘若企业内部缺乏一种凝聚力、向心力和积极进取的精神，鞋靴品牌设计同样难以顺利开展。

鞋靴品牌设计对品牌本身的了解同样重要，品牌不单单是一个标识、一个名称，品牌更代表了一种文化、价值观和生活方式，这是一个品牌区别于另一个品牌根本所在。一个鞋靴品牌确立应该是经过对市场同类品牌和顾客需求调研分析后得出的，它蕴含着被特定顾客群所认同的一种概念内涵，也就是一个好的品牌首先应有一个好的定位及区隔概念，这个定位及区隔概念实际就是代表或更好代表着某一特定顾客群的生活方式和审美偏爱追求。鞋靴品牌从另一角度说也是对顾客的一种承诺和满足，这种承诺和满足必然要通过鞋靴产品来实现。因此，鞋靴品牌设计必须在充分了解品牌概念、内涵的前提下，才能真正做到围绕品牌进行设计。在实际当中，许多鞋靴品牌企业都在既定品牌概念下形成了某种相对固定的款式造型风格，新进入企业的鞋靴设计人员或独立鞋靴设计公司及设计师都应在遵循品牌鞋靴原款式造型风格基础上去不断创新和进一步深入诠释原品牌的概念内涵。

二、鞋靴品牌产品企划

鞋靴品牌产品企划对于目前中国鞋靴企业来说还是一个较新的概念。目前绝大多数中国鞋靴企业都是模仿、抄袭国外或同行产品，也有一些低水平的设计开发。很多所谓设计师（实际是鞋靴结构与样板设计人员，亦即打板师、开板师、出格师或鞋样设计师）单凭一种感觉，在设计室里任由自己想像去搞所谓的设计，这种缺乏专业素养，无视顾客需求，无视市场状况，无视产品设计开发规律的所谓设计，给企业带来的不是一种低水平、低效益的设计，就是一种潜藏风险犹如赌博的设计。鞋靴产品短缺时代，鞋靴只要做出来就可赚钱的卖方市场早已不复存在。目前鞋靴市场的现实是产品严重供大于求，而且鞋靴消费需求也在不断提高和变得日趋多样。影响鞋靴产品销售的因素已不仅仅是产品的制造水平和价格，产品所蕴含的一种价值观、文化属性、审美品位和时尚感等都决定着产品在市场上的一种表现。应该说，现在的顾客越发不好满足，他们的追求总是随着他们的年龄、地位、环境、时代、经济状况和时尚等方面的变化而变化。这时，根据实实在在的信息收集和分析来进行的鞋靴商品企划和设计就显得非常重要。鞋靴商品企划应作为企业新产品设计开发的必要和重要环节去认真组织实施。

鞋靴品牌产品企划是指鞋靴企业以品牌大概念为前提，对顾客需求、流行时尚、社会思潮、市场状况等各方面信息进行收集、分析后，提出季节设计概念的经营策划活动，设计师根据这个概念进行品牌鞋靴产品的设计、生产和销售。

实施鞋靴品牌产品企划的目的和作用是减少新产品设计开发的盲目性，提高鞋靴产品设计效率和效益，更好地推动鞋靴品牌成长。鞋靴品牌产品企划制定出的季节品牌鞋靴新概念是整个企划的基础，有了准确、明晰的新产品概念，其他活动才有了正确的开始，企划概念的解释、说明及以后的设计、生产、销售和宣传等企业经营活动都是从这个概念开始，并紧紧围绕这个概念去运作。

鞋靴品牌产品企划起码应在产品正式推出前的半年开始进行。企划概念及其说明必须通过一种形象画册的形式展现出来，有的叫“×××品牌××季企划书”，有的叫“×××品牌××季企划手册”。企划活动不仅仅是作用于设计，还影响和涉及企业其他环节，企划活动要想进展顺利和取得较好效果，就必须要各个部门紧密配合。形象化的企划书较好地将新的设计概念传达给各个环节部门，同时也便于各环节部门对新设计概念进行沟通、完善和统一起来，这样更有利于企划品牌鞋靴的设计、生产、营销和宣传。

每个季节的品牌鞋靴企划中提出的新设计概念并非由设计师或商品企划人员凭自己主观想像或喜好来决定，而是以企业经营策略、该品牌大的区隔概念及定位、时代热点、鞋靴流行趋势、品牌顾客生活方式、服饰时尚和审美偏爱等为基础，制定出品牌鞋靴下个季节的设计概念。

鞋靴品牌产品企划及企划书一般须由四部分内容组成，只有这四部分内容准确、明晰，接下来展开的设计、生产等环节才能顺利进行，也才可能有较好的应季品牌鞋靴投入市场。这四部分内容是：

（一）设计主题

设计主题是给新产品赋予一种新的概念内涵，因此，设计师确定设计主题也就是寻找产品新内涵，每季新的品牌鞋靴设计概念即主题设定都必须是在大的既定品牌概念下对时代热点、鞋靴流行趋势、服装流行趋势、鞋靴流行时尚、品牌顾客生活方式、品牌顾客着装审美特点、鞋材流行时尚等各种信息分析中得出。这一部分务必要做到主题（概念）明确、清晰，让其他人看后马上就能体会到该品牌下一季产品所要宣扬、推崇的某种生活主张与审美理想。当然，这种生活主张和审美理想实际是迎合或引导品牌目标顾客的某种生活主张和审美偏爱。

（二）色彩

鞋靴品牌产品企划中的色彩企划由主题来决定，所用色彩一定要与主题及新的产品概念相吻合，同时还要考虑鞋靴和服装的色彩流行趋势和品牌特定目标市场顾客的色彩偏爱。色彩企划多应用于女鞋、童鞋、运动鞋和旅游鞋等注重色彩变化的鞋靴。如果色彩超过两种以上，一般将色彩分为主色和点缀色两大类。正装类女鞋和男鞋的色彩相对比较单一，色彩表现为端庄、典雅；童鞋、运动鞋和旅游鞋多用对比色，色彩表现为活泼、鲜明。

（三）材料

品牌鞋靴产品企划中的材料企划（从造型角度出发），内容包括鞋面材料、配件等。这些材料选择一般以国内外鞋材展或鞋材集中供应地中收集来的下季流行材料为基础，再根据设计概念主题、鞋靴种类以及目标市场的鞋材流行状况、趋势将其遴选出来。鞋靴面料的独特质感或图案纹样往往可以给鞋靴款式造型带来很强的视觉美感，是鞋靴款式造型美感重要组成部分。对品牌鞋靴设计开发的成功与否发挥着重要作用。因此，有时为了表现品牌鞋靴的独特性，鞋靴品牌设计也可以专门设计开发及定制一些独特质感或图案纹样的材料。

（四）基本楦型、款式

鞋楦造型决定着鞋靴基本外形，也是鞋靴款式造型时尚表现的重要组成部分，因此在鞋靴品牌产品企划中楦型须单独列出。楦型企划及选择一般是根据品牌鞋靴的楦型时尚及流行趋势、品牌概念、鞋靴品种、下季设计主题和特定目标顾客对鞋靴楦型的某种偏爱等方面去考虑决定。

鞋靴基本款式指的是鞋靴基本结构式样，包括鞋靴开闭结构式样和帮部件组合与分割造型式样，鞋靴款型风格一定要与品牌概念和季节主题概念相吻合。设计师要在基本楦型和款型基础上进行具体设计和发展成系列产品。

以上四方面内容都须用形象图片、材料小样配以详细的文字说明和某种格式加以表达。鞋靴品牌产品企划其他具体内容也都是在此基础上进行。

在整个企划过程当中，信息（情报）的收集与分析格外重要，是企划第一个重要步骤和环节，这个环节工作是否做得好，对企划能否成功有决定性影响。因此，设计师或企划人员做这个工作前要有好的信息收集预案和方法，尽量多收集与品牌产品和设计有关、有效的信息。收集有关信息主要针对以下几个方面：

（1）社会方面　社会信息主要收集的有，当前社会政治、经济、文化和生活当中人们所关注的热点，这些热点有时可能以某种形式演变、转化成服装、鞋靴流行时尚，如，在2001年中国上海举办的APEC会议上，由于各国领导人统一穿着一种"唐装"，结果导致2002年"唐装"大流行，并发展为一种中式服装的持续流行和中国元素在国际服装界的流行。依照服饰一体性原则，这种中国传统式样的鞋靴也应该在某个时候流行；再如，随着人们对休闲生活方式的向往和追求，休闲鞋开始持续流行，并且具有休闲功能的正装鞋将会被越来越多的人所接受。

（2）品牌顾客方面　品牌顾客永远是品牌鞋靴设计的源泉和依据。因此，对他们的各种有关信息的收集、分析至关重要，应注意的是，顾客信息具有地域性和时间性的特点，同一定位的顾客会因为地域和时间不同，其信息结果也会有所不同。从顾客那里需要收集的信息有：每季喜欢穿哪种基本款型和风格的鞋靴，偏爱什么质地的材料，喜欢什么颜色，喜爱什么楦型，愿意接受什么样的价格，对跟高的意见，对鞋靴时尚的态度，偏爱什么样的图案纹样，喜欢什么样的装饰配件，对本品牌及产品的评价是什么，他们还喜欢哪些同类品牌鞋，为什么？他们对舒适与美观哪一个偏重等。这些直接来自使用者的信息，对企划中的各主要内容的正确、明晰的制定都具有极其重要的作用。

（3）市场方面　市场中要了解和收集的信息有，同类品牌鞋靴数量、设计质量和特点、价格、销售情况，以及上面所提的品牌顾客的各种情况等，通过对竞争品和顾客各种情况的了解，可以使自己产品设计更有针对性，使产品在市场中更具竞争力。

（4）材料流行趋势方面　在鞋靴品牌设计中，材料流行趋势方面的信息同样非常重要。材料不仅仅是鞋靴设计物化的载体，它在鞋靴款式造型的视觉审美方面也发挥重要作用，是鞋靴设计三大构成要素之一，并且鞋靴材料（肌理）的流行也是鞋靴流行的一个重要元素。鞋靴品牌设计中的材料信息收集主要是涉及与设计效果直接有关的鞋面材料、鞋底材料（包括鞋跟）和配件，这些材料收集的信息有：品种、花色（肌理、图案纹样、色彩）、价格、供应地及厂商、规格和性能等。当然，这些材料信息收集要有针对性，即收集那些与自己品牌概念和季节设计主题相贴近的材料。对于强势鞋靴品牌或设计师品牌来说，也可以采取直接在材料厂商那里定制的方式，以求设计出的品牌产品更具独特面貌。

（5）随着人们生活水平的提高，鞋靴流行性会表现得越来越强　顾客通过对鞋靴流行的追随，可以获得一种社会认同感和心理满足；生产者通过对鞋靴流行的把握，则可以获得巨大的经济效益；鞋靴设计师对鞋靴流行趋势较准确预测和把握，是其工作一个重要内容和能力表现之一。鞋靴品牌企业及设计师面对流行可以有两种表现，一种是跟随流行，在把握流行基础上推出新产品；另一种是创造流行，设计师根据顾客一种潜在消费需求，设计开发出品牌顾客喜欢的产品，从而形成的一种流行。能创造流行的鞋靴企业，往往可以最大限度地获取利润和塑造企业及品牌形象，造就企业和品牌的无形价值，从而有力推动企业发展。鞋靴流行受多方面因素影响和制约，因此，鞋靴流行预测常有某种不确定性，例如，政治、经济、战争、文化、种族、地域、习俗、社会思潮、新生活方式等因素都可以影响流行的产生和实现程度。对鞋靴流行的预测，首先要找到影响本类型鞋靴流行的源头；其次看这种流行到达自己品牌目标市场的时间和流行影响的程度，因为不同地域的品牌目标市场和顾客对新的鞋靴流行在接受时间和受影响程度上有一定差别；再次看鞋靴流行内容，看是新楦型，还是新结构式样，是新的色彩，还是一种新的装饰，是一种新的材质（肌理），还是新的图案纹样，或是以上多个内容的同时流行等；最后，再分析预测本品牌目标顾客能否接受新的流行信息？接受哪些？接受多少？当然，在企划中对流行趋势信息的收集和把握，毕竟是预测性的，并无百分之百的保证可以成为现实。

三、设计展开

见第四章相关内容。

鞋靴设计工作单（鞋靴设计任务书）

编号：

<table>
<tr><td>销售地区</td><td></td><td>成本</td><td></td><td rowspan="2" colspan="2">设计图稿（也可以另附）：</td></tr>
<tr><td colspan="4">设计说明：（整体风格、时尚、消费者需求等方面描述）</td></tr>
<tr><td colspan="6">试帮情况：</td></tr>
<tr><td colspan="6">试穿情况：</td></tr>
<tr><td colspan="6">设计存在的主要问题：（款式是否有创新、款式风格把握是否准确、款式整体造型是否协调、款式是否时尚、结构是否合理、款式是否符合批量生产、是否符合成本控制要求）</td></tr>
<tr><td colspan="6">评审结果：</td></tr>
<tr><td colspan="3">母样下达时间：</td><td colspan="3">母样完成时间：</td></tr>
<tr><td colspan="3">全套下达时间：</td><td colspan="3">全套完成时间：</td></tr>
<tr><td colspan="6">备注：</td></tr>
<tr><td>审批：</td><td colspan="2">审核：</td><td colspan="2">设计师：</td><td>制单：</td></tr>
</table>

××秋冬（春夏）产品企划
××鞋业有限公司

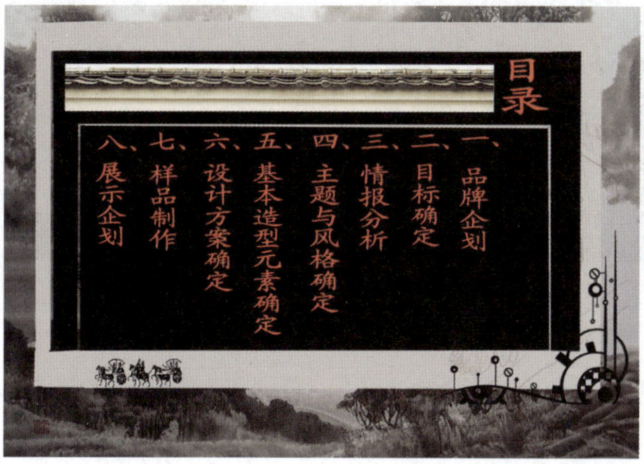
目录
一、品牌企划
二、目标确定
三、情报分析
四、主题与风格确定
五、基本造型元素确定
六、设计方案确定
七、样品制作
八、展示企划

品牌企划
一、品牌名称
二、品牌独特概念(理念)
三、品牌独特概念(理念)来源和依据
四、产品风格

目标确定
（目标企划）
一、目标消费人群
年龄
职业
二、市场目标
国内市场（具体区域市场）
国外市场（具体国别与区域市场）
三、经营目标
销售数量
销售额
利润与利润率
市场占有率

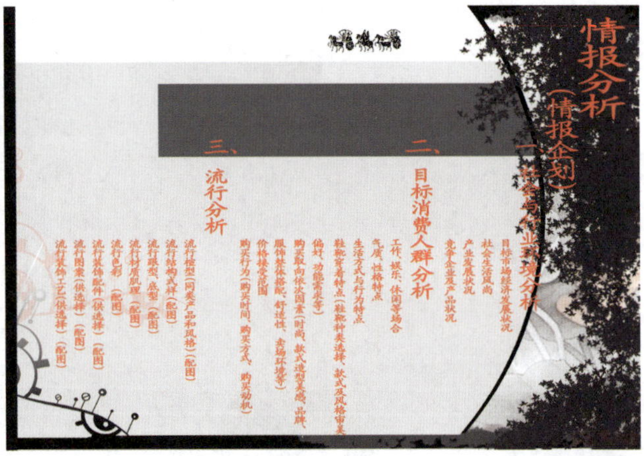
情报分析
（情报企划）
一、社会与行业环境分析
目标市场经济发展状况
社会生活风尚
产业发展状况
竞争企业及产品状况
二、目标消费人群分析
工作、娱乐、休闲等场合
气质、性格特点
生活方式与行为特点
鞋靴穿着特点（鞋靴种类选择、款式及风格审美偏好、功能需求等）
购买取向依次因素（时尚、款式造型美感、品牌、服饰整体搭配、舒适性、卖场环境等）
价格接受范围
购买行为（购买时间、购买方式、购买动机）
三、流行分析
流行楦型（同类产品和风格）（配图）
流行结构式样（配图）
流行跟型、底型（配图）
流行材质肌理（配图）
流行色彩（配图）
流行装饰配件（供选择）（配图）
流行图案（供选择）（配图）
流行装饰工艺（供选择）（配图）

基本造型元素确定
（搭配企划）
一、本季确定楦型（配图）
二、本季确定基本结构式样（配图）
三、本季确定色彩（色卡或实物材料）
四、本季确定材质肌理（材料实物样卡）
五、本季确定跟型与底型（配图）
六、本季确定装饰配件（供选择）（配图）
七、本季确定图案（供选择）（配图）
八、本季确定装饰工艺（供选择）（配图）

主题与风格确定
（季节概念企划）
一、季节主题（概念）确立
（不能与品牌独特概念冲突）
二、季节风格确定（不能与产品主风格冲突）
（配效果图或实物照片）

设计方案确定
（品目企划）
一、设计方案一
（配效果图、款式结构图、材料样卡、色卡）
二、设计方案二
（配效果图、款式结构图、材料样卡、色卡）
三、设计方案三
（配效果图、款式结构图、材料样卡、色卡）
（设计方案数量依需要而定）

样品制作
一、样板（实物）
二、工艺规程
三、材料种类与规格
（材料实物样卡）

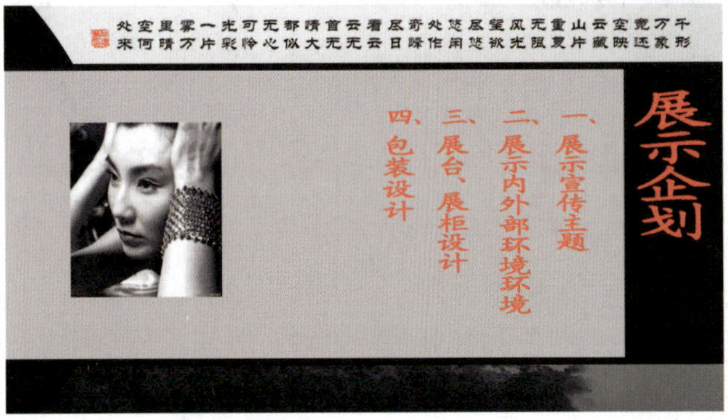
展示企划
一、展示宣传主题
二、展示内外部环境环境
三、展台、展柜设计
四、包装设计

第八章

女鞋设计

本章提要 本章主要讲授女浅口正装鞋设计、女时装鞋设计、女休闲鞋设计、女凉鞋设计、女晚礼鞋设计、现代风格女鞋设计等内容。其中，女浅口正装鞋设计中包括端庄典雅、优雅高贵、干练简约、华丽高贵四种常见细化风格的设计；女时装鞋设计中包括浪漫、优雅、天真、民族、牛仔、前卫、田园七种细化风格设计。

学习目标 1．认识和理解女鞋风格设计的重要意义和作用。

2．认识和理解女浅口正装鞋主要四种细化风格的不同特征、主要造型表现元素以及这些造型元素表现特点，掌握女浅口正装鞋四种细化风格设计基本方法，具有较高的女浅口正装鞋四种细化风格设计能力。

3．认识和理解女时装鞋主要七种细化风格的不同特征、主要造型表现元素以及这些造型元素表现特点，掌握女时装鞋主要七种细化风格设计基本方法，具有较高的女时装鞋七种细化风格设计能力。

女性由于历史、生理和社会的种种原因，对服饰装扮有一种本能的强烈追求。女鞋在市场上显得丰富多彩，女鞋设计备受设计师关注，女鞋设计师们倾入巨大热情，不断推动女鞋设计向前发展，使女鞋越来越充满难以抵御的魅力。

一、女鞋设计分析

前文讲过，鞋靴设计师是针对特定消费者群体进行设计，产品设计之前，必须明确所服务的对象及其所包含的种种因素和条件。当今时代的设计，可以说是一种针对性很强的定位设计，没有明确的消费者定位，很可能导致设计的失败。因此，在进行女鞋设计时，要对其具体的消费群体作相应的分析。

女鞋消费群体，从年龄上可以分为20～30岁、31～45岁和45岁以上三个阶段。地域性（主要指不同地区的习俗）和气候条件也是女鞋设计中应考虑的两个因素。以上条件往往影响女性对鞋的式样和功能的选择。20～30岁年龄段女性对新的事物敏感，决定了这个年龄段女性对鞋靴款式造型非常重视。针对这一消费群体的偏好，应加强对鞋靴形态、色彩搭配、材质的运用和配件等方面的创新设计。31～45岁年龄段女性不要求鞋靴款式造型过分夸张，需要含蓄美，同时，对鞋靴的舒适性要求比较高。45岁以上女性对鞋靴款式造型的敏感度进一步降低，对舒适性、实用性和经济性考虑进一步增多。

二、常见风格女浅口正装鞋设计

浅口鞋是女性常穿的一种鞋。这种鞋最初为男鞋，只是到20世纪初，才逐渐成为女性穿用的一种鞋类。女浅口鞋从穿着使用功能上看，既可作为正装鞋来穿用，也可以作为时装鞋、晚礼鞋、前卫鞋来穿用，关键不在于结构，而是看设计师对其风格怎样把握。

当浅口鞋作为正装鞋穿着时，它的总体造型风格应该是端庄、典雅、高贵，设计师必须紧紧围绕这种造型风格去组织和运用各种造型要素。如果设计师对各种造型要素做过分激烈的设计变化，就会改变浅口正装鞋的风格以及穿用效果。在实际当中，不同个性、气质、修养和环境下的女性还会选择不同细化风格倾向的女浅口正装鞋，有的倾向于端庄典雅风格的正装女浅口正装鞋，有的喜欢干练简约风格的女浅口正装鞋，还有的则偏爱优雅高贵风格的女浅口正装鞋等，下面介绍几种主要细化风格女浅口正装鞋的设计。

1. 端庄典雅风格女浅口正装鞋设计

端庄典雅风格简称端庄风格，这种风格女正装鞋给人带来的是一种端庄雅致的审美心理感受，这种风格服饰给人以稳重和富有修养的印象。端庄风格女浅口正装鞋适合两种女性穿着，一种是有较高学历且为社会白领阶层的女性，另一种是性格比较稳重的女性，端庄风格女浅口鞋有较多的消费人群。

端庄风格的女浅口正装鞋主要是通过对装饰配件和形态两种造型元素的设计变化来把握。由于女浅口鞋帮面面积较小，其造型风格及创新变化很多时候主要是靠装饰配件的造型设计变化来完成。

端庄典雅风格女正装鞋基本风格特征：端正、大方、优美。

端庄典雅风格女正装鞋主要造型元素构成及设计把握基本方法如下：

（1）端庄典雅风格女浅口正装鞋配件造型元素设计　女浅口鞋端庄风格装饰配件设计主要是对其形态造型方面的创新把握。首先，端庄风格配件形态造型应左右对称或基本对称，并且整个配件的外轮廓造型以长方形或近似长方形为好，这样可以使配件获得端庄、稳重的造型感觉，而配件形态中的“雅”的造型感觉获得则要靠曲中有直或直中有曲的新颖线状形态来构成，这些线状形态可以在一个平面上相互交织，也可以上下叠放，形成一种立体的层次感。配件形态造型创新点是设计师对配件线状形态造型和它们的组织构成进行创新设计把握（图8-1）。为不使配件在鞋头上面显得单薄，设计师还可以设计变化一个帮部件与之组合，设计师要对这个帮部件的造型和与配件的组合造型及连接方式进行创新把握（图8-2）。另外，配件色彩和材质肌理要注意与这两个方面的流行时尚紧密结合，当然，配件色彩还要注意与帮面材料颜色的搭配效果，例如，银色或乌金色配件与黑色

图8-1　端庄典雅风格女浅口正装鞋（一）
作者：谷伟聪（石家庄铁道学院 邢台职业技术学院 2005级 本科）
指导教师：陈念慧

图8-2　端庄典雅风格女浅口正装鞋（二）
作者：石峥嵘（石家庄铁道学院 邢台职业技术学院 2005级）
指导教师：陈念慧

帮面材料搭配其色彩效果一般较好，金色配件与棕色或棕黄色帮面材料搭配则效果较好。

（2）端庄典雅风格女浅口正装鞋形态造型元素设计　女浅口鞋端庄风格形态设计主要是对它的鞋头部分进行帮部件分割造型方面的创新变化，一般采取双线对称分割，分割既可以是将帮部件材料真正分割开来再缝合上，也可以是缝假线分割，前者分割运用较广泛。帮部件分割造型创新点是，分割线的起始位置选择、分割线的形状（曲度）创新变化和分割线在鞋头上的左右位置安排三个方面。其中，分割线形状（曲度）创新变化最为关键，这里要遵循三个变化原则，一是分割线的形状要随鞋楦头部造型两侧的线条走，二是分割线应以简洁的直中带曲的线条造型变化为主。

2. 优雅高贵风格女浅口正装鞋设计

优雅高贵风格简称优雅风格，优雅可以理解为不一般的优美雅致，优雅风格给人带来的是一种高贵、优美的审美心理感受，这种风格服饰给人以气质不凡和有艺术修养的感受，同时又符合女性社会性格定位。因此，优雅气质及这种风格的着装成为许多有修养、有品位女性的追求，在大中城市中这种女性正变得越来越多，优雅风格女浅口正装鞋将有很好的市场消费前景。

优雅风格的女浅口正装鞋主要也是通过对装饰配件和形态两种造型元素的设计变化来把握。

优雅高贵风格女正装鞋基本风格特征：高雅、优美、端庄。

优雅高贵风格女正装鞋主要造型元素构成及设计把握基本方法如下：

（1）优雅高贵风格女浅口正装鞋配件造型元素设计　优雅风格装饰配件设计主要是对其形态造型方面的创新把握，首先，优雅风格配件总体上应以不对称的曲线形体为主来构成它的基本形态造型，也可加入较小的新颖的曲面状和点状形体，以丰富配件的形态造型构成效果，在优雅风貌（风格）的内涵中，有简洁、优美、雅致的涵义，这样，优雅风格配件的曲线形体数量就不宜过多，尽量以新颖、简洁、优美的曲线形体去表现，一般用2~3根曲线形体比较好，这些曲线形体在一起组织的时候，要有粗细变化，并且，这些曲线状形体还应寻求不同的“弯曲”，例如，盘旋再逐渐展开弯曲、向前缠绕弯曲等，这种弯曲也不宜过多，每条曲线有1~2个弯曲就可以。除以上曲线形体不同的弯曲法外，多个曲线形体之间如何组织构成也是优雅风格配件形态造型变化的重要创新点，这些创新点设计把握得好，设计师才能创造出不同凡响的优雅风格配件，也才能较好地设计出优雅风格的女浅口正装鞋。优雅风格配件的色彩和材质肌理设计也要注意与流行时尚紧密结合（图8-3）。

图8-3　优雅高贵风格女浅口正装鞋
作者：阎佳佳（石家庄铁道学院 邢台职业技术学院 2006级）
指导教师：陈念慧

（2）优雅高贵风格女浅口正装鞋形态造型元素设计　女浅口正装鞋优雅风格形态设计主要是对其鞋头帮部件进行平面分割造型方面的创新变化，优雅风格女浅口正装鞋鞋头帮部件分割一般不采取对称分割，多为优美新颖的纵向分割曲线，分割数量既可以是单曲线分割，也可以是双曲线分割或多曲线分割，如果是双曲线或多曲线分割要使其形成长短或间隔上一种节奏感，忌分割线平行走向和分割线弯曲变化过多，一般有1～2个舒展的弯曲就可以。优雅风格女浅口正装鞋形态设计创新点同样也是分割线的起始位置和左右位置选择，以及分割线的形状（曲度）创新变化。此外，女浅口正装鞋的楦型、跟型或其他附加帮部件在满足实用和时尚的基础上都需要通过薄、尖、窄、细的形体来展现一种立体优雅形态。

3．干练简约风格女浅口正装鞋设计

图8-4　干练简约风格女浅口正装鞋

干练简约风格简称干练风格。干练风格服饰可以给人带来一种简洁、硬朗的审美心理感受，是一种男性化的风格，穿这种风格服饰的人可以给人感觉有较强的工作能力，因此，性格要强的一些职业白领女性比较喜欢这种风格的浅口正装鞋。

干练简约风格女正装鞋基本风格特征：硬朗、简洁。

干练简约风格女正装鞋主要造型元素构成及设计把握基本方法如下：

（1）干练简约风格女浅口正装鞋配件造型元素设计　干练风格的女浅口正装鞋主要也是通过对装饰配件造型元素的设计变化来把握。干练风格装饰配件设计主要也是对其形态造型方面的创新把握，干练风格配件总体造型特点是"方"和锐角形体存在于形态构成中（图8-4），这里的"方"并非单指几何学意义上的方正形体，更多的还是指那些不规则的带有直边的形体，如果配件形态就是几何意义上的正方或长方形体，会给人感觉形体简单，缺乏审美价值。由此，配件形态中的别致的"方"的形体设计也就成为它的一个主要创新点。根据风格要求，设计师的最大挑战是设计创造出一种既简洁又新颖的"方"的形体来。配件形态的尖角形体既可以存在于"方"的形体中，也可以单独创造一个简洁别致的尖角形体，还可以将"方"形体与尖角形体进行新颖的组合构成，后者组合构成的好，可以进一步增加干练形态的艺术美感。

设计师在干练配件形态的"方"和尖角形体中设计一些曲线变化和节奏变化，可以进一步提高配件形态的美感价值即艺术构成性。

（2）干练简约风格女浅口正装鞋色彩造型元素设计　干练风格女浅口鞋帮面、底跟和配件的色彩一方面要注意与流行时尚紧密结合，另一方面也可根据经验用一定比例的黑色、棕色、米色等常规色。

（3）干练简约风格女浅口正装鞋材质肌理造型元素设计　干练简约风格女浅口正装鞋除较大比例用流行材质肌理以外，也可以选用一些漆皮革、金属效应革等有硬朗感的材质。这些材质既可以满帮使用，也可以与少量的其他材质搭配使用，以形成一种对比变化。在两种材质搭配使用过程中，新颖、简洁、硬朗并与鞋头式造型特征相符合的帮面分割造型是设计师必不可少的需把握好的一个重要创新点。

4．华丽或奢华高贵风格女浅口正装鞋设计

华丽或奢华高贵风格服饰可以给人带来一种财富与地位显赫的审美心理感受。追逐财富、炫耀身份是人的本能之一，因此，华丽或奢华高贵风格女浅口正装鞋拥有市场上较多的适应女性消费人群，是女鞋设计师应重点把握好的一种女浅口正装鞋风格。

华丽或奢华高贵风格女正装鞋基本风格特征：绚丽或雍容、尊贵。

华丽高贵风格女正装鞋主要造型元素构成及设计把握基本方法如下：

华丽高贵风格女浅口正装鞋主要是通过装饰配件的华丽高贵的设计把握来实现（图8-5）。

图8-5　华丽高贵风格女浅口正装鞋

与前三种配件造型元素设计把握内容不同，华丽高贵风格装饰配件设计主要是靠材质肌理方面的把握来实现这种风格，像（仿）宝石、（仿）裘皮、（仿）水晶、（仿）金银、玻璃等发光及亮度很高的材料放到装饰配件上，都可以使其显现出一种华丽高贵风格，由于这些材质以及由此组成的华丽高贵配件在市场上很容易获得，使得单从塑造华丽高贵风格上来说并不难做到，因此，这种风格塑造还必须结合配件别致新颖的形态和造型关系元素方面的创新才能获得这种风格好的设计效果。

除华丽高贵风格以外，女浅口鞋中还有一种奢华高贵风格，这种风格同样主要以配件造型元素来表现，这种装饰配件主要是靠（仿）裘皮来表现，或与仿宝石、仿钻石组合起来共同表现。

设计师在设计华丽高贵与奢华高贵两种近似风格装饰配件时，除要考虑体量大小要合适以外，还要考虑目前市场上华丽高贵风格和奢华高贵两种装饰配件流行使用哪些华丽或奢华的具体材质，不能单纯从风格角度考虑在装饰配件上使用哪种材料。由于华丽或奢华装饰配件是用在正装女鞋上，因此，华丽或奢华高贵感的装饰配件体量不能过大或数量过多，否则，女浅口正装鞋就会很容易转变成为华丽高贵或奢华高贵的女浅口晚礼鞋，这样就违背了原来的产品风格定位，使产品原有消费者难以接受，给企业经营带来巨大损失。在目前服饰消费以造型风格审美为市场主导的情况下，服饰产品风格把握不准，属于严重的设计失误。

华丽高贵风格配件的色彩和形态设计同样也要注意与流行时尚紧密结合。

三、女休闲鞋设计

女休闲鞋一般特指有较好弹性外底、穿着舒适的鞋靴。女休闲鞋不拘泥以某种结构式样，可以是前开口系带式，也可以是浅口式或橡筋式；还可以是低腰式或高腰式。随着生活观念和生活方式的变化，女休闲鞋广泛地被女性消费者所青睐。

女休闲鞋的设计注重结构式样和帮面平面造型的变化、色彩和材质的设计运用及装饰工艺和装饰配件的设计运用。女休闲鞋设计对象主要可分为两类，一是青年消费群体，年纪为18～25岁，另一类是中青年消费群体，年纪为26～40岁。在进行休闲鞋设计时，对两个不同年龄段的消费群体分别进行分析和设计，一般来说，18～25岁的女性消费者追求造型的新颖，注重个性的表现。30岁左右的女性随着心理成熟和生活经验的增加，对休闲鞋的造型审美既要求式样新颖，又不失端庄、大方，同时，对休闲鞋的穿着舒适性要求比较高。

1. 女休闲鞋形态造型元素设计

女休闲鞋形态设计的重点在结构式样和帮面平面造型设计变化上，头式形态变化相对较弱。随着女休闲鞋设计发展，帮面造型设计变化和头式形态设计将变得越来越重要（图8-6）。

图8-6　注重形态造型设计的女休闲鞋

2. 女休闲鞋色彩造型元素设计

对于青年女消费者的休闲鞋色彩设计应为明丽、优雅，同时又充满朝气和活泼跳跃。对于30岁左右的女性消费者，休闲鞋的色彩应以单色或同类色配色为主，常用各种明度的中性灰色、棕色、驼色、米色、黑或白色等。同类色配色以暖色为主，如棕色系列、驼色系列、棕黄色系列、灰黄色系列等。暖同类色给人感觉色彩丰富和温馨感（图8-7）。

3. 女休闲鞋材质肌理造型元素设计

女休闲鞋材质肌理设计在女休闲鞋造型设计中发挥重要作用，是整体造型的重要组成部分，对消费者有较大的吸引力（图8-8）。对于追求时尚与个性的青年女消费者，应多选择质地新颖的鞋材，运用有对比性的不同鞋材组合。青年女性一般对特殊质地鞋面材料感兴趣，如光滑、锃亮的漆皮革，无光泽的磨砂革和金属效应革等。中年女性往往看重材料本身的质量及档次。

4. 女休闲鞋图案造型元素设计

简洁大方的几何图案和新颖抽象图案较适合于年龄较大的女性消费者，对于年轻的消费者，休闲鞋上的图案既可以用几何图案和新颖抽象图案，也可以用一些具象图案（图8-9）。图案装饰的手法主要有冲孔、缉线、压印、串花、刺绣等。这些装饰工艺的运用，还能为休闲鞋带来一种新颖感和工艺美感。

5. 女休闲鞋配件造型元素设计

装饰配件和兼有装饰功能的实用功能配件（如固定鞋带的配件、品牌标识配件等）在整体造型中常可发挥重要作用，配件设计与运用得好，可以使其成为休闲鞋造型的视觉中心。女休闲鞋上的配件较适合的材料有木制品、竹制品、绳子、带子、塑料制品等。影响配件设计与运用效果的因素有：配件的造型、色彩设计和质感是否新颖，是否与鞋的整体造型风格相协调，配件的造型大小、配件数量、配件的放置位置和配件组合造型是否有新意等（图8-10）。

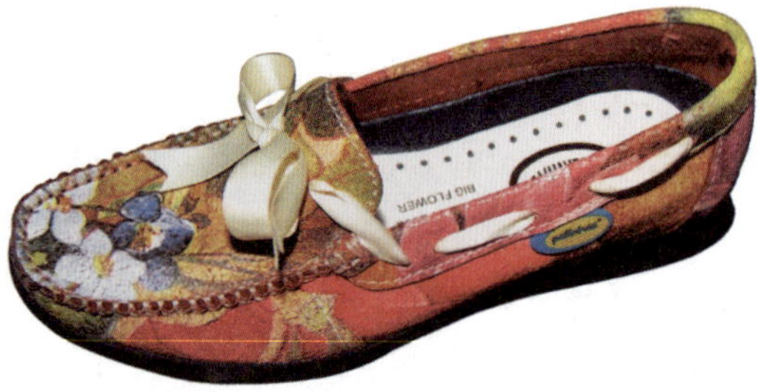

图8-7 注重色彩设计的女休闲鞋

图8-8 注重材质肌理设计的女休闲鞋

图8-9 注重图案设计的女休闲鞋

图8-10 注重配件设计的女休闲鞋

四、女凉鞋设计

由于夏日服装较为简洁，因此，凉鞋的款式造型在服饰整体中更加引人注目。凉鞋已成为当今女性展现服饰风采、个性与品位的重要服饰品。女凉鞋结构式样富于变化，有全空式、脚背扣带式、脚腕扣带式、前后满中空式、前满后空式、“夹脚式”等。其中全空条带式又分为细条带全空式、宽条带全空式、平行条带全空式、穿插条带全空式、连接条带全空式（并行连接，放射状连接）等。随着时代的发展，凉鞋的穿用功能逐渐细化，出现了正装凉鞋（前后满中空式、前满后空式等）、休闲凉鞋（厚底凉鞋、凉拖鞋等）、时装凉鞋（注重变化和装饰）和运动凉鞋（有较好弹性的运动鞋底和缚脚牢固的帮结构）等不同穿着功能的凉鞋。人们根据不同的使用需要和场合，选择穿用不同功能的凉鞋以满足某种特定的穿用需求。

（1）正装凉鞋　女正装凉鞋是出入正式场合时穿用的一种凉鞋。其造型风格及结构式样要求端庄大方，没有过多的炫耀和夸张，展示一种含蓄、高雅的气质。女正装凉鞋在结构式样上主要选择有冲孔装饰的或用编织网眼皮革做帮面的满帮式、前后满中空式和前满后空式等露脚较少的结构式样。鞋头式形态设计要注意楦头式的时尚性和在其基础上的变化创新。色彩设计以单色为主，既要注意其时尚性，还要注意其产品投放地区域的色彩审美的偏好性。如果是双色配色，一般选择同类色搭配。无论是单色还是双色，女正装鞋配色设计通常都不要使用高纯度的色彩，这类色彩过于张扬和跳跃，与正装凉鞋的穿用属性不符。材质一般选择全粒面正面革或高亮度的漆皮革。也可以选择一些高档动物皮革（如鳄鱼皮、鸵鸟皮、袋鼠皮等）做帮面或用使之与其他一般皮革搭配使用，取得材质对比的视觉美感。装饰工艺在女正装凉鞋上使用较多的主要有冲孔和编花两种。这两种装饰工艺既可美化鞋的帮面，同时还能起到很好的通气、散热作用。装饰工艺可采用嵌皮条、绢线等手法，使女正装凉鞋增添工艺美感。装饰工艺运用的关键是做出的图形要新颖并符合形式美构成法则，而且还要与鞋的整体造型风格相一致。女正装凉鞋的装饰配件以用金属（包括仿金属效果的其他材料）和皮革质地材料为宜。装饰配件的设计与运用首先要求饰件造型与整体造型风格相协调。其次，要求饰件造型要新颖，构思巧妙，风格高贵、典雅。最后，要求饰件做工精致，以和正装凉鞋的风格属性相吻合。

（2）休闲凉鞋　休闲凉鞋结构式样丰富，不必拘泥于某一种，可以是全空式，也可以是前满后空式；可以是“夹脚式”，也可以是扣带式或拖鞋式等。休闲凉鞋设计首先要满足穿着者舒适的要求，其次才是款式及个性的展现。休闲凉鞋设计如果是针对年轻女性消费者，而鞋的前帮又是满头式，设计师可以将鞋的头式形态设计得夸张新奇一些，可使前帮整部件与中后帮条带部件进行新颖的对比构成。色彩设计可向两个极端方向发展，一种是高明度和高纯度的鲜艳色，如淡黄色、天蓝色、橘黄色、浅绿色、橘红色等，另一种是低明度和低纯度的暗灰色（浊色）。当然，高明度和低纯度的亮灰色也常能为年轻女性所喜爱。无论是鲜艳的纯色，还是混浊的灰色，除单独使用外，还可以进行双色搭配；既可以进行对比色搭配，也可以用同类色配置。双色搭配时，要注意以一种颜色为主，即为主的颜色面积较大，另一种颜色为辅，面积相对较小。

材质上可选用漆皮革、磨砂革、绒面革、棉、麻织物和油鞣革等，也可以将以上材料搭配使用，丰富视觉感觉，增加材质的变化或材质对比的美感（图8-11）。在前帮上还可以施以缝埂、冲孔、绢线等装饰工艺，以强调造型美感。如果休闲凉鞋是全空式，设计师除对帮面的造型关注以外，还要对鞋的大底造型、跟型和内底上的图形与色彩进行设计。全空式休闲凉鞋的帮面部件通常是由宽条带或细条带组成，也有“面状”帮料与条带帮料搭配而成的，组合得巧妙，会有独特的艺术效果，设计的关键是这些部件搭接或连接方式要新颖独到。在休闲凉鞋整体造型设计中，新颖的装饰配件对造型效果也起着很大作

图8-11　注重材质肌理设计的女休闲凉鞋

用。对配件的设计运用，要充分注意装饰配件应与鞋的总体造型风格一致，配件的形态、色彩、材质、组合方式或组合出的图形要具有新颖性。

五、经典风格女时装鞋设计

时装鞋具有较高的艺术品位和个性，同时又具有强烈的流行时尚性，这种风格女鞋不拘泥于某一种具体结构式样或鞋类品种。时装化、个性化已成为女鞋发展的一种趋势，是设计师发挥设计才能和企业树立品牌的一种重要鞋类品种。

时装女鞋设计总体要求不同凡响地是运用形式美构成法则和各种造型要素，使设计出的鞋靴款式造型具有独特性和较高的艺术性、文化性。时装鞋设计往往带有主题性，设计师围绕某个流行主题去展开自己的想像力组织运用各种造型要素，使其具有一种内涵性。设计师在围绕某个主题设计时，各种造型要素要贴切地诠释自己要表达的主题内涵。这种带有主题性的时装鞋适合进行系列设计，以形成较强的视觉冲击力。在时装女鞋的造型设计诸要素中，形态要素、色彩要素、图案要素和配件要素发挥的作用较大。形态要素在时装女鞋造型设计中主要体现在它的一种新颖结构式样或帮部件或底部件的立体构成设计上。目前，女时装鞋设计分不同风格来把握，常见经典风格女时装鞋设计如下。

1. 浪漫风格女时装鞋设计

浪漫风格给人带来的是一种富有诗意和充满幻想的审美心理感受，这种风格服饰给人以充满艺术和夸张的美感。浪漫风格女时装鞋适合18～28岁幻想较多和有较强自我表现欲的女性穿着，浪漫风格程度较低女时装鞋还可以适应年龄再大一些的女性，由于多数年龄较小的女性天生就具有一种浪漫情怀，对生活和感情充满一种美好想象和期待，因而，她们对浪漫风格的服饰抱有很浓的兴趣，使这种风格女时装鞋有很好的市场潜力。

浪漫风格女时装鞋主要是通过装饰配件、形态、材质肌理和装饰工艺等较多的造型元素来把握，设计师用哪几种或多少个造型元素来把握，要视市场上女时装鞋时尚引领者用哪几种或多少个造型元素来决定。设计师在把握这些造型元素时，要在夸张、艺术、飘逸、甜美方面进行努力，造型元素的时尚、夸张和艺术构成的把握是塑造女鞋的时装感（以下各风格时装鞋相同），造型元素时尚感把握即流行什么内容和流行什么把握手法，你就在此基础上去创新把握什么；造型元素夸张把握主要是对女鞋上的形态（帮部件形体、配件形体、图案形体）体积加大或数量增多方面的把握；造型元素艺术把握是指设计师对这些元素在多样与统一、主要与次要和节奏韵律等形式构成美方面的把握。飘逸和甜美感的把握是塑造女鞋的浪漫感，造型元素的飘逸感把握主要是靠柔软轻灵的材质来实现，造型元素的甜美感主要是靠纯度较高的暖色系列颜色、白色或粉色系列颜色来把握，常用色——黑色也可以。女时装鞋时装浪漫造型的夸张程度要由企业定位的消费对象能接受的程度来决定。

浪漫风格女时装鞋基本风格特征：飘逸、柔美。

浪漫风格女时装鞋主要造型元素构成及设计把握基本方法如下：

（1）浪漫风格女时装鞋配件造型元素设计　浪漫风格女时装鞋装饰配件设计主要是通过对其形态和材质两个方面的设计来把握。

浪漫风格配件形态可从两个方面进行设计把握，一个方面是从现实景物具象形态上进行把握，主要是对花草、禽鸟羽毛、"心"形等具象形象进行设计变化（图8-12），设计师既可以直接选用以上某种形象，然后在大小、数量、位置摆放、材质肌理、色彩、形态组织造型和形态组织构成等方面进行匠心独运的设计把握，考虑到时装鞋风格艺术夸张特性，浪漫风格配件形态在体积和数量方面可以适当大一些或多一些，这样更有利于塑造浪漫女时装鞋的整体风格；也可以将具象形象进行一定的变形设计，变形设计的原则是，新设计变化出来的形象不能脱离原来具象形象的基本特征，否则将失去具象形象给人带来的直接明了的寓意和联想作用。具象变形设计基本做法有两种，一种做法是将具象形象往简洁概括的形象上变，变化出一种半具象半抽象的形象，另一种做法是将原有具象形象拆开分解重新组织构成，形成一种有趣的具象形象。另一个方面是从抽象形态上进行把握，包括文字、字母、抽象标志图形等特殊抽象形态。抽象形态的形体可以是线状、“面”状（片状）或体块状，设计师多数情况下是线状形体进行富有创意同时又十分优美的抽象形体创造，缠绕、扭转、穿插等都是其线状形体造型变化方式方法。“面”状形体变化也可用同样方式方法进行创新。线状形体、“面”状形体与较小的体块形体（立体的“点”状形体）之间进行巧妙的组合构成，往往可以产生浪漫的造型效果。

浪漫风格女时装鞋装饰配件的材质肌理对配件及整个女时装鞋的浪漫风格塑造都有着重要作用。浪漫一词意象中有飘逸、梦幻的意思，因此，柔软、透明的材质或现实中有浪漫感觉的物质本身的质地都能产生一种浪漫的感觉。如纱织物、丝绸、裘皮、透明塑料、羽毛等。

（2）浪漫风格女时装鞋形态造型元素设计　浪漫风格女时装鞋形态设计主要是通过帮部件平面分割造型或立体造型上的新颖变化来表现。

浪漫风格女时装鞋形态造型元素的帮部件平面分割设计主要以新颖的曲线分割为主，设计师要努力在帮部件分割曲线的形状、摆放位置、数量、组织、工艺实现方式、装饰、构成韵律等方面进行富有创意的变化，以上变化内容都是提高女鞋帮部件形态分割曲线创新度及浪漫感的重要把握内容。

浪漫风格女时装鞋形态造型元素的帮部件立体造型设计主要以帮部件的翻折或相互穿插的新颖变化来表现。帮部件翻折或相互穿插立体设计创新点是在翻折和相互穿插帮部件的形状、大小、位置、数量等方面的变化是否新颖，另外，翻折出的帮部件或相互穿插帮部件在颜色、肌理和再装饰方面也可以进行有创意的变化。如果翻折或相互穿插的帮部件较多，设计师一定要考虑批量生产和成本控制在自己的企业是否可行（图8-13）。

（3）浪漫风格女时装鞋材质肌理造型元素设计　高亮、柔软或透明的材料和新颖优美的肌理都可以塑造女时装

图8-12　浪漫风格女时装鞋配件造型元素设计
作者：吴烨烨（石家庄铁道学院 邢台职业技术学院 2006级）
指导教师：陈念慧

图8-13　浪漫风格女时装鞋形态造型元素设计
作者：曾凡佳（石家庄铁道学院 邢台职业技术学院 2006级）
指导教师：陈念慧

鞋的一种浪漫情调（图8-14）。对各种鞋靴款式造型来说，材质肌理设计多数是指寻求两种或两种以上的不同的材质肌理进行组合对比，以求获得不同材质肌理组合所带来的一种视觉对比美感和新颖性，在这个对比中，材质肌理视觉突出感性的帮部件在面积或体积上要相对小一些，并放到鞋靴帮面显著的部位。常用于表现浪漫的材料有：纱织物、丝绸、裘皮、透明塑料、羽毛、高亮的皮革等。另外，设计师也可以根据自己的需要和材料生产商的加工能力专门定制一些新颖优美的"线"状特殊肌理，这些新颖肌理可以是鞋靴企业设计师自己设计，也可以由材料生产企业技术人员协助设计提供。由于配件在塑造浪漫风格女时装鞋上具有重要作用，因此，具有浪漫风格的装饰配件材质肌理设计也应成为设计师把握的重点内容。装饰配件材质肌理的生动浪漫效果可以是配件材质肌理与帮面材料材质肌理形成的一种新颖优美的对比，也可以是装饰配件自身的不同材质肌理形成的一种新颖优美的对比。设计师一般多采用高亮度水钻（一种仿钻石物质）、高亮度金属饰品、仿宝石饰品、裘皮、羽毛、透明塑料、纱织物等不同材质的材料进行组合，组合的材料种类一般不超过三种。

图8-14 浪漫风格女时装鞋材质肌理造型元素设计
作者：卢圆圆（石家庄铁道学院 邢台职业技术学院 2005级）
指导教师：陈念慧

（4）浪漫风格女时装鞋装饰工艺造型元素设计　运用蕾丝（加花边）、起皱、扭花、镂空等装饰工艺塑造浪漫风格女时装鞋是设计师常用手法（图8-15、图8-16）。其中，蕾丝装饰工艺对塑造女时装鞋浪漫风格最具效果，充满风情和柔媚。设计师运用蕾丝装饰工艺应在以下几个创新点上去努力把握：①蕾丝的花型大小和数量；②蕾丝在鞋上的走势形状；③蕾丝在鞋上的位置摆放；④蕾丝的材质和色彩。起皱装饰工艺创新点主要是在起皱部位的形状、起皱长短、起皱数量、位置摆放等几个方面的把握。镂空装饰工艺运用主

图8-15 浪漫风格女时装鞋蕾丝、起皱装饰工艺设计
作者：曹瑞雪（石家庄铁道学院 邢台职业技术学院 2006级）
指导教师：陈念慧

图8-16 浪漫风格女时装鞋扭花装饰工艺设计
作者：王立敏（邢台职业技术学院 2006级）
指导教师：陈念慧

要在于对镂空形状的创新把握，一般多选用能较好传达浪漫感情的花草树叶或“心”形作镂空形状创新变化的基础形象素材，这些形象素材通过再设计用于镂空形状，能更好地塑造女时装鞋的浪漫风格，当然，镂空数量、镂空花型大小和位置摆放也需要设计师认真反复地推敲。

2. 优雅风格女时装鞋设计

优雅风格女时装鞋与优雅风格女浅口正装鞋一样深受女性喜爱，两种优雅女鞋让女性在不同场合充分展现自己高贵、优雅的气质风貌。优雅风格女时装鞋设计主要是靠对装饰配件、形态和装饰工艺三种造型元素的把握来完成，其中，装饰配件造型元素在优雅女浅口时装鞋中发挥作用较大，优雅风格女浅口时装鞋装饰配件设计可参考优雅风格女浅口正装鞋装饰配件设计，但在体积上要适当放大一些（图8-17）。装饰工艺造型元素则在优雅高筒女时装靴中发挥的作用也比较大，而形态元素在这两种女时装鞋优雅风格设计中都发挥重要作用。

图8-17 优雅风格女时装鞋配件造型元素设计
作者：冯丽丽（石家庄铁道学院 邢台职业技术学院 2005级）
指导教师：陈念慧

优雅风格女时装鞋基本风格特征：高雅、优美、端庄。

优雅风格女时装鞋主要造型元素构成及设计把握基本方法如下：

（1）优雅风格女浅口时装鞋形态造型元素设计 优雅风格女浅口时装鞋形态设计创新点主要有：帮部件分割造型变化和结构式样造型变化两个方面。

优雅风格女浅口时装鞋帮部件分割造型变化一般是在女浅口时装鞋的鞋头部位，如果鞋头部位有体积较大的装饰配件，那么，分割造型可以不做或只做1个分割造型，如果没有装饰配件，那么，分割造型做1～3个都可以。在优雅风格女浅口时装鞋帮部件分割造型中，分割线的线形设计是关键，设计师要努力去创造新颖、优美和曲度简洁并有一定长度的分割线，其次是分割线放置方向的安排。如果是3条分割曲线，要在间隔和长短上形成一种由窄变宽和由短渐长的节奏感。对时装鞋来说，仅有新颖的分割造型还不够，设计师还应该通过结合分割后的帮部件材质肌理和色彩的变化，或通过对分割线进行色彩反差很大的滚边装饰工艺处理来增强其时装性，对于优雅时装鞋来说，帮部件材质肌理和色彩变化有两个要求，一是主要的材质肌理和色彩都要遵循流行时尚（黑、白、灰3种颜色除外），二是材质肌理和色彩反差不宜过大（黑白色除外），那样会影响女浅口时装鞋的优雅感。分割线上的滚边与帮部件以黑白两色搭配更容易获得消费者青睐。优雅风格女浅口时装鞋分割线方向应以纵向和倾斜的角度来放置，其中倾斜角度能对分割线的新颖性产生一定影响。

优雅风格女浅口时装鞋形态结构式样造型变化主要是通过后跟中缝处或中后帮处增加向上条带部件来形成

一种新的绑脚腕的结构式样，这种结构造型能较强地表现女浅口时装鞋的优雅感，此种结构造型主要创新点有：增加条带部件数量、改变条带部件形状、对条带部件进行装饰。当然，也可以在鞋头部位进行帮部件的穿插或翻折方面结构式样变化（图8-18）。

（2）优雅风格女时装靴形态造型元素设计　优雅风格女时装靴形态设计创新点主要在于帮部件立体造型的变化把握。所谓帮部件立体造型是指帮部件经过翻折后形成的一种占据三维空间的造型，这种立体造型可以造成女时装鞋较强的视觉效果。

优雅风格女时装鞋帮部件立体造型变化一般是在女时装靴的靴筒上进行，这种造型风格要求翻折帮部件不宜多，以1~3个帮部件做立体变化较好，如果是3个帮部件做翻折立体造型变化，要注意帮部件在形状和大小方面形成一种渐次变化的节奏感。为使翻折帮部件具有优雅感，设计师要注意对翻折帮部件形状的曲线设计。翻折帮部件既可以是对靴筒原有部件进行翻折，也可以在靴筒上后加部件进行翻折。

（3）优雅风格女时装鞋装饰工艺造型元素设计　装饰工艺设计运用得好可以促进和提高女时装鞋的优雅感，能提升女时装鞋优雅感的装饰工艺主要有编花、镂空、起褶、冲孔等几种。单就这几种装饰工艺本身来说，并没有多么明显的优雅感，在运用时，这些装饰工艺只有与帮部件上新颖的曲线面或曲线线形结合才能产生较强的优雅感。因此，优雅风格女时装鞋上的装饰工艺设计创新点主要是对帮部件上准备使用装饰工艺的区域进行曲线面或曲线线形的创新把握。

（4）优雅风格女时装鞋色彩造型元素设计　优雅风格女时装鞋不适合对比色来配色，适合用单一的流行色、灰色或同类色配色。

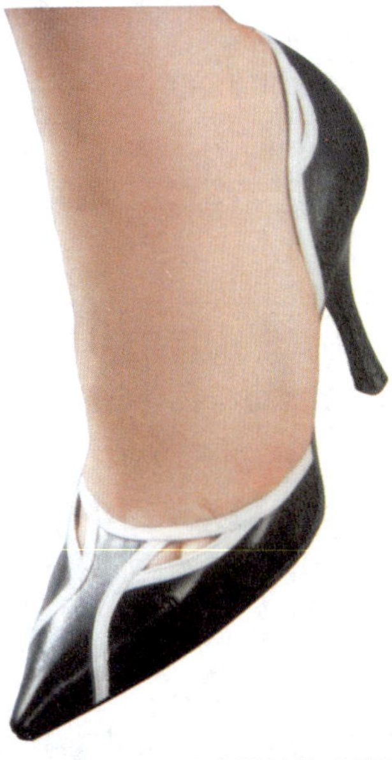

图8-18　优雅风格女时装鞋结构式样设计

图8-19　天真风格女时装鞋

3. 天真风格女时装鞋设计

天真风格也叫可爱风格或儿童风格，它给人带来的是一种稚气、纯真和充满幻想的审美心理感受（图8-19）。这种风格的女时装鞋适合18~25岁具有单纯性格和向往清纯的女性穿着。

天真风格女时装鞋主要是通过形态、装饰配件、图案、装饰工艺和色彩等造型元素来把握。设计师要把握好以上各造型元素，就要往有趣、稚气和天真烂漫方向上去创新。

天真风格女时装鞋基本风格特征：稚气、可爱、纯真、有趣。

天真风格女时装鞋主要造型元素及设计把握基本方法如下：

（1）天真风格女时装鞋形态造型元素设计　天真风格女时装鞋形态设计主要是在楦型和底型两个方面。楦型形态设计主要是对楦头部进行夸张变化，一般首先向着超厚、超宽方向把握，然后再对楦头部俯视二维轮廓进行或方、或圆、或斜三个方面变化，最后再在楦头部上方进行第三维的或点、或面、或线状的立体变化。底型形态设计主要在底型俯视轮廓和大底周边侧墙上展开设计，大底俯视轮廓可做一些不规则的变化，同时可适当从帮脚向外多宽出一些，另外，这种风格的大底一般都较厚，这样，设计师也可以在大底的侧墙上做一些有情趣的如花、草、树叶、水果、卡通人物或动物头像等具象或半具象的浮雕设计。天真风格女时装鞋以上形态设计适合于年龄较小或扮嫩心理较强的女青年，而且多在休闲时装鞋上运用（图8-20）。

图8-20　天真风格女时装鞋形态设计

（2）天真风格女时装鞋配件造型元素设计　通过装饰配件来塑造天真风格女时装鞋是企业较愿意的一种方法，这种方法相对容易出效果，并且也易于生产掌握。天真风格装饰配件设计首先可以从形态上寻求变化，形态多在花、草、树叶、水果等具象或卡通人物、动物形象中寻求一种情趣和夸张变化，如将不同具象进行形体穿插组合、改变某种具象形态的原有质地或颜色、形体大小上的夸张等，还可以在保持原有形态特征的基础上进行扭转、翻折、串联、错位、镂空、形体减缺等变化。除以上形体变化外，设计师还应注意对不同形体进行组织变化，最好能将点、线、面三种不同形态形体同时组织在一起，或将其中两种形体组织在一起，并且要安排得多样统一、疏密有致，再结合好高纯度的对比色彩和闪亮、透明或半透明的质地变化其效果会更好。另外，用非具象的圆珠做“点”状形体或几何状的形体与其他形体组织在一起，也能较好地塑造配件天真风格（图8-21、图8-22）。

（3）天真风格女时装鞋图案造型元素设计　图案与配件的设计内容和方法基本一样，都是在花、草、树叶、水果等具象或卡通人物、动物形象中寻求变化，圆点或几何图案也常用于天真风格女时装鞋的塑造（图8-23、图8-24），方法上既可以用仿真图案，也可以将具象图案进行变形处理，在不改变原来形态基本特征的基础上做或简或繁或重新组织等方面的处理。另外，设计师除对图案本身造型进行创新变化，还要在大小、位置、

图8-21　天真风格女时装鞋配件造型元素设计（一）
作者：刘文凯（石家庄铁道学院 邢台职业技术学院 2005级）
指导教师：陈念慧

图8-22　天真风格女时装鞋配件造型元素设计（二）
作者：杨少婕（邢台职业技术学院 2006级）
指导教师：陈念慧

数量和工艺实现方式（刺绣、镂空、印刷）等方面进行深入推敲和创新。

（4）天真风格女时装鞋装饰工艺造型元素设计　在诸多鞋靴装饰工艺中，蕾丝装饰工艺最能表现女时装鞋的天真风格（图8-25）。蕾丝装饰工艺设计创新点有：蕾丝花边的单元花型的选择与创新、蕾丝花边及花型的大小和数量的选择、蕾丝花边的位置和颜色与质地的推敲等四个大的方面。

图8-23　"点"状图案与粉红色彩相配对塑造天真风格女时装鞋非常有效

图8-24　几何图案以立体形式表现可以很好地表现一种天真感

图8-25　蕾丝装饰工艺可以较好地表现女性浪漫与纯真感
作者：李智（邢台职业技术学院 2005级）
指导教师：陈念慧

（5）天真风格女时装鞋色彩造型元素设计　在丰富的色彩世界中，粉色系列颜色具有独特和强烈的纯情、可爱的表情性格，这类颜色对塑造纯正天真风格女时装鞋有着重要作用（图8-26）。常用的粉色有：粉红色、粉黄色、粉绿色、粉蓝色和粉紫色共五大类，每一大类粉色又可以分出许多不同明度、不同粉度和有一定色相差别的粉色。天真风格女时装鞋色彩设计主要就是对高明度的粉色系列颜色的设计运用。天真风格女时装鞋粉色配色一般采用单一粉色配色、两种粉色搭配和粉色与白色搭配三种基本形式，单一粉色配色要视特定区域消费者对哪一种色相粉色偏爱或流行哪一种粉色而定，同时还要注意承载这种粉色的材料质地，因为，不同材料质地上的粉色，其色彩效果会有很大不同，光滑高亮质地材料所呈现出的粉色看上去很活泼，而无光泽材料呈现出的粉色则给人以文静柔和的感觉。两种粉色搭配有同类色搭配和对比色搭配两种形式，粉色对比色搭配可以营造出一种活泼气氛，较适合我国东北市场和西南市场；粉色同类色配色给人感觉比较高雅，较适合我国华东市场。两种粉色搭配和粉色与白色搭配都要注意双方面积大小不要接近，要拉开一定距离，如果材质肌理也拉开距离效果会更好。

图8-26　纯度较高的粉色可以充分表现出一种天真感

4. 民族风格女时装鞋设计（传统风格）

民族风格是一个民族在长期发展中逐步形成的一种文化艺术特征，它是一个民族的社会心理结构、经济生活、自然环境、风俗习惯、艺术传统和审美观点等诸种因素所构成的。民族风格是由一个民族长期发展中逐步形成的，因此，民族风格也可以说是传统风格。中华民族文化在其悠久发展历史中，创造出了特色鲜明的伟大文化传统，是世界两大文明之一的东方文明的代表，像中国古典哲学、长城、青铜器、火药、活字印刷、造纸、指南针、古典建筑、京剧、中国画、武术、瓷器、丝绸等都从不同方面展现了中华文化的伟大成就和特色。民族风格女时装鞋是从服饰角度诠释和展现汉民族的一个实用的文化符号。民族的即是世界的，一个民族的文化和艺术之所以有存在的价值，就在于他的文化和艺术有自己鲜明的民族特色。因此，具有浓郁民族风格的艺术、民俗和产品都易获得其他开明民族的欣赏。

民族风格女时装鞋不是只指汉民族风格，它可以是其他各民族的风貌（图8-27），这里仅以汉民族风格为例讲解其设计方法。民族特质可以从精神和形式两个方面表现和流露，女时装鞋的民族风格主要是在形式层面上对传统的一种继承和把握。在对传统继承和把握过程中，民族风格女时装鞋主要又是通过对传统形态和图案两个方面的改造创新来继承和把握的（图8-28），另外，各种造型的传统盘扣作为鞋上的配件也可以进一步加强民族风格的塑造。

民族风格女时装鞋基本风格特征：异质文化、别样风情。

民族风格女时装鞋主要造型元素构成及设计把握基本方法如下：

图8-27 具有藏族特色的民族风格女时装鞋
作者：孟庆姗（石家庄铁道学院 邢台职业技术学院 2005级）
指导教师：陈念慧

图8-28 运用形态、图案、配件、色彩和材质肌理多种造型元素设计出的有浓郁民族传统风格的女时装鞋
作者：陈巍（石家庄铁道学院 邢台职业技能学院 2005级）
指导教师：陈念慧

（1）民族风格女时装鞋形态造型元素设计　民族风格女时装鞋形态设计主要是从中国近代服装旗袍和古典建筑的形态中借鉴创新，旗袍中的斜开襟及开襟边和袖边的刺绣花边是女时装鞋开闭结构造型或其他结构式样造型中常借鉴变化的地方（图8-29），变化创新点主要有：斜开襟的长短（深浅）、斜度、位置、开襟边缘形状、开襟帮部件与其他帮部件的构成。中国古典建筑的大翘檐也是具有传统特色的一种造型形态，这种形态适合在中筒或高筒女时装靴中的靴筒上进行借鉴创新，变化创新点主要有：翻出的尖角部件（仿传统建筑翘檐）的大小、高低位置、数量、翻出尖角部件与其他帮部件的构成（图8-30）。

（2）民族风格女时装鞋图案造型元素设计　中国传统纹样（图案）丰富多彩，设计师有广阔的素材选择空间。比较常用的有龙凤图案、云纹图案（图8-31）、回形纹图案、团寿字纹样等，其中龙凤图案和团寿字纹样最具代表性。传统纹样（图案）变化创新点主要有：大小、位置、数量、实现方式（何种工艺实施）、分解与组合等。

图8-29　从中国传统服装中汲取灵感设计的民族传统风格女时装鞋
作者：董如雪（石家庄铁道学院 邢台职业技术学院 2005级）
指导教师：陈念慧

图8-30　从中国古典建筑中汲取灵感设计的民族传统风格女时装鞋
作者：沈本贵（邢台职业技术学院 2000级）
指导教师：陈念慧

图8-31　传统图案以立体形式塑造民族传统风格女时装鞋显得较为生动
作者：冀海平（石家庄铁道学院 邢台职业技术学院 2005级）
指导教师：陈念慧

5. 牛仔风格女时装鞋设计

在休闲装中，牛仔服装最具世界性影响和自己的独特风貌，人们欣赏它所蕴含的开拓进取和追求自由的牛仔精神及文化，牛仔服装已成为当今人们一种模式化的典型休闲服饰形象。在牛仔服装的诞生地美国有一种固定式样的牛仔靴（图8-32），本文所论述的牛仔风格女时装鞋不是一种式样特征，而是含有原皮质牛仔服上装或后来的蓝色粗斜纹布牛仔服装造型风格特点及元素的一种风格时装女鞋，更适合与当今牛仔服装搭配穿着的一种女时装鞋。牛仔风格女时装鞋较适合在中高筒时装女靴中把握。

牛仔风格女时装鞋基本风格特征：洒脱、不羁。

牛仔风格女时装鞋主要造型元素构成及设计把握基本方法如下：

（1）牛仔风格女时装靴装饰工艺造型元素设计　无论是过去还是现在的牛仔服装，装饰工艺都是其必不可少的重要造型元素，并且不断花样翻新，目前较常用的有：流苏、砂洗（磨砂）、拼缝、镂空、拉毛、刺绣、穿条（花）等。

流苏是牛仔靴传统典型的形象元素，它能较好地展现穿着者一种自由洒脱的风貌，适合在皮质材料女靴上运用，流苏把握创新点主要有：流苏长短粗细变化、流苏头造型变化、流苏位置选择、流苏数量选择、流苏摆放造型变化五个方面（图8-33）。

砂洗（磨砂）装饰工艺是对牛仔布或皮革表层进行的一种肌理处理，砂洗（磨砂）后的材料颜色变浅发白，并可以使牛仔布颜色产生深浅不一的效果，让人产生一种有阅历的成熟感，要把握的创新点主要有：颜色的深浅度和颜色变化不一的形状与对比度。

拼缝装饰工艺是将不同或相同的材料拼合在一起，可以产生一种情趣性和活力动感，要把握的创新点主要有：拼缝帮部件的形状变化、拼缝帮部件的肌理变化（用法见下面的材质肌理设计，一般以2~3种为宜，并以一种最流行的肌理材料为主）、拼缝帮部件数量选择、拼缝面积大小、拼缝位置选择、拼缝帮部件的颜色变化等。

运用镂空装饰工艺时，镂空孔洞以1～3个为宜，并有大小区分，大的可占整个靴筒面积的1/6～1/5，最大的孔洞如果小了就出不来自由个性的效果，创新点主要有：不规则的孔洞形状变化和孔洞上部边缘的拉毛处理。

拉毛是指将牛仔布的斜向纱线挑出，留下的竖向纱线即所谓拉毛处理，拉出的毛最好有长短不一的一种自然效果，如果是皮革材料，即做长短不一的细流苏处理。

刺绣装饰工艺也是牛仔风格女时装靴上常用的一种工艺，可以为女靴带来清秀隽永的工艺美感，这种装饰工艺目前多是用电脑绣花机完成，创新点主要有：图案的选择与创新、图案的位置

图8-32　传统式样牛仔靴

图8-33　流苏装饰工艺对塑造牛仔鞋潇洒和奔放不羁的风格有重要作用
作者：孙圆圆（邢台职业技术学院 2012级）
指导教师：陈念慧

选择、图案的大小选择、图案数量选择以及刺绣用线的粗细和颜色选择，实质上刺绣装饰工艺的卖点主要是对图案的选择与创新，图案选择是满足图案流行性和特定消费者对某种图案的审美偏好，因为不同地域、不同年龄、不同职业的女性对图案有自己的特定偏爱，创新是实现自己图案与别人图案不同，以及更好地满足消费者的一种审美诉求。

穿条装饰工艺是一种古老的装饰工艺，穿条粗细和穿条组成的形状决定了它的审美基调，细穿条和新颖曲线图形结合可以使牛仔靴显得优美清秀，粗穿条和新颖的不规则直线图形结合则使牛仔靴显得硬朗粗犷，创新点主要有：单元穿条花型变化、穿条组成的图形创新、穿条图形大小选择、穿条图形位置选择、穿条颜色与材质选择。

（2）牛仔风格女时装靴材质肌理造型元素设计　牛仔风格女时装靴主要用牛仔布（洗得发白色或浅灰蓝色较好）和皮革两种材料制造，牛仔布纺织自然纹理能充分体现女时装靴的牛仔风格（图8-34），在保留牛仔布纹理的基础上，设计师还可以在上面再造肌理，通过一定的工艺手段，例如，割、剪、磨、缝、捏花、刺绣、编花、铆钉等都可以创造出各种新颖肌理，注意要形成新的肌理，以上工艺手段必须在帮材料一定面积里达到一定的密度，在实际生产中，企业可以在牛仔布企业专门定制一些新颖肌理的牛仔布。洒脱粗犷的牛仔风格适合用无光或亚光的较浅暖灰色磨砂革、绒面革和油鞣革来表现，在保留这些材料表面肌理的基础上，设计师同样可以采用以上工艺手段再造出某种新肌理。另外，牛仔布与各种肌理皮革搭配，以及牛仔布与各种纹理灯芯绒布搭配都可以产生新颖的材质肌理效果。要注意的是，牛仔布与以上两种材料搭配时，牛仔布的面积要大一些，另外两种材料面积要相对较小，以某种新颖图形出现效果会更好。在牛仔布与皮革搭配中，点缀一些小金属铆钉或细金属链其肌理效果会更丰富和好看一些，这些金属材料可以为牛仔靴带来一种坚强、果敢、刚毅的表情性格，这符合一些性格张扬和要强年轻女性的心理欲求。

图8-34　用牛仔布做的牛仔风格女时装鞋更具现代感和时尚感，也更易与现代牛仔服装搭配

（3）牛仔风格女时装靴配件造型元素设计　装饰配件在牛仔风格女时装鞋中起着细化风格的重要作用，在实际生活中，人们会由于不同年龄、职业、地区、社会地位和不同性格气质等原因，对某一种风格鞋靴有不同的审美倾向和偏好，有的喜欢浪漫一些，有的可能喜欢优雅一些，而有的则可能偏爱个性前卫一些。牛仔风格女时装鞋装饰配件设计运用既要考虑具体消费对象对某种细化风格的偏好，同时，还要考虑时下或将要流行什么造型、质地、色彩及风格的配件。浪漫风格牛仔女靴适合用蕾丝花边、流苏、木制时尚饰品等来营造一种浪漫感；而新颖的曲线形金属装饰配件在塑造优雅风格女时装靴时可以发挥重用；金属铆钉和金属链等则可以塑造牛仔风格女时装靴一种个性前卫的风貌（图8-35）。在运用设计装饰配件时，设计师要注意把握好以下几个创新点：装饰配件自身造型的新颖变化、装饰配件大小的选择、装饰配件的数量

图8-35　金属质地和印第安头骨造型的装饰配件对塑造牛仔风格女时装鞋发挥了很大作用

作者：韩建林（石家庄铁道学院 邢台职业技术学院2005级）

指导教师：陈念慧

选择、装饰配件的位置选择、装饰配件的颜色与材质选择等。如果装饰配件形体较小且数量较多，那么，设计师还要注意用这些装饰配件设计组成一种新颖图形。

6. 前卫风格女时装鞋设计

“前卫”是一种叛逆精神，表现在人的身上是一种离经叛道的行事风格，强调个性解放与创新正是“前卫”人的最大特点。具有前卫精神的人，对事物的认识和选择始终坚定和自觉地抵制着平庸和媚俗，他们强调独立品格和批判立场，极力寻求非同质化的生活方式。随着现代社会人们个性的日趋解放，前卫精神与前卫风格的事物（包括鞋靴在内的各种前卫风格产品）正被越来越多的人所接受。

女时装鞋中的前卫风格与完全前卫风格女鞋相比，其造型在表现张扬个性和叛逆精神方面还存在一定差距，前者是在一种温和、节制和有度的个性表达，是在新颖、时尚、优美的鞋款主调风格中表现出一种张扬与叛逆，后者则是抛开一切顾忌，在鞋款中以极其大胆和突破常规的形体、色彩和材质肌理来尽情表现一种特立独行的个性，凸显自我价值。

前卫风格女时装鞋主要是靠对形态、装饰配件和材质肌理三种造型元素的创新变化来把握。

前卫风格女时装鞋基本风格特征：（适度）个性、硬朗、野性。

前卫风格女时装鞋主要造型元素及设计把握基本方法如下：

（1）前卫风格女时装鞋形态造型元素设计　前卫风格女时装鞋形态设计主要是在楦型头式和底型方面寻求变化。楦型头式设计变化首先是在流行楦头式的基础上做适当的超长、超薄、超厚、超尖、超方或超斜方面的夸张（图8-36），然后，再在楦头上方进行线状、点状或面状造型的适当夸张凸起变化，线的形状、点的形状或面的形状是这三个基本造型元素创新变化的重点，其次是这些变化元素在楦头上方位置的选择。如果是全空凉鞋，底型前端轮廓可在上述方面做适当的夸张。

（2）前卫风格女时装鞋配件造型元素设计　装饰配件在塑造女时装鞋的前卫风格中起着重要作用，一个普通流行鞋款，装上一个个性前卫的装饰配件，即刻便能使鞋款呈现出一种前卫感，如果再结合时尚而个性的楦型和底型，那么，整个鞋款的前卫风格便非常突出了（图8-37）。前卫风格装饰配件设计主要是在其形态方面的把握，创新点在形态造型和体积两个方面进行把握。设计师对装饰配件形态的设计把握，主要是在直线和尖角形体中寻求变化创新，通过新颖的直线形体和尖角形体表现一种不妥协的和张扬的个性，不规则的新颖直线形体或

图8-36　超长、超尖鞋头结合较大的金属配件成功塑造前卫风格女时装鞋

图8-37　较多的锐利铆钉和黑色漆皮革组合较好地塑造出本款前卫风格女时装鞋

简洁的三角几何形体以及它们之间的巧妙组合都是设计师着力创新的内容。装饰配件体积大小对前卫风格影响甚大，同一个具有硬朗野性造型的个性化装饰配件，在鞋靴上体积若过小，其对鞋靴前卫风格的塑造就会弱很多，而如果体积加大夸张一些，即刻就能将女时装鞋的前卫风格塑造出来，而且，随着装饰配件体积的不断加大，女时装鞋的这种前卫风格也会更加强烈。另外，装饰配件数量对女时装鞋的前卫风格塑造也有较大影响，同样体积的一个前卫风格装饰配件，随着数量增加，其鞋靴前卫风格也会更加强烈。

（3）前卫风格女时装鞋材质肌理造型元素设计　新颖夸张和对比强烈的材质肌理对塑造女时装鞋前卫风格具有一定的作用。前卫风格材质肌理设计运用要把握好三点：

① 材质肌理在新颖的基础上要具有炫耀性、坚毅感或野性，因此，较强的闪亮的金属材料质地（包括金属质感的其他材料）是前卫女时装鞋上必用的一种材质（图8-38），尤其是闪亮的银灰色金属（感）的材料对表现女时装鞋不羁叛逆的前卫风格有着重要作用，设计师常用这种闪光发亮的银灰色装饰配件或帮面材料来表现鞋靴的一种前卫感和现代感。另外，闪光发亮的黑色漆皮革也能一定程度地表现炫耀性和坚毅感，在实际设计中，设计师常用黑色漆皮革作为主材质，闪亮的银灰色金属装饰配件做点缀来塑造女时装鞋的前卫风格，装饰配件既可以是立体地悬挂或装订于女时装鞋的某个部位，也可以以新颖、野性造型的金属片包于鞋跟、鞋头或靴筒口处，这里，装饰配件（包括金属片）的新颖、野性的形体创新设计是关键。

② 对于前卫风格女时装鞋来说，闪亮银灰色金属质地（感）材料不宜过多使用，一般只是用在装饰配件上做点缀，除非这种颜色成为流行色，才可以大面积使用。

③如果用不同材料进行组合搭配时，材料种类以2~3种为宜，并且要以其中的一种材料为主，较小面积材料的肌理要具有新颖性、炫耀性、坚毅感或野性，并且要放到最突出的位置上。

图8-38　金属质地的炫耀性、坚毅感和野性很好地塑造出前卫风格女时装鞋

图8-39　仿真印刷花卉图案较好地塑造出女时装鞋的田园风格

7. 田园风格女时装鞋设计

人类来自于自然，对自然有与生俱来的亲近感和始终不渝的向往，人类只有在自然当中，才能真正获得心灵慰藉和安宁，获取一种精神上的平衡。人类工业革命以来，生活节奏日益加快，走入自然的机会也越来越少，巨大的工作生活压力和精神上失落感让人类对自然更加向往。由此，倡导回归自然和走入田野的一种田园风格设计在艺术界和工业设计领域逐渐蔓延开来。田园原本是指农家田野及农家生活方式，在这里还泛指大自然。

在田园风格女时装鞋设计中，设计师要力求表现出田园和自然的一种情趣和生命力。田园风格女时装鞋主要是靠对装饰配件、图案和形态三种造型元素的创新变化来把握，图案造型元素有的时候是以装饰配件的形式出现，更多的时候是以自己的面貌出现的，例如，印刷图案（图8-39）、镂空图案、刺绣图案等。装饰配件和图案两种造型元素设计，实质还是对形态、色彩和材质肌理三种最基本造型元素的把握，只不过用于装饰配件或图案中来设计把握，在工业化生产中相对更易把握一些。另外，较高档次的田园风格女时装鞋帮底用料多采用对皮肤无害能降解回归自然的天然有机材料，如天然皮革、棉织物、麻织物、橡胶等，鞋上的装饰配件（装饰品）也多用木、石、藤、竹、草、贝壳、羽毛等材料制作，这些天然材料与田园风格的内涵及追求紧密契合，当然，考虑到产品成本和加工的方便性，鞋上的装饰配件也可以用金属或塑料来制作。

田园风格女时装鞋基本风格特征：恬淡、温馨、素朴。

田园风格女时装鞋主要造型元素及设计把握基本方法如下：

（1）田园风格女时装鞋配件造型元素设计　田园风格女时装鞋装饰配件形态、色彩和质地多直接取材于自然中形态、色彩和质地，源于自然的真实形态、色彩和质地的装饰配件造型最易打动人们对自然田园的情感态度，唤起一种回归自然的美好联想和惬意感受（图8-40、图8-41），设计师在这里主要是根据主题把握好分类组织和对同一大类中不同的物品形态与色彩的组织与调配。分类组织是指设计师将属于一个大类的自然物组织在一起，例如，花草是一大类，蔬菜是一大类，水果是又一大类，大类自然物组织在一起给人感觉合乎自然规律。田园风格装饰配件设计工作重点是对同一大类不同形态与色彩的组织与调配，这个过程体现了设计师对艺术形式构成规律的理解与把握能力，即如何将多样与统一（统一与变化）、主要与次要（整体与局部）两个形式构成总规律应用于装饰配件中不同形态与彩色的组织与调控上，根据以上规律，田园风格装饰配件的形态由“点”（形体较小的果实、花蕾、甲虫等）、“线”（植物枝条、草、藤条等）、“面”（植物叶子）不同形体组成效果会较好，并以其中一种形态（数量或体积）为主，多数情况下以“面”形态为主，如果装饰配件中的“面”形态或“线”形态较多，那么，“面”形态或“线”形态可以做不同方向的放置以求变化，例如，可以竖立垂直着放，也可以平着放，还可以斜着放，另外还可以将“面”形态或“线”形态进行扭转、弯曲以及穿插、重叠、套联等构成变化。在组织装饰配件形态造型过程中，设计师有时可以增加一些情趣性，例如，在以花朵为主的装饰配件中放进一个小蜜蜂或小蝴蝶，在以蔬菜或水果为主的装饰配件中放上一个七彩瓢虫等。与此同时，设计师还要对装饰配件的色彩进行良好调控和组织，首先是把握好总的色调，即首先要确定装饰配件是暖色调还是冷色调，然

图8-40　丰富多变的植物与花较好地塑造出女时装鞋田园风格
作者：张飞芳（邢台职业技术学院 2012级）
指导老师：陈念慧

图8-41　仿真立体的花卉和天然棉麻材料做的帮面较好地表现出女时装鞋的田园风格
作者：丛绍琼（石家庄铁道学院 邢台职业技术学院 2005级）
指导老师：陈念慧

后再确定是以哪一种色相为主的色调，最后再在里面寻求色彩的丰富性与对比性，设计师要特别注意，在寻求色彩丰富性和对比性时，一定要在统一中求变化，不能色彩丰富了或色彩对比生动了而忽略和破坏了装饰配件色调的整体性，要做到色彩既有对比而又不凌乱和刺眼，常用方法有两个：一是将对比双方的颜色面积差距拉大；二是将对比双方的颜色或任何一方的颜色纯度降低。

（2）田园风格女时装鞋形态造型元素设计　形态元素在艺术性较强的田园风格女时装鞋设计中发挥着重要作用，主要表现在帮部件的"仿真"形态变化上。帮部件仿真形态设计的重点不在于对仿真形的把握，因为，仿真形是对自然景物的一种相对真实的概括表现，不能做过大的改变，否则就失去了意义。仿真形态的帮部件既可以是具有实用作用的结构帮部件（适合田园风格女时装凉鞋或女浅口鞋），也可以是附加在已有帮部件外面的纯装饰部件（适合女时装靴）。设计师在田园风格女时装鞋形态设计中可重点把握以下几个方面：①仿真帮部件形态大小的选择；②仿真帮部件数量的选择；③仿真帮部件位置的选择；④仿真帮部件的色彩与材质的选择。在仿真帮部件形态实现方式中，镂空装饰工艺具有较高的工艺美感和艺术性，这种工艺做出的帮部件既有立体感，又有空灵性。

六、女晚礼鞋设计

晚礼鞋也可称作晚宴鞋或晚装鞋，是女性出入夜晚社交场合时穿用的一种鞋类。同其他鞋类一样，这种鞋源自于欧洲，最初是贵妇、小姐参加宫廷盛大晚宴、舞会等隆重场合时与华丽的晚礼服搭配必穿的一种鞋，后发展为去各种晚间娱乐消遣公共场合都适宜穿的一种鞋类，如音乐会、歌剧院、夜总会、酒吧、舞厅、朋友晚间聚会等。晚礼鞋作为女性夜间社交、娱乐活动穿用鞋，张扬、炫耀、标新立异（并不怪诞）是这种鞋的突出风格特点。随着时代发展，晚礼鞋的式样风格也在不断发生变化，由过去单一的满帮式发展为现代的镂空式。各种新颖制鞋材料也在不断丰富着现代晚礼鞋的视觉美感。

晚礼鞋在20世纪初的结构式样与当时的日间鞋结构式样一样，多为扣带式，鞋上注重图案的设计运用，不过当时的图案设计比较规矩，制鞋材料除皮革以外，绸缎、天鹅绒等材料也比较常见。当时的鞋跟以路易斯式为主，高度多为中跟。晚礼鞋主要用于20世纪20年代跳查尔斯登舞或黑波登舞。到了20世纪30年代中期，新颖的晚礼凉鞋出现。五六十年代晚礼鞋受各种现代艺术的影响，造型变化更加丰富多彩，跟型变高变细，此时，锥形跟（匕首跟）开始盛行。20世纪80年代的晚礼鞋鞋面材料更加丰富，造型也更加多样，更趋于时尚化，晚礼鞋开始兴起在鞋上刺绣、镶嵌金银珠宝等饰物，90年代在高档晚礼鞋上开始使用各种稀有皮革，以增加晚礼鞋的高贵感。

在晚礼鞋造型设计中装饰配件的设计运用、色彩、材质、装饰工艺和图案的作用比较大，尤其是配件要素发挥的作用更大。晚礼鞋不拘泥于某种结构式样，可以是浅口式，也可以是丁带式；可以是低腰鞋，也可以是高筒靴；可以是单鞋，也可以是凉鞋。晚礼鞋选用哪类结构式样因人而异，因具体环境而异。

晚礼鞋追求的风格特点是华丽、高贵、新颖、浪漫，装饰配件是烘托晚礼鞋风格、氛围和情调的重要的视觉元素（图8-42）。为了更好地实现装饰配件这种功能，设计师一般都非常注意对装饰配件本身艺术性、工艺性和华贵感的设计，新颖、独特的造型款式可以使配件展现出一种艺术美感。工艺的精致性是配

图8-42　华丽、浪漫体积夸张的装饰配件常用于女晚礼鞋风格的塑造

件高贵性所不可缺少的必备品质，可以使配件显现出一种特有的工艺美感。在材质上晚礼鞋的装饰配件一般都选择（仿）金银饰品、（仿）金属饰品、（仿）珍珠饰品、（仿）宝石饰品和玻璃饰品等具有华丽感的材质。另外，装饰配件设计运用的数量、组成的图形等对晚礼鞋所呈现出的效果也有很大影响，这一点设计师应给予充分注意。

晚礼鞋的材质一般选用肌理光滑具有光泽感的漆皮革、珠光革，也可选用能变化出五彩效果的激光革等具有新颖视觉效果的材料。另外，一些稀有动物皮革也适合用来做高档晚礼鞋，这些材料配上华美的装饰配件可营造出晚礼鞋华丽、高贵的格调。

晚礼鞋的色彩设计除黑色与白色是永恒之色，金色和银色这种能带来辉煌感的颜色也是晚礼鞋上常用的色彩，但这两种颜色如果用得过多，容易产生一种低俗的感觉，因此要适可而止，以点缀色出现比较好。对有彩色系的色彩选择多倾向于明艳色的使用，如：红色、黄色、蓝色、绿色、粉红色、粉蓝色等明快跳跃的颜色。另外，棕色、棕红色、咖啡色等也可以作为晚礼鞋的颜色。

装饰工艺可以为晚礼鞋带来一种特殊的工艺美感，尤其是装饰工艺与图案设计或配件组合运用效果会更好。如新颖的图案设计用镂空或嵌线等装饰工艺手法来表现能取得非常好的效果。

晚礼鞋上的图案分为抽象图案、具象图案和古典装饰图案三大类。无论是哪种图案，通常都是以线的形式出现，工艺手法一般用印刷、镂空、镶嵌、刺绣等来完成。抽象图案多以对称式曲线或非对称式曲线出现；具象图案设计一般不要求过分写实和复杂，具象图案设计运用较多的是花卉、树叶和草等植物形象。在晚礼鞋图案设计运用中，对古典装饰图案与纹样的运用，最能体现出晚礼鞋的民族性和文化性。

女晚礼鞋有多种风格类型，因此，其基本风格特征也就比较多样：个性、华丽、高贵、优雅、浪漫、异质文化（民族）等。

除对女晚礼鞋一般设计把握外，目前，女晚礼鞋设计也分不同风格来把握，常见风格女晚礼鞋设计如下：

1. 优雅风格女晚礼鞋设计

优雅风格女晚礼鞋为气质优雅的女性所青睐，常与优雅风格女晚礼服相搭配，是一种华丽、凝练和优美审美形式的集合。优雅风格女晚礼鞋创新点主要是对这种鞋的形态、配件和色彩三种造型元素的把握。

优雅风格女晚礼鞋形态设计重点在于对简洁、优美、新颖的帮结构式样和帮部件分割造型两个方面的把握（图8-43）。在对这两种形态造型内容把握时，设计师要突出对“线”形体以及曲线形的把握，这有利于塑造形态的优雅感。除此之外，帮结构式样和帮部件分割造型都要向简练、新颖的方向去创新把握，例如，帮结构式样设计只做鞋帮某一处的1~2个部件的新颖组合、排列变化；同样，帮部件分割造型设计也只做1~2个的曲线分割变化。

优雅女晚礼鞋配件设计主要是起到对其华丽风格的塑造，重点在于对形态和材质两个方面的把握。配件形态设计的目的是塑造鞋的优雅感，因此，配件形态设计应是寻求一种简洁新颖的曲线形体变化，其中，也可以配以曲线面的形体变化，并寻求曲线形体间或曲线形体与曲线面间的新颖组织造型。配件材质设计的目的在于塑造鞋的华丽感，为此，设计师在对女晚礼鞋配件材质设计时，要注意闪亮、透明材质的运用，例如，银色、金色、仿宝石、水晶等高亮度质地的运用。

优雅风格女晚礼鞋通常用单一的颜色来配色，所选用的颜色一般也较为端庄，黑色、白色、棕色、酒红色、咖啡色以及各种浅暖灰色等都是常用之色。

图8-43 优雅风格女晚礼鞋

2. 民族风格女晚礼鞋设计

民族风格女晚礼鞋顾名思义是一种具有民族式样的晚礼鞋（图8-44）。民族风格女晚礼鞋重点设计把握元素与民族风格女时装鞋相同，都是通过把握一种具有民族造型式样的形态和图案来完成民族风格的塑造（可参照民族风格女时装鞋形态与图案设计方法和要求）。同样，民族风格女晚礼鞋设计要注意华丽材质的设计运用，华丽风貌是女晚礼鞋风格的本质特征。

3. 浪漫风格女晚礼鞋设计

浪漫风格女晚礼鞋设计方法与浪漫风格女时装鞋设计方法基本相同，因此，浪漫风格女晚礼鞋设计可参照浪漫风格女时装鞋有关设计方法进行设计，只是在材质上更追求一种华丽感（图8-45）。

图8-44 民族风格图案是民族风格女晚礼鞋离不开的造型元素

图8-45 浪漫风格女晚礼鞋
作者：李玥（石家庄铁道学院 邢台职业技术学院 2006级）
指导教师：陈念慧

七、常见现代风格女鞋设计

1. 中性风格

对于女性服饰装扮来说，中性风格服饰装扮意味着一种男性化的装束。反之，对于男性来说，中性风格装扮则意味着一种女性化的装束。中性风格服饰实际自古有之，将之归结为一种风格是现代之事。20世纪二三十年代曾经出现女性穿戴男装的风潮，60年代这种中性风潮又以不同的服饰形象和装扮形式再次出现。中性风格在女鞋中也是一种较常见的风格，其款式常借鉴一些男鞋结构式样，另外，机车靴（通勤鞋）、工作靴、登山靴、马丁靴、军警靴、野战靴等粗犷、硬朗、厚重鞋靴通常也都会被视为一种中性风格女鞋。

中性风格女鞋基本风格特征：硬朗、沉稳。

中性风格女鞋主要造型元素构成及设计把握基本方法如下：

（1）中性风格女鞋形态造型元素设计　中性风格女鞋形态造型元素主要表现在它的结构式样形态方面，这种结构式样通常有三种基本表现形式，一种是常见的男鞋结构式样，例如，耳式结构式样男鞋、舌式结构式样男鞋、绊带结构式样男鞋（靴），女性穿着这些结构式样的男鞋，实际上也就是男鞋女穿；另一种是有较长系带结构式样的女靴（图8-46）或较多绊带结构式样的女靴（图8-47）；再一种是不分男女皆能穿的一些靴鞋，例如，工作靴、登山靴、马丁靴等。

图8-46　带有少许机车复古风格的中性风格女短靴

图8-47　较多和较大的金属配件将本款中性风格女短靴塑造出一定的个性感

设计师对中性风格女鞋形态造型元素的设计把握，应是在遵循流行的某种或某几种中性风格女鞋结构式样以及流行变化具体造型内容的基础上，对构成鞋靴结构式样的某种流行变化造型内容进行创新变化。鞋靴结构式样造型内容主要包括鞋靴缚脚结构造型（开闭结构造型）、帮部件数量变化造型、帮部件组织变化造型、帮部件面积或廓型增加或减少造型、帮底部件组合形式变化造型、帮部件穿插造型、帮部件的翻折（翻转）造型等七个方面。

（2）中性风格女鞋色彩造型元素设计　色彩对中性风格女鞋的风格把握发挥着重要作用。对多数女性来说，纯度较高的鲜艳颜色和粉嫩可爱的颜色都会被她们青睐，这些颜色也多用于女性鞋靴、服装、包袋等服饰配色中，因此，这些体现女性性别属性的颜色在中性风格女鞋的上面就不能使用。中性风格女鞋用色主要有两类：一类是纯度较低的各种有彩色灰色，另一类是无彩色系中的各种明度的中性灰和黑色，其中，中性灰中包括金属银色。设计师为中性风格女鞋配以上哪一类颜色和哪一种具体纯度较低的颜色要视流行情况而定。中性风格女鞋具体配色方法请参看第三章流行色把握案例。

（3）中性风格女鞋装饰工艺造型元素设计　装饰工艺造型元素中的铆钉装饰工艺和缝埂装饰工艺都能较好地表现一种硬朗、个性、豪迈、粗犷的男性风格，这两种装饰工艺都可以较好地把握女鞋的一种中性风格，同时也能起到变化中性风格女鞋款式的作用。对于有些柔美、优雅风格的女鞋，一旦运用铆钉装饰工艺，且所用铆钉达到一定的数量，马上就可以使之产生一种中性感。缝埂装饰工艺在把握女鞋中性风格方面相对弱一些，它需要饱满、厚实的楦、底、跟以及深邃、沉稳、内敛的颜色配合，方能较好地表现女鞋的一种中性感。当然，以上两种装饰工艺是否运用，以及运用哪一种，还要视它们在中性风格女鞋中是否流行。

铆钉装饰工艺设计变化创新点和变化手法主要是组织造型方面的变化，即用较多数量的铆钉组合成特定消费者喜欢的某种新颖造型（图8-48）。此外，铆钉形状、大小、位置等方面的选择与变化对中性风格女鞋的风格把握和款式造型变化也有较大影响。

（4）中性风格女鞋配件造型元素设计　配件造型元素在中性风格女鞋的风格把握和款式造型变化方面同样发挥着重要作用。而且，配件在把握女鞋中性风格方面还相对方便、简单，只要女鞋上面的金属配件体量达到一定程度或数量达到一定程度，再结合男性化的款式和内敛、沉稳的色彩，女鞋就很容易呈现出一种硬朗的中性风格（图8-49）。

图8-48　平跟厚底的经典男性化高筒靴结合数量众多的铆钉装饰使本款中性风格女靴现代分外硬朗、豪迈和粗犷，风格表现强度很高

图8-49　简洁硬朗和体量较大的装饰配件结合男性化的款式可以较好塑造出女鞋的一种中性风格

2. 重金属风格

重金属概念来自于音乐界，源于一种硬朗、强悍的"硬摇滚"带给人的一种重金属感觉。所谓重金属风格鞋靴同样也是指由于鞋靴帮面或底跟上有体量较大或数量较多的金属配件给人带来的一种重金属感。重金属风格鞋靴常给人带来一种个性与前卫感，同时也给人带来一种豪迈、果敢、坚定和力量感。与中性风格鞋靴一样，重金属风格鞋鞋适合性格硬朗、强势，生活中追求个性和卓尔不群的年轻人穿着。

重金属风格鞋靴的基本风格特征：硬朗、野性、粗犷。

重金属风格鞋靴主要造型元素构成及设计把握基本方法如下：

（1）重金属风格鞋靴配件造型元素设计　重金属风格鞋靴设计造型元素把握相对单一，设计师主要是通过对金属材质配件造型元素或金属材质肌理造型元素（金属材质帮底材料）的设计把握来完成这种风格鞋靴的设计开发。实际当中，设计师更多的是靠对金属材质配件造型元素的设计把握来完成，而这种配件又多以较大和较多的金属鞋钎来表现（图8-50），此时的金属鞋钎既可以具有实用性，也可以仅是一种装饰。当然，通过在鞋靴某几个部位包裹较大和较多的金属片，或在帮底部件某处使用较多的金属铆钉或其他形状的金属件也可以较好地把握鞋靴这种重金属风格。如果是用体量较大的鞋钎或其他形状较大的金属件，一般2~3个的数量即可完成鞋靴重金属风格的把握，如果是用体量较小的鞋钎或其他形状体量较小的金属件，一般4~6个的数量就可以较好地完成鞋靴重金属风格的把握。如果是用更小的金属铆钉或其他形状更小的金属件，则需要三四十个或更多的数量来完成女鞋重金属风格的把握。随着金属配件使用数量的不同，金属配件的创新点把握也有所不同，当金属配件使用数量较少时，其创新点主要应放在对金属配件形态的创新变化上。当较小的金属配件使用数量达到几十个时，其创新点则主要应放在对金属配件组织造型方面的创新变化上。此外，金属配件在鞋靴上的位置选择也是设计师应关注的一个创新点，金属配件放在鞋靴的不同位置对其款式造型的新颖感也会有较大不同。

（2）重金属风格鞋靴形态造型元素设计 重金属风格多以前开口系带结构的马丁靴为风格载体，在此基础上，设计师多在加装条带和帮部件平面形态分割造型两个方面来寻求款式造型上的变化。

重金属风格鞋靴的头式一般都比较饱满、厚实，因此，其加装的条带也应该适当宽一些，所有帮面材料也应适当厚一些。通常情况下，重金属风格鞋靴上面加装2~3个条带（图8-51），加装4~5个条带也完全可以，当加装3个条带以上时，设计师可以寻求长短变化。这种风格鞋靴加装条带以寻求款式造型变化的主要创新点是对这些条带的组织造型、位置、方向、再装饰四个方面的把握与变化。条带上除了再加装形体较大的金属鞋钎，还可以在上面再加装一些金属铆钉或加挂一些短小的金属链条，另外，也可以在这些条带的头部加装不同形状的金属片。

重金属风格鞋靴帮部件分割造型变化同样可以为这种风格鞋靴带来较丰富和新颖的款式造型变化。设计师在对这种风格帮部件进行平面分割造型时，一定要注意在寻求新颖、简洁的分割变化的同时，还要注意分割后的帮部件的形状特征和体量感一定要与鞋靴头式的形状特征及体量感相协调，例如，如果重金属风格鞋靴的头式是方中带圆，那么它上面的分割后的帮部件造型也应该是方中带圆，并且比较宽大。为凸显新颖的帮部件分割造型，设计师还可以使两个帮部件分别用不同的肌理材料，以形成一定对比性，从而使帮部件分割造型更加明显和突出。

图8-50 超大、超粗的金属链条和较多的金属装饰配件将本款重金属风格女靴打造得格外野性和粗犷，风格表现强度很高

图8-51 体量较小和数量较少的金属配件，使本款重金属风格女靴的风格表现强度显得较低

3. 朋克风格

朋克（Punk）最早是由摇滚乐带出的一个概念，诞生于20世纪六七十年代的英国伦敦。朋克风格音乐、服饰以及穿着者身体上的装扮在当时都表现出一部分年轻人的一种反叛、颓废精神。强烈的反叛精神和对“性与暴力”的迷恋与崇拜造就了朋克风格服饰的奇异、性感、狂野的特有面貌。

朋克风格鞋靴的基本风格特征：怪诞、野性。

朋克风格鞋靴主要造型元素构成及设计把握基本方法如下：

图8-52 红色与黑色组合以及数量众多的银色金属配件和新颖的系带结构式样共同构成了本款女靴的经典朋克风格

图8-53 铆钉、金属链、骷髅三种装饰配件组合运用使本款女靴呈现出经典朋克风格

（1）朋克风格鞋鞋形态造型元素设计　朋克风格鞋靴较典型和常见的基本结构式样形态是一种紧裹小腿的新奇系带或拉链结构式样黑色中、高筒靴鞋（图8-52），此外，黑色军警靴、野战靴、马丁靴等也是朋克风格鞋靴常见基本结构样式。朋克风格鞋靴的头式和底、跟形态一般呈现出饱满、粗大、厚重的特点，具体形态造型特征还要视流行情况。帮面形态设计重点把握两个方面，一是注重不对称、怪异结构式样形态造型方面的设计把握，这里又分为不对称、怪异缚脚结构式样设计把握和帮部件不对称、怪异翻折立体造型设计把握两个方面。缚脚结构式样形态设计创新点主要有：缚脚结构式样形状变化、缚脚结构式样数量变化、缚脚结构式样位置变化等，其中，缚脚结构式样形状的不对称和怪异变化最具有创新感。帮部件不对称、怪异立体造型设计创新点主要有：翻折部件的不规则形状变化、帮部件翻折部位的位置变化、翻折部件的数量变化、翻折部件的大小变化、翻折部件的方向变化、翻折部件上面的铆钉与钉缀（钉缀铁链、骷髅、五角星、别针等金属饰物）再装饰变化等，以上创新点都要极力寻求非常规性和非规则感。二是注重帮面非规则镂空（破洞、撕口）、贴片等形态造型方面的设计把握，这些形态变化的主要创新点是对其进行非规则性又似偶然性的形状的变化。另外，破洞和撕口面积应适当大一些，并多安排在脚踝、脚趾和小腿肚后面等部位处，以强调这种朋克风格鞋靴的性感表达。

（2）朋克风格鞋靴配件造型元素设计　配件造型元素是朋克风格鞋靴设计开发中离不开运用的一种造型元素，这种造型元素对把握朋克鞋靴风格起着重要作用，常用经典装饰配件有：铜钉、金属链、骷髅（图8-53）、五角星、别针、大头针、刮脸刀片、军徽等金属饰物。朋克风格鞋靴配件造型元素主要创新点与帮部件不对称、怪异立体造型设计基本相同，不同的地方是，一是设计师不需对这些配件的形态进行过多变化，二是设计师可以对较小和较多的配件进行组织造型方面的变化。

（3）朋克风格鞋靴装饰工艺造型元素设计　装饰工艺造型元素同样是朋克风格鞋靴设计开发经常运用的一种造型元素，常用的装饰工艺有：铆钉、钉缀、镂空（破洞、撕口属于非规则镂空）、印刷（拓印）、手绘（涂鸦）等。铆钉和钉缀（钉缀饰物较小、数量较多）装饰工艺主要创新点是组织造型上的变化，其他装饰工艺主要创新点是对图案或图形的内容或造型方面的选择与变化。

（4）朋克风格鞋靴图案造型元素设计　朋克风格鞋靴也可以通过一些特定的图案来诠释它的风格内涵和价值追求，同时达到表现自己风格的目的。为了表现朋克风格鞋靴的反叛、狂野和性感，豹纹、虎纹、蛇纹、蟒纹、骷髅、死亡场面、性爱画面、匕首、各种武器、反潮流或反传统口号文字等都是朋克风格服饰常用的图案内容。这些图案多以写实、写真的形式表现，也有以涂鸦手绘的形式来表现，还有的是以配件的形式来表现。

4. 涂鸦风格

涂鸦作为一种街头艺术形式最早出现于20世纪60年代，后在20世纪八九十年代兴盛于欧美国家。早期涂鸦主要以讽刺政府的题材为主，而且涂鸦多以文字形式为主，涂鸦者以此来传达对社会和政府的不满，后来，环保、反战、爱情、娱乐等日益丰富的题材出现在涂鸦这种艺术形式中。涂鸦作为一种风格出现于鞋靴、服装等服饰品中，不再是以表现穿着者的政治诉求为主，更多时候是表达他们的一种生命主张和生活态度。这种追求的核心就是对自由的向往和对生命的关注，而自由率性、随意无羁的涂鸦艺术对于年轻人来说无疑是符合他们宣泄与表现自我的最佳方式之一。

涂鸦风格鞋靴的基本风格特征：随意、率真。

涂鸦风格鞋靴主要造型元素构成及设计把握基本方法如下：

（1）涂鸦风格鞋靴图案造型元素设计　涂鸦本身是图案的一种表现方式，因此，图案造型元素无疑是涂鸦风格鞋靴最为重要的表现元素（图8-54、图8-55）。对于一些有特定具体含义的比较具象的图案或特殊抽象图案，设计师首先须把握准自己定位的特定消费人群感兴趣的图案题材以及这类图案所蕴含的某种主题及价值观，题材代表了这类消费者所感兴趣生活与生存的某个方面，主题则代表了这类消费者在生活上的某种态度和价值主

图8-54　“混乱随意”与恣情妄为的涂鸦使本款女靴呈现出一种经典的涂鸦风格

图8-55　文字、字母作为一种特殊图案涂鸦于鞋靴、服装等服饰品上面不失为一种流行时尚

张（图8-56），因此，题材与主题成为这类图案的灵魂所在，这就要求设计师在运用和设计这类图案时，一定要考虑其题材和主题能够反映自己企业所定位的特定消费人群在生活中的某种诉求。否则，这类图案的涂鸦风格鞋靴设计开发注定难以成功。其次，设计师在把握准这类图案题材与主题的前提下，对选用何种具体的图案形象来展现这类图案的题材和主题就显得非常重要了，因为，很多时候，不同的图案形象都可以表现同一题材和主题，设计师所要选择的具体图案形象应是最能够反映企业定位的特定消费者生活态度和价值主张的图案形象（图8-57）。最后是对选定的图案形象进行适当的变形或组织造型方面的变化，但如果选定的图案形象在材质肌理、色彩或再装饰方面已有比较新颖的变化，那么，设计师也可以不对其进行变形或组织造型方面的变化。图案变形变化是图案设计重要创新点之一，设计师通过对图案进行变形，使图案产生耳目一新的造型效果。但由于有些图案有特定的寓意象征，因此，对这类图案的变形处理，设计师一定不能改变其基本造型特征。图案变形的创新点和变化手法主要有：局部移位、局部减缺、拆解、局部添加、局部扭曲、全部或局部错位、局部放大（图8-58）、局部叠加、局部变向、局部重组（图8-59）等。另外，图案组织造型上的新颖变化也是这种造型元素获得新颖感的重要变化手段。

（2）涂鸦风格鞋靴装饰工艺造型元素设计　涂鸦作为一种装饰工艺有多种手绘表现形式，有简洁明了的单线勾勒描绘形式，也有用明暗调子的立体描绘形式；既有喷绘无痕的描绘形式，还有特定笔法肌理的描绘形式；既有随意涂画的表现形式，也有较严谨描绘结构与形体的表现形式；相对来说，简单明了、有笔理、随意涂画的涂鸦表现形式更受年轻消费者喜欢。因为这种表现形式更能体现涂鸦风格特征和年轻人的审美偏好。此外，设计师在涂鸦图案周围或内部某些地方用某种装饰工艺对其再装饰也可以提高涂鸦的造型效果。

图8-56　文字涂鸦常常带有一种生活价值主张，本款鞋靴上的涂鸦即向人们展示了作者的一种生存态度

图8-57　音乐题材涂鸦往往能吸引较多年轻乐迷消费者的兴趣

图8-58　近似卡通的清纯女孩头像涂鸦常能吸引单纯且感情丰富少女的注意

图8-59　玫瑰花与眼睛组合而成的超现实主义风格涂鸦使本款鞋靴充满一种现代感

5. 解构风格

解构主义作为一种哲学思想兴起于20世纪五六十年代的法国。解构主义哲学思想核心是反权威、反中心、反非黑即白。解构主义这种挑战权威的行事风格和生活方式极大地迎合了那些自我中心者和追求多变者。基于此，解构主义者喜欢打破常规的东西，设计师则是在原有设计的基础上进行大胆的移位、扭曲、拆解、减缺、重组、堆砌等变形变化。当代日本著名服装设计师三宅一生对解构风格服装做出的解释是："掰开、揉碎、再组合，在形成惊人奇特结构的同时，又具有寻常宽泛、雍容的内涵。"

解构风格鞋靴的基本风格特征：寻常而又怪异。

解构风格鞋靴主要造型元素构成及设计把握基本方法如下：

（1）解构风格鞋靴形态造型元素设计　形态造型元素是解构风格鞋靴款式造型最主要的表现元素，也是设计师最应关注和变化的一种造型元素，形态造型元素包括立体形态、平面形态和结构式样形态等三种形态造型，其中，结构式样形态是对解构风格鞋靴把握影响最为重要的一种形态。解构风格鞋靴通常是在常见结构式样鞋靴的基础上对其结构式样形态进行变化（图8-60），其创新点和变化手法主要有：局部移位、局部减缺、局部拆解（图8-61）、局部错位（图8-62）、局部变向、局部重组、局部添加（图8-63）等。

图8-60　对经典鞋靴结构形体进行拆解或减缺是较为常用的解构风格鞋靴设计手法

图8-61　大胆的内怀结构拆解和重新建构使本款高腰女鞋呈现出一种鲜明的解构风格

图8-62　开闭拉链结构非常规的错位放置也可视为一种低度解构风格表现

图8-63　局部形体添加和局部形体错位组合使本款女鞋呈现出一种较强的解构风格

（2）解构风格鞋靴装饰工艺造型元素设计　设计师夸张地运用一些装饰工艺从而改变原有鞋靴的结构造型，同样可以形成解构风格鞋靴。例如，在常见鞋靴常规结构部件结合处的某个地方进行夸张的镂空处理就是一种明显的解构风格鞋靴的设计把握（图8-64），此外，在鞋靴帮面上钉缀与帮面材料相同且形体较大的某种饰物或在帮面上捏起夸张高大的粗埂也可视为对鞋靴的一种解构风格把握（图8-65）。设计师在运用镂空、钉缀等装饰工艺进行解构风格鞋靴设计时，首先应对钉缀的饰物形态、镂空形态进行变化创新，并尽可能使这些形态能够迎合特定消费者的审美偏好或体现时尚流行，其次是对所运用的装饰工艺的大小和数量两个方面进行把握与变化。

图8-64　运动鞋上大面积的结构形体拆解或减缺不仅可以展现出一种现代感很强的解构风格，而且还可以发挥较好的透气实用功效

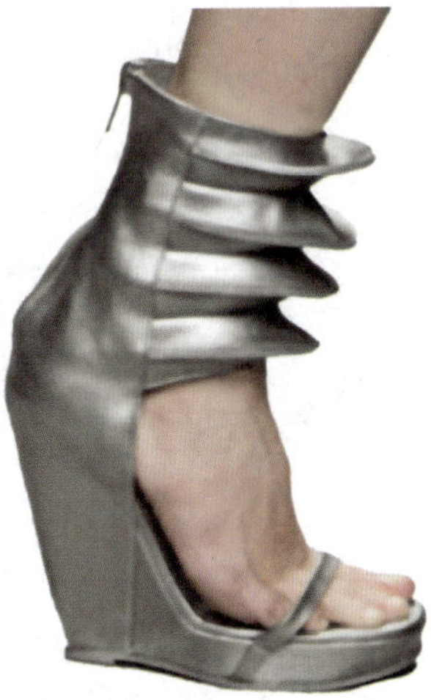

图8-65　夸张的起埂和大面积的前帮结构形体拆解结合使本款女靴呈现出一种鲜明的解构风格

6. 后现代风格

后现代主义产生于20世纪五六十年代。在哲学、艺术、建筑、文学等领域中都有着广泛与充分的反映。后现代主义是对现代风格中的纯理性主义的反叛，后现代风格艺术或设计在强调创新的同时，还强调对历史的继承，而且还强调在艺术或设计中的一种人文关怀及人情味的表达。后现代风格设计通过采用提炼、混合、变形、嫁接、错位、装饰、变色、减缺等手法和象征、隐喻等手段，以创造出一种溶感性与理性、集传统与现代于一体的亦此亦彼、既现代又似曾相识的造型形象（图8-66、图8-67）。

图8-66　洗练而又似是而非的小鸟很好地传达出一种后现代主义风格

图8-67　现代感十足的银色金属质感再加上现代感很强的透空造型使本款具有中国传统形态的坐凳呈现出一种典型的后现代主义风格

后现代风格鞋靴区别于复古风格鞋靴在于它在大胆、简洁、现代的造型中总流露出一些传统或日常熟悉的形象，它从不强调与流行时尚的结合。而复古风格鞋靴是在保留经典形象元素的基础上再结合流行时尚来展现自己的风格。

后现代风格鞋靴的基本风格特征：传统而又现代、别致而又熟悉。

后现代风格鞋靴主要造型元素构成及设计把握基本方法如下：

（1）后现代风格鞋靴形态造型元素设计　形态造型元素在后现代风格鞋靴设计中发挥着把握风格和变化造型两个方面的主要作用。设计师设计把握后现代风格鞋靴形态造型元素可从两个方面着手，一是对这种风格鞋靴的形态进行一种大胆、简洁、新颖的变化（主要是鞋靴的头式形态），然后在这个新颖形态的基础上再进行传统形象图案或日常熟悉形象图案的装饰，这种装饰既可以用实体配件表现，也可以用装饰工艺去表现，如图8-68中的头部形态与图8-69中的头部传统冲孔装饰结合就可以获得一种鲜明的后现代风格；二是对传统鞋靴或常见鞋靴形态的某个局部进行变形变化，这种变形变化既可以是对其本身的某个部分进行变形变化（图8-70），也可以是去掉某个部分，然后嫁接或加装一个新颖、现代的造型形象（图8-71）。

图8-68　极具现代感的方正鞋头如果结合图8-69鞋款中的冲孔传统装饰可使本款女鞋呈现出一种后现代主义风格

图8-69　在现代感很强的超大鞋头金属包片上运用传统冲孔装饰工艺使本款女鞋多少具有了一点后现代感

图8-70　在常见鞋靴款式某个局部上进行一种突兀的外延造型变化可轻易使鞋款呈现出一种后现代主义风格

图8-71　让传统鞋款与充满现代感的形体生硬组合可使鞋款表现出一种鲜明强烈的后现代主义风格

（2）后现代风格鞋靴装饰工艺造型元素设计　装饰工艺造型元素在把握后现代风格鞋靴上同样发挥着重要作用。冲孔、翻舌流苏是经典男礼鞋上常用的装饰工艺，可以给男礼鞋款式造型带来一种典雅、高贵、华丽的审美效果。当这些装饰工艺运用到造型新奇、大胆的鞋靴上时，顿时可以为鞋靴带来一种亦此亦彼、既现代又似曾相识的后现代风格。在这两种装饰工艺中，冲孔装饰工艺运用相对更为广泛一些。冲孔装饰工艺在后现代风格鞋靴上面设计运用时有两种把握形式，一种是用传统的圆孔以男礼鞋上常见的布局造型形式呈现在后现代风格鞋靴的头部上；另一种是将人们熟悉的某种传统形象图案或日常熟悉形象图案用冲孔装饰工艺方式呈现在后现代风格鞋靴的某个部位上，而且以传统圆孔及排列形式装饰为好。

（3）后现代风格鞋靴色彩造型元素设计　后现代风格鞋靴色彩造型元素把握相对简单，设计师通过运用具有现代感和前卫感的银色、金色等金属质感的色彩，再与常见鞋靴式样或鞋靴上某种熟悉形象的结合来达到塑造后现代风格鞋靴的目的（图8-72）。由于银色在现代感和前卫感上给人感觉更为强烈，因此，设计师在后现代风格鞋靴上这种色彩运用相对较多。当某种常规样式鞋靴以整体银色或其他金属色呈现时，其后现代风格十分鲜明和突出，当然，银色在常见式样鞋靴某个局部上运用也可以一定程度地表现这款鞋靴的后现代风格。

（4）后现代风格鞋靴配件造型元素设计　配件造型元素在后现代风格鞋靴上既可以是纯粹装饰性的配件，也可以是功能性的配件，多数时候是以装饰性配件出现，运用的效果主要是设计师对其形态和色彩两个方面的把握，其中装饰配件的形态把握最为重要。另外，配件造型元素在鞋靴上有两种呈现方式，一种是以相对独立的形体出现（图8-73），另一种是以与鞋靴某个部位紧密结合的方式呈现（图8-74）。由于配件多是以传统图案形象或日常熟悉形象在后现代风格鞋靴上出现，因此，配件设计运用的创新点主要是在位置、数量、大小、方向等几个造型关系元素方面的把握与变化。如果配件形体较小，设计师还可以在组织造型方面寻求一种新颖变化。

图8-72　变形的传统耳式鞋再辅以现代感极强的金属银色和尖尖的鞋头使本款鞋靴同样呈现出一种后现代主义风格

图8-73　传统鞋款中配以超大、现代感很强的金属片配件是一种能为普通消费者所接受的后现代主义风格

图8-74　经典鞋款上嫁接禽类翅膀使其表现出一种典型的后现代主义风格

7. 波普风格

波普一词来自于pop简写译音，意为大众化的、流行的、通俗的。作为一种艺术思潮，它所展现的是一种世俗化、通俗化、娱乐化的审美趣味，反对孤僻、特立独行、自命不凡的各种现代主义。波普艺术最早出现于20世纪60年代的英国，但普及兴盛于20世纪七八十年代的美国。波普艺术后来很快便反映到工业产品设计、建筑设计等不同设计领域。波普风格集中体现在设计师对当下流行的人与物形象或人们日常熟悉的人与物形象的巧妙运用。

波普风格鞋靴的基本风格特征：世俗、娱乐、流行。

波普风格鞋靴主要造型元素构成及设计把握基本方法如下：

（1）波普风格鞋靴形态造型元素设计 自然与社会中的一切物质形象及形象特征主要是靠形态、形体方面来展现。由于波普风格鞋靴正是主要靠当下流行或人们日常熟悉的人与物形象来表现，因此，波普风格鞋靴形态造型元素设计就显得尤为重要，此外，这些流行或人们日常熟悉的人与物形象都有自己特定的属性、价值和寓意指向，基于此，当设计师对波普风格鞋靴中的形态造型元素进行把握与变化时，这些流行或熟悉的人与物形象的基本造型特征不能失去（图8-75），只能做一定的变形变化。形态造型元素在波普风格鞋靴上有两种表现形式，一种是通过各种印刷工艺将立体的具象形态以平面的形式在鞋靴上展现出来（图8-76）；另一种是以三维立体的形式将现实中流行或日常熟悉的人与物形象直接展现出来（图8-77）。在实际设计中，波普风格鞋靴上面所用形态或形象一般是较为具象的，多数时候用的是当下流行的或人们日常熟悉的人与物形象的具象图片或是具象实物（图8-78），有时候也用这两种形象较具象的形态或形象。波普风格鞋靴具象形态创新点主要是对流行或人们日常熟悉的形象的大小、位置、数量、方向、组织造型等方面的把握与变化。此

图8-75 世俗美女形象是设计师塑造和表现波普风格鞋靴时较为常用的一种素材形象

图8-76 真实、浓妆的女性嘴唇及其眼睛将本款女鞋波普风格表现得一览无余

图8-77 用常见的唇膏做鞋跟是设计师以日常实体形象来表现鞋靴的波普风格

图8-78 明星照片是设计师们常用来表现鞋靴波普风格的一种素材形象和手段

外，在不改变具象形态基本特征的基础上，设计师还可以运用混合、错位、减缺、拆解（图8-79）、重组等造型变化手段来寻求具象形态的一种创新把握。当然，设计师在把握波普风格鞋靴具象形态造型元素的同时，也含有对其整体组成部分的色彩、材质肌理等方面的把握，因为，这些实物或实物图片中的形态都离不开这两种元素的存在与表现。

（2）波普风格鞋靴图案造型元素设计　图案造型元素在波普风格鞋靴设计把握中也发挥着较为重要的作用。这里所说图案主要是指以下两种形式，一种是指人们从自然或人类用品当中提炼、概括出的一种较具象和平面化的图形亦即图案，这些图案能被人们一看就能感知出它原有形象的类型、属性、作用、价值和寓意；另一种是指人类生活或工作当中创造和使用的一些特殊图案，例如，国旗图案（图8-80）、国徽图案、货币以及货币符号图案、数字图案、文字图案（图8-81）、商标图案、特定名词文字图案、标识图案、族徽图案等。由于以上两种形式图案中的各种图案也都有自己特定的属性、价值和寓意指向，因此，这两种形式图案的创新点和变化手段与形态造型元素也基本相同。

图8-79　用可口可乐罐皮包裹起来的鞋底、鞋跟充分表现出本款女鞋的一种波普风格

图8-80　用国旗、货币、著名商标等常见特殊图案来表现鞋靴波普风格是设计师们采用的惯常手法

图8-81　流行词语、特定含义数字以及公共标示等特殊图案也常被设计师们用于波普风格鞋靴的设计中

8. 抽象风格

凡是人们现实中无法具体感知的形象我们通称为抽象形，抽象主义产生于20世纪初的欧洲，早期主要表现在绘画领域，因此，抽象主义更多地被称为抽象艺术或抽象派。鞋靴设计中的抽象风格包含三种类型，第一种是参考荷兰著名冷抽象派画家蒙德里安绘画设计出的一种冷抽象风格鞋靴；第二种是参考美国著名热抽象派画家波洛克绘画设计出的一种热抽象风格鞋靴（图8-82）；第三种是没有以上两种抽象形象特征的一般抽象风格鞋靴（图8-83）。第三种抽象形象变化繁多，例如，各种各样的点、线、面等，然后，这些点、线、面、文字等各种抽象形象又可以组织成各种形象。因此，第三种抽象风格鞋靴更为常见，变化也更为多样，覆盖的消费人群也就更多，其设计把握的价值自然也就更高。

图8-82 荷兰著名冷抽象派画家蒙德里安的绘画作品自20世纪60年代以来常被设计师们运用于鞋靴、服装、箱包等服饰设计中

图8-83 直接从蒙德里安绘画作品中借鉴而来的冷抽象风格女鞋

目前以鞋靴、服装、箱包为代表的服饰时尚界，所谓抽象风格一般是指蒙德里安式的冷抽象风格，实际上，凡是运用了在现实世界中找不到参照对象的图案的服饰品都可归结为抽象风格服饰。

以严谨、规整的几何抽象形象构成的冷抽象风格，其基本风格特征为：沉静、理性、内敛；

以活泼、随意和无羁抽象形象构成的热抽象风格，其基本风格特征为：自由、潇洒、飘逸。

抽象风格鞋靴主要造型元素构成及设计把握基本方法如下：

（1）抽象风格鞋靴图案造型元素设计　不同类型的抽象风格鞋靴其图案表现与设计有所不同，下面分别介绍：

①冷抽象风格鞋靴图案造型元素设计：冷抽象风格鞋靴图案造型元素表现主要特征是蒙德里安式的方格图案，而这种蒙德里安式方格图案直接来源于蒙德里安冷抽象绘画（图8-84），通过分析这些冷抽象绘画可以发现，首先这些方格图案非常讲究大小、长短有致的比例变化和横竖有致的摆放变化，其次这些方格图案边缘均由较粗的直线来勾勒，多数时候，这些勾勒方格较粗的直线没有粗细变化，但有时这些直线也可以有粗细变化。实际当中，冷抽象风格鞋靴上的方格图案设计，既可以是对与蒙德里安冷抽象绘画作品中的方格相近的一种方格图案的把握与变化，也可以是对非特别规则的三角形、梯形、方形等多种混合一起的几何抽象图案的把握与变化，还可以是对非规则、简洁、多变

图8-84 美国著名热抽象派画家波洛克的绘画作品也不时被设计师们运用于鞋靴、服装、箱包等服饰设计中

图8-85 不规则、繁复叠加以及接近点状的线形和有秩序、有层次感的色彩是热抽象风格鞋靴的基本造型特征

图8-86 由可控制非规则抽象点、线、面组成的一般抽象风格鞋靴

图8-87 由不可控制偶然形成的抽象点、线、面组成的一般抽象风格鞋靴更具视觉冲击力，也更能彰显穿着者的个性

并以直线为主的抽象图案的一种把握与变化。在设计把握以上图案时，设计师既要注意对这些图案进行形状上的变化，同时还要注意把握好这些图案大小节奏、有致的变化以及方向变化，另外，还要注意用较粗的黑色条带将这些几何抽象图案分割开来（图8-82）。

② 热抽象风格鞋靴图案造型元素设计：热抽象风格鞋靴上的图案来自于美国著名艺术家波洛克的抽象绘画，波洛克用似点似线、有点有线以及对点、线、色彩的富有节奏和层次架构组织的掌控，构成了属于他自己的表现图式。独特的滴撒状、似线又似点的抽象线形图案是这种热抽象绘画作品的最大特征（图8-83），实际设计当中，设计师用相同或相近的线形图案都可以达到这种风格鞋靴的表现。这种线形图案创新点主要是对其形状、疏密组织、层次组织、方向、粗细长短等方面的把握与变化（图8-85）。

③ 一般抽象风格鞋靴图案造型元素设计：非规则的点、线、面构成了抽象图案造型元素的主要形式内容与特征，这些非规则抽象点、线、面又包括可控制非规则抽象点、线、面（图8-86）和不可控偶然性非规则点、线、面两个类型（图8-87）。冷抽象风格鞋靴上的图案和热抽象风格鞋靴上的图案就分别属于典型的可控制规则抽象图案和不可控偶然性抽象图案。可控制非规则抽象点、线、面和不可控偶然性非规则点、线、面的创新点都是首先要注重点、线、面形状方面的变化，其次是注意点、线、面的组织造型、疏密、大小、方向、空间感等方面的把握与变化，尤其是组织造型这个创新点的把握与变化，可以给这些抽象造型元素带来耳目一新的感觉。

（2）抽象风格鞋靴色彩造型元素设计　这里只概括介绍蒙德里安式抽象风格鞋靴的色彩造型元素的表现与设计，其他两种抽象风格鞋靴色彩造型元素设计把握与其他时装风格鞋靴的色彩造型元素设计把握方法基本相同，在此就不再赘述。

色彩造型元素在蒙德里安式抽象风格鞋靴设计开发中占有重要地位，同时也发挥着重要作用，因为在蒙德里安冷抽象作品中，其深有意味的色彩组合与方格变化共同构筑起了这位抽象派大师作品的经典图式。蒙德里安式抽象风格鞋靴色彩造型元素设计把握主要有以下三种方式，一种是设计师直接运用蒙德里安作品中的经典颜色以及组合方式为鞋靴进行配色，蒙德里安作品中的经典颜色主要有白色、红色、蓝色、黄色、黑色、橙色、绿色、中性灰色八种，设计师在模仿运用这些颜色的时候，其蒙德里安式方格和黑色隔线要保持不变，这样，鞋靴就会呈现出一种蒙德里安式的经典抽象风格，散发出逸永、经典的美感；另一种是依旧直接运用蒙德里安作品中的经典颜色以及组合方式为鞋靴进行配色，黑色隔线也保持一样，但是设计师可以将原来单一的方格调整为三角形、梯形、半圆形、方格形等多种形状，使其呈现出经典、逸永美感的同时，也带给人以活泼、俏丽和富有变化的美感；再一种是经典的蒙德里安式方格与黑色隔线不变，但所用色彩种类（色相）更为丰富，加入更多的流行色、粉色和特定消费者偏爱色，这样就可以使鞋靴产生一些不同的复合风格，也可以引起更多的消费者注意和兴趣。

9. 艺术风格

此处所讲鞋靴中的艺术风格与文学艺术领域中的艺术风格内涵有较大不同，文学艺术领域中的艺术风格是指艺术家在艺术实践中形成的相对稳定的某种艺术风貌和特色。而鞋靴产品中的艺术风格是指这种产品款式造型所表现出的一种新颖夸张的形式美感。随着社会经济的快速发展和人们生活水平提高，人们的消费水平与审美能力以及个性表现等方面的需求也在不断提高，人们对各种产品的款式造型艺术美感和新颖性愈加关注，这就为艺术风格鞋靴的出现和今后逐渐被更多的消费者所接受奠定了现实依据。

艺术风格鞋靴的基本风格特征：夸张、新奇而又富有美感。

艺术风格鞋靴的基本风格特征决定了其形态造型元素所发挥的作用最为重要和突出，设计师通过对鞋靴形态造型元素的夸张、新奇和富有美感的变化就可以将鞋靴的艺术风格基本把握住。当然，艺术风格鞋靴设计把握也离不开对色彩、材质肌理、图案、装饰工艺、装饰配件等其他造型元素和各种造型关系元素的把握与变化。

艺术风格鞋靴形态造型元素设计分为立体形态设计和平面形态设计两部分，其中，新奇、夸张的立体造型设计对艺术风格鞋靴的把握作用最为显著。

艺术风格鞋靴新奇、夸张及富有美感的立体造型多表现在鞋靴帮面上，有时也表现在鞋靴底跟上；有时是通过鞋靴帮部件的立体造型变化来表现，有时是通过体量较大的装饰配件的立体造型变化来表现。

鞋靴帮部件或装饰配件立体造型变化处理方法及表现形式多种多样，这些立体造型的形成与变化来自于人们对鞋靴帮面、大底、鞋跟、装饰配件等部件施以某种立体造型成型的处理。设计师在运用这些立体造型处理方法的时候，一要考虑处理方法是否符合市场上将要流行的做法；二要考虑处理后取得的立体造型及审美效果是否与鞋靴风格定位、流行立体造型以及特定消费人群的审美趣味相符；三要考虑立体造型处理的工艺技术、定型与成本控制等方面的可行性；设计师在综合考虑以上三个方面的基础上，首先要考虑的是如何将鞋靴上要把握的立体造型的“形”设计得既新颖又充满艺术美感。既然鞋靴设计开发工作主要是鞋靴款式造型上的创新把握，是对鞋靴“形”的一种艺术、技术、市场、时尚等方面的综合把握，这里所说的“形”首先就是指鞋靴的形态和构造，鞋靴款式造型是否新颖首先就是要看其“形”是否新颖和有创意，因此，设计师首先要高度重视对鞋靴立体造型的“形”的创新变化；其次，设计师要考虑鞋靴立体造型的大小、位置、方向、数量、组织造型、空间等方面的新颖变化；最后，为了进一步增强这个立体造型的新颖度，设计师还可以通过对立体造型施以新颖的装饰来提高其新颖度，另外，设计师也可以在立体造型上再运用其他立体造型处理手法，以增强其立体造型的新颖度。

设计师通过遵循以上立体变化原则并运用以下立体造型方法，就可以使鞋靴获得一致实用、新奇、夸张和富有美感的立体造型，由于鞋靴立体造型可以给人们带来较强的视觉艺术效果，由此，夸张和富有艺术美感的立体造型促成了鞋靴艺术风格的形成。在对鞋靴立体造型变化过程中，设计师为获取更突出的立体造型效果，也可以同时运用两种或多种立体造型手段。鞋靴立体造型变化手段与形式不止以下所列种类，设计师还可以探寻其他立体造型形成手段来实现更加多样的立体造型形式。

① 翻折立体造型：翻折立体造型是指帮部件或装饰配件一边固定住，另一边翻过去所呈现出的一种立体形态（图8-88、图8-89）。设计师可以将帮部件边缘的某处直接翻过去，也可以在帮面的其他部位的某处切口打开，然后将切开活动的部分翻过去，或在帮面的某处附加一个或多个面状部件固定住一边，另一边翻过去；另外，翻折还有多部件连续翻折（相互之间不连接或只是在某个点上连接）、穿插翻折、相对翻折、背对翻折、扭转翻折等多种形式，翻折立体造型主要创新点是对翻折部件的形状、位置、大小、方向、组织造型、数量等方面的把握与变化。

图8-88 翻折立体造型广泛运用于当今鞋靴款式造型设计中

图8-89 在后跟处向下翻折使本款女鞋的翻折立体造型从位置和方向两个方面产生了一种新颖感

② 套层立体造型：套层立体造型是指一个帮部件包裹着另一个帮部件所呈现出的一种立体形态。鞋靴上的这种套层立体造型既可以是面状帮部件之间的全包裹套层（图8-90、图8-91），又可以是面状帮部件之间的半包裹套层（图8-92、图8-93），既可以是局部包裹套层（图8-94），还可以使透空套层（图8-95）。此外，底部件包裹帮部件套层的立体造型虽说材料多使用一些（可用同一颜色的廉价人造革代替天然皮革），但立体造型效果比较突出。套层立体造型中的帮部件间的余量空间一般较小，至少包裹部件与被包裹部件的底部是相接的，上面可以有较大空间（图8-96），如果包裹部件与被包裹部件之间从上至下或从前至后都没有相接，并有较大的余量空间，这时的立体造型就变成围裹立体造型形式了（后面有相关论述）。套层立体造型主要创新点是对套层部件的形状和位置两个方面的把握与变化。

图8-90 套层立体造型可以给鞋靴带来一种形态造型方面的层次感

图8-91 全套层立体造型能最大限度地体现这种立体造型的视觉作用

图8-92 将鞋跟包裹在内的半套层立体造型给本款女靴带来了较大的新颖感

图8-93 由鞋底向上包裹形成的半套层立体造型，再结合新颖的条带组织造型使本款女鞋取得了非同一般的造型效果

图8-94 通过靴筒处前后局部套层立体造型设计使本款中性风格女靴呈现出一种较新颖的结构式样

图8-95 透空套层立体造型再加上覆盖在上面的较宽的缚脚绊带使本款非主流运动鞋产生一种较丰富的形态造型方面的层次感

图8-96 通过加大套层部件上部与里层帮面之间的空间使本款女鞋套层立体造型效果分外突出

③ 翻转立体造型：翻转立体造型是指帮部件或装饰配件翻折或半翻折后再弯曲的一种立体造型（图8-97、图8-98）。翻折立体造型适合用条带部件或有一定长度的面状部件去做。翻转或半翻转的部件或装饰配件的位置、大小和翻转部件上面的再装饰是翻转立体造型变化的三个主要创新点（图8-99、图8-100）。

图8-97 翻转立体造型简单易行且可以给人带来较强的造型新颖感

图8-98 小巧精致的翻转立体造型给本款女鞋带来一种新颖脱俗的优雅感

图8-99 新颖的翻转方式和双色搭配使本款女鞋获得一种突出的艺术造型美感

图8-100 本款女鞋同样以新颖的翻转方式和超大的体量使其呈现出一种夸张的艺术造型

④ 起褶立体造型:起褶立体造型是指帮部件或装饰配件(通常为柔软皮革材料或纺织材料)一端集聚后形成的一种立体造型(图8-101),当然也可以在帮部件或装饰配件两端或多处集聚形成褶皱这种立体造型。起褶作为一种常见的立体造型与装饰手法对表现女鞋的浪漫、优雅、甜美、妩媚等审美风格发挥着重要作用。起褶有两种常见手段,一种是通过将帮部件或装饰部件一端捏缝集聚在一起,形成褶皱(图8-102、图8-103);另一种是将帮部件或装饰部件自然堆积而形成褶皱,这种立体造型是设计师通过用较多余量的帮面材料使其在下垂过程中自然形成一种褶皱立体造型(图8-104、图8-105)。当然,设计师也可以将自然下垂的褶皱进行人为处理,使其形成符合自己要求的褶皱立体造型。自然堆积出的褶皱形态由于呈现出的形状、大小、长短不一,因此,这种褶皱给人以随意天成的美感;而经过人为处理后的堆褶,则给人带来一种既自然又规整的美感。堆褶立体造型多用于高筒靴或中筒靴中,当然也可以用于浅口鞋(图8-106)或其他结构式样鞋靴中。起褶立体造型创新点主要是对起褶部件的形状、大小(长短、高低、宽窄)、位置、再装饰等方面的把握与变化。

⑤ 扭花立体造型:扭花立体造型一般是指帮面上的条带状部件在扭转后形成的一种立体造型(图8-107、图8-108)。用于扭花的条带状部件既可以是附加的,也可以通过在帮面材料上切口由自身来形成。扭花立体造型通常需要一定数量的条带聚集在一起并进行扭转才能形成较强的视觉效果。扭花条带的宽窄选择与鞋靴头式、跟型粗细和鞋帮高低有紧密关系,鞋靴头式修长较薄、跟型较细和鞋帮较低的一般选择较细的条带的进行扭花,反之,鞋靴头式较厚饱满、跟型较粗和鞋帮较高的(中高筒靴)一般选择较宽的条带进行扭花处理。

图8-101 通过起褶立体造型来变化女鞋款式造型是当今设计师们的一种常用手法

图8-102 两种不同的褶皱立体造型使本款女鞋显示出一定的新颖度

图8-103 看似随意的起褶，不仅使本款女鞋装饰部件有了立体感，而且还使这个装饰部件及女鞋呈现出一种自然美感

图8-104 用自然堆积方式形成褶皱已成为近年来设计师们的一种常用手法

图8-105 自然而有序的褶皱给本款女靴带来的是一种随意且规整的美感

图8-106 超大的起褶部件在表现一种立体造型的同时，还使本款女浅口鞋呈现出一种新颖的结构式样

图8-107 扭花立体造型近年常被设计师用于鞋靴的款式造型变化

图8-108 设计师通过上下不同的扭花变化，使本款女鞋的扭花立体造型变得新颖起来

扭花立体造型创新点主要是对扭花条带组织造型（众多扭花条带形成的外轮廓型或多处扭花之间组织构成造型）、扭花位置、扭花条带再装饰（冲孔、烫钻、铆钉、穿条等）、扭花条带数量、扭花条带形状、扭花形成的节奏等方面的把握与变化。

⑥ 缠绕立体造型：缠绕立体造型是指条带或绳子在鞋靴上缠绕形成的一种立体造型（图8-109）。缠绕立体造型创新点主要是对条带或绳子的走势造型、条带或绳子之间的组织造型（各种编织方式形成的各种造型）、条带或绳子加装装饰配件等方面的把握与变化。

⑦ 穿插立体造型：穿插立体造型有两种形式，一种是一个或多个帮部件从另一个或多个帮部件中进去后间隔一段距离再出来所形成的一种立体造型（图8-110）；另一种是帮部件经过翻折后从自己某处穿进去后间隔一段距离再出来所形成的一种立体造型。这里需注意的是，穿插中的帮部件一般是不缝合在一起的，如果缝合在一起，帮部件间缺乏空间感，就会影响其立体造型效果。穿插立体造型在男女凉鞋款式造型变化中应用较为广泛，在满帮鞋靴上运用得好可以使鞋靴充满一种艺术气息。插接立体造型有单方穿插、互为穿插（图8-111）、单次穿插、多次穿插、直接穿插、扭转穿插、相对穿插、相背穿插等多种方式。穿插立体造型创新点主要是对穿插帮部件的形状（图8-112）、穿插帮部件再装饰、穿插数量、穿插位置等方面的把握与变化。

图8-109 缠绕立体造型既可以以一种有序缠绕的形式来表现，也可以以一种自由随意的缠绕形式来表现

图8-110 穿插立体造型在凉鞋款式造型设计变化中有着较广泛的应用价值

图8-111 设计师将互为穿插的帮部件之间的空间距离拉大可以更明显地表现出一种穿插立体造型形式

图8-112 穿插立体造型的主要创新点是在穿插部件的形状变化上

⑧ 叠片立体造型：叠片立体造型是指鞋靴帮面上另外附加的装饰部件重叠放置所构成的一种立体造型（图8-113）。构成叠片立体造型的附加装饰部件，既可以用面状部件来表现，也可以用点状部件来表现，还可以用面状与点状两种形状的装饰部件混合来表现。叠片立体造型构成过程中，叠片间隔的空间对其立体造型效果影响较大，叠片间的距离过近或空间过小，其立体造型构成效果就较弱，反之，如果叠片间的距离较远或空间较大，则叠片的立体构成造型效果就较强。叠片间放置有完全重叠（前后叠片之间在一个方向，图8-114）、部分重叠（前后叠片之间不在一个方向，呈现出一种交错重叠，图8-115）、混合重叠（图8-116）等多种放置方式。单元叠片本身既可以是单层的，也可以是折叠双层或多层的（图8-117）；既可以是平整的，还可以是扭曲起伏的（图8-118）；既可以是单向的，也可以是相反双向或多向的。叠片立体造型创新点主要是对叠片形状（图8-119）、叠片大小、叠片位置、叠片方向（图8-120）、叠片数量、叠片组织造型、叠片再装饰、叠片肌理等方面的把握与变化。

⑨ 镂空立体造型：镂空立体造型是指鞋靴帮面上挖出孔洞后所形成的一种向内延伸空间的立体造型。镂空与冲孔区别在于镂空的面积比较大，一般用机器冲裁而成，冲孔由于较小，因此，冲孔也不作为立体造型来看待。镂空装饰工艺在当今时装鞋靴中运用较为广泛，镂空立体造型常常可以为时装鞋靴带来一种别致、轻盈的艺术美感，尤其是当镂空的空洞形状新颖并结合套层立体造型来表现时，这种艺术造型美感就更为突出。镂空立体造型创新点主要是对镂空的形状（图8-121）、镂空平面组织造型（图8-122）、镂空大小、镂空位置、

图8-113 叠片立体造型在鞋靴款式造型设计变化中有着较广泛的应用性

图8-114 当叠片形状、大小、色彩、材质肌理都相同，并且以完全重合构成形式呈现时，设计师只有通过加大叠片间的空间才能将叠片立体造型明显地表现出来

图8-115 当叠片之间空间较小时，为突出叠片立体造型效果，设计师采用了叠片部分重叠的构成形式

图8-116 当叠片立体造型以混合重叠的形式表现时，给人带来的是一种无拘无束的洒脱美感

图8-117 多个双层单元叠片以新颖的交叉组织造型来呈现时，同样可以给鞋靴带来一种新颖感

图8-118 当一定数量的装饰部件以叠片立体造型和波浪起伏的形式出现时，它不仅在表现一种立体造型形式，而且还表现了一种浪漫可爱的风格

图8-119 叠片形状的创新变化无疑也是这种立体造型形式的最大创新点

图8-120 方向变化和位置变化成为设计师在本款女鞋叠片立体造型设计中的主要创新手法

图8-121 镂空形状的创新变化无疑会给镂空立体造型带来一种最大创新感

图8-122 设计师通过对镂空进行花瓣状组织造型变化促进了本款女凉靴镂空立体造型的新颖感

镂空数量、镂空周边再装饰（图8-123）等方面的把握与变化。

⑩ 竖立立体造型：竖立立体造型是指鞋靴帮面或底跟上竖起与之垂直或接近垂直角度的面状部件（图8-124）或面状装饰配件、线状部件、线状装饰配件（图8-125）所形成的一种立体造型。竖立立体造型对鞋靴款式造型新颖性和个性把握方面具有突出作用，是鞋靴获取艺术感和独特性的一种有效造型手段。鞋靴上面的竖立面状部件或面状装饰配件既可以是纵向竖立放置，也可以是横向竖立放置，所谓纵向竖立放置是指竖立的面状部件或面状装饰配件与帮面或底跟纵向方向保持一致（图8-126），而横向竖立放置是指面状部件或面状装饰配件与帮面或底跟纵向方向形成90°或较大差异角度的摆放（图8-127）。竖立立体造型创新点主要是对竖立的面状部件或面状装饰配件、线状部件、线状装饰配件的形状、组织造型、大小、数量、位置、方向、再装饰等方面的把握与变化。

⑪ 透空立体造型：透空立体造型一般是指鞋靴帮面上的条带状部件或面状部件在叠压或交叉时所形成的一种向内延伸空间的立体造型（图8-128、图8-129）。透空与镂空区别仅在于向内延伸空间的“空“的地方形成方式不一样。由于透空立体造型不是独立地出现在帮面上，因此，在形状相近的情况下，透空立体造型比镂空立

图8-123 在镂空立体造型的上面或周边进行再装饰以提升新颖度和增添某种风格是设计师们的常用手法

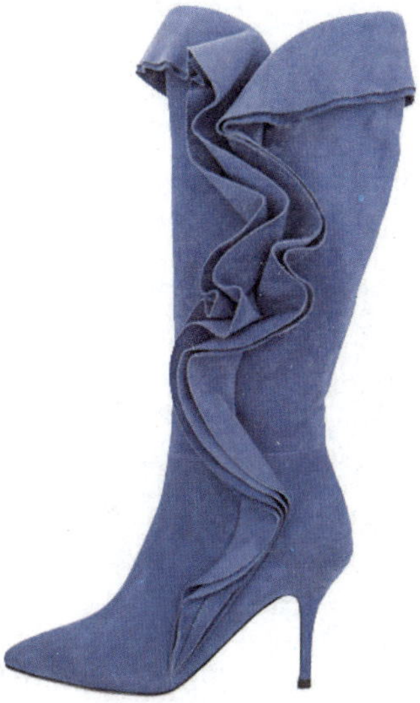

图8-124 当装饰部件以柔美、新颖的曲线状竖立在女靴筒的侧面时，其新颖、优雅和浪漫感显露无遗

图8-125 在鞋款显著位置上竖立起少见的鬃毛状装饰部件，使本款女鞋呈现出一种非同一般的新奇造型

图8-126 用轻柔、飘逸纱质材料做成的竖立立体造型不仅使本款女鞋获得一种新颖的立体造型，而且还可以塑造本款女鞋的一种浪漫风格

图8-127 由数量较多装饰部件构成的竖立立体造型给本款运动鞋款式造型带来较大的新颖性

体造型在新颖感上稍微欠缺一点。除组织造型外，透空立体造型其他创新点的把握与变化与镂空立体造型相同。

⑫ 围裹立体造型：围裹立体造型是指设计师用附加的条带状部件或面状部件对鞋靴帮面或底跟的某处进行横向二维包裹后所形成的一种立体造型（图8-130）。围裹立体造型与套层立体造型的区别是，围裹的附加部件与被围鞋靴某处之间有较大空间，并且围裹部件上下都不与帮面相连，而套层立体造型中的套层部件一般离被套鞋靴帮面比较近，并且下方需与帮面相接。围裹条带部件或面状部件既可以对鞋靴的某处局部进行横向二维的完整围裹，也可以对其进行横向二维非完整围裹，例如，围裹帮面或底跟某处局部的1/2或2/3都可以。围裹式立体造型对塑造鞋靴款式造型的艺术夸张性具有相当大的作用（图8-131）。设计师在进行围裹立体造型变化时，设计师要注意如何将用于围裹的部件固定住。在围裹立体造型中，造型的新颖感相当一部分来自于围裹围起的空间的大小（图8-132）。如果用于围裹立体造型的条带状部件或面状部件的数量较多，那么，设计师可以用里外套层或并排放置两种方式来表现一种新颖的立体造型，其中，里外套层的条带状部件或面状部件之间的空间距离要适当拉开一些，同时还应相互间错开一些，这样效果会更好一些。围裹立体造型创新点主

图8-128 透空立体造型设计的最大创新点是对透空形状的变化把握

图8-129 由树叶形象构成的诸多不规则的透空立体造型鞋底既表现出一种新颖感，同时又表现出一种趣味性和艺术感

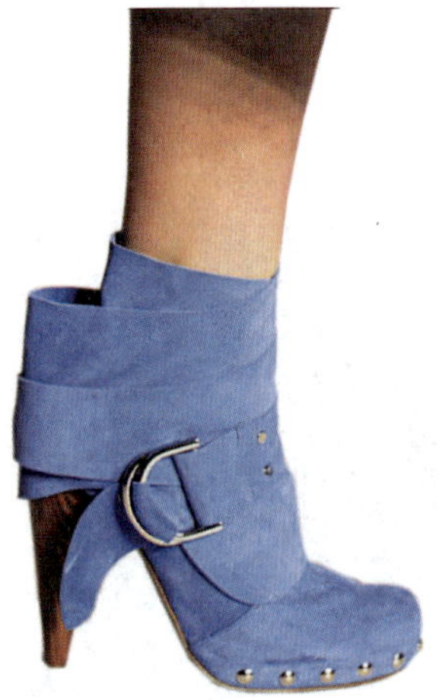

图8-130 围裹立体造型属于完全非实用性结构造型表现，因而这种立体造型往往可以给鞋靴款式造型带来一种艺术夸张感

图8-131 设计师在一双鞋中将围裹立体造型部件进行不同方向放置是对"方向"造型关系元素富有创意的把握

图8-132 在围裹立体造型设计中，空间造型关系元素对其影响较大，围裹的空间越大，其立体造型的冲击力也就越大

要是对围裹条带状部件或面状部件的形状、数量、大小、位置、再装饰、空间等方面的把握与变化。

⑬ 推挤立体造型：推挤立体造型是指设计师有意识地将放长的条带状部件或面状部件通过固定住其中一边然后向前推挤隆起后再固定住另一边而形成的一种立体造型（图8-133）。推挤立体造型有多种形式，例如，单向推挤、相对推挤、相背推挤、多向推挤、连续推挤等。推挤立体造型的新颖度很大程度上取决于被推挤的装饰部件隆起的高度（空间）、大小和廓形的把握与变化。此外，推挤装饰部件的再装饰变化、方向变化和组织造型变化也是比较重要的创新点。其中，组织造型变化需要有两个或两个以上的推挤立体造型数量才能形成。

⑭ 外延立体造型：外延立体造型是指鞋靴结构帮部件或附加的非结构性部件向着正常鞋靴结构造型以外的空间延伸所构成的一种立体造型（图8-134）。外延立体造型可以给鞋靴款式造型带来较大的视觉新颖度和夸张感（图8-135），是艺术风格鞋靴不可或缺的造型变化手段。在外延立体造型中，外延结构帮部件或附加非结构性部件的形状变化和大小变化对其新颖性的影响最大（图8-136）。此外，外延立体造型的位置变化、组织造型变化（图8-137）、再装饰变化等也是设计师需重点把握与变化的创新点。

图8-133 通过推挤形成的曲线立体造型使本款迪奥女鞋既显得结构式样新颖，同时又与黑色基调配合将本款女鞋塑造的优雅高贵

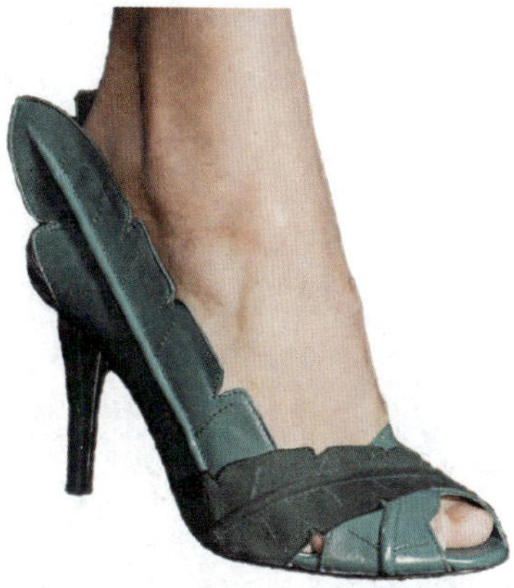

图8-134 鞋靴外延立体造型一般是通过非实用结构部件的添加或实用结构部件的非实用性的延伸来表现

图8-135 外延立体造型是设计师们营造鞋靴夸张、新奇造型的常用手段

图8-136 外延立体造型创新变化主要是通过对其部件形状和大小两方面的变化把握来实现

图8-137 当外延立体造型由多个部件表现时，设计师可通过寻求不同的组织造型形式来取得一种新颖感

⑮ 折叠立体造型：折叠立体造型是指将较柔软的装饰配件或帮部件进行较大角度的弯折，甚至是接近180° 弯折所形成的一种立体造型。折叠立体造型一般多用于软质面料装饰配件中（图8-138），硬质材料也可以进行折叠，只是效果不生动，显得僵硬呆板，缺乏女性所喜欢的柔美、飘逸的审美感觉。折叠立体造型有时也可以表现在靴筒的弯折上（图8-139）。设计师通过对不同弹性材料和不同折叠形式的控制与变化可以获得不同的折叠立体造型（图8-140）。另外，设计师通过对装饰配件的折叠形状（图8-141）、体量大小、位置、再装饰等创新点的把握与变化也可以获得各种新颖的折叠立体造型。

⑯ 搭接立体造型：搭接立体造型是指帮部件间上下组织构成但没有缝合在一起所形成一种立体造型（图8-142）。搭接立体造型与穿插立体造型一样，同样在男女凉鞋中较为常见。搭接立体造型有三种基本形式，一种是条带状部件之间的搭接，另一种是面状部件之间的搭接，再一种是条带部件与面状部件之间的搭接。此外，搭接还可以分为全搭接、半搭接和交错搭接（图8-143）等不同形式。在搭接立体造型设计中，搭接帮部件的形状变化和搭接帮部件上的再装饰（图8-144）是这种立体造型两个最大的创新点。这两个方面设计变化的有创意和富有美感，将会使搭接立体造型充满新意和魅力。其次，搭接立体造型的位置和搭接帮部件的大小、肌理等方面的把握与变化也是设计师不可忽视的创新点。

图8-138 将柔软、轻薄、透明面料进行一种近似花朵的折叠后可以给女鞋带来一种浪漫、飘逸的美感

图8-139 将靴筒进行折叠不仅可以形成立体造型，而且还可以带来一种全新的结构式样

图8-140 由折叠立体造型自然过渡到盘旋立体造型给人带来一种自然而又富有美感的创意

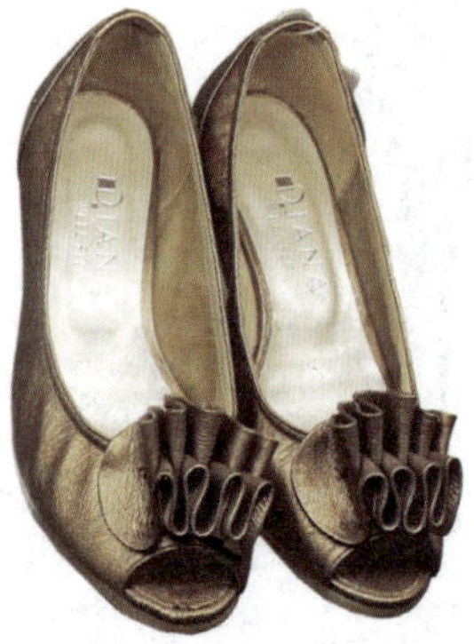
图8-141 秩序感、协调感和节奏感对折叠立体造型的设计把握同样重要

图8-142 搭接立体造型在男女凉鞋中较为常见，其主要创新点是对搭接部件形状的设计变化

图8-143 对构成搭接立体造型的部件进行形状、质感、颜色等方面的变化，可进一步增强其造型上的新颖性

图8-144 在构成搭接立体造型的金属部件进行镂空再装饰使本款女鞋又多了一个设计亮点

⑰ 纤缝立体造型：纤缝立体造型是将帮面材料、夹料（腈纶棉、海绵等）和鞋里材料用线缝在一起而形成的一种立体造型（图8-145）。纤缝立体造型既可以在帮部件上实现，也可以在附于帮部件上单独存在的装饰部件上实现（图8-146）。纤缝立体造型创新点主要有两个，一个是对纤缝立体造型的外轮廓造型的把握与变化，另一个是对纤缝所形成的每一个鼓起（凸起）的单位造型的把握与变化（图8-147）。此外，纤缝立体造型在鞋靴上的位置变化和对其进行再装饰变化也是比较重要的创新点。

图8-145 纤缝立体造型可以给鞋靴带来一种厚实和力量感，较适宜用在中性风格女靴中

图8-146 纤缝立体造型存在于单独的装饰部件上不仅可以表现一种立体感，而且还可以表现一种装饰性，如果纤缝出的立体造型的单位数量较多还可以表现一种肌理性

图8-147 纤缝立体造型最引人注意的是它凸起的单位形状和外轮廓形状

⑱ 压印立体造型：压印立体造型是指通过特定设备对帮面皮革材料的加热和加压所形成的一种浮雕式的立体造型（图8-148）。压印立体造型与纤缝立体造型凸起感和立体感的形式比较接近。前者的立体造型显得硬朗一些，后者的立体造型则显得柔软一些。压印立体造型创新点主要是对压印所形成的单位形状（图8-149）、组织造型（由众多较小的压印立体造型构成的某种外围轮廓形状）、位置等方面的把握与变化。

⑲ 编织（编花）立体造型：条带或绳子编织在制鞋行业中亦称编花。编织立体造型是指鞋靴帮面上多个条带部件或绳子相互编织所形成的一种立体造型（图8-150）。编织立体造型在男女凉鞋中较为常见，将编织立体造型运用于满帮鞋中要比用在凉鞋中更能显示出一种立体造型的存在（图8-151）。与条带编织相比,绳子编织花样和方式要丰富一些,这些不同编织花样和方式使绳子编织立体造型多出了一个重要的变化创新点。条带或绳子编织立体造型创新点主要是对编织立体造型的外轮廓形（图8-152）、编织位置、编织条带或绳子再装饰等方面的把握与变化。

图8-148 压印或产生同样效果的其他工艺所形成的立体造型具有浮雕般的效果

图8-149 运动鞋中运用压印或开模注塑来表现一种立体造型已成为一种流行手法

图8-150 编织（编花）立体造型在鞋靴造型设计中有着较多的应用性

图8-151 编织（编花）立体造型运用于满帮鞋中更能显示出一种立体造型形式

图8-152 编织（编花）立体造型的主要创新点是对其外轮廓形、位置、再装饰等方面的变化

⑳ 切口立体造型：切口立体造型是指帮部件被切开后所形成的一种立体造型（图8-153）。切口立体造型同样是一种向内延伸空间的立体造型，也是诸多立体造型中较容易实施的一种立体造型形式。切口立体造型与镂空立体造型的不同之处是，切口立体造型只是将帮面材料按照设计预想的形状打开而不用去掉打开部分的材料，镂空立体造型则是需将设计预想形状的那部分材料挖空去掉来实现。此外，若切口是直线状的，设计师为取得比较明显的立体空间效果，可以将切口后形成的条带做一定的推挤使之空间感明显起来（图8-154）。若切口是面状的，设计师则更需将切开部分的材料向外掰出并定型，只有这样，切口处的立体造型才会更加明显。切口立体造型创新点主要是对切口的形状、大小、位置、再装饰等方面进行把握与变化。

㉑ 盘旋立体造型：盘旋立体造型通常是指将皮革或其他较柔软的材料围绕着一个中心盘绕所形成的一种立体造型（图8-155），鞋靴上的盘旋立体造型多通过装饰配件来实现（图8-156）。在装饰配件盘旋立体造型中，盘旋自身的立体造型难有大的造型变化，因此，设计师应将装饰配件未盘绕部分作为主要创新点进行造型上的变化，在其下面用同样材料（这样看上去像整体一部分）做各种造型变化，以提升盘旋装饰配件立体造型的新颖效果（图8-157）。此外，盘旋立体造型再装饰变化，以及在鞋靴上的大小和位置变化也是比较重要的创新点。

㉒ 开合立体造型：开合立体造型通常是指将鞋靴某处两个或两个以上部件打开，同时具有合上功能所形成的一种立体造型，这种立体造型常伴随一种翻折立体造型一同表现（图8-158），开合立体造型也可以通过装饰配件的开合造型来实现。开合立体造型设计变化创新点主要有三个，一是对其打开部件的形状进行变化；二是在打开部件的里面通过加装新颖的装饰配件来取得一致新颖的变化（图8-159）；三是在打开的部件上面或里面进行再装饰变化（图8-160）。此外，开合立体造型设计变化还可以通过其位置、大小、方向以及色彩和材质肌理等方面的变化来获得一种新颖造型。

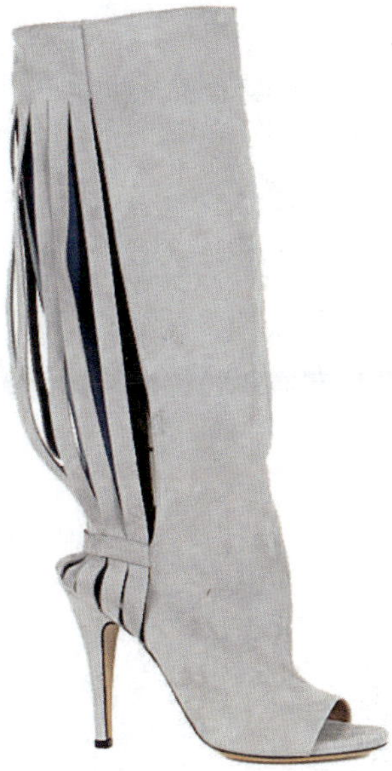

图8-153 切口的形状、长度和数量对这种立体造型的新颖感有着较大影响

图8-154 当切口立体造型通过推挤使之张开时最能表现此种立体造型的效果

图8-155 漩涡状的盘旋立体造型使人感觉富有动感

图8-156 紧实的层层盘旋给人带来的是一种实体感很强的立体造型

图8-157 将盘旋立体造型设计成为一种近似花朵的形状更符合女性的审美心理

图8-158 本款女鞋将开合立体造型与开闭结构式样相结合，同时，又表现出一种衣领造型，使本款女鞋显得新颖、别致

图8-159 开合立体造型部件中用装饰配件加以点缀，使这种立体造型形式又多了一个创新点

图8-160 开合立体造型部件中用装饰工艺再装饰，使这种立体造型形式多了另一个创新点

10. 军旅风格

军旅风格亦称军装或军队风格。军旅风格设计首先在服装中兴起，20世纪八九十年代逐渐在鞋靴中流行。军旅风格服饰迎合了追求豪迈、威武、坚毅风貌消费者的喜好，同时，这种风格也时常会成为一种流行风尚。军旅风格鞋靴有两种表现形式，一种是真正的野战靴、军警靴、作训靴等军靴（图8-161）或具有这些军靴显著特征的变化款式，例如，著名的马丁博士靴、工作靴（工装靴），户外靴等都有军旅鞋靴风范，尤其是这些靴鞋用上迷彩图案后，其军旅风格就更加突出，但这类准军靴的鞋帮高度比真正军靴的鞋帮要低一些；另一种是通过将迷彩图案放到日常鞋靴上面来表现一种军旅风格（图8-162）。前者让穿着者体验一种原汁原味的军旅风貌，后者让穿着者体验一种时尚、个性的军旅风貌。

图8-161 用马丁靴或工作靴（工装靴）的结构式样再结合迷彩图案来表现军旅风格最能体现其风格特征

图8-162 用迷彩图案来表现鞋靴的军旅风格是鞋靴设计师们较常用的手法

军旅风格鞋靴的基本风格特征：威武、豪迈、刚毅、硬朗。

军旅风格鞋靴主要造型元素构成及设计把握基本方法如下：

（1）军旅风格鞋靴形态造型元素设计　军旅风格靴鞋形态造型元素设计分为两种，一种是对军靴或准军靴形态造型元素进行设计变化，另一种是对带有迷彩呈现军旅风格的日常鞋靴的形态造型元素进行把握与变化。

军靴或准军靴形态造型元素设计主要是对其帮面平面分割造型和加装条带立体造型两个方面的把握。军靴或准军靴形态造型元素设计，首先要保持其基本结构式样特征，否则消费者穿着这种军旅风格靴鞋难以体验到原汁原味或接近原汁原味的军旅风范。

帮面分割造型是军靴或准军靴形态造型元素设计变化重要内容之一。军靴或准军靴上的帮面分割造型一般选择在靴筒上。此外，军靴或准军靴的帮面分割造型不适宜呈现出线状分割造型，而应该呈现出一种面状分割造型，即进行分割造型后用不同肌理的面状部件来表现，这样分割出的造型才能沉稳、大方，而且能更好地凸显新颖的帮面分割造型。由于军旅风格特征的缘故，这种风格靴鞋充满一种男性坚毅、豪迈的阳刚气质，因此，军旅风格靴鞋帮面上分割造型要求简洁、新颖、硬朗、大气。帮面分割造型简洁性要求设计师在靴筒上的分割变化不宜过多，通常做1~2个分割造型较为适宜。帮面分割造型的新颖性要求设计师在靴筒上的分割造型一定要与军靴或准军靴上的常见分割造型有所不同，否则，分割造型变化的本质要求就失去了。帮面分割造型硬朗性要求设计师在靴筒上的分割要以直线、斜直线、折线分割为主，也可略带一些弧度。如果是追求新颖、大方、沉稳的分割造型，设计师适宜用直线进行分割，以此变化出不同长宽比例的长方形分割面，如果是追求新颖、大方、个性的分割造型，设计师则适合采用斜直线或折线进行分割，这样可以变化出各种形状的三角面或多角面，以此增加军旅风格靴鞋的硬朗感和个性。帮面分割造型的大气性是指军旅风格靴鞋上实行分割造型后的部件体量面积要适当宽大一些，如果分割后的部件体量面积又窄又小就会失去豪迈、大气感，而且与靴鞋的整体造型也缺乏协调感。

加装条带是军旅风格靴鞋形态造型元素设计变化的另一重要手段，也是其他靴鞋常见款式变化手段之一（图8-163）。在军旅风格靴鞋上加装的条带如果是正常宽度，一般不考虑其自身造型变化，主要通过对加装条带的位置、数量、组织造型、再装饰（加装金属鞋钎、冲孔、铆钉、镶金属边等）等方面的调整与变化来获得一种新颖造型，其中加装条带组织造型需要有一定的条带数量。如果加装的条带比较短，设计师还可考虑其方向上的变化带来的新颖感。加装条带上的再装饰，同样要考虑装饰的数量、面积大小、组织造型等方面的变化给条带所带来的新颖性。如果在军旅风格靴鞋上加装较宽的条带，除可以对以上相同的造型关系元素进行调整与变化以外，设计师还可以考虑对其自身形状进行变化。

军旅风格日常鞋靴形态造型元素设计主要集中在其结构式样上的把握与变化。日常鞋靴结构式样变化又主要表现在缚脚（开闭）结构式样、帮部件面积增减、帮部件数量增减、帮部件重新组织、帮部件某种形式立体造型等方面。缚脚结构式样变化对鞋靴款式造型创新度的影响较大，设计师可通过对其形状、大小、数量、位置、方向、组合（两种或多种缚脚结构式样组合）（图8-164）等方面的变化来获得一种新颖造型效果。帮部件面积增减结构式样变化指的是设计师通过对帮部件某个边缘处突出来某种形状或减缺出某种形状，或在帮部件某处镂空某种形状来获得一种新颖造型效果。帮部件数量增减结构式样变化指的是，设计师通过增加或减少鞋靴帮面上的附加条带状或面状部件来获得一种新颖造型效果，有时仅靠增加数量还不足以使其结构式样获得新颖效果，这时，设计师可以对较多的附加条带状或面状部件进行新颖的组织造型变化，以此来获得较新颖的造型效果。

（2）军旅风格鞋靴图案造型元素设计　图案造型元素在军旅风格鞋靴设计把握中发挥着重要作用。军旅风格靴鞋最常用的图案就是迷彩图案，迷彩图案不仅是真正野战军旅服饰上必须涂有的伪装图案，而且也是对日常鞋靴军旅风格把握最为便捷和最为有效的造型元素。迷彩图案从造型上分有早期的不规则较大图形和后期的数码规则斑点图形两种，其中，数码迷彩又分为林地数码迷彩和沙漠数码迷彩两种。

军旅图案设计主要创新点是对迷彩图案的色彩与色调、迷彩图案使用面积大小、迷彩图案位置、迷彩图案组织造型（帮面上运用迷彩图案的部件廓形）等方面的把握与变化，其中，迷彩图案组织造型创新变化对迷彩图案运用的新颖性影响最大。而迷彩图案的色彩变化可以丰富、细化军旅风格，例如，在迷彩色彩构成中加入粉红色和粉黄色，可以使威武飒爽的军旅风格女靴平添几分柔美、可爱的气息（图8-165）。

图8-163 新颖的加装条带形式给本款军旅风格女鞋款式造型带来一种较大新颖度

图8-164 以迷彩图案表现军旅风格的女鞋，其新颖款式造型主要是通过对其结构式样方面的变化把握来实现

图8-165 在军旅风格女鞋中点缀以粉红色、粉黄色等粉色，可使其细化出一种天真可爱的军旅风格

（3）军旅风格鞋靴配件造型元素设计　配件造型元素在军旅风格鞋靴款式造型变化和风格细化中发挥着较大作用。一般情况下，军旅风格鞋靴上多用体量较大的金属配件，有时数量用得也较多，以适应和增强军旅风格鞋靴的威武、刚毅、硬朗的风格特征要求。常用的装饰配件有鞋钎（图8-166）、气眼、铆钉、金属链、军队徽章、骷髅、匕首、子弹、五角星等。其中，气眼、铆钉、子弹等形体较小的装饰配件可重点在组织造型方面进行变化。其他装饰配件要注重在鞋靴上的位置变化。此外，设计师也可以专门设计一些形体硬朗、粗犷、野性的金属装饰配件运用在军旅风格鞋靴上，这样可以多一种手段提高军旅风格鞋靴款式造型的新颖性。此外，为满足一些女性纯真和浪漫的天性，带有迷彩图案的军旅风格鞋靴上也可以用有迷彩图案的绒球、蝴蝶结、花朵等装饰配件。

（4）军旅风格鞋靴装饰工艺造型元素设计　具有粗犷、厚实和力量感的装饰工艺，既可以增强军旅风格鞋靴的风格特征，同时还可以给这种风格鞋靴带来一种款式造型上的变化。例如，绗缝装饰工艺（图8-167）、缝埂（起埂）装饰工艺、穿条装饰工艺等都可以发挥这两种作用。以上这些装饰工艺的最大创新点在于对其"形"的把握与变化，如果变化出的新颖的"形"增加一些数量，那么，设计师还可以再对其进行组织造型方面的变化，这样会进一步加强以上装饰工艺设计运用的新颖性和独特性。

图8-166　硬朗、个性的装饰配件可增强军旅风格女鞋的野性与粗犷

图8-167　真正军靴展现出的是一种真实版的军旅风格

11. 撞色风格

撞色风格女鞋是近年来女鞋市场上较为流行的一种重要风格，并已持续数季。撞色风格以其朝气、活泼、率真的气息感染着当代女性消费者。撞色风格女鞋主要是以两种或多种不协调色或对比色搭配来彰显这种风格女鞋的美感与款式造型特征，这种风格女鞋通过不同色相、不同明度、不同纯度以及不同对比度的两种或多种不协调色或对比色的组合，来达到满足不同消费者的色彩审美偏好。

撞色风格鞋靴的基本风格特征：鲜明、朝气、活泼、率真。

撞色风格鞋靴主要造型元素构成及设计展开详见本书第三章 鞋靴设计与流行——鞋靴时尚元素把握案例。

12. 混搭风格

混搭风格鞋靴与混搭风格服装一样，表现为不同种类鞋靴在结构式样上进行拆解后的一种拼凑，也可是以不同种类或不同风格图案、配件、色彩的"别扭生硬"的组合，其造型给人感觉牵强附会、不伦不类。混搭风格服饰同样能很好表现穿着者叛逆性格和卓尔不群的生活态度。

混搭风格鞋靴的基本风格特征：熟悉而陌生、新奇而常见。

混搭风格鞋靴主要造型元素构成及设计把握基本方法如下：

（1）混搭风格鞋靴形态造型元素设计　混搭风格鞋靴形态造型元素设计把握主要是对不同种类的鞋靴经

典结构式样进行混合拼接。例如，女浅口鞋与女中筒靴结构式样上的混合（图8-168），再如，经典外耳式或内耳式燕尾包头三节头男鞋与女高腰靴在结构式样上的混合以及女高跟鞋与运动鞋在结构式样上的混合（图8-169）等。混搭风格鞋靴形态造型元素设计主要创新点是对常见不同类型鞋靴的结构式样、帮面分割造型、材质肌理、装饰工艺等造型元素的把握与变化，此外，在对装饰工艺造型元素把握与变化时，设计师还可以对其组织造型、位置、数量、方向等造型关系元素进行把握与变化。在对这些造型元素和造型关系元素把握时，设计师一定要注意与不同区域、不同年龄、不同性格消费者的审美偏好和审美接受度结合起来进行变化。

（2）混搭风格鞋靴图案造型元素设计　图案造型元素在混搭风格鞋靴设计把握中发挥着重要作用。由于混搭风格鞋靴形态造型元素结构式样设计变化易致生产效率下降及成本提高，因此，用审美感受、属性、内在含义等方面不同的图案进行组合来把握混搭风格鞋靴不失为简单方便的一种变化手段（图8-170）。由于把握混搭风格图案一般都有特定含义或审美感受，因此，这些图案造型一般都不做过多变化，其造型可进行一定程度的拆解、组合等方面的变形变化，但前提是不破坏这些图案造型的基本特征。混搭风格鞋靴图案设计创新点主要是对这些图案的组织造型、大小、位置、方向、数量进行把握与变化，其中，当图案形体较小时，其平面组织造型方面的新颖变化对图案设计运用的创新效果影响较大。

（3）混搭风格鞋靴配件造型元素设计　混搭风格鞋靴配件造型元素设计把握基本方法与上述图案造型元素设计把握方法基本相同，只是图案是平面的，而配件则是立体的。因此，这里就不再赘述。

13. 乞丐（流浪）风格

乞丐风格鞋靴迎合了一些不拘小节和喜欢四处漂泊生活，并将洒脱、自由、信马由缰的“流浪”生活引以为豪的年轻人的喜欢。乞丐风格鞋靴具有较明显的流行性，每隔一段时期，这种风格的鞋靴就会重现于市场上，但一般不会形成主流时尚，这与鞋靴主用的皮革材料上面做带毛边的自然破洞的造型效果难以实现有关。与其他风格轮回一样，每次重现的乞丐风格都会与以往的乞丐风格又一定区别，而不会完全重复以往的乞丐风格式样，设计师会在新流行的乞丐风格中揉进一些当下的时尚元素，形成一些新的复合细化风格，例如，或是乞丐风格与波普风格的结合、或是乞丐风格

图8-168　女浅口鞋与女靴结构式样上的混合属于一种非主流混搭风格

图8-169　女皮鞋的底、跟与运动鞋帮面结构式样混合使本款女鞋呈现出一种“正宗”的混搭风格

图8-170　将审美感受、属性、内在含义等皆不同的图案混合在一起是设计师把握混搭风格鞋靴的一种常用而又简单方便的手段

图8-171 人为弄破做旧的乞丐风格不是装穷，而是一种时尚

图8-172 将不规则的下脚料拼缝起来是设计师把握鞋靴乞丐风格的一种常用手法

图8-173 本款女鞋乞丐风格与前一款把握手法一样，只是展现的程度不一样

与天真风格的结合、或是乞丐风格与前卫风格的结合、或是乞丐风格与民族风格的结合、或是乞丐风格与浪漫风格的结合、或是乞丐风格与田园风格的结合、或是乞丐风格与涂鸦风格的结合等，新流行的乞丐风格鞋靴究竟与哪些风格结合，要么看下一季国际大牌鞋靴乞丐风格中揉入了那些风格而定，要么看下一季的乞丐风格服装与哪些风格结合而定。即使新流行的乞丐风格与以前流行过的乞丐风格有一定的相似之处，其具体流行造型元素及其表现也会有一定的区别，因为不同时期的乞丐风格都一定会带有自己时代发展的烙印和特征。乞丐风格在青年男女中都有一定的特定消费人群。如果乞丐风格鞋靴是由附加不规则形状并带毛边的部件来表现，那么，此时较适合用高腰鞋或不同高度的靴鞋来表现，因为，较大的靴鞋形体更方便于这种形态造型元素的表现，同时，这种风格也会表现得更加突出。

乞丐风格鞋靴的基本风格特征：残破、洒脱、无羁。

乞丐风格鞋靴主要造型元素构成及设计把握基本方法如下：

（1）乞丐风格鞋靴形态造型元素设计　乞丐风格鞋靴形态造型元素表现有两种主要形式，一种或是"随意"非全缝制（只缝住一至两个边）一些残破条状或面状部件，或在靴筒上缝一至两个立体状的残破兜子，或在靴筒某些地方进行切口或镂空并处理出毛边的立体表现形式；另一种是将靴筒口处弄"残破"或在靴筒上"随意"缝制三五个形状不规则并有毛边的破旧"补丁"的平面表现形式。乞丐风格鞋靴形态造型元素创新点主要是对靴筒上的残破附加部件（包括破旧"补丁"、残破兜子等）、破洞的形状方面进行创新变化，同时还可以对这些残破的附加部件、破洞进行大小、位置、数量、方向等方面的把握与变化（图8-171）。

（2）乞丐风格鞋靴装饰工艺造型元素设计　乞丐风格鞋靴、服装等服饰品款式造型最突出的特点就是破而且旧，其中的"破"有三种常见表现形式，第一种形式是鞋靴帮面是用形状不规则、大小不一的下脚料拼缝而成（图8-172、图8-173）；第二种形式是鞋靴帮面上有形状不规则、大小不一的镂空或破口；第三种形式是鞋靴帮面上贴补了几个形状不规则、大小不一的补丁。而这些正是用拼缝、镂空、切口、贴补等装饰工艺来实现的。以上装饰工艺的创新点与形态造型元素把握基本相同。如果鞋靴帮面是由棉或麻纺织品材料做成的，那么，设计师还可以运用拉毛装饰工艺对这些拼缝材料、镂空、切口、补丁的边缘处进行拉丝、抽线，以进一步做“破”的处理，使其显得更破（图8-174）。

（3）乞丐风格鞋靴色彩造型元素设计　前面所说乞丐风格鞋靴款式造型最突出的特点是又破又旧，“破”主要是靠帮面材料“残缺不全”来表现，而“旧”则主要是靠灰暗、脏腻的色彩来表现。当然，如果鞋靴帮面足够“破”，拼缝的材料色彩有些明艳的也无妨（图8-175），这样就在乞丐风格中融入了一些可爱天真感，使其成为年龄较小且有纯真性格的女性消费者所喜欢的一种复合风格。但当乞丐风格鞋靴帮面形态既“破”色彩又“旧”时，乞丐风格会显得更加鲜明、突出。因此，设计师应重视对色彩“旧”感的把握。色彩这种“旧”感主要是靠降低色彩纯度来实现，使颜色变为一种“脏色”，也就是将颜色变为纯度很低的有彩色灰色。这些灰色分为冷灰色和暖灰色两大类，不同地域、不同年龄、不同性格的消费者会对这两类灰色各有所爱，另有一部分人则喜欢冷灰色与暖灰色混合在一起的配色（图8-176）。另外，灰色的色相倾向和明度（深浅）变化对不同消费者也有着不同的吸引力。因此，设计师要用好这些“破旧”感和沧桑感的灰色，就需积累不同类型消费者对不同灰色的偏好。如果乞丐风格鞋靴帮面是由较多的下脚料拼缝而成，那么用较多的各种灰色搭配效果会比较好。

（4）乞丐风格鞋靴配件造型元素设计　“破旧”（实质是配饰企业故意将其做旧）的各种装饰配件对把握乞丐风格鞋靴相对较为方便，为使鞋靴破旧效果及乞丐风格更为突出，设计师可先用以上某种元素及方法将乞丐风格呈现出来，然后再用各种破旧的装饰配件对这种风格进行增强、拔高、提亮，从而达到更好地把握乞丐风格鞋靴的目的。乞丐风格鞋靴上的破旧装饰配件应运用的种类多一些，这些装饰配件都是一些常见和形体较小的日常生活、工作、娱乐等方面的用品，例如，残破的手套、压瘪的易拉罐、脏兮兮的缺角扑克牌或麻将牌、断裂的筷子、扭曲的金属瓶盖或小饭勺、烧焦残缺的旧照片或书本、遍布裂纹的旧算盘珠子、破损的鼠标或电路板、锈迹斑斑扭曲的铁丝或电线等。设计师在运用这些破旧装饰配件时，要注意主次、大小、疏密等方面的组织与安排，同时，还要注意点状、线状和面状三种形态的变化与组织。在位置安排上应以某一处为主，其他地方可有一些零星点缀。

图8-174　在纺织面料鞋靴上进行拉毛、抽丝、破口（洞）可以很好地塑造一种乞丐风格

图8-175　明丽、可爱的乞丐风格女鞋非常适合纯真气质女性的要求

图8-176　冷灰色与暖灰色搭配属于一种弱对比配色，可满足含蓄与激情并存的消费者的喜好

（5）乞丐风格鞋靴材质肌理造型元素设计　破旧的乞丐风格鞋靴显然不适合运用漆皮革、金属效应革、珠光革、镭射革等具有炫耀性感的材料，低调、含蓄、素朴的绒面革、磨砂革、油鞣革以及棉麻材料较适合在这种风格鞋靴上运用。当然，在帮面上出现多种材料拼接时，有一点闪光发亮肌理的材料点缀其中，其强烈的材质肌理对比视觉效果也可以为乞丐风格鞋靴增添不少魅力。

14. 原始风格

原始鞋靴与服装产生于何时已无法考证，可以肯定的是，早期鞋靴一定是原始先民出于实用需要才产生的。由兽皮、藤草、树皮、贝壳、鱼骨等组成的原始服饰，其古朴、天然的风格总让人不禁产生一种远古回响，使我们又回望和感受到人类童年时代的质朴与天真。由于原始风格鞋靴有比较突出的古朴造型风貌，因此，这种风格鞋靴适合与有古朴风貌的服装搭配穿着，如果单独穿着这种风格鞋靴，会显得服饰穿着缺乏整体性。为使原始风格鞋靴与服装有一定的搭配性和整体感，一般情况下，设计师会降低这种风格鞋靴的原始风貌特征，以此提高这种风格鞋靴与服装穿着时的整体搭配性（图8-177）。具有强烈原始风格的鞋靴，集中体现了一种原始风情和土著风情，这种时候，它更适合作为一种装饰品和纪念品出现在市场上。

原始风格鞋靴的基本风格特征：古朴、天然。

原始风格鞋靴主要造型元素构成及设计把握基本方法如下：

（1）原始风格鞋靴形态造型元素设计　当原始风格鞋靴款式造型比较鲜明、突出时，其形态造型元素会有一些特定表现，例如，由于早期原始先民们所穿的原始裹脚皮鞋是用不规则的兽皮直接缠裹在脚上，然后再用粗糙的皮质条带在外围捆绑一下。因此，用条带缠绕毛皮构成了现代原始风格鞋靴基本造型特征之一（图8-178）。用条带缠绕毛皮既可以是靴鞋，也可以是"一刀光"即不折边较厚的宽条带凉鞋。用条带缠绕靴鞋属于一种立体造型，这种缠绕既可以设计成各种"不经意"的无序缠绕构成造型，也可以设计成经意的各种有序排列构成造型，无论是哪一种缠绕构成造型，设计师都要努力对条带穿插、条带连接形式、条带连接件造型、条带组织造型、条带再装饰、条带数量、条带方向等创新点进行把握与变化。

此外，仿树根、树叶、藤蔓、花草、石头、骨头等自然形象的鞋底形态，再辅以古朴沧桑的颜色也构成

图8-177　在时尚鞋款中适度表现一种原始风格，可以使其更具有市场意义，同时也更适宜与服装整体搭配

图8-178　"破旧"的皮条、"不经意"的无序缠绕和蓬松皮毛使本款女靴充满一种原始风格

了现代原始风格鞋靴基本造型特征之一（图8-179、图8-180）。设计师对鞋底这种自然形态的把握，其主要方法是从自然中获取灵感再加以变形处理，做到似像非像时效果最为理想。

（2）原始风格鞋靴配件造型元素设计　原始风格配件造型元素需在原始风格鞋靴形态造型元素把握好的基础上运用，也就是说，设计师通过对形态造型元素的古朴、天然的把握与设计，先使鞋靴呈现出一种原始风貌，这样，再在上面设计运用具有原始风貌的装饰配件就不会显得突兀和不协调。原始风貌装饰配件主要是各种兽齿、贝壳、骨头等。此外，远古象形壁画、上古陶器象形纹饰图案、象形甲骨文字等也可以做成装饰配件用于原始风格鞋靴上，这些装饰配件设计运用创新点主要是对其组织造型、数量、位置等方面的把握与变化。

（3）原始风格鞋靴色彩造型元素设计　色彩造型元素对原始风格鞋靴的塑造起着重要作用，其他造型元素在原始风格鞋靴设计把握中运用得再好，如果色彩造型元素运用得不好，也会使整个原始风格鞋靴的设计工作前功尽弃，因为，这种风格鞋靴对色彩运用有着非常严格的限定。由于原始风格鞋靴是表现远古时代的风貌，因此，它所使用的色彩必须给人感觉是古老而沧桑的，能够给人带来这种感觉的色彩都是那些纯度很低、明度也较低的暖灰色，例如，棕褐色、咖啡色、土褐色、驼色等（图8-181），即使纯度和明度都较低的冷灰色也不能很好地表现古老沧桑感，因为，自然界中多数物质在经历长久岁月后都会呈现出纯度很低的暖灰色面貌，同理，纯度较高的颜色以及白色、粉色、银色、金色等富有青春气息和现代感的颜色就更不适合在原始风格鞋靴上运用。

（4）原始风格鞋靴材质肌理造型元素设计　材质肌理造型元素在塑造原始风格鞋靴中的作用与色彩造型元素相同，只是把握的内容不同，其设计运用并不复杂，但有严格限定，否则，同样会使原始风格鞋靴的把握流于失败。从材质上说，远古时代的鞋靴只有兽皮、草木两种可能，人类后来发明使用的金属、玻璃、塑料等材料质地都给人以现代感，例如，流光四溢的金属、清澈透明的玻璃、轻快朝气的塑料等材料质地无不透露出一种现代感，这种现代感与古老沧桑感相去甚远，鉴于此，原始风格鞋靴上不宜使用人类进入文明阶段后发明的各种材料。当然，这也不是绝对的，考虑到使用的方便性，原始风格鞋靴上用一些形体较小的金属鞋钎、金属拉链也未尝不可，但最好对其进行做旧处理，这

图8-179　仿树根造型做成的鞋底再辅以古朴沧桑的颜色，使本款女鞋呈现出一种浓浓的原始风

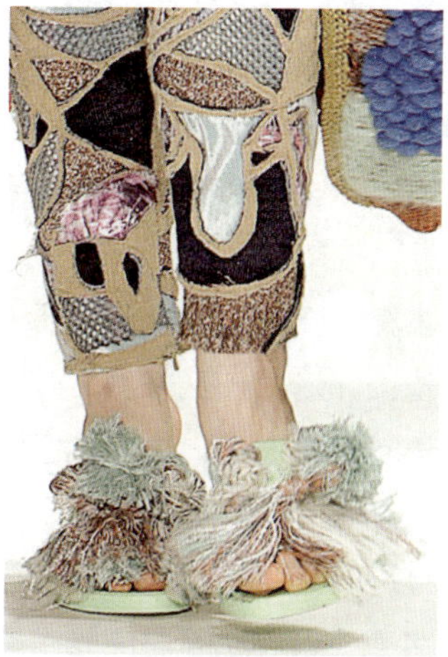

图8-180　满鞋都是由藤蔓、花草等植物编织而成的鞋靴通常表现的是一种原始风格，只是在鞋靴上印刷了一些花草树叶图案或运用了这类形象的装饰配件时，则表现的是一种自然风格

图8-181　纯度很低、明度也较低的暖灰色最适合表现鞋靴的原始风格

样不至于对原始风格有较大影响。同样，远古人类不可能对材料做发亮炫目的处理，因此，闪光发亮的漆皮革、镭射革、珠光革等材料不宜出现在原始风格鞋靴上，由此，原始风格鞋靴适宜用绒面革、磨砂革、油鞣革、裘皮等表面肌理呈现出亚光或无光的材料。

（5）原始风格鞋靴图案造型元素设计　人类在蒙昧混沌时代就开始尝试用图形或文字来表达或记述自己的生活和情感，例如，远古象形壁画、早期陶器象形纹饰、甲骨象形文字等图形、图案都充满了一种久远的历史气息，让人顿生古朴和岁月悠长之感，这些充满神秘、古拙、天真、幻想的人类早期图案在把握原始风格鞋靴过程中发挥着重要作用。以上图案用印刷装饰工艺在帮面材料上实现，相对比较经济和方便，如果用镂空、刺绣等有立体感的装饰工艺使其呈现在帮面材料上，则成本会提高一些，但会使这种风格鞋靴具有较强的艺术感。原始风格图案一般不做过多变形变化，设计师在保留原始图案基本形象特征的基础上，可做一定的拆解、扭曲、组合等方面的变化。此外，豹纹、虎纹、斑马纹也可做原始风格鞋靴上的图案，但要与粗犷原始的鞋靴结构式样结合，如果这些兽纹是用在精致的现代结构式样鞋靴上，它所呈现出来的是野性丛林风格而非原始风格。原始风格图案主要创新点是对其组织造型、位置、方向、数量等方面的把握与变化。

（6）原始风格鞋靴装饰工艺造型元素设计　为与原始风格鞋靴及粗犷的装饰工艺相协调，原始风格鞋靴不仅在结构式样上要显得简洁、粗犷、大气，而且帮面材料也应采用"一刀光"不折边的工艺处理，帮面适宜用不贴里、不加衬的工艺来制作。能表现原始、粗犷风貌的装饰工艺种类较少，常用和效果较明显的只有穿条一种，编织（编花）、镂空、缝梗等装饰工艺也能发挥一定作用。穿条和编织装饰工艺所用的皮条要适当宽厚一些，并且不要折边，这样会显得粗犷原始一些。镂空装饰工艺的孔洞形状为体现一种自然原始感也一定设计成非规则性。缝梗装饰工艺适合将"一刀光"的帮面皮料直接对缝起埂，而且起的埂要不规则和高一些，这样要比埋绳起埂显得更为粗犷原始一些。穿条装饰工艺主要创新点是对其单元组织造型和走势造型的把握与变化，所谓穿条走势造型是指设计师将穿条排列成某种形状的线形。编织装饰工艺的主要创新点是对其组织造型的平面廓形的把握与变化。镂空和缝埂装饰工艺的主要创新点是对其形状的把握与变化。

15. 丛林狂野风格

女性多数时候展现的是纤弱、柔美、可爱的一面，但当女性展现出野性、狂放一面时，也给人带来一种特殊魅力。丛林狂野风格是女性服饰中较为常见的一种风格，这种风格通常以丛林中野性十足的猛兽皮上的花纹图案来体现，常用的猛兽花纹图案是虎纹与豹纹，其次，斑马纹与蟒蛇纹也可以表现丛林狂野风格。此外，皮革配以猛兽形象的配件也可以较好地表现丛林狂野风格。由于丛林狂野风格鞋靴主要是靠猛兽的花纹图案来表现，而这些花纹图案都有自己特定的自然花纹形状和色彩，这就造成这些花纹形状和色彩的可变化程度和范围都较为有限，否则难以体现丛林野性风格。

图8-182　真实的豹纹及其皮毛颜色使本款女鞋呈现出一种程度适中的丛林狂野风格

丛林狂野风格鞋靴的基本风格特征：野性、无羁、奔放。

丛林狂野风格鞋靴主要造型元素构成及设计把握基本方法如下：

（1）丛林狂野风格鞋靴形态造型元素设计　形态造型元素在丛林狂野风格鞋靴款式造型变化中发挥着非常重要的作用，丛林狂野风格鞋靴形态造型元素分为平面分割造型、立体造型和结构式样造型三大形态形式（详见本书第五章和本章艺术风格鞋靴立体造型设计相关内容）。如果这些猛兽花纹图案布满鞋靴帮面，丛林风格鞋靴形态造型元素设计的主要内容是对其结构式样造型或立体造型两种形态形式的把握与变化（图8-182）；如果这些猛兽花纹图案只分布于鞋靴帮面的某一部分，其形态造型元素设计除可以对结构式样造型或立体造型两种形态形式把握与变化以外，还可以对其帮面进行平面分割造型方面的变化。具体把握和创新变化哪一种形态形式及其具体造型形式要视流行而定。

（2）丛林狂野风格鞋靴图案造型元素设计　丛林狂野风格亦简称丛林风格。丛林狂野风格鞋靴图案除猛兽花纹图案可以表现外，丛林或草原中的各种野兽局部（主要指狮子、老虎、豹子、鳄鱼等猛兽的头部形象）写真或半写真的形象图案同样能较好地表现这种风格，如果这类猛兽形象再伴随有写真或半写真的丛林植物形象图案，那么，这种丛林狂野风格就会表现得更为突出。由于丛林狂野风格鞋靴图案是由野兽特定外在形象或特有的花纹图案形象来表现的，因此，其外在形象或花纹图案形象都不能有过大的变化。有时，设计师为了满足弱化风格或细化风格以及变化款式的需要，也可以将这些有特定猛兽的局部形象或他们身上的花纹图案做一定程度的形状变化或色彩改变（图8-183）。其中，猛兽外在形象或身上花纹图案的色彩变化对丰富这种风格鞋靴款式造型和细化这种风格发挥着较为重要的作用，例如，当猛兽花纹图案变为粉色时候，丛林狂野风格鞋靴便在野性、无羁中揉入了一种可爱、纯真的气质（图8-184），再如，当猛兽花纹图案底色变为一种酒红色时，丛林狂野风格鞋靴在野性和无羁中又给人带来一种神秘、优雅感。

（3）丛林狂野风格鞋靴配件造型元素设计　一般情况下，丛林狂野风格鞋靴配件造型元素运用与设计有两个前提条件，一是配件形象需是猛兽或其他人们较熟悉的野兽形象；二是需与皮草结合。当然，猛兽形象装饰配件如果体量或数量较大或较多时，单用这种形象装饰配件也能在一定程度上表现鞋靴的丛林狂野风格，但猛兽形象装饰配件与皮草结合可以更充分地表现鞋靴的丛林狂野风格，如果是用虎或豹花纹图案的皮草，其丛林狂野风格效果尤其明显和充分（图8-185），而且这个时候，配件也可以换成子弹、匕首、骷髅、五角星、闪电、爆炸状不规则多角星等形象。由于这种风格装饰配件的猛兽和子弹、匕首、骷髅等形象只能做适当变形变化，因此，这种风格装饰配件主要创新点是对其平面组织造型、位置、大小等方面的把握与变化。设计师在结合设计运用皮草材质肌理造型元素时，皮草材料的形状、组织造型、位置、大小（面积）等方面的把握与变化构成了这种造型元素的主要创新点。

（4）丛林狂野风格鞋靴材质肌理造型元素设计　皮草特有的动物属性和金属特有的审美属性无疑使这两种材质都非常适合用于丛林狂野风格鞋靴上，这两种材质既可以强化鞋靴的丛林狂野风格，此外，有猛兽花纹图案的绒面革或磨砂革也可以较强烈地表现鞋靴的丛林狂野风格。以上皮草、绒面革、磨砂革经新颖分割造型后与较为光滑的皮革材料搭配，还可以为鞋靴款式造型带来材质肌理对比和平面分割造型两个方面的新颖感。

（5）丛林狂野风格鞋靴装饰工艺造型元素设计　如果丛林狂野风格鞋靴帮面是由有野兽花纹图案的绒面革

图8-183　变形和变艳后的豹纹，再加上绚丽的花卉图案使本款原本的丛林狂野风格女鞋呈现出一种狂野且浪漫的风貌

图8-184　由粉色点缀并变形几近为点状的豹纹，使本款女鞋原本的丛林狂野风格显露出几多天真可爱的气质

图8-185　铆钉装饰配件和皮草组合与猛兽形象装饰配件和皮草组合相比，其丛林狂野风格表现要相对弱一些

图8-186　太空或空军服饰是太空风格服饰设计的重要灵感来源

图8-187　饱满的造型、充满科技感的金属银色、凸起和神秘的封闭式不规则曲面形分割以及它的玻璃质感都将本款运动鞋的太空风格表现得淋漓尽致

图8-188　设计师通过拌带开闭结构式样以及拌带上夸张的锁扣较好地塑造了本款鞋靴的太空风格

或磨砂革与较为光滑的皮革搭配，或皮草与较为光滑皮革搭配，那么，设计师可以考虑在较为光滑的皮革上运用铆钉、起埂、穿条、拼缝等具有粗犷和野性感的装饰工艺来变化款式，同时增强鞋靴的丛林狂野风格。如果，铆钉运用的数量较多，其主要创新点是对铆钉组织造型方面的把握与变化。起埂装饰工艺主要创新点是对其走势造型方面的把握与变化。设计师运用穿条装饰工艺时可用没有折边的皮条进行穿条装饰，也可以用与鞋靴上皮草相同的皮草条带进行穿条装饰，这样还可以产生一种呼应形式美感，穿条装饰工艺主要创新点同样是对其走势造型的把握与变化。拼缝装饰工艺在丛林狂野风格鞋靴设计中可以发挥较好的应用效果，拼缝的帮部件应是不规则形状和不同野兽的皮草之间的拼合，或是某种皮草与印有猛兽花纹图案的绒面革、磨砂革之间的拼合，这样可以形成一种材质肌理对比效果，拼缝所用的线可换做较粗的麻绳或无折边的细皮条，这样会使拼缝装饰显得更为粗犷、野性一些。拼缝装饰工艺主要创新点是对其拼缝的皮草、绒面革、磨砂革等零碎帮部件的形状和大小方面的把握与变化。

16. 太空（未来或科幻）风格

太空风格也称未来风格、科幻风格。人类在20世纪五六十年代对太空的一系列成功探索极大地激发了设计界和文艺界对太空题材的兴趣，一时间太空科幻题材及其风格的文学作品、电影、工业产品等层出不穷，太空风格服装20世纪六七十年代就已不断地出现于服装界，太空风格鞋靴的出现要稍晚一些，这种风格服饰给人带来一种神秘与科幻感，一些个性张扬、持卓尔不群生活态度的年轻消费者对这种风格比较喜欢。由于太空风格鞋靴具有较强的个性和前卫感，因此，这种风格鞋靴难以在市场上大面积流行，但这种风格的鞋靴及其他产品又始终散发着它独特的魅力。

太空风格鞋靴的基本风格特征：神秘、高科技、前卫。

太空风格鞋靴主要造型元素构成及设计把握基本方法如下：

（1）太空风格鞋靴形态造型元素设计　形态造型元素在太空风格鞋靴设计中发挥着重要作用。太空风格鞋靴形态造型元素设计灵感启发可从太空鞋、太空服、太空舱、机器人等太空及高科技产品中获得（图8-186）。简洁的几何形和厚重的体量感是太空风格鞋靴形态造型基本特征之一（图8-187），给人以神秘感的非规则曲线平面分割形态和夸张体量外侧打开的开闭结构形态同样是这种风格鞋靴形态造型基本特征之一（图8-188）。前一种形态造型基本特征相比后一种更具太空感。简洁的几何形既可以在太空风格鞋靴头式上以立体的形式表现，也可以在帮面上以立体的形式表现（图8-189、图8-190）还可以在帮面上以平面的形式表现出来。一般情况下，鞋靴头式所呈现出的某种形态造型特征决定了鞋靴帮部件、鞋跟甚至配件的基本形态特征，这样可使鞋靴款式造型获得一种整体协调感。太空风格鞋靴头式的某种几何形造型决定了其帮部件以及帮面上的平面分割造型也要呈现出某种几何形，其中也可以有个别的不同类型形状的几何形或非几何形的简洁形态，这样统一中有变化会使形态造型显得更为生动。由于人脚及鞋靴的非对称性，因此，所谓太空风格鞋靴上的几何形都是非严格意义上的几何形。为增加太空风格鞋靴头式造型上的变化，设计师还可以在太空风格鞋靴的头式上设计某种线状凸起或面状凸起的形态，其中，头式上凸起的面状形态造型特征要与头式形态造型特征相协调。

太空风格鞋靴除可以进行简洁的几何形态造型变化外，其帮面上还可以进行一种有神秘感的封闭式或半封闭式的非规则曲线分割造型变化。这种封闭式或半封闭式的非规则曲线分割造型在太空风格鞋靴上数量不宜过多，一般不超过两个，并有大小之分（图8-191）。

太空风格鞋靴一般适合用中高筒靴鞋来表现，为进一步增强鞋靴的太空风格，设计师在靴鞋的拐弯处可加装2~3个呈现叠加状的外形简洁、新颖并且上部或下部边缘处中间有凸起或凹下圆弧形的附加帮部件，并在拐弯处做2~3个缝埂，这样，既可以使靴鞋增加一种太空科幻感，同时，还可以使靴鞋形成一种半套层的立体造型。另外，在太空风格靴鞋上加装1~3个较宽条带，同样既可以为这种风格鞋靴款式造型带来更多的立体造型变化，同时也可以在一定程度表现鞋靴的太空风格。

（2）太空风格鞋靴色彩造型元素设计　在太空风格鞋靴设计中，色彩造型元素是不可或缺的重要表现元素。有太空科幻感的形态造型结合有科技感的色彩基本就可以将鞋靴的太空风格表现得非常充分。在纷繁多彩的颜色中，锃亮的高明度金属色（特性色）银色（也称银皮）无疑最具有科技感、现代感和速度感。这种色彩突出的科技象征属性，使得即使鞋靴形态不很具有太空科幻感，但遍布鞋靴全身的炫目银色也可以使其马上具有一种太空科幻感。银色与白色、黑色、中性灰

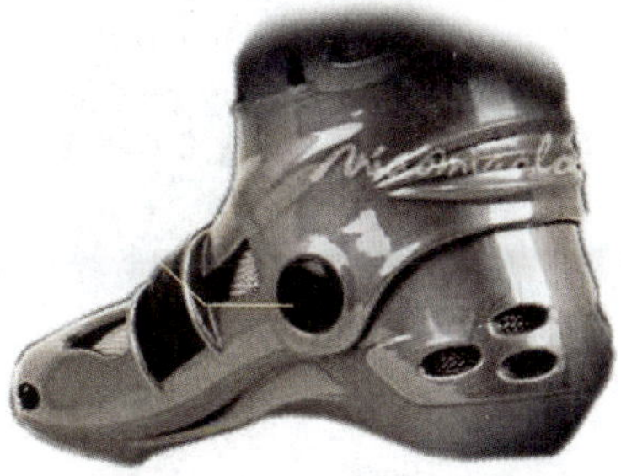

图8-189　将规则的圆形以立体的形式表现于鞋帮上可以较好地塑造鞋靴的太空风格

图8-190　本款女鞋同样是在鞋帮上运用立体的规则圆形来塑造其太空风格

图8-191　有神秘感的封闭式或半封闭式的非规则曲线分割造型也能较好地塑造鞋靴的太空风格

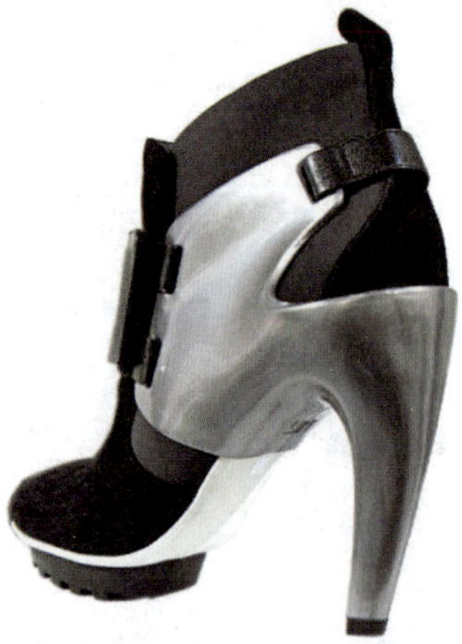

图8-192 本款女鞋由于只运用象征科技与速度的金属银色，因而其太空风格表现的也就较弱，但它却是一种更具市场价值的太空主题设计把握

色等无彩色颜色搭配也可以较好地表现太空科幻感（图8-192），在与以上无彩色搭配时，如果银色在鞋靴上占的面积较大，那么，鞋靴的太空风格会显得较为突出。由于宇航服多以白色为主体色，因此，以白色为主体再配以少量银色、黑色或中性灰色也可以较好地表现鞋靴的太空风格。

（3）太空风格鞋靴配件造型元素设计　太空风格鞋靴上运用一定数量的银色金属配件对提升这种风格和丰富款式造型变化都具有一定作用。太空风格鞋靴上运用的配件主要有银色金属拉扣、银色金属拉链、银色金属圆形或方形饰扣等。这些配件既有装饰作用，也有实用作用。为使配件造型更符合太空风格需要，一般情况下，银色金属拉扣和金属饰扣以实体形式呈现出来效果较好，太空风格鞋靴配件主要创新点是对其位置、大小、数量、方向等方面的把握与变化，如果设计师准备用数量较多的银色金属配件，那么，组织造型变化就成为其最大的创新点。

（4）太空风格鞋靴材质肌理造型元素设计　材质肌理造型元素在鞋靴太空风格把握中起着相当重要的作用，如果太空风格鞋靴所用材质都是吸光的亚光材料或只有一定光亮度的材料，其形态造型即使具有太空感也难以充分表现出这种风格应有的高科技感和科幻感。因此，充分、鲜明的太空风格鞋靴把握离不开金属材质、透明材质、炫目材质和高亮度材质的运用与表现，当然这些材质还要以中性灰色、黑色、白色、茶色、蓝色等颜色的配合来共同表现。

具有高科技感和现代感的材质主要有：银色皮革、深色水晶或玻璃、镭射革、漆皮革、珠光革等。其中，充满金属感的银色皮革或银色配件材质是太空风格鞋靴不可或缺的材质，金属银色材质在鞋靴上的面积越大，其高科技感和现代感就越强。由于以上材质的亮度及亮度表现形式不同，因此，其中的两种或三种材质如果搭配使用就可以获得一种对比变化效果，一般情况下，亮度高或颜色暗的材质所占面积要小一些，往往发挥点缀作用。

（5）太空风格鞋靴图案造型元素设计　太空风格鞋靴形态造型元素中的非规则曲线封闭平面分割造型实质也是一种可控制的自由曲线抽象图案的设计把握，由于这种自由曲线形态在自然界中普遍存在，因此，这种图案可以使人产生一种神秘意味，这种神秘意味与人类探索神秘太空自然就产生了联系，由此，这种有神秘感的自由曲线抽象图案也就成为太空风格鞋靴上经常运用的一种图案。自由曲线抽象图案主要创新点是对其形状、位置、大小、数量等方面的把握与变化。自由曲线抽象图案在太空风格鞋靴上往往需要通过不同材质、颜色或明度变化呈现出来。

另外，星空、星云、天文星座、飞碟、太空飞船等写真图案也可以用于太空风格鞋靴上（图8-193）。

（6）太空风格鞋靴装饰工艺造型元素设计　由于有些太空服从实用角度出发采用了绗缝工艺，由此，绗缝装饰工艺也就成为太空风格鞋靴款式造型上的一种表现元素，同时，也是这种风格款式造型上的一种变化元素

图8-193 通过在帮部件上进行神秘的自由曲面分割造型以及用宇宙星空景象来表现太空风格不失为一种有益探索和尝试

（图8-194）。绗缝装饰工艺可以给太空风格鞋靴带来一种力量感和立体感。绗缝装饰工艺主要创新点是对其绗缝的形状的把握与变化。缝埂装饰工艺同样在太空鞋靴上具有嵌入线路的隐喻作用，因此，缝埂也就成为太空风格鞋靴上的一种表现元素。起埂数量如达到3~4个，一般平行用于太空风格鞋靴脚腕或后脚跟的拐弯处，起埂数量如果是一个，那么应有较长的长度，并以直角形式拐2~3个弯，并让缝埂的某一端点与鞋靴上的某个圆形凸起配件或附加部件相接，使其像太空设备上的线路。

图8-194 绗缝装饰工艺使本款太空风格女靴显得厚重和具有较好保护性

17. 极简风格

极简风格也称简约风格，极简风格设计源自于20世纪五六十年代的极少主义绘画艺术流派，后逐步蔓延到包括鞋靴、服装、建筑等工业设计领域。包括鞋靴、服装、箱包在内的极简风格服饰品以及其洗练、简约、大气的新颖造型吸引了众多高品位消费者。这类风格鞋靴不仅在形态、色彩、材质肌理等造型元素上变化极为简练，几乎拒绝任何多余的装饰，当鞋靴帮面非常简洁的时候，富有创意和精干的图案或装饰配件也是可以有的。极简风格产品绝不是简简单单没有丝毫变化，将鞋靴款式造型简单和毫无新意说成简约、大方、有品位，不过是一些所谓的设计师为掩盖自己创新能力低下而找的托词和遮羞布。简洁或简约与简单有着完全不一样的内涵，简洁或简约的设计是设计师在反复推敲和提炼后，以很少但富有创意的变化来展现自己的创新与品位，让这类极简风格的产品在看似简单中呈现出一种微妙和富有高度的创意。极简风格鞋靴设计主要体现在设计师对其形态造型元素的提炼把握上，同时，色彩和材质肌理的运用一般也需控制在一至两种数量内，设计师在对色彩和材质肌理进行一种简约设计把握时，通常还需结合帮面新颖简洁的平面分割造型来进行，如果是两种颜色搭配，设计师要注意帮面的主体色要么是流行色，要么是一些诸如黑色、白色、棕色、米色等常规色。

极简风格鞋靴的基本风格特征：简约、内敛、大气。

极简风格鞋靴主要造型元素构成及设计把握基本方法如下：

（1）极简风格鞋靴形态造型元素设计　极简风格鞋靴形态造型的简约、凝练主要体现在设计师对鞋靴的平面形态、立体形态和结构式样形态三个方面的把握与变化上。当设计师对极简风格鞋靴进行平面形态把握变化时，通常会采用一条高度精炼和富有创意的分割线去寻求鞋靴的一种平面造型变化，当这一条分割线的线型为垂直直线或斜直线时，设计师首先关注的是帮部件分割后的比例是否符合“黄金比”。其次，设计师可以对这一条垂直直线或斜直线进行装饰变化，例如，在分割的单个垂直直线或斜直线上加装较窄的有新颖花型的装饰皮条（绳）、蕾丝，或在垂直直线的旁边运用冲孔、穿条等装饰工艺进行装饰，这些点状装饰工艺运用的新颖感主要来自于3~5个点状装饰工艺的某种新颖的组织造型，设计师首先应将变化的重点集中于这种组织造型上，待获得某种新颖排列组合的单位组织造型后，再将这个新颖的单位组织造型以一定的数量在分割直线的旁边排列下来对其进行装饰，这样单调形状的直线分割造型就可以获得一种较新颖的造型效果。再次，设计师还可以将单个的分割垂直直线或斜直线的线型适当加宽，这样可对原本单调的线型进行造型上的变化；当设计师运用一条曲线或折线对鞋靴帮面进行平面分割造型时，除要注意分割后的两个帮部件的大小比例关系给人感觉要舒服以及可进行新颖装饰或适当加宽改变其形状外，还可以对其分割曲线或折线的形状进行简洁新颖的变化，此外，设计师还应注意对这两种线型在帮面上的起始点位置和线形的方向这两个创新点的把握与变化。非满帮或全空式凉鞋结构的极简风格鞋靴的帮部件数量一般会控制在2~3个，甚至只用一个帮部件（图

8-195、图8-196），其立体造型变化通常也会控制在一个上。实际当中，极简风格鞋靴更多地表现在全空条带凉鞋上，满帮鞋靴的立体造型变化一般也会控制在一处。鞋靴立体造型变化有很多种，设计师在运用和设计变化哪一种立体造型时要依据流行而定，在此基础上，设计师再对部件的立体形态、位置、大小、方向、再装饰等创新点进行把握与变化。此外，帮面没有任何造型变化的极简风格鞋靴，其简洁新颖的立体造型往往表现于它的底跟造型上。

图8-195 1~2个帮部件外加新颖的结构式样是极简风格鞋靴设计把握的核心

图8-196 本款极简风格女鞋是通过点状和面状两个部件以及新颖的帮底一体结构造型来加以表现的

（2）极简风格鞋靴工艺（这里指装饰工艺）造型元素设计　当装饰工艺造型元素成为极简风格鞋靴上运用的唯一流行造型元素时，设计师对其把握要简洁而新颖，在帮面分布的区域也不要过大，设计运用何种装饰工艺要视流行或特定消费人群的审美偏好而定。一般情况下，冲孔、穿条等点状装饰工艺主要是对其组织造型和走势造型两个创新点的把握与变化；缉线（缝假线）、缝埂、蕾丝、起褶等线状装饰工艺主要是对其走势造型创新点的把握与变化；叠片、镂空、绗缝、拼缝等面状装饰工艺主要是对其形状创新点的把握与变化。

（3）极简风格鞋靴配件造型元素设计　装饰配件也称配饰、饰件、装饰件。配件造型元素有时也可能成为极简风格鞋靴上所运用的唯一流行造型元素，设计师常可使其在极简风格鞋靴上发挥点睛作用。目前，国内设计师运用配件造型元素主要有两种方式，一种是设计师到卖装饰配件档口或店铺挑选现成的装饰配件，挑选成败主要看设计师的眼光如何，这项工作需要设计师对自己设计开发的鞋靴产品风格以及定位的特定消费人群的审美偏好有准确的把握能力，同时，对装饰配件和鞋靴款式造型有较高的审美品位。另一种方式是设计师根据自己产品定位的风格类型，并结合装饰配件下一季流行情况，然后自己设计开发装饰配件，这样可以使自己的品牌产品既可以保持流行，同时又可以彰显出一种独特的造型风貌（图8-197）。今后有实力的品牌鞋靴企业会越来越多地通过定制独特造型的装饰配件、鞋楦、大底、鞋跟或有独特肌理的材料，使自己的产品在市场上与其他很多同类型和同样风格的产品保持一种差异化，以满足消费者对鞋靴产品日益增强的个性与美感的追求。

图8-197 新颖、时尚的装饰配件常是极简风格女鞋上的点睛之笔和亮点所在

18. 洛可可风格

洛可可风格作为一种审美风尚流行于18世纪的法国上流社会，早期主要表现在宫廷皇室和贵族豪宅的内部墙面装饰

或室内家居设计上。洛可可风格具有较强的女性味，因此，这种风格鞋靴通常表现在女鞋当中（图8-198），而且较适合在中、高筒女靴、女凉鞋、女凉靴中表现。洛可可风格鞋靴是对它之前欧洲流行的一种追求动感和气势的充满男性气质的巴洛克风格的反向追求，这种风格主要是通过繁复、纤细的曲线、旋涡形线或S形线来表现。

洛可可风格女靴的基本风格特征：柔美、纤细、繁复、奢华、精致。

洛可可风格女靴主要造型元素构成及设计把握基本方法如下：

（1）洛可可风格女靴图案造型元素与装饰工艺造型元素结合表现与设计　S形线、旋涡形线以及各种形状的大角度弯曲的自由曲线等抽象图案是塑造洛可可风格女靴不可缺少的形象元素，但这些抽象图案造型元素不能以印刷平面的形式在这种风格女靴上展现，而需以立体的形式来展现才能将洛可可风格表现出来，这些繁复、纤细和柔美的曲线需与某些装饰工艺结合才能够实现，适合于表现这些曲线的装饰工艺有：钉缀、刺绣、镂空、镶嵌、叠片、穿条、冲孔。其中，钉缀装饰工艺又需借助有奢华质感的纤细条带（包括各种编织形式的条带）或绳子才能够实现，例如，金色条带或绳子、银色条带或绳子、水晶质地条带或绳子、镶嵌有仿钻或仿宝石的条带或绳子等。此外，镂空装饰工艺如与钉缀装饰工艺结合运用、叠片装饰工艺如与冲孔装饰工艺结合运用效果会更好，具体做法是，在镂空或冲孔形成的繁复、纤细的曲线或点状曲线旁边再钉缀有奢华质感的纤细绳子或镶嵌仿钻、仿宝石等小饰物，这样不仅可以创造一种凹进与凸起并存的空间造型，同时又在繁复、纤细、柔美中融入了奢华的感觉，不同形式的双重装饰，使得以装饰性和曲线造型为主要特征的洛可可风格得到进一步加强（图8-199）。

图8-198　本款女鞋金色、繁复的曲线条带和金色的大底较好地表现出洛可可风格所特有的柔美、纤细、繁复、奢华的风格特征

图8-199　繁复优美的曲线以透空形式表现并加以烫钻装饰，不仅使本款女鞋呈现出一种洛可可风格，而且还使其充满了一种艺术感

（2）洛可可风格女靴形态造型元素设计　洛可可风格女靴形态造型元素主要表现在它的鞋楦形态、鞋跟形态和由繁复的曲线条带部件构成的女凉靴帮面形态等几个方面。由于这种风格特征中含有纤细、柔美的审美感受，因此，这种风格鞋楦比较适合采用有一定超长度的尖圆头式的女靴楦，当然，设计师采用什么具体形态特征的女靴楦，还要视流行和自己定位的消费者的审美偏好来决定。为呼应女靴帮面上的繁复、纤细的曲线造型以及丰富这种风格女靴楦的头式造型，设计师可以在楦头的上方做一个或两个凸起的曲线棱，而曲线棱的形状是设计师需着力把握的创新点。

洛可可风格女靴或女凉靴的鞋跟一般采用细高跟，这一方面是由于它的纤细风格特征决定的，另一方面也是为了与鞋楦的超长尖圆头式以及帮面上的纤细、柔美的曲线造型保持一种协调感和整体感。洛可可风格女靴细高鞋跟由两种形态样式，一种是实体式形态，另一种是透空式形态。其中，实体式细高跟的洛可可风格表现通常是设计师在上面设计运用一些立体曲线，这种立体曲线既可以通过将金属片或金属色的皮革材料的镂空来实现，也可以将弯曲的细条带或绳子直接固定在鞋跟上，还可以通过在模具上刻出曲线让其直接以浮雕的形式表现出来；洛可可风格透空式鞋跟一般表现为曲线形状的金属丝附在鞋跟上，并与里面的鞋跟保持一定的空间距离，从而形成一种透空效果，还有一种是直接以弯曲的金属丝构成透空的洛可可风格的鞋跟（图8-200）。

洛可可风格女靴帮面形态表现主要是由比较繁复的曲线状条带构成的女凉鞋（图8-201）或女凉靴。这种曲线状条带构成造型有两种形式，一种是通过模具冲裁使帮面材料形成各种曲线造型；另一种是将直线状的条带弯曲成曲线造型。女凉鞋或女凉靴的帮面曲线形态主要创新点是对条带部件的曲线形状的把握与变化，为使女凉鞋或女凉靴的曲线条带构成的帮面形态具有更鲜明、突出的洛可可风格，设计师可以在这种风格女凉鞋或女凉靴的曲线状的条带上装饰一些有华丽感的仿钻、仿宝石、仿水晶等饰品，如果这些条带部件是金色或银色质地材料就不用再装饰了。

图8-200 通过鞋跟上的纤细立体的繁复曲线同样能够较好地表现本款女鞋的洛可可风格

图8-201 粉嫩的颜色和繁复优美的曲线条带构成了本款女鞋典型的洛可可风格

（3）洛可可风格女靴材质肌理造型元素和色彩造型元素设计　奢华与柔美是洛可可风格女靴风格特征的重要组成部分，而设计师在塑造洛可可风格女靴这两个风格特征时，需借助对材质肌理和色彩两种造型元素的把握来完成。

洛可可风格女靴的奢华与华丽的审美风格特征主要靠金、银、宝石、水晶等稀有贵重的物质来表现，当然，在鞋靴上这些稀有贵重的物质多是仿制品。金、银或其他炫目发亮材质既可以通过帮面材料直接来表现洛可可风格女凉鞋或女凉靴的奢华和华丽感，也可以以较小的点状形体镶嵌于女凉鞋或女凉靴的细条带上面来表现这种风格女鞋的奢华与华丽感。

洛可可风格女靴的柔美、柔媚的审美风格特征除需靠繁复、纤细的曲线形态来表现外，色彩造型元素也发挥着相当重要的作用，设计师除可以运用白色、咖啡色、米色、驼色等常规色以外，洛可可风格女靴的柔美、柔媚感还非常适合用不同纯度和不同明度的粉红色来表现。当然，如果这种风格女靴形态方面已表现出较充分的柔美、柔媚感，设计师直接用有华丽与富丽堂皇感的金色和银色也可以取得较理想的风格表现。

实训二十　不同风格的女浅口正装鞋设计

一、目的、要求

通过端庄典雅风格、优雅高贵风格、干练简约风格、华丽高贵风格女浅口正装鞋设计实训，使学生进一步掌握不同风格女正装鞋的设计方法和贴近实际的设计能力。

二、内容

端庄典雅风格、优雅高贵风格、干练简约风格、华丽高贵风格女浅口正装鞋设计。

三、步骤

（1）了解端庄典雅风格、优雅高贵风格、干练简约风格、华丽高贵风格女浅口正装鞋造型特点和主要造型表现元素以及这些造型元素表现特点。

（2）收集和分析当前端庄典雅风格、优雅高贵风格、干练简约风格、华丽高贵风格四种女浅口正装鞋主要设计表现元素及表现手法。

（3）了解当前端庄典雅女浅口、优雅高贵风格、干练简约风格、华丽高贵风格四种女浅口正装鞋的楦型（主要是楦头式造型）、基本结构式样、鞋跟、大底、材料、装饰配件等流行时尚。

（4）在端庄典雅风格女浅口正装鞋流行装饰配件基础上进行端庄典雅、新颖的装饰配件设计，设计和画出6～10款变化草图。同时，在端庄典雅风格女浅口正装鞋流行结构式样基础上进行端庄、简洁、新颖的结构式样设计，设计和画出4～8款变化草图。

在优雅高贵风格女浅口正装鞋流行装饰配件基础上进行优雅、简洁、新颖的装饰配件设计，设计和画出6～10款变化草图。同时，在优雅高贵风格女浅口正装鞋流行结构式样基础上进行优雅、简洁、新颖的结构式样设计变化，设计和画出4～8款变化草图。

在干练简约风格女浅口正装鞋流行装饰配件基础上进行干练、新颖的装饰配件设计，设计和画出6～10款变化草图。同时，在干练简约风格女浅口正装鞋流行结构式样基础上进行简洁、新颖的结构式样设计变化，设计和画出4～8款变化草图。

在华丽高贵风格女浅口正装鞋流行装饰配件基础上进行华丽、新颖的装饰配件设计，设计和画出6～10款变化草图。同时，在华丽高贵风格女浅口正装鞋流行结构式样基础上进行简洁、新颖的结构式样设计变化，设计和画出4～8款变化草图。

（5）从以上草图中选出较好的方案整合成完整的款式图并画到鞋楦上，与导师一起就款式造型风格塑造、款式造型时尚感、款式造型美感、款式造型创新性、款式造型整体协调性、款式结构造型合理性、款式工艺实施合理性和材料使用合理性等方面做进一步的推敲和修改，直至获得较好的效果。

（6）按照鞋楦上调整修改好的款式图做出实物样鞋或用计算机画出仿真效果图。

（7）师生共同评价和总结设计效果。

四、考核标准（以上每种风格女浅口正装鞋各100分）

（1）不同风格把握正确、鲜明。（以上每种风格女浅口正装鞋本项内容分值为20分）

（2）款式造型具有较强的时尚性。（以上每种风格女浅口正装鞋本项内容分值为15分）

（3）鞋款结构设计合理（符合舒适穿用、合理制板、省料等要求）。（以上每种风格女浅口正装鞋本项内容分值为10分）

（4）不同风格的装饰配件和结构式样设计具有较高的创新性。（以上每种风格女浅口正装鞋本项内容分值为30分）

（5）款式造型有良好的整体协调感。（以上每种风格女浅口正装鞋本项内容分值为10分）

（6）计算机效果图绘制仿真度较高。（以上每种风格女浅口正装鞋本项内容分值为5分）

实训二十一　不同风格的女时装鞋设计

一、目的、要求

通过浪漫风格、优雅风格天真风格、民族风格、牛仔风格、田园风格女时装鞋设计实训，使学生进一步掌握不同风格女时装鞋的设计方法和贴近实际的设计能力。

二、内容

浪漫风格、优雅风格天真风格、民族风格、牛仔风格、田园风格女时装鞋设计。

三、步骤

（1）了解浪漫风格、优雅风格、天真风格、民族风格、牛仔风格、田园风格女时装鞋造型特点和主要造型表现元素。

（2）收集和分析当前浪漫风格、优雅风格天真风格、民族风格、牛仔风格、田园风格女时装鞋主要设计表现元素及表现手法。

（3）了解当前女时装鞋楦型、基本结构式样、鞋跟、大底、材料、装饰配件、装饰工艺等流行时尚。

（4）在女时装鞋流行楦型和基本结构式样基础上进行新颖的结构式样或帮部件分割造型方面的设计变化，各设计和画出4～8款变化草图。

（5）对蕾丝花边、褶皱、材质肌理等塑造浪漫风格女时装鞋主要造型元素进行浪漫、新颖、艺术、夸张的创新把握，各设计和画出6～10款变化草图，并对设计变化较好的蕾丝花边和褶皱造型元素进行造型关系元素方面的创新把握，设计和画出5～8个创新变化草图。

对优雅风格装饰配件、帮部件曲线分割造型、褶皱装饰工艺等塑造优雅风格女时装鞋主要造型元素进行简洁、新颖、艺术、夸张的创新把握，每个造型元素设计和画出4～6款变化草图，并对设计变化较好的优雅风格装饰配件和褶皱造型元素进行造型关系元素方面的创新把握，设计和画出3～5款创新变化草图。

对天真风格装饰配件和图案等塑造天真风格女时装鞋主要造型元素进行天真、活泼、稚气可爱、艺术、夸张的创新把握，每个造型元素设计和画出4～6款变化草图，并对设计变化较好的天真风格装饰配件和图案造型元素进行造型关系元素方面的创新把握，设计和画出3～5款创新变化草图。

对民族风格图案和装饰配件等塑造民族风格女时装鞋主要造型元素进行艺术、夸张的创新把握，每个造型元素设计和画出4～6款变化草图，并对设计变化较好的民族风格图案和装饰配件造型元素进行造型关系元素方面的创新把握，设计和画出3～5款创新变化草图。

对牛仔风格流苏装饰工艺、铆钉装饰工艺、图案、材质肌理等塑造牛仔风格女时装鞋主要造型元素进行艺术、夸张的创新把握，前三种造型元素各设计和画出4～6款变化草图，并对设计变化较好的牛仔风格造型元素进行造型关系元素方面的创新把握，设计和画出3～5款创新变化草图。

对田园风格装饰配件和图案等塑造田园风格女时装鞋主要造型元素进行艺术、夸张的创新把握，每个造型元素设计和画出4～6款变化草图，并对设计变化较好的田园风格装饰配件和图案造型元素进行造型关系元素方面的创新把握，设计和画出3～5款创新变化草图。

（6）从以上草图中选出较好的方案整合成完整的款式图并画到鞋楦上，与导师一起就款式造型风格塑造、款式造型时尚感、款式造型美感、款式造型创新性、款式造型整体协调性、款式结构造型合理性、款式工艺实施合理性和材料使用合理性等方面做进一步的推敲和修改，直至获得较好的效果。

（7）按照鞋楦上调整修改好的款式图做出实物样鞋或用计算机画出仿真效果图。

（8）师生共同评价和总结设计效果。

四、考核标准（以上每种风格女时装鞋各100分）

（1）以上各风格时装女鞋风格把握正确、鲜明。（以上每种风格女时装鞋本项内容分值为20分）

（2）以上各风格时装女鞋款式造型具有较强的时尚性。（以上每种风格女时装鞋本项内容分值为15分）

（3）以上各风格时装女鞋鞋款结构造型设计合理（符合舒适穿用、合理制板、省料等要求）。（以上每种风格女时装鞋本项内容分值为10分）

（4）塑造以上各种风格女时装鞋所把握造型元素具有较高的创新性。（以上每种风格女时装鞋本项内容分值

为30分）

（5）以上各风格时装女鞋结构式样具有较高的创新性。（以上每种风格女时装鞋本项内容分值为10分）

（6）以上各风格时装女鞋整体造型有良好的协调统一感。（以上每种风格女时装鞋本项内容分值为10分）

（7）实物样鞋工艺制作较精致或计算机效果图绘制仿真度较高。（以上每种风格女时装鞋本项内容分值为5分）

参考案例

复古风格女时装鞋设计案例

复古风格是鞋靴、服装、箱包等服饰品中较常见的一种风格类型。从本质上说，复古风格的出现源自于人类的怀旧情感，进一步说，怀旧是人类获取心灵慰藉的一种重要方式。因此，复古风格服饰品有着较广阔的消费需求市场。

"复古"词典释义为，兴起过去时代的某种东西或某种时尚。但在鞋靴、服装、箱包等服饰界，复古风格的出现往往又不是单纯地重现过去的某种经典风格与经典形象元素，而是，新的复古风格一方面要重现过去的某种风格及形象元素，并将这些经典形象（造型）元素运用到当前的服饰品中，另一方面又会将新时代的某种生活理想追求和审美偏好注入其中。因此，女时装鞋中的复古风格设计是指设计师将过去某个时代流行的经典风格、经典样式和某些经典视觉元素运用于当前的新产品开发中，将这个经典风格和样式进行重新定位和诠释，让人们在怀念往昔经典的同时，又不乏体现当代人们的价值观和审美趣味的追求。

由于复古风格女时装鞋设计是设计师对以往某个时代的经典时尚元素的继承、演绎与变化，因此，设计师进行复古风格女时装鞋设计，首先要了解女时装鞋过去都产生了哪些经典样式以及这些经典样式都是由哪些造型元素表现和如何表现的；其次，设计师要了解下一季复古风格女时装鞋究竟是复古的哪个时代的哪种样式和哪种经典造型元素；再次，设计师要了解下一季复古风格女时装鞋中有哪些新的变化造型元素以及它们是如何变化的；最后，设计师根据自己产品的市场定位和特定消费人群审美偏好，依据下一季女时装鞋复古造型元素和变化造型元素，再结合制板、生产工艺、成本控制等要求进行适度的创新变化。

通常情况下，复古风格女时装鞋主要表现在对过去某个时代的某种经典结构式样、楦型、底跟造型、图案和装饰工艺等造型元素及其造型特征的继承与再现上，对这些经典时尚元素允许有一定的变化，但不能有改变其特征的大的变化。设计师必须在准确把握风格特征的基础上再做符合定位市场消费需求的创新变化。本文所讲设计开发一般流程与方法是：

复古风格女时装鞋设计开发通常遵循以下基本流程与方法（其他风格鞋靴设计开发流程与方法亦大致如此）：

第一步，企划人员或设计师要从权威的鞋靴时尚网站、刊物、发布会、商品交易会中广泛搜集将要流行的时尚信息，同时还要深度追踪和搜集自己企业定位的特定消费人群的鞋靴审美偏好和实用性需求两个方面的信息，特定消费人群是指企业对自己的市场目标消费者在特定区域、特定职业、特定年龄段、特定文化背景（学历、专业方向）、特定性格、特定社会地位、特定民族、特定收入等方面进行限定后所形成的特定市场消费对象。鞋靴企划人员或设计师在对鞋靴流行时尚（流行主题、流行风格、鞋楦、鞋底、鞋跟、鞋靴基本款型亦即基本结构式样、帮面材料花色、配件亦即配饰、装饰工艺等）、市场状况（主要指竞争者产品情况、市场流行敏感度）、特定消费人群审美偏好、企业技术与资金等各方面信息深入分析后，便可制定出季节鞋靴设计企划，我国广东一些鞋靴企业称之为的前期开发可以视为一种较为粗略的设计企划。

通过前期严谨的市场调研，设计师准确了解到××××年秋冬将流行一种机车（通勤）风格复古女时装靴。鞋靴企划人员或设计师准确捕捉流行何种具体复古风格很重要，因为，复古风格女时装鞋可以有多种复古风格样式，如古罗马式复古风格、洛可可式复古风格、蒙德里安冷抽象式复古风格、牛津式复古风格等，这些不同的复古风格所要把握的造型元素有很大的不同。

第二步，设计师开始从权威鞋靴时尚网站和刊物中寻找机车复古风格时装靴的实物图片或手绘图稿，也可以在国外直接购买一些这种风格的样品鞋。随后，设计师对这些图片、手稿或样品鞋进行分析，从中了解和分析下一季机车复古风格女时装靴的款式造型都是由哪些造型元素组成以及有哪些变化造型元素。这一点非常重要，因为，此后的机车风格复古女时装靴设计，要求设计师需紧紧围绕那些特定的复古风格造型变化元素去变化，只有这样，设计师才能更好地把握这种复古风格，也才能使设计出的机车复古风格女时装靴具有更强的时尚性。通过分析，设计师发现下一季机车复古风格女时装靴主要是靠形态元素（鞋楦头式造型、鞋跟造型、前开口系带低筒靴结构造型、帮面平面形态分割造型、帮面加装条带立体形态造型）、装饰工艺元素（流苏、冲孔、铆钉、挂链）、色彩元素（中低明度及较灰的咖啡色、棕色、棕黄色、驼色）三种造型元素来把握，此外，材质肌理造型元素和图案造型元素在细化机车复古风格和丰富款式方面也有一定的变化运用。

第三步，根据流行和自己定位的特定消费人群的不同审美偏好对复古风格进行进一步的细化，以此更好地满足特定消费人群中因地域、性格、职业、地位、文化等不同所带来的不同审美追求与趣味。例如，我国东北地区个性张扬的女性较偏爱金属感较强、野性一些的机车复古风格女时装靴（图8-202），江浙地区个性内敛的女性较偏爱柔和温馨一些的机车复古风格女时装靴（图8-203），生性无拘无束、追求洒脱生活的女性则偏爱流苏飘飘带有牛仔遗风的机车复古风格女时装靴（图8-204），而社会地位和文化程度较高的女性则会偏爱简洁、端庄的机车复古风格女时装靴（图8-205），具有纯真、可爱气质的女性会偏爱带有天真感的机车复古风格女时装靴（图8-206）。这样，我们就在机车复古风格的基础上再细化出带有前卫感的机车复古风格、带

图8-202 硬朗并带点野性的复古机车风格女靴显然更受我国东北地区个性张扬的青年女性们的青睐

图8-203 内敛、柔和的复古机车风格女靴更受我国江浙地区性格温婉的青年女性们的欢迎

图8-204 带长长流苏的复古机车风格女靴是追求洒脱和别样生活情调的女性所喜爱的

图8-205 端庄中有点硬朗的复古风格女靴无疑是为满足气质沉稳且又带点强势的女性而设计开发的

图8-206 天真可爱的机车复古风格女靴是为满足充满纯真气质的女性而设计开发出来的

有浪漫感的机车复古风格、带有牛仔感的机车复古风格、带有简洁稳重正装感的机车复古风格、带有天真感的机车复古风格五种机车细化复合的复古风格。这些不同细化复合机车复古风格的造型构成元素既有相同的地方，也有不同的地方。在细化复合机车风格中，机车风格为主风格，揉进的其他风格为副风格，副风格可以是一个，也可以是两个。这些所谓的副风格，当自身成为主流流行时也就变为主风格了。

第四步，确定新开发复古风格产品的鞋楦和鞋跟造型及组数，并将流行的各种复古风格帮面材料和各种配件准备好。

第五步，机车复古风格女时装靴款式造型设计展开。

机车复古风格女时装靴主要造型特征体现在前开口系带低筒靴结构造型、饱满的圆头式和咖啡色三个方面。其中，前开口系带低筒靴结构造型和饱满的圆头式属于这种风格女时装靴的形态造型内容。

（1）机车复古风格女时装鞋形态造型元素设计　复古风格女时装靴形态设计必须是保持前开口系带低筒结构造型和饱满的靴楦圆头式基本造型特征的基础上再进行设计改变。根据前面下一季复古风格女时装靴造型元素流行分析结果，设计师将重点对下一季复古风格女时装靴的头式形态、底与跟形态、帮面平面形态、鞋耳形态和帮面加装条带形态等具体形态造型元素内容进行设计变化。

复古风格女时装靴头式形态设计变化在保持饱满圆头式的基础上，设计师可以根据以上不同细化风格、不同区域消费者和不同年龄消费者的审美习惯对圆头式进行设计变化。设计师首先可以对复古风格女时装靴圆头式的"圆"的大小与厚薄程度进行变化，例如，设计师可以将带有天真感的复古风格女时装靴的圆头式的"圆"设计得大一些，再如，对于带有一定正装感的复古风格女时装靴，设计师可以将其圆头式的"圆"修改得小一些和薄一些，而靴头上方变薄的弧度大小和形状可以有很多变化，设计师通过将复古风格女时装靴原有的圆头式变小和变薄，可以使复古风格女时装靴产生出一种较为严谨与精致的审美感受。其次，设计师还可以在复古风格女时装靴头式（楦头式）的上方进行或线状、或点状、或面状的造型变化，例如，针对具有个性、前卫感的复古风格女时装靴，设计师可以在其圆头式的上方进行直线棱或折线棱的凸起造型变化，这样可以强化复古风格女时装靴的一种前卫感。靴头式上方凸起的直线棱可以在方向、长短、位置等方面进行一些具体的造型变化。对于凸起的折线棱造型变化，设计师除可以进行方向、长短和位置等具体造型变化以外，还可以对折线棱的形状进行各种变化。无论是直线棱造型变化还是折线棱造型变化，其凸起高度都应适度。另外，凸起的棱线前面应较为明显，向后棱线应逐渐变圆润，并逐步消融在楦头式的后方。

复古风格女时装靴底、跟形态及结构造型设计要遵循合理性、创新性、多类型、时尚感和协调感等原则进行把握。当然，这些原则和要求也适合于设计师对其他鞋靴底、跟形态及结构造型的把握。

鞋靴底、跟形态合理设计包括四个方面，一是指底、跟形态造型变化不影响它具有较好的穿用性，即良好的舒适性和安全性；二是指鞋靴底、跟上方斜度与鞋楦后翘角度应保持一致，另外，大底上方凹下内轮廓或鞋跟上方轮廓应与楦底轮廓形状或鞋楦后跟轮廓形状保持一致；三是指鞋靴底、跟形态造型变化应具有较好的成型加工性；四是指鞋靴底跟形态造型变化要符合成本控制要求。

鞋靴底跟形态造型新颖性在鞋靴整体造型变化性中占有重要地位，发挥着重要的创新性与审美性作用。鞋靴底跟形态创新变化往往由专门的鞋靴底跟企业来做，但对于有较强实力的品牌鞋靴企业来说，也可以根据自己需要组织专门的设计师进行创新变化，然后交由专门的鞋靴底跟企业生产出来，这样既可以使鞋靴底跟造型获得较大的创新感，使产品获取更多附加值，同时又可以使底跟造型风格与鞋靴整体造型风格更加整体协调，而且又可以树立产品品牌及企业形象。复古风格女时装靴鞋跟形态创新设计首先必须要遵循以上各个原则，并在半圆或半扁圆造型特征不变的基础上，设计师可以对其形态廓型进行一定的变化，例如，设计师可以在半圆形的鞋跟上设计几个凹进的直线浅圆槽或略微凸起的直线圆棱，然后再进行一些组织造型上的变化；也可以在鞋跟的某个部位上设计一个或几个较浅凹进的某种圆弧形态。

女性对鞋靴底、跟的选择有着较大的不同，这跟女性的年龄、自身身高和性格有较大关系，当然也与女性所处地域和职业有一定关系，一般情况下，25~45岁以及身材较低和性格张扬的女性对较高和较细的鞋跟较为偏好；45岁以上以及身材较高和性格内敛的女性则对较低、较粗的鞋跟或楔形跟较为偏爱。复古风格女时装靴底、跟形态多类型把握原则就是指设计师为满足更多女性消费者对底、跟的不同审美和实用上的偏好，在保持复古风格女时装靴鞋跟造型特征的基础上，将这种风格底跟做不同高低、不同粗细以及增加楔形跟的一些变化。

复古风格女时装靴鞋跟形态时尚感对这种风格女靴整体时尚感把握具有重要作用。经典的机车风格女时装靴的鞋跟不是很高，而且形态较圆，从前期产品企划中可以看出，下一季将流行的机车复古风格女时装靴的鞋跟时尚造型以超高形态和截面为长方半圆形态为主，这样，设计师在对这种风格女靴鞋跟形态设计时，就要围绕这种时尚造型特征在较高形态和不同程度的长方半圆形态及圆的程度上进行变化。

机车复古风格女时装靴底、跟形态协调感把握原则是鞋靴整体造型协调感重要组成内容之一。鞋靴底、跟形态协调感把握主要体现在鞋靴底、跟形态造型特征与鞋头形态造型特征的协调统一性以及这两个部位在体量大小方面的一种协调感表现。所谓鞋跟与鞋头形态造型特征协调性是指，鞋跟或圆、或方、或细尖、或三角以及圆、方、细尖到什么程度是与鞋头（楦头式）的圆、方、尖等形态造型及程度相对应的。鞋跟与鞋头这种形态上的呼应一致性，使鞋靴首先在外在的立体轮廓造型方面呈现出一种整体协调感。例如，机车复古风格女式靴的鞋跟之所以总体上呈现出是圆的，就是因为这种风格鞋靴的头式形态是圆的，圆的大小和圆的程度一般也与这种风格鞋靴头式圆的大小与程度相关（图8-207）。鞋靴底、跟体量与鞋头体量所谓协调感是指鞋靴大底的厚薄、鞋跟的粗细要与鞋头的大小在体量感上接近，例如，机车复古风格女时装靴的鞋头是体量较大的宽厚圆头式，因此，与之相配的大底的前端部分（俗称防水台）也就相应的较厚，与其相配的鞋跟也是较粗的有一定体量的长方半圆鞋跟。

鞋靴帮面平面形态设计亦即帮面平面分割造型设计往往可以实现多重目的和功能，例如，实现某种平面造型时尚感、提升帮面造型新颖度、增加帮面造型美感、使穿用结构合理，使加工制造更加方便、节省帮面材料等。优秀设计师在做帮面平面形态设计时，应将以上各项因素和目的均得到较好的实现。机车复古风格女时装靴上的帮面平面分割造型在努力实现上述平面形态设计目的的同时，还要注意其平面形态造型要与圆的靴头式造型想协调，即设计出的帮面平面形态造型在某个或某些拐弯部位要呈现出一定的圆弧度（图8-208），并力求造型新颖、简洁，分割后的不同平面形态之间的大小比例要合适，不能一个过大，另一个过小，一个过宽，另一个过窄。帮面平面形态造型新颖性主要来自于设计师对其轮廓形状和帮面新颖位置选择两个创新点把握与

图8-207 本款机车复古风格女靴各部位或部件（包括配件）间在形状、体量大小、比例等方面呈现出一种良好的整体协调性

图8-208 帮面平面分割造型是设计师进行鞋靴款式造型变化的常用手段

变化；帮面平面形态设计简洁性有两方面含义，一方面是指新设计的平面形态造型数量要少，一般安排2~3个分割造型为宜，另一方面也指新的平面形态造型的边缘轮廓不要随意过多拐弯，即边缘轮廓线要设计的简洁、新颖。

低筒耳式系带结构造型是机车复古风格女时装靴最显著款式造型特征之一。尤其是外耳式机车复古风格女时装靴，其耳部件形态造型是这种结构造型鞋靴的重要造型内容之一。机车复古风格女时装靴耳部件形态设计主要包括平面廓型形态设计和立体形态设计两个部分。所谓耳部件平面廓型形态设计是指对耳部件的轮廓造型上的一种把握与变化，耳部件平面廓型设计通常主要是对其前方或后方的形状轮廓进行变化，机车复古风格女时装靴耳部件的形状轮廓变化既要新颖、简洁，其变化后的某些边缘轮廓造型又要呈现出一定的圆弧度，以便与复古风格鞋靴的圆头式造型保持一种统一协调感。耳部件的立体形态造型变化主要通过部件局部翻折、加装较宽条带或较小的面状部件、部件局部多层叠加、部件与部件局部穿插、部件与部件虚空搭接等方式来把握。

通过前期产品设计企划可知，机车复古风格女时装靴形态设计的另一重要内容是通过在这种风格鞋靴的帮面上加装一些条带部件使其款式造型具有一种新颖感，这也是此种风格鞋靴下一季时尚造型重要表现形式之一。机车复古风格女时装靴加装条带部件的主要创新点是对加装条带的组织造型（在加装多个条带的情况下）、加装条带的位置、加装条带的方向三个方面的把握与变化。其中，由几根条带组织出的新颖造型带来的造型创新感相对较大（图8-209）。由于复古风格女时装靴的鞋头较饱满，以及鞋跟较粗，因此，这种风格女靴上加装的条带也应适当宽一些，这样条带的形态与鞋的整体造型形态会显得更协调一些。同时，加装的条带上还可以通过与其他帮部件所形成的穿插、搭接、翻折等构成造型来进一步提升鞋靴造型的新颖度。

图8-209 通过加装条带来变化机车复古风格女靴款式造型是当下一种流行手法

（2）机车复古风格女时装鞋装饰工艺设计　流苏装饰工艺是下一季机车复古风格女时装靴的另一重要时尚造型内容之一。流苏本是流苏翻舌式男礼鞋和牛仔风格女时装鞋（亦称波西米亚风格）上的经典造型特征之一，用于机车复古风格女时装靴上可以增加这种鞋靴一种浪漫风情感。用于机车复古风格女时装靴正前方上的流苏通常要比牛仔风格女时装靴上的流苏短很多，如果是安装在外侧靴筒上一般要稍长一些。机车复古风格女时装靴上的流苏装饰工艺主要创新点是对流苏头和流苏条中部或上部的造型、流苏头和流苏条上的再装饰（冲孔、烫钻、穿条等）、流苏中后部的组织造型（适合较长和较细的流苏）、流苏的位置等方面的把握与变化。另外，为满足一部分个性张扬和性格硬朗年轻女性的审美和心理需求，设计师可以在这种风格女靴上通过运用铆钉装饰工艺来把握一种个性与前卫感。金属铆钉的数量多少和形体大小决定了这种风格女时装靴的前卫与个性感的强弱程度。铆钉装饰工艺主要创新点是对铆钉组织造型、铆钉数量、铆钉位置等方面的把握与变化。其中，新颖的铆钉组织造型给这种风格女靴款式造型带来的创新感相对较大。

（3）机车复古风格女时装靴色彩设计　当鞋靴、服装、箱包等服饰品配色主要包括流行色、常规色（经常普遍使用的颜色）、特定消费人群偏爱色、个性色四大种类色彩。设计师根据自己以往的配色经验，将以上四种不同类别的色彩按一定比例为其开发的新产品进行配色。四大种类色彩各自配置比例多少要根据设计师自己的以往经验来确定。此外，不同的鞋靴种类也决定了以上四种色彩的配置比例不同，例如，女时装鞋中流行色和个性色所占比例较大，而正装鞋和休闲鞋中的常规色所占比例较大。

机车复古风格女时装靴作为一种时装鞋，其配色类别较为丰富，流行色、常规色、偏爱色、个性色四大类别色彩都应按一定比例配置于新产品中，具体配置比例应靠设计师以往丰富经验来确定。根据机车复古风格女时装靴前期产品设计企划，下一季机车复古风格女时装靴将以暖灰色（图8-210）和中性灰两类颜色流行为主，同时，咖啡色、棕色、黑色等常用色也占有较大的比例。暖灰色是指给人以温暖感的纯度较低的各种有彩色灰色，中性灰色是指由黑色与白色混合出来的没有冷暖倾向只有不同明度变化的灰色。设计师在机车复古风格女时装靴上运用这两种流行色时，首先，一定要看准下一季这种风格的女时装靴具体流行的是哪一种暖灰色和哪一种明度的中性灰色，要保证在一定比例数量的产品上用准这两种流行色；其次，设计师除可以在这种风格女时装靴上进行单一材质单一配色外，还可以通过用磨砂和光面两种不同肌理的材料承载这种流行暖灰色或中性灰色来获取一种较为新颖的配色效果，另外，磨砂革本身也是下一季机车复古风格女时装靴流行材质之一；再次，设计师还可以通过将流行暖灰色与其接近的另一种暖灰色进行双色搭配来获得一种较为新颖的配色效果，在运用流行色与同类色双色配色时，设计师一般会将流行色赋予的面积较大一些。此外，后两种配色方法与新颖的帮部件平面分割造型相结合，其造型效果会更好一些。

图8-210 深暗的暖棕灰色最能体现复古机车风格

第六步，设计师在满足鞋靴制板、生产加工、成本控制等要求的基础上，运用以上分析得出的机车复古风格主要构成造型元素对这种风格女时装靴款式造型进行整体、协调的把握与变化，同时，设计师还要在对不同地域特定消费者审美偏好和时尚感接受度了解所积累的经验基础上，对以上构思变化的几种细化复合机车复古风格女时装靴款式造型进行不同程度的新颖性和时尚感的把握。

随后复古风格女时装鞋设计开发工作便进入到设计方案初步筛选与确定、制板（出格）、样鞋试制、设计方案二次筛选与确定、设计方案系列设计、订货会或市场试销、设计方案再调整、批量生产等程序中，在此不再一一赘述。

第九章

男鞋设计

本章提要 本章主要讲授男正装鞋设计、男准正装鞋设计、男休闲鞋设计、男礼鞋设计和男时装鞋设计等内容。

学习目标 1. 认识和理解不同类型或风格男鞋的穿用功能。

2. 认识和理解男正装鞋、男准正装鞋、男休闲鞋、男礼鞋、男时装鞋造型特征、主要造型表现元素以及这些造型元素表现特点。

3. 掌握男正装鞋、男准正装鞋、男休闲鞋、男礼鞋、男时装鞋设计基本方法，具有较高的男正装鞋、男准正装鞋、男休闲鞋、男礼鞋、男时装鞋设计能力。

一、男鞋设计分析

为塑造男性的阳刚之气，体现男性的权威和地位感，男鞋造型设计一般要把握一种严谨、庄重、高贵或挺拔粗犷的造型风格，这种风格体现于鞋靴的形态、结构式样、色彩、材质、配件、图案等造型构成要素中，对于高档男鞋来说，精湛的制作工艺是必不可少的。

男鞋设计应从年龄和阶层上进行类别区分，因为，男性这两个方面差距常致使他们对鞋靴选择产生很大差异，其根源是以上两个因素往往使男性产生不同的价值观和审美观。青年男性通常个性表现强烈，追求新潮、前卫及设计独特的鞋靴产品，他们通过穿着这种有个性的鞋靴，来证明自己的一种存在，一种独立的精神，一种桀骜不驯的天性。青年男性的这种个性追求在运动鞋、前卫鞋、轮滑鞋和休闲鞋等鞋类中表现突出。因而，鞋靴设计师在这些鞋类设计开发中除要把特定的功能设计的更加合理、充分以外，在这些鞋类外观形式上要尽其可能去创造一种独特的效果。

成年男性心理日趋成熟，对待事物逐渐理性化，个性逐渐含蓄，反映到鞋靴的穿着上转变为追求大方、庄重和舒适。另外，成年男性对社会地位及权力的追逐，又使得男性对许多用品，如服装、鞋靴、汽车等的象征作用看得比较重，因此，许多成年男性在一定条件满足下，对许多用品的选择注重品牌和高贵感，以显示自己的地位和修养。因此，他们对鞋的外观式样不追求过分新潮，而较多地去关注它们的品牌、功能性、象征性和舒适性。

通过以上分析，男鞋设计师首先应对穿着对象进行归类和分析，然后再根据特定的男性消费者、特定的使用目的和使用场合有针对性地去设计开发新产品。

随着当今时代的快速发展，鞋的穿着目的和场合越来越细化，男性在不同的工作、生活场合下选择不同鞋类品种和样式。尽管男鞋这种消费趋势与变革与女鞋相比显得较为迟缓，但这已充分指示出未来男性设计的发展方向，随着男性鞋靴消费新观念、新时尚的不断出现，以及新材料和新技术的运用，男鞋设计必将有更大的发展。

男鞋主要分为四大类：正装鞋（包括准正装鞋）、休闲鞋、礼鞋和时装鞋。

二、男正装鞋设计

（一）正装风格男鞋设计

男正装鞋是一种常见鞋类，一般与西服等正统服装相搭配。男正装鞋也称为绅士鞋，指外观造型庄重、大方，无过多装饰的男鞋（图9-1）。最为经典的传统男正装鞋是内耳式三节头皮鞋（牛津鞋，图9-2）和外耳式三节头皮鞋，绊带耳扣式鞋（也称僧侣鞋Monk）也属于正装鞋类（图9-3）。现在男正装鞋已不仅局限于以上几种式样，造型大方的外耳式男鞋（图9-4）和围条围盖舌式鞋（图9-5）等成为正装鞋新的流行式样。

图9-1 造型端庄无过多装饰的男正装鞋

图9-2 经典内耳式三节头男正装鞋

图9-3 绊带耳扣式男正装鞋

图9-4 外耳式男正装鞋

图9-5 围条围盖舌式男正装鞋

图9-6 男正装鞋新颖的帮部件分割造型设计是其重要创新点

图9-7 男正装鞋帮部件分割造型设计应做到端庄、新颖、简洁、时尚

男性穿正装鞋一方面是为特定场合需要，要与西服、礼服相搭配，另一方面男性选择穿正装鞋也是为显示自己的修养和地位。因此，男正装鞋设计必须是在高贵、典雅、大方的总体造型风格下进行，并在产品中充分表现出一种精致的工艺美感，即必须有精湛的工艺。男正装鞋设计特点是造型要素变化微妙、幅度较小，注重各造型要素之间的协调性。高档正装鞋设计特别注意对高档材料的选用，包括鞋面材料、鞋底材料、配件和各种辅料。另外，正装鞋设计楦型和材料具有较强的流行时尚性。传统式样三节头正装鞋的造型款式基本是固定程式化的，一般不对其进行太大的设计变化，像包头长度、中帮长度和鞋身的长度之间都有固定的比例，中帮拖脚也有固定的位置等。当然，以上固定的各部件造型、比例、位置不是绝对不可以改变的，略微的设计变化也是允许的，如鞋型（楦型）稍微加长、变薄等。但传统式样几近完美，人们对它的审美也已形成格式化，为满足这一部分消费者的需求，传统式样三节头正装鞋在造型设计上可以基本保持不变。

1. 正装风格男鞋形态造型元素设计

男正装鞋形态设计主要有头式造型设计和帮部件分割造型设计两方面重要内容。

正装男鞋头式形态造型设计实质上也是对楦头式的设计变化。对绝大多数企业来说，正装男鞋设计开发中的头式形态设计变化首先要遵循流行或即将流行的正装男鞋头式基本造型特点，即在男鞋头式的俯视二维造型特点上与将要流行或正在流行的男鞋头式二维造型保持一致。设计变化创新点在于对正装男鞋头部形体上方进行或“线”或“面”两个方面的凸起变化，在进行或“线”、或“面”两个方面的凸起造型时，设计师要注意设计的含蓄、新颖。

帮部件分割造型设计应该说是男正装鞋设计中运用的最为广泛的造型变化内容之一。男正装鞋通过帮部件的分割造型变化既可以形成新的视觉美感及造型价值（图9-6、图9-7），同时还可以更加合理和经济地使用材料。由于男正装鞋上的分割线既要新颖又要简练，因此，男正装鞋的帮部件分割设计具有相当难度。男正装鞋帮部件分割造型不仅要注意线条的美感与新颖，还要十分注意分割后的帮部件比例及其造型上的协调感。男正装鞋帮部件分割造型通常以纵向分割为主，重点是对前帮进行分割，后帮分割一般多在鞋口沿附近。男正装鞋帮部件分割一般以2~4条对称的分割线为宜，不宜分割过多、过碎，也不宜进行封闭式的分割，那是休闲鞋和运动鞋帮部件的分割形式。分割线的创新点在于线条的形状和位置选择，其中位置选择包括线条的起始点和对帮部件左右或上下比例分配点的选择两方面，线条起始点选择决定了线条的长短。男正装鞋上的线条造型既不能过于直，又不能过于曲，应是以直为主，直中带曲有一定柔和感的直线，前帮分割线条造型一般是线条中间部分直一些，接近两端部分要弯曲一些，并且弯曲的曲度或弧度既要新颖又要与楦头部和楦跗背相应部位的曲度或弧度相接近，分割线条曲度造型是男正装鞋线条造型最为关键的把握与变化内容，它决定了线条的造型美感价值。另外，前帮分割线条的左右和前后位置安排也非常重要，分割线条的左右安排决定和影响了分割后的两边帮部件的大小比例，平分或过分悬殊的分割比例都是要避免的；线条前后位置安排决定了线条长短，长线条分割可以使男正装鞋前帮显得修长、舒展，如果男正装鞋上有4条分割线，那么，主分割线条一般是较长的，并且居于前帮主要显眼的位置，另外2条副分割线条要短一些，位置通常安排在主线条的上端或下端，线条走势与主线条基本平行，并且通常有一端要与主线条相接。如果是有围盖的男正装鞋，围盖分割造型一般要与楦头式的造型特点相一致，即围盖两侧线条和前端线条走势要与楦头部两侧线条和前端线条走势相一致，如果做进一步的分割造型变化，一般是在前帮围盖部件上进行分割，多是对称分割，也可以进行不对称分割，分割线条不宜过长，以围盖长度的1/3左右为宜，分割线造型特点及长短曲直要与楦头式造型特点相协调，分割线的创新点在于对分割线的线形和位置的把握与选择（图9-8）。此外，设计师还要特别注意线条造型及位置安排要与工艺和材料的合理实施与使用结合起来。

图9-8 男正装鞋帮部件分割造型的关键是分割线的形状与位置选择的创新把握

2. 正装风格男鞋装饰工艺造型元素设计

装饰工艺在当今男正装鞋设计中运用广泛，是构成男正装鞋款式变化的重要元素以及设计师进行男正装鞋设计变化的重要手段之一。男正装鞋设计运用何种装饰工艺一般要视流行而定，也可以根据自己产品风格或新的市场开拓需要运用某种装饰工艺，目前国内市场上的男正装鞋流行缝（缉）假线和穿条（串花）两种装饰工艺。男正装鞋上装饰工艺设计运用创新点在于对单元装饰工艺造型和较多装饰工艺单元组成的新颖图形两个方面进行创新。

3. 正装风格男鞋材质肌理造型元素设计

男正装鞋的材质一般用粒纹细致、手感柔软、滑爽、丰满的胎牛皮和小牛皮比较理想。对于高档男正装鞋来说，稀有高档的鞋面材料是必不可少的，如鳄鱼皮、鸵鸟皮、鲨鱼皮等，鞋底材料往往也选用天然革，使鞋具更好的透气性。高档男正装鞋的鞋面材料设计运用，非常注重用高档材料的特殊肌理与其他肌理的较好普通鞋面材料搭配使用，这样设计既可以节省高档鞋材，同时还可以使男正装鞋具有一种高贵感。另外，由于肌理不同，还可以形成一种对比的美感（图9-9）。男正装鞋材质设计运用创新点除对材质肌理本身要寻求新颖变化

图9-9 新颖含蓄的肌理再结合新颖的帮部件分割造型是男正装鞋重要创新点

外，还一定要对帮部件进行新颖的分割造型，当然，男正装鞋上的材质肌理新颖变化及组合不能过于夸张和对比，帮部件新颖分割造型同样也不能怪异，要进行端庄简洁新颖的分割，并注意不同材质肌理在鞋上的位置安排和大小比例配置。

4. 正装风格男鞋配件造型元素设计

正装鞋上的配件设计依结构式样而定，一般情况下，耳式三节头正装鞋和前开口正装鞋不加装任何配件；舌式正装鞋通常要加装一个小的标牌配件，也可不加；在舌式鞋的跗背处加上横条配件，变成横条舌式鞋，横条舌式也有多种式样变化；绊带耳扣式正装鞋一般要加装既有实用价值又有装饰功能的鞋钎配件，现在也有用尼龙粘扣代替鞋钎的。配件在正装鞋上往往起到画龙点睛的作用，因此，正装鞋配件设计原则是既要与鞋的整体造型风格相协调，又要有较高艺术性，真正起到点缀、美化、标识的作用。

正装鞋上加装的标牌除具有点缀、美化的功能外，它还具有品牌标识和宣传的实用功能。鞋靴企业自己品牌标识设计得是否新颖、独特、美观，直接决定了标牌在正装鞋上所发挥的功能效果。正装鞋上标牌在体积上要小巧、纤秀；在造型轮廓上有规矩形态的，即标牌图案在一个完整轮廓造型中；也有自由形态的，即标牌没有一个规矩的廓形，如有的标牌廓形造型用的就是品牌标识的字母体或具象的图案轮廓。正装鞋标牌色彩一般有金色、银色和古铜色三种。金色和古铜色适合于各种颜色的正装鞋，银色除与棕色、咖啡色搭配不太适合外，与其他颜色的鞋面材料搭配都适合。正装鞋标牌材质应与鞋材相协调，普通正装鞋用金属或仿金属效果比较好，高档鞋材及名牌正装鞋可以选用镀金、18K金、纯银等高级金属材料，充分衬托出高档正装鞋的名贵感。正装鞋标牌工艺加工非常重要，精美的正装鞋上装配一个制作粗糙的标牌会极不协调，使鞋的整体品质大打折扣。

横条舌式正装鞋上的横条配件常常是这种款式鞋的审美视觉中心，设计师对此处设计应给予特别重视。横条的设计变化一般是通过镂空、串花、编花、镶嵌等装饰工艺来完成。横条配件除要在形态设计上新颖别致外，还要对工艺手法进行深入考虑，独特或精致的工艺手法可以使横条配件产生一种独特的工艺美感，尤其对皮质横条配件更是如此。正装鞋上横条配件颜色一般要求与鞋面材料颜色一致，如果是金属件，金色和银色都可以，其中银色用在黑色鞋面材料上最为合适。横条配件材质选择上以皮革和金属为主，皮革材质显得柔和、高雅、亲切、和谐，金属材质则显得冷峻、严谨、自信、刚毅。

绊带耳扣式正装鞋配件设计主要集中在鞋钎上，这种鞋的形态设计变化一般在鞋的头式造型（楦头式造型）、绊带和鞋耳部件的造型变化上，鞋钎在这种款式鞋的整体造型的构成中发挥着重要作用，设计师应精心设计。鞋钎形态设计应遵循大方与新颖相结合的原则，只大方，不新颖，会失去装饰审美功能，只新颖（或怪异）不大方又会与正装鞋性质不相吻合。在色彩上，棕色或咖啡色鞋面材料适合配金色或古铜色鞋钎，黑色鞋面材料用银色、金色和古铜色都适宜。鞋钎在材质肌理上有光亮型和亚光型两种。一般情况下，配件肌理效果与鞋面材质肌理效果相对比为好，例如在鳄鱼皮、鸵鸟皮等鞋面材料上，搭配一个光亮型的鞋钎，会使鞋面上产生一种材质对比的美感。

（二）准正装风格男鞋设计

随着时代发展，造型有个性的准正装鞋随之出现，这种鞋在秉承传统正装鞋基础上，在造型式样上追求一种个性及其独特品位。一般楦型不过分怪异，有时紧跟正装鞋楦造型的流行，如铲头式、方头式、斜头式等，但在结构式样、材质选择搭配、配件装饰等方面进行一些独特和个性的设计。准正装鞋迎合了西方雅皮士一族的喜好，所谓雅皮士是一些受过良好教育、有较高社会地位和具有一定叛逆精神的在20世纪五六十年代成长起来的人，他们崇尚自由，追求个性解放，反传统，但这些人在对待事物的做法上比较温和、含蓄，不像其后出现的朋克一族那样狂放不羁。这样，一些突破常规但又与传统保持一定联系的准正统事物成为他们的追求，准正装鞋由此出现。当然，现在喜欢准正装鞋的不一定就是雅皮士，一些有个性的青年人也越来越迷恋这种风格男鞋。

准正装鞋设计属于“中庸”设计，在总体设计风格上，既要有传统的大方、端庄、典雅、高贵的一面，又要有创新、个性的一面。准正装鞋整体上看是反正统反潮流的，但它并不完全抛弃传统，它是在传统中显示个性的存在，在和谐中制造一种矛盾。

1. 准正装风格男鞋形态造型元素设计

准正装鞋形态设计主要包括头式造型设计、结构式样设计和帮部件分割造型设计三方面内容。对这三个方面的设计，设计师可以在某个方面突破，也可以在几个方面都突破，形态造型方面的创新设计对准正装鞋风格的把握有较大影响。

准正装鞋形态头式造型设计一般是在流行的正装鞋款式的头式造型基础上进行适度的夸张变化，设计师可将鞋的头式造型变得或超长一些，或超薄一些，或超方一些等，除此，设计师还可以在鞋的楦头上方做某种适当的凸起夸张变化（图9-10），这种凸起造型可以是某种“线”状造型，也可以是某种“面”状造型。

准正装鞋结构式样设计一般是将常见的男正装鞋结构式样进行组合变化在新的组合中寻求一种个性的鞋款结构造型。图9-11是一款比较典型的准正装鞋，设计师在鞋款的结构式样上进行了比较大胆的设计，将多种人们熟悉的传统式样进行了独特组合，为打破正统的式样，设计师又将鞋头前部正中破缝和鞋舌两侧破缝，并结合粗犷的缉线工艺和材质对比，使此款鞋造型在新颖、大方中蕴藏着一种不和谐的怪异感，充分显示了准正装鞋的独特品位。准正装鞋结构式样设计也可对一些常见男正装鞋结构式样某个局部造型进行适度的个性化设计变化。

2. 准正装风格男鞋色彩造型元素设计

准正装鞋色彩设计除常用的黑色、棕色和咖啡色外，也可使用棕红色、棕黄色、米色等较鲜艳和明亮的颜色以及双色搭配，从色彩上将这种鞋塑造得具有个性感，表现出准正装鞋的品位。使用这些颜色时，准正装鞋结构式样一般要求传统端庄一些。

图9-10 男准正装鞋形态元素设计（在鞋的楦头上方做某种凸起夸张变化，形成端庄而又个性的男准正装鞋）

图9-11 通过新颖的结构式样和帮部件分割造型塑造而成的男准正装鞋

图9-12 通过较个性化的配件、高亮度材质和新颖的图案塑造而成的男准正装鞋

3. 准正装风格男鞋材质肌理造型元素设计

材质肌理的适度新颖和个性化可以较好地塑造男准正装鞋风格，因此，设计师应注意男准正装鞋的材质肌理的设计运用，如光面漆皮革与鳄鱼皮革或有独特图案的肌理革与无图案的光面革搭配等都可以获得一种较个性的材质肌理效果。

4. 准正装风格男鞋配件造型元素设计

有金属配件的准正装鞋，对配件的设计运用要给予充分重视，配件造型对男准正装鞋的风格塑造可以发挥很大作用。男准正装鞋配件主要是通过硬朗或适可野性的造型、适当增大的体量和冷峻的质感来表现其准正装风格（图9-12）。配件硬朗造型是通过对直线形体和锐角（棱角）形体的把握来获得，野性形体则是靠对匕首、刀斧、枪弹等危及生命的形体的把握来获得。配件体量是指其体积上的大小，当男准正装鞋上的配件造型缺乏野性而只具有硬朗和个性时，设计师可以通过适当加大配件体量来塑造其风格。如果配件形体野性感比较强，则体积一定要小一些，否则鞋款造型将转变为前卫风格。

三、男休闲鞋设计

现代人将"休闲"赋予了特定的涵义，与过去人们生活追求"悠闲"相比，现代人所追求的休闲生活方式更具有一种主动的意味。现代物质文明的快速发展，在给人类带来越来越多物质享受的同时，也让人们的工作和生活节奏变得更加快速，精神变得越加紧张。休闲从本质上说，是人们在寻求一种心灵与精神上的放松与慰藉，以消除和缓解竞争激烈的社会给人们带来的一种沉重精神压力。于是，休闲成为现代人不可缺少的一种生活方式。休闲在当代人生活中往往变成了一种时尚符号，涵盖了生活的方方面面，如散步、运动健身、旅游、购物等。调整心态，愉悦身心，增强体魄，享受多彩的生活，休闲已成为现代人不可缺少的生命、生活质量追求指标之一。

自17世纪西方工业革命以来，人类社会发展进入到一个崭新阶段，尤其是进入20世纪后，现代科学技术突飞猛进，爆炸式增长的新技术、新知识正迅速改变着人类的生存境遇。人类快速发展必然带来激烈的竞争以及相应快速节奏的生活与工作，人们很少有闲暇去品味生活、享受人生百态，人们正在失去生命、生活的本质。先进发达的物质文明并不能完全满足当代人丰富的精神诉求。于是人们开始寻求各种满足生命意义的形式和内容，有意识地去"休闲生活"便是实现这种追求的一个重要方式。进入21世纪，由法国发轫的慢节奏生活方式逐渐在西方蔓延，所有这些，都是人类对自己生命本质迷失的一种反拨。

然而，休闲是有条件的，温饱不能解决的人是无法追求现代意义休闲生活的，正所谓仓廪实方能知"休闲"。休闲是一种享受，并且主要是一种精神享受。这种享受必须要有一定的经济基础和宽裕自由时间。现代意义的休闲生活概念与生活方式首先于20世纪六七十年代从西方兴起，随后，迅速影响世界各地。现代意义的休闲概念及休闲鞋大约在20世纪80年代中期传入我国，作为一种生活方式被有意识地去追求，并形成一种社会风尚应是20世纪90年代中期以后。

服饰作为人类物质文明和精神文明的一种重要载体，时刻承载和反映着人类对某种生活理想的追求。于是，与这种休闲生活理想及生活方式相匹配的休闲服、休闲鞋、休闲包等休闲服饰用品便应运而生。随着人们休闲理念的不断深入和扩展，追求休闲生活的人群也在不断增多，于是也带动了我国服饰产业的不断扩大。有资料显示，我国目前休闲服饰（休闲服、休闲鞋、休闲包等）产业至少有2000亿元的巨大市场。休闲服饰正在以它独特的功能吸引着越来越多人的关注和消费，休闲服饰已迅速占据了整个服饰市场的半壁江山，并稳居大众服饰消费的先锋地位。

休闲鞋是人类服饰重要组成部分，服饰又是人类生理和心理需求一个不可缺少的外显载体。伴随人类对休闲生活方式日益强烈的追求，休闲服装、休闲鞋正迅速走进人们的生活。

中国作为世界休闲鞋生产和消费大国，由于种种原因，我国休闲鞋设计与研究几乎处于空白状态，休闲鞋企业多数是模仿国外产品或相互模仿，少数企业是在别人产品基础上做一些简单修改便推向市场。随着社会经济发展和人们生活水平的提高，消费者对休闲鞋的造型美感与个性化要求不断提高，休闲鞋设计创新能力已成为企业存亡与发展的重要因素。

（一）休闲鞋设计发展流变

1. 简洁大方的早期设计

虽然据传现代休闲鞋是源于注重图案装饰的印第安人穿着的包底鞋，但它经过几百年的漫长演变，发展到现代意义的早期休闲鞋时，其款式与其他产品早期款式造型一样呈现出一种简洁大方的面貌，鞋的表面没有过多的变化和装饰。鞋的典型结构式样为“舌式”结构式样，早期休闲鞋设计更加关注鞋的基本实用功能的提高，例如，鞋底如何做到既柔软又耐磨，鞋如何穿得更舒适等。

2. 富有装饰美感和多样化风格的现代休闲鞋设计

随着时代推进，当经济发展到一定阶段时，人们消费开始进入到一种感性消费阶段，这时的消费者开始关注精神上的愉悦和满足，即开始追求产品使用中的审美和象征方面的精神满足。消费者在产品中的这种精神追求必然要通过产品的款式造型和品牌来实现。另外，进入20世纪后，人类在快速发展的高新技术和日渐纷繁复杂的世界面前越来越感到个体的渺小，突出自我，彰显生命个体的存在和价值正成为现代人的普遍追求，反映到能直接、直观并经常体现人类一种价值观追求的服饰品上时，便是服饰品呈现出装饰化、多样化和个性化，这其中也包括休闲鞋。

（二）休闲鞋的涵义与功能

1. 休闲鞋涵义

休闲鞋概念是20世纪中后叶以后随着人们对休闲生活方式追求而出现的，休闲鞋概念与内涵与这种新生活方式紧密相关。休闲鞋概念就如同它的样式一样，至今没有明确统一的界定和标准。概括地说，休闲鞋是人们工作之余休闲放松时穿的鞋。这种鞋不受结构式样的限制，可以是耳式的，也可以是舌式的，可以是“包子”式的，还可以是绊带耳扣式的。这种鞋比较典型的外观式样和工艺手法是在底沿处缝有加强帮底结合的外线，显得自然而粗犷，结构式样上多用缚脚性较好的耳式系带结构，外底为整底式的或有较低的后跟，材料耐磨、轻巧，并具有较好的弹性。鞋面材料多用天然材料如绒面革、磨砂革、压花革或肌理较粗的棉、麻织物等。男休闲鞋设计首先要满足实用功能需求，即穿着舒适性，主要是通过结构设计和材料的性能来实现。在实用功能满足情况下，男休闲鞋设计要注意时尚化和个性化的表现，具体把握的程度、造型风格倾向和功能倾向要视特定消费者及使用目的和环境而定，男休闲鞋设计要把握的总体原则是舒适性、轻松感和个性化。

由于休闲鞋主要是用于人们户外各种活动或运动，因此，休闲鞋通常是指人们休闲外出时穿着并非常讲究舒适的一种鞋靴。并由此决定了休闲鞋最重要和最基本的功能是穿着舒适性，但并不是决定市场表现好坏的最主要因素，休闲鞋其他方面的设计必须是在满足这一功能的基础上才有意义。根据人的脚部生理机能和穿着用途，休闲鞋的款式造型与材料使用有自己相对固定的基本样式与要求。它的经典基本款式结构一般采用缚脚性较好的系带式结构；在楦型上一般选用较为饱满和随脚型的鞋楦；大底有一定厚度并且无跟；鞋的口沿处加有软填充物，材料多选用天然皮革材料；色彩一般选用给人以轻松、温馨感的暖灰色（图9-13）。

早期休闲鞋类别和式样都较为单一，主要是用于人们外出散步或购物等活动，但随着人们休闲理念和活动的不断发展和丰富，休闲鞋的类别和功能也日渐多样和丰富，除传统日常休闲鞋外（图9-14），现在又延伸出适合户外一般体育活动的运动休闲鞋（图9-15），适合在正式场合与正装服装相搭配穿着的正装休闲鞋（图9-16），能满足年轻人张扬个性、表现自我的前卫休闲鞋（图9-17），以及有各种特殊功能的休闲鞋等。

图9-13 具有特有造型特征的男休闲鞋

图9-14 传统日常休闲鞋

图9-15 近年迅速发展的运动休闲鞋

图9-16 有广阔发展前景的正装休闲鞋

图9-17 前卫休闲鞋是个性张扬青年人的选择

2. 休闲鞋的功能

人的自然性和生物性属性，使其对休闲鞋的功能需求首先在于它的实用性，即休闲鞋首先要满足人的足部舒适行走的需要，这就要求设计师首先要认真研究人的脚部生理结构、人体工程学、下肢生理机能和下肢运动机能；研究形成休闲鞋的各种因素，如材料、结构构造、工艺技术等。休闲鞋实用性包括舒适性、耐用性和经济性。休闲鞋缺乏舒适性便失去了它最基本的穿用功能和存在的价值；休闲鞋耐用性是指鞋要有足够长时间的穿用寿命，使用时间过短，同样是缺乏实用性的一种表现；休闲鞋经济性表现在这种鞋的使用和生产过程中要具有良好的"性价比"和"投入回报比"，休闲鞋缺少经济性便难于推广和生产。

休闲鞋的舒适性可以说是这种鞋最重要的实用功能之一。是设计师首先要考虑和解决的一个功能。这个功能解决不好，其他功能即使实现也会因此而大打折扣，甚至无法实现。休闲鞋舒适性源自于人的脚部与身体的生理及其机能要求和感受。人们通过实验分析，影响休闲鞋舒适性的构成因素主要有合脚性、缚脚性、透气性、吸湿性、柔软性、减震性、阻隔性、压力分散性和摩擦性等。以上各个舒适性因素哪一个更重要要视具体穿着者及其要求来定，并且其中的一些因素的作用是相互依存、互为影响的。

人的精神性和社会性属性使人对休闲鞋除了实用功能需求外，还有精神功能上的需要，这种精神需求主要表现在人对休闲鞋的审美性和象征性方面的满足需要。休闲鞋在满足人们舒适性要求后，其审美和象征功能更被当代消费者所看重，休闲鞋的审美性和品牌内涵及美誉度就成为企业努力把握和建设的内容。

人对休闲鞋的物质功能（实用性）和精神功能（审美性、象征性）需求既有普遍性又有个别性，功能需求个别性是由人的不同情况和条件决定的。同样是休闲鞋，特定条件下的人有特定需求。例如，不同年龄、地域、文化程度、地位、社会阶层和收入的男性，其对休闲鞋的款式造型审美和实用功能需求就有着较大的差别，审美方面，江浙一带的男性更欣赏休闲鞋的一种典雅之美，而东北男性则更愿意看到休闲鞋的一种粗犷之美。实用功能方面，南方消费者更关心休闲鞋的透气性和防水性，北方消费者则看中休闲鞋的防滑性和保温性。设计师只认识到休闲鞋的各种功能还不足以使这种产品使消费者满意，设计师还必须了解影响休闲鞋使用的其他因素，如流行时尚、结构构造、材料性能、生产技术、成本控制等诸因素，只有与这些因素结合好，休闲鞋设计才能更好地满足消费和生产经营两个方面要求，设计也才真正具有意义和作用。

（三）主要类型休闲鞋及其设计

1. 日常休闲鞋设计

日常休闲鞋指的是人们用于日常生活中穿着的休闲鞋。目前市场上多数休闲鞋都属于这一类。作为用于人们日常外出休闲穿用的一种休闲鞋，舒适性是其最重要的穿用功能。根据不同年龄、阶层、地域和性格的使用对象，日常休闲鞋又分为典雅型、时装型和前卫型三种风格。第一种适合于年龄较大、社会地位较高或性格内敛稳重的男性穿着，第二种适合较年轻、性格比较张扬的男性穿着，第三种适合具有强烈反叛精神和特立独行的男性穿着。

（1）典雅风格日常休闲鞋设计　典雅风格日常休闲鞋是人们休闲时穿着最普遍的一种休闲鞋，在审美和象征方面典雅风格日常休闲鞋与正装男鞋一样，同样可以表现或象征男性所看重的一种身份地位和文明素养，只是穿着场合和搭配的服装不一样。典雅风格日常休闲鞋首先应通过帮底结构和材料的合理设计与运用来满足消费者对行走舒适的要求，然后再通过典雅、端庄的造型来满足消费者的审美和象征方面的要求。

① 典雅风格日常休闲鞋形态造型元素设计：对多数休闲鞋企业来说，休闲鞋头部形态造型一般不做过多变化，紧随流行时尚即可以。典雅风格日常休闲鞋形态设计创新点主要是对帮部件进行新颖、简洁、柔和的分割造型变化。典雅风格休闲鞋帮部件多进行曲线分割造型，这是因为曲线分割出的帮部件造型更容易获得一种轻松、愉悦、温馨的审美心理感受，而这正符合人们休闲时的一种心境追求。典雅风格日常休闲鞋帮部件分割

造型一般以新颖简洁的纵向曲线分割为主，分割曲线弧度不易过大和转弯过死，帮部件分割曲线弧度过大不符合休闲鞋帮部件分割造型固有造型及审美习惯，严重影响对典雅风格日常休闲鞋的高贵典雅和柔和舒展的审美风格的塑造和表现，帮部件分割造型转弯过死则不利于帮面材料的套裁节省，同时也不符合休闲鞋固有造型及审美习惯。典雅风格日常休闲鞋帮部件纵向分割造型宜有长短、大小变化，而这种长短大小变化通常又都安排在典雅风格日常休闲鞋的中后部，并且要注意分割后的帮部件在大小、比例和形状上做到整体协调。另外，帮部件上的分割线条造型还要注意与楦头式造型相协调。例如，方圆头的楦，帮部件分割造型也应呈现出一种方中见圆的造型。

② 典雅风格日常休闲鞋材质肌理造型元素设计：休闲鞋多用于人们户外运动，人在运动中足部会有较多的水汽排出，而休闲鞋中水汽不能及时排出便易滋生细菌并引起脚臭，如果外部环境气温较低，还容易造成脚部冻伤，另外，人在活动中脚部皮肤也会"呼吸"加快，透气性不好的帮面材料会使人脚感到憋闷，因此，休闲鞋材质肌理设计首先要考虑材料应具有良好的透水汽性。根据人们休闲是为寻求平和、惬意、闲适的生活与心境的目的，典雅风格日常休闲鞋材质肌理设计运用要在协调、内敛、柔和以及遵循流行的原则下去展开。典雅风格日常休闲鞋一般不用光泽感很强的金属效应革、漆皮革、珠光革等帮面材料，而多选用磨砂革、绒面革、油鞣革或涂有一定光饰层但不很亮的帮面材料。典雅风格日常休闲鞋材质肌理设计运用有两种常见方法，一种是用流行性很强的某种单一肌理材料，另一种是用两种不同材质或同一材质不同肌理进行搭配组合，前一种材质肌理设计运用方法相对简单，是目前国内休闲鞋企业设计人员常用方法，这种材质肌理设计运用方法强调对特定消费者的某种材质肌理偏好和材质肌理流行性的准确把握。后一种是将不同材质肌理或同一材质不同肌理进行搭配组合，需注意的是，设计运用的新材质肌理一定要稳重端庄，不能过于夸张艺术。此外，在这种组合中，肌理效果较突出的材料通常要放到显眼的位置。在进行不同材质肌理组合时，为取得更好的效果，设计师还要注意对帮部件进行新颖、端庄和简洁的分割造型变化，两方面结合，典雅风格日常休闲鞋材质肌理设计运用才能取得较好效果。

图9-18 新颖时尚的装饰工艺是男休闲鞋造型变化的重要创新点

③ 典雅风格日常休闲鞋装饰工艺造型元素设计：装饰工艺在典雅风格日常休闲鞋设计中发挥着重要作用，是典雅风格日常休闲鞋款式造型设计创新的重要内容和手段。典雅风格日常休闲鞋装饰工艺设计运用具有较强的流行性，设计师应在遵循流行装饰工艺的基础上进行设计变化。目前，国内休闲鞋常见装饰工艺有：穿条、编花、冲孔、起褶、叠片、缝埂、缉线等（图9-18）。设计师在运用以上各种装饰工艺时，首先不能破坏或减弱典雅风格日常休闲鞋的既定风格，并应加强它的既定风格；其次，运用编花和冲孔装饰工艺要注意不能影响和破坏帮面材料强度；再有，由于装饰工艺多数靠手工完成，因此，设计师设计运用装饰工艺还要注意对产品成本的影响。装饰工艺创新点主要是对装饰工艺单元造型、数量、大小、位置、组织造型等方面进行创新把握。

④ 典雅风格日常休闲鞋色彩造型元素设计：从目前国内典雅风格日常休闲鞋市场看，色彩还远没有发挥出它应有的作用，表现为：一是色彩使用相对单调；二是色彩搭配缺乏突破；三是各种不同品牌休闲鞋缺乏自己色彩风

格化的表现。

目前，典雅风格日常休闲鞋色彩多以茶色、奶咖啡色、棕黄色、深棕色、黄灰色和棕黑色等中明度和低明度的暖灰色为主。近年，米黄色、豆黄色、米色等高明度低纯度的暖灰色使用频率渐高，随着人的生活水平的不断提高，会有更多的人选择这种能显示自己一种较高品位的高明度低纯度的暖灰色。

由于典雅风格日常休闲鞋总体是典雅、轻松、温馨和亲切的一种造型风格。因此，这种休闲鞋配色多以含蓄、内敛的暖灰色为主，一般不使用纯度较高的颜色或黑色。

图9-19 类似色相配色是男休闲鞋常用配色方式

类似色相配色是典雅风格日常休闲鞋常用的一种配色方式（图9-19）。类似色相配色较之单一色相配色更能显示出色彩的一种魅力，它的主要特点是类似配色既具有变化性，同时又具有协调性。典雅风格日常休闲鞋类拟色相配色一般多用两种灰度较高的褐色与茶色、褐色与棕色或茶色与棕色等中明度或中高明度暖灰色进行组合搭配。在具体搭配时要注意颜色要有主次大小的变化，突出部位颜色明度一般要略浅一些，对定位于年龄较大、社会地位较高消费者的传统日常休闲鞋，所用类似色相之间的明度要接近一些；而定位年龄较小、社会地位较低消费者的典雅风格日常休闲鞋，所用类似色相之间的明度差可略大一些，以显得活泼、朝气。

典雅风格日常休闲鞋进行双色或多色配色时，设计师往往选择顾客最喜欢的颜色或流行的颜色占较大的面积，这种色也称为主导色，主导色构成了典雅风格日常休闲鞋的基本色调及情调，与之相配较小面积的颜色称为辅助色，也有的称为点缀色，辅助色的明度一般较浅，通常放到鞋的重要突出部位上。

（2）时装风格日常休闲鞋设计　时装风格日常休闲鞋是近些年正日益流行的一种风格休闲鞋，主要用于满足个性张扬、喜欢表现自我的青年人穿着。时装风格日常休闲鞋虽然具有夸张的造型特点，但舒适性依然是其基本设计要求。另外，时装风格日常休闲鞋还要十分注意对流行时尚的跟踪与把握。

① 时装风格日常休闲鞋形态造型元素设计：时装风格日常休闲鞋形态造型设计主要包括鞋头式造型（楦头式）、帮部件分割造型和结构式样造型三方面内容。鞋头式造型可在满足脚部穿着舒适、行走方便以及遵循流行的基础上进行超长、超方、超厚、超薄、超斜等方面进行变化。

图9-20 具有新的结构式样（缚脚结构）造型的男休闲鞋

时装风格日常休闲鞋帮部件分割造型要有较强的艺术性、时尚性和个性，分割造型创新点主要是对分割线的形状和在帮部件上的位置进行创新把握，在对线形创新把握时，设计师要注意线的曲直形状及程度要与楦头式造型特点相协调，同时还要注意分割后的帮部件之间的大小比例要具有协调感。另外，帮部件分割造型还要尽量适合帮材料的套裁和加工制作。

时装风格日常休闲鞋结构式样设计通常是指这种鞋的帮部件之间一种新颖和个性的组合搭配，而且这种帮部件组合搭配一般不缝合在一起，休闲鞋结构式样造型有时也指一种新的缚脚结构造型（图9-20），当然，设计师在进行这种形态结构式样设计变化时，还要考虑方便于生产加工。

② 时装风格日常休闲鞋材质肌理造型元素设计：材质肌理变化是时装风格日常休闲鞋设计中常用的一个造型变化元素。在对时装风格日常休闲鞋材质肌理设计把握时，设计师既可以用不同材质进行组合搭配，也可以用不

图9-21 对比色配色常用于塑造时装风格日常休闲鞋

同肌理的同一种材料进行搭配，例如，用某种特殊肌理的压花革（有条件的企业可专门订制）与光面革进行组合搭配往往可以取得较新颖的材质肌理变化效果。时装风格日常休闲鞋材质肌理设计运用一定要做到新颖、时尚、夸张，新颖主要体现在肌理的少见性和艺术性上，时尚是指新颖的肌理应表现在流行皮料上，夸张既指材质肌理本身的新颖、个性，也可以指不同材质肌理组合呈现出的一种较强对比性。需注意的是，时装风格日常休闲鞋材质肌理设计运用如果结合新颖时尚的帮部件分割造型，其效果会更好一些。

③ 时装风格日常休闲鞋色彩造型元素设计：色彩造型元素在塑造日常休闲鞋时装风格中发挥着重要作用。男休闲鞋色彩一般为纯度较低的各种有彩色灰色，而时装风格日常休闲鞋色彩则主要是通过其较强的纯度和两种或两种以上色彩的对比性来塑造日常休闲鞋的时装艺术性（图9-21）。时装风格日常休闲鞋色彩对比性主要从色相的冷暖对比、色相的明度对比和色相的纯度对比三个方面来把握。在为时装风格日常休闲鞋进行两色或多色对比配色时，设计师要注意把握好以下几个方面：一是色彩双方或多方的面积不能接近，要以其中一个色彩面积为主；二是色彩的选择既要注意流行性，同时还要注意企业定位的消费者对某种色彩的偏爱，尤要以后者的偏爱为主去配色；三是当设计师用一种色彩配色时，色彩的流行性和纯度把握会显得特别重要，这就要求设计师能准确预测时装风格日常休闲鞋的色彩流行；四是注意色彩的呼应形式表现，在具体把握时，呼应双方色彩要保持一定距离，色彩双方面积大小也要拉开距离；五是如果是用纯度很低的有彩色灰色与高纯度颜色组合配色，其中有彩色灰色要占较大面积。

④ 时装风格日常休闲鞋图案造型元素设计：图案是时装风格日常休闲鞋设计中常用的造型元素，通过艺术、个性、夸张的图案，一款普通形态造型的休闲鞋马上可变成有时装艺术感的休闲鞋。时装风格日常休闲鞋图案变化素材丰富多样，有各种具象图案、抽象图案、几何图案、民族图案等，选取哪一种图案素材，设计师一是要根据企业定位消费者对某种图案的特殊偏爱来选取，二是要根据某种图案的流行性来选取哪一种素材方面的图案。时装风格日常休闲鞋图案设计创新点同样首先是对图案本身造型进行创新变化，如果是具象图案或具有某种明确意义指向的图案，在创新变化时，图案原本面貌特征不能失去；其次是对影响图案造型效果的大小、位置、数量、方向、组织造型、实现工艺方式等造型关系元素方面的创新把握。

（3）前卫风格日常休闲鞋设计　请参考第十三章前卫鞋设计。

2. 运动休闲鞋设计

运动休闲鞋是近年从传统日常休闲鞋中分离出来的一种休闲鞋类，是指具有较强运动功能的一种休闲鞋。随着越来越多的人将运动作为休闲活动主要内容，运动休闲鞋越来越受到人们的青睐。集运动鞋和休闲鞋功能于一身的运动休闲鞋，满足了人们随时运动又能与休闲服装搭配穿着的心理需求。独特的功能使得运动休闲鞋有着广阔的市场发展前景。运动休闲鞋穿用功能正如它的修饰、限定的概念前缀，一是体育运动功能，二是休闲功能，在这两个功能中，休闲属性及功能是其主要方面，运动属性属于它的重要延伸功能，运动休闲鞋作为一种休闲鞋，其舒适性无疑还是它的主要实用功能要求，在满足了舒适性要求的前提下，设计师要注重这种休闲鞋体育运动功能方面的设计。人在体育运动状态下，其生理机能会发生较大变化，血液循环加快，排水汽机能加强。因此，运动休闲鞋要具有良好的透水汽性（吸湿性和透气性）。另外，体育运动对这种鞋的缚脚性、减振性、防滑性、材料强度、工艺牢固性等方面也都有较高要求。在造型方面，这种鞋应该以休闲鞋造型风格为主，适当注入一些运动风格，毕竟人们是将这种鞋按休闲鞋的使用属性来穿着的。运动休闲鞋造型风格过于接近运动鞋造型风格会影响这种鞋与日常休闲服装的搭配。

（1）运动休闲鞋形态造型元素设计

① 楦型造型设计：运动休闲鞋的楦型造型设计一般以休闲鞋的楦体结构造型为主，造型变化不是很多，多是在鞋楦头式的厚与薄、宽与窄、方与圆和对称与不对称等几个方面寻求变化。其时尚变化也主要是表现在以上几个方面。楦型造型设计原则与传统日常休闲鞋楦型造型设计原则基本相同。

② 结构式样设计：运动休闲鞋穿用功能决定了这种鞋的结构式样必须具有良好的缚脚性。因此，运动休闲基本结构式样一般都选择“U”字形系带式结构式样，再有一种是耳式系带结构式样。定位于年轻消费群体的运动休闲鞋，可寻求一些新颖的结构式样。

③ 帮部件分割造型设计：运动休闲鞋帮部件分割造型设计同样也是这种鞋形态元素创新的一个主要内容，同时也是这种鞋整体款式造型创新设计的重要内容。运动休闲鞋帮部件分割造型设计同样要遵循和符合帮部件分割造型设计诸原则，即要符合运动休闲鞋特有造型风格，紧随时尚分割造型潮流，符合样板要求，符合工艺制作要求，易于工艺流程展开，易于产品质量控制、符合产品成本控制以及创新原则。运动休闲鞋帮部件分割造型应具有一定的动感和活泼性，分割后的帮面造型要强调一种曲线线条（曲线状的帮部件）的动感造型。这种分割后的曲线造型又多以纵向为主，其创新变化主要集中于线条的形状、材质肌理、色彩和加工方式上。如果是定位于年轻消费者穿用，以上线条变化创新内容则可以设计的更加个性一些和对比性强一些。

（2）运动休闲鞋色彩造型元素设计　运动休闲鞋配色工作程序、组织方式与方法和传统日常休闲鞋基本相同。运动休闲鞋色彩设计与传统日常休闲鞋色彩设计相比，更强调一种色彩的活泼和动感，色彩的活泼和动感来自于色彩三要素的对比性，即色彩的色相、明度和纯度等三个方面的对比，对比越强，其活泼、动感也就越强（图9-22）。定位年龄较大、地位较高的运动休闲鞋色彩适合在暖灰同类色中寻求一种明度上的对比，主色调适宜用土棕色、奶咖色、豆黄色和米色等高灰度色彩为主，而不宜用较强冷暖对比感的色彩进行搭配组合。另外，设计师在为运动休闲鞋配点缀色时要注意用运动鞋流行点缀色。

图9-22 活泼、醒目的高纯度颜色或对比色非常适合用于运动休闲鞋

（3）运动休闲鞋材质肌理造型元素设计　体育运动是一项富有活力和激情的活动，反映到运动休闲鞋材质肌理造型元素设计上同样要有所表现。运动休闲鞋材质肌理对比性设计应强于传统日常休闲鞋的材质肌理对比性设计。在传统日常休闲鞋中不能使用的各种视觉冲击力较强的材质肌理，在运动休闲鞋上都可以使用。定位于年龄较大、地位较高消费群体的运动休闲鞋，其主要帮面材料可选用具有一定光泽感的光面全粒面革、无光泽感的磨砂革，较小的条带状帮部件材料可选用具有新颖肌理和较亮光泽感的皮革与之搭配，形成一种有活力同时又不失稳重感的材质肌理对比美感。对定位于年纪较轻、地位较低消费者的运动休闲鞋，其主帮面材料既可以选用具有一定光泽感的光面革，也可选用无光泽感的磨砂革、油鞣革，较小的条带状帮面材料则可选用光泽感较强的漆皮革、激光革等与之搭配，使之散发出更强的活力和激情感。

（4）运动休闲鞋装饰工艺造型元素设计　首先，运动休闲鞋上的装饰工艺设计与运用要遵循传统日常休闲鞋一样的设计运用原则。由于运动休闲鞋上的帮部件分割造型、色彩搭配和材质肌理等造型元素设计都已具较强的视觉冲击力，因而其上面的装饰工艺已不适宜在帮面上再单独布局和实施。最好是在条带状帮部件上实施某种装饰工艺或在分割后形成的帮部件廓形里面做适形装饰工艺。所用装饰工艺应能提高运动休闲鞋的一种动感活力或形成新的视觉中心。运动休闲鞋常用装饰工艺有：缉线、刺绣、冲孔、压印、串花、高频压花等，由于运动休闲鞋活动强度较大，因此对帮面材料的强度和整个成型工艺牢固度都有较高要求，而冲孔、串花等装饰工艺使用不当则会使帮面材料的耐折强度下降，例如，冲孔、串花相距过近、过密或装饰工艺安排在休闲鞋鞋面经常弯折用力的跖趾部位时，就都会造成帮面材料强度下降，容易产生开口、断裂等质量问题。

四、男礼鞋设计

男礼鞋过去是出席重要社交场合，配合男礼服或西服穿用的一种皮鞋，也可以与其他比较正式的服装搭配穿着。男礼鞋的款式造型特点是在帮面上装饰有冲孔、花边和流苏，风格华丽、高贵。这种风格男鞋过去在欧洲较为流行，现在一些较传统的欧洲男性还比较喜欢这种风格式样的鞋，我国20世纪上半叶在上海、天津、北京等大城市也出现过这种男礼鞋。现在虽然不再流行传统经典式样的男礼鞋，但通过与时尚楦型、款式和材质的结合，具有时代感和时尚性的男礼鞋还是能得到一些男性的喜欢。

（一）传统男礼鞋设计

传统男礼鞋也称为经典男礼鞋，这种鞋通过高贵、华丽造型风格特征来象征和彰显男性较高的身份地位和修养。传统典型男礼鞋样式有燕尾包头花孔三节头耳式系带鞋和流苏翻舌式鞋两种。男礼鞋的款式造型特点是帮面上装饰有冲孔、花边和流苏。

燕尾包头花孔三节头耳式系带男礼鞋是最为经典的传统男礼鞋款式，分为燕尾包头花孔三节头外耳式系带男礼鞋和燕尾包头花孔三节头内耳式系带男礼鞋（图9-23），传统男礼鞋款式设计创新点是对鞋头部的冲孔花型进行变化，冲孔花型包括冲孔本身造型和冲孔组织造型两部分内容，冲孔花型变化是对以上两方面内容的创新把握。冲孔造型一般为圆形，也可以是菱形，还可以是半圆形或其他异形花形。相对来说，冲孔组织造型变化对燕尾包头花孔三节头耳式系带男礼鞋造型新颖感的塑造作用更大，冲孔组织造型创新变化是指由一定数量的冲孔按照某种图形组织出某种新颖造型。鞋头上的冲孔组织造型的图形造型变化一般以四条或六条各种变化的对称回旋曲线的形式来构成某种造型，在对称回旋曲线之间还有由圆形或菱形冲孔组织构成的某种造型。设计师主要就是对以上由孔洞组成的回旋曲线形状和他们之间由孔洞组成的某种形状进行创新变化。

传统男礼鞋色彩经典搭配是棕色与白色（图9-24）、黑色与白色组合，另外，用棕色、棕黄色、黑色等单

图9-23 经典的燕尾包头花孔三节头内耳式男礼鞋

图9-24 棕色与白色组合是男礼鞋经典的双色搭配

色配色也较为普遍。双色搭配时，一般将深一点的颜色放到前帮（包头部件）和后帮（后包跟部件）上，较浅的颜色放到中帮上，这种双色搭配曾经在20世纪三四十年代风靡一时。

流苏翻舌式礼鞋是一种造型比较夸张的男礼鞋（图9-25）。流苏翻舌式男礼鞋上的流苏部件既可以是加长鞋舌翻出来，也可以单加上去，一般情况下，流苏部件上窄下宽，长度一般控制到跖趾部位或略为靠上一些。创新点主要是对流苏部件进行设计把握，即对流苏部件的形状、大小、装饰以及流苏条的粗细、长短、下端头部形状和装饰等方面进行设计变化。

图9-25 流苏翻舌式是又一种典型的男礼鞋

（二）正装男礼鞋设计

正装男礼鞋是指华丽感较弱带有一定端庄感的男礼鞋。正装男礼鞋既可以表现出男性端庄、沉稳、大气的本色气质和性格特点，还可以表现和象征男性的一种较高的社会地位、身份和修养，这种风格的男鞋适合于更多的场合穿着，因此，正装男礼鞋今后应有更多的消费市场，是男鞋企业应关注的一种风格男鞋。正装男礼鞋与传统经典男礼鞋的区别在于，前者以端庄典雅风格为主，稍带有华丽感，后者以尽显华丽高贵风格为好。正装男礼鞋又分为端庄华丽型和带有一定个性的准正装华丽型两种，前者适合年龄较大或性格沉稳的男性穿着，后者适合于年龄较小或性格外向的男性穿着。正装男礼鞋变化的造型元素相对丰富一些，款式造型创新点主要是对形态造型、材质肌理搭配和冲孔装饰工艺等造型元素的变化创新。

1. 正装男礼鞋形态造型元素设计

正装男礼鞋形态造型元素设计主要是对其头式造型（楦头式造型）、帮部件分割造型两个方面进行设计变化。正装男礼鞋形态造型元素设计方法与要求和男正装鞋一样（请参考男正装鞋形态造型元素设计）。

2. 正装男礼鞋冲孔装饰工艺造型元素设计

正装男礼鞋冲孔装饰工艺一般有两种使用表现方式，一种是在鞋头上方使用，另一种是在包头和缚脚结构帮部件边缘处使用，通过减少冲孔使用数量和区域，来达到减弱正装男礼鞋的华丽感，使鞋款造型保持以正装风貌为主。也有鞋头和帮部件边缘都有冲孔装饰的，但要求款式必须简洁一些。两种使用表现方式中，前一种设计主要是对由冲孔构成的组织造型进行变化，变化基本原则和要求是新颖、简洁，创新点是对构成冲孔组织造型的“骨架”曲线进行变化创新，如果是圆头鞋，骨架曲线的曲度可以大一些，如果是方头鞋，骨架曲线中可适当直一些。此外，组织造型的基本廓形要与鞋头造型相适合，例如，如果鞋头部是小圆头，那么，冲孔组织造型的基本廓形也应是倒三角形。冲孔装饰工艺在包头和缚脚结构帮部件边缘处使用，同样主要是对由冲孔构成的组织造型进行变化，这种组织造型是以二方连续的构成形式来表现，构成有直排、折排、曲排、直折排、直曲排和折曲排六种大的形式，直排构成形式是指冲孔一字摆开，折排是指冲孔以弯折直线的构成形式排出，曲排是指冲孔以曲线的构成形式排出，其他直折排、直曲排和折曲排三种构成形式是前三种构成形式的相互组合，后三种组合构成形式还可以在某一构成内容的数量和相互位置上进行变化，例如，冲孔直折排构成形式中，可以使直排冲孔设计成两排或三排，也可以将折排设计成两排或三排；位置上，可以直排在两边折排在中间构成，也可以直排在下折排在上来构成等。冲孔装饰工艺除在组织造型上设计把握外，冲孔单元造型设计也比较重要，常规冲孔造型单元是一个稍大圆孔旁边再竖排两个稍小的圆孔，设计师应发挥想像力，突破常规，设计出更多花样的冲孔单元造型。

图9-26 时装风格男礼鞋（一）
作者：卢晓旭（石家庄铁道学院 邢台职业技术学院 2005级）
指导教师：陈念慧

（三）时装男礼鞋设计

时装男礼鞋是指造型华丽、夸张、艺术的男礼鞋（图9-26）。这种风格男礼鞋适合于性格张扬、讲究排场的男青年穿着。时装男礼鞋可以表现出男性华丽、个性的风貌。时装男礼鞋变化的造型元素要更多一些，这种风格男礼鞋创新点主要是对形态（结构式样）、图案、装饰工艺、材质肌理搭配等造型元素进行艺术、夸张的变化创新。

1. 时装男礼鞋形态造型元素设计

时装男礼鞋形态造型元素设计主要是对其头式造型（楦头式造型）、帮部件分割造型两个方面进行艺术、夸张的设计变化，设计方法与要求与男时装鞋一样（请参考男时装鞋形态造型元素设计）。

2. 时装男礼鞋装饰工艺造型元素设计

时装男礼鞋装饰工艺在这里不仅是指冲孔、锯齿花边这两种常规表现方式，而是指其他较夸张的扭花、褶皱等装饰工艺。这些装饰工艺设计运用首先要对其单元装饰工艺造型进行创新变化，然后将设计好的单元装饰工艺再结合造型关系元素方面的设计创新，以求更好的设计效果（图9-27）。

图9-27 时装风格男礼鞋（二）
作者：冀海平（石家庄铁道学院 邢台职业技术学院 2005级）
指导教师：陈念慧

五、男时装鞋设计

（一）男时装鞋概念

男时装鞋是我国鞋业界20世纪80年代出现的一个概念，是指造型比较夸张、个性时尚的男鞋（图9-28、图9-29）。

图9-28 具有"内敛的野性 深邃的浪漫"气质的牛仔风格男时装鞋
作者：刘文凯（石家庄铁道学院 邢台职业技术学院 2005级）
指导教师：陈念慧

图9-29 注重材质肌理对比的男时装鞋
作者：沈志威（邢台职业技术学院 2002级）
指导教师：陈念慧

与男准正装鞋相比，男时装鞋造型要更夸张和个性一些，而与男前卫鞋相比，男时装鞋造型的夸张性和个性又要弱一些，当然，男准正装鞋、男时装鞋和男前卫鞋三者概念及穿用功能会随着时代发展和具体穿着者而产生变化，这里时代发展主要是指经济、文化、科技等方面发展给人们带来的各种观念、认识和行为上的变化，这其中包括人们服饰审美和穿着随着时代发展而发展，例如，20世纪90年代所谓的男时装鞋，现在看来不过只是楦头有点尖或帮面造型稍复杂一些的准正装鞋，当时看上去夸张的前卫鞋，拿到现在看只能算是时装鞋。不同穿着者对以上三种不同风格男鞋判断和定义也会不一样，开放发达地区的人或个性比较张扬的人会将经济落后闭塞地区的人或个性内敛的人看作时装鞋的鞋视为准正装鞋，将后者视为前卫鞋的鞋看作时装鞋。我国男时装鞋出现与我国经济快速发展和社会开放及人们的个性日益解放有关。男时装鞋穿着对象主要是大中城市蓝领阶层部分个性张扬青年男性或学习艺术专业的部分青年男性，年龄一般在20～28岁。男时装鞋一般与男时装化衣装、个性化休闲服装或牛仔服装搭配穿着，其穿用功能主要用于青年男性在娱乐、逛街或朋友聚会时展现穿着者的一种个性和鞋靴夸张艺术的美感。

（二）男时装鞋设计

男时装鞋设计重点是对形态、色彩、材质肌理、图案、配件等几种造型元素的一种夸张把握，几种造型元素可同时在一款男时装鞋上进行创新把握，也可以只把握其中的一种或两种造型元素，一般情况下，每款男时装鞋设计，形态造型元素是设计师必须重点设计把握好的内容，在此基础上，再辅以色彩、材质肌理等其他1~2种造型元素的设计把握。

1. 男时装鞋形态造型元素设计

男时装鞋形态造型元素设计创新内容包括鞋头式（楦头式）造型、帮面结构式样造型和帮部件分割造型三个方面。由于形态造型元素变化往往会给鞋靴生产工艺、成本和穿用功能等方面带来影响或变化，因此，设计师在对男时装鞋形态造型元素进行设计把握时，要充分考虑新的形态设计方案对以上因素的影响，要努力寻找消费需求、材料供给、生产工艺和企业盈利都能满足和允许的解决方案。

男时装鞋头式造型是该种鞋靴形态造型设计变化重点内容，一般在超长、超尖、超薄、超方、超厚、超斜以及鞋头上方的新颖立体造型等几个方面进行创新变化（图9-30、图9-31）。以上男时装鞋头式变化内容容易给鞋靴穿着舒适性或脱楦工艺带来不良影响，设计师对此要予以注意。

图9-30 鞋头式超方并注重色彩变化的男时装鞋

图9-31 鞋头式超薄结构式样新颖的男时装鞋

男时装鞋帮面结构式样造型是该种鞋靴形态造型设计变化又一个重点内容。鞋靴结构式样造型主要包括帮部件的新颖组合造型和开闭结构造型两个方面（图9-32）。帮部件结构式样造型可以通过增加帮部件进行新颖组合和帮部件位置调整两种方式来形成新的鞋靴形态结构式样造型，一般只增加一到两个帮部件，增加的帮部件与原来的帮部件可以从穿插、翻折或搭接三种构成造型上去构思创新，与此同时，设计师还可以对新增加的帮部件的形状、色彩、材质肌理和装饰工艺等几个方面进行创新变化，以进一步提高男时装鞋形态造型元素结构式样造型方面的创新度。鞋靴开闭结构造型设计主要是通过开闭方式变化、开闭位置变化、开闭帮部件或配件造型变化和开闭结构数量变化等几个方面的创新去形成新的形态造型。

男时装鞋形态造型元素帮部件分割造型设计是设计师常用的一种变化手法（图9-33）。男时装鞋帮部件分割造型创新要求相对较高，艺术性要强，设计师要为鞋上的分割线的形状、位置、长短和多少而反复推敲，同时，设计师也不能忽略分割后的帮部件形状在节省材料和生产加工方面的合理性。男时装鞋帮部件分割造型时，设计师应根据具体风格来进行变化，如端庄干练风格就要分割的简练而新颖，华丽风格则可以分割得相对多一些，民族风格就应将民族服饰中的一些特色造型巧妙融入其中。

图9-32 有新颖开闭结构造型的男时装鞋

图9-33 新颖的帮部件分割造型与图案造型是男时装鞋常用的一种变化手法

2. 男时装鞋色彩造型元素设计

男时装鞋色彩设计首先要考虑流行色的影响，男时装鞋色彩不像女时装鞋那样变换频繁，但也有一定的流行性，与女时装鞋一样，男时装鞋流行色具有一定的区域性和时差性，在南方流行的色彩，在北方不一定流行，开放发达地区先流行以后再流行到经济相对落后的地方；其次，要考虑特定消费者的色彩审美偏好，同样年龄段的男青年，由于不同地域、不同民族或不同职业会有不同的色彩审美偏好；再有，就是要考虑色彩要与男时装鞋某种具体风格相吻合，如黑色、深棕色或暗灰色比较适合端庄干练风格的男时装鞋，白色、咖啡色与白色组合、黑色与白色组合（图9-34）或其他暖色组合则更适合于塑造有华丽感的男时装鞋。

如果男时装鞋设计不过多追求其他造型元素的变化创新度，那么也可以通过使用一些纯度较高的颜色来实现其造型上的艺术夸张，例如，设计师可以使用纯度较高的红色、黄色、蓝色、绿色等颜色中的任意一色或多色组合。

图9-34 黑色与白色可以较好地塑造出男时装鞋的一种华丽感

3. 男时装鞋材质肌理造型元素设计

男时装鞋上的材质肌理设计要求具有较高的新颖性和较强的肌理组合对比性，设计师如果在市场上寻找不到新颖别致的材质肌理，企业在成本控制允许情况下，也可以自行设计然后让材料生产商为其专门定制新颖肌理材料，这样鞋上使用的材质肌理更具独特性。男时装鞋材质肌理设计同样要注意与流行性相结合，例如，如果时下男时装鞋流行漆皮革，那么设计师应在此基础上选用或定制某种新肌理材料进行新颖的组合。另外，男时装鞋材质肌理设计还应注意与特定的具体风格相吻合，例如，端庄干练风格男时装鞋上的材质肌理就不宜设计运用得过于夸张新颖，而华丽风格的男时装鞋上则不宜设计运用棉麻或绒面革等无光泽感的材质肌理，这种风格的男时装鞋适合用高亮度的材质肌理。需要注意的是，男时装鞋上的材质肌理设计同新颖的帮部件分割造型相结合才能取得更好的效果（图9-35）。

图9-35 罕见的材质肌理设计与新颖的帮部件分割造型相结合能够较好地塑造出男时装鞋的前卫感

4. 男时装鞋图案造型元素设计

新颖的图案设计可以较好地表现出男时装鞋的艺术夸张特征（图9-36）。男时装鞋图案设计变化范围很大，几何图案和抽象图案运用相对较多一些，文字、字母、标识等特殊图案设计运用得好也可取得较好的艺术效果，而民族图案对塑造民族风格的男时装鞋能发挥重要的作用。男时装鞋上的图案设计除了要注意与时尚性结合、迎合特定消费者图案审美偏好和与整体风格相协调等常规要点外，设计师还要特别注意对图案的创新设计，这包括图案造型本身的创新和对图案造型关系元素方面的创新把握，后者是指对图案大小、数量、位置、方向、色彩、质地和实现方式（图案用何种工艺手法在鞋上实现）等方面的创新把握，男时装鞋图案以上两个方面设计创新紧密结合才能获得较好的效果。

图9-36 具有个性化头式与图案的男时装鞋

5. 男时装鞋配件造型元素设计

配件对男时装鞋的风格塑造具有较大作用，并且由于配件是由专门配件企业生产，因此，用配件造型元素塑造男时装鞋在生产时相对方便。男时装鞋上的配件设计主要通过配件形态方面的创新来实现，配件形态设计变化范围包括具象形态（自然界中一切具体可感的物质形象）、抽象形态、特殊形态（标识、字母、文字等）。市场上如果没有现成合适的配件，企业在成本控制允许情况下，同样也可以自行设计然后让配件生产企业为其专门定制，这样鞋上使用的配件更具独特性。配件设计同图案设计一样，除了要注意与时尚性结合、迎合特定消费者配件造型审美偏好和与整体风格相协调等常规要点外，设计师关键还是要做好对配件的设计运用方面的创新，这包括配件造型本身的创新和对配件造型关系元素方面的创新把握，只有这两个方面创新紧密结合，男

图9-37 夸张的装饰配件可以较好地塑造出男时装鞋风格
作者：张玉亮（石家庄铁道学院 邢台职业技术学院 2005级）
指导教师：陈念慧

时装鞋配件设计运用才能获得较好的效果。例如，同样的配件造型，在男时装鞋上使用，体量大小、数量多少、摆放的位置等都对效果造成很大影响，一般来说，男时装鞋上的配件体量和数量都夸张地大一些和多一些（图9-37）。

（三）常见风格男时装鞋设计

目前，男时装鞋主要有端庄干练风格、重金属风格、牛仔风格、民族风格和华丽高贵风格等几种风格类型。

1. 端庄干练风格

端庄干练风格也可以说是一种简洁大气的风格，由于这种风格符合男性性格特质、做事风格和审美取向，因此，端庄干练风格的男时装鞋有更多的消费人群，端庄干练风格男时装鞋主要靠超长楦型或较大体积配件的夸张造型来塑造，根据端庄干练风格要求，其楦型和配件设计应寻求有直线和棱角造型特点的简洁新颖变化，不做过于复杂的结构式样变化或过多的帮部件分割变化，色彩要根据地域流行时尚和特定人群审美偏好，一般用单一的黑色、棕色或其他明度较暗的颜色较好，而不要采用高纯度颜色配色，这类颜色给人感觉活泼、单纯，与端庄的风格气质相悖。为增加这种风格男时装鞋的艺术性及美感，设计师也可以在帮面上设计运用一些新颖简洁的装饰工艺，例如，缉假线、穿条、局部编花、局部镂空等，当然，运用这些装饰工艺设计师也要进行富有创意的变化。

2. 重金属风格

所谓重金属风格是指鞋靴上面有较多的金属饰物（图9-38）。男时装鞋重金属风格塑造不能用过多的金属饰物，金属饰物过多，时装鞋风格就会转换成为前卫鞋风格。重金属风格带有硬朗、刚毅、强悍和桀骜不驯的表情意味。由于这种造型风格能比较好地体现男性的性格特质，因此，重金属风格的男时装鞋也得到了较多男青年的喜欢。重金属风格男时装鞋上的金属饰物一般表现在鞋头或鞋跟上，多以体积较小的金属片包在鞋头或鞋跟上，也可以用一定数量的较小金属钉铆在这两个部位或鞋帮其他部位上，这里关键是设计师要对金属片造型和金属钉排列组合造型及摆放位置进行创新变化。另外，男时装鞋如果带有绊带和金属鞋钎，那么，设计师可以对金属鞋钎进行设计创新把握，首先，对鞋钎的形态进行创新，别致的形态造型是塑造时装风格所需要的；其次，可适当加大鞋钎的体积，也可增加其数量，这样重金属风格时装鞋就可以塑造出来。

图9-38 重金属风格的男时装鞋

3. 华丽高贵风格

华丽高贵风格男时装鞋与男礼鞋风格类似，这种风格男时装鞋适合那些注重身份地位而又性格张扬的男青年，男时装鞋华丽高贵风格与女时装鞋华丽风格有不同的造型表现形式和手法，华丽高贵风格的男时装鞋造型与男礼鞋造型风格塑造手法一样，主要是靠冲孔和流苏装饰工艺来表现男时装鞋华丽高贵的风格。华丽高贵风格男时装鞋设计首先要在楦型、结构式样和帮部件分割造型等几个方面进行夸张创新设计。由于冲孔装饰一般都是在靠近帮部件分割线的边上，因此，新颖的帮部件分割造型是这种风格鞋必不可少的。在鞋的时装风格塑造出来后，设计师再对鞋的华丽高贵风格进行塑造，集中精力对冲孔组织造型、冲孔形状、冲孔位置和流苏造型、流苏数量、流苏位置等方面进行创新变化。

4. 民族风格

请参考民族风格女时装鞋设计。

5. 牛仔风格

请参考牛仔风格女时装鞋设计。

实训二十二　不同风格和类型男鞋设计

一、目的、要求

通过男正装鞋、男准正装鞋、男休闲鞋、男礼鞋、男时装鞋设计实训，使学生进一步掌握以上各种风格和类型男鞋的设计方法和贴近实际的设计能力。

二、内容

男正装鞋、男准正装鞋、男休闲鞋、男礼鞋、男时装鞋设计。

三、步骤

（1）了解男正装鞋、男准正装鞋、男休闲鞋、男礼鞋和男时装鞋的造型特点和主要造型表现元素以及这些造型元素的表现特点。

（2）收集和分析当前男正装鞋、男准正装鞋、男休闲鞋、男礼鞋和男时装鞋主要设计表现元素及表现手法。

（3）了解当前男正装鞋、男准正装鞋、男休闲鞋、男礼鞋和男时装鞋的楦型、基本结构式样、装饰工艺、材质肌理等流行时尚。

（4）在男正装鞋流行楦型和基本结构式样基础上进行新颖的帮部件分割造型设计变化，设计和画出4～8款变化草图。然后再结合新颖的帮部件分割造型设计进行材质肌理造型元素的设计，它包括帮面材料新肌理的设计（肌理再造）和材质肌理新颖搭配设计两个方面，设计和画出4～6款肌理草图。

结合男准正装鞋新颖的帮部件分割造型设计进行适度个性化材质肌理造型元素的设计，它包括帮面材料新肌理的设计（肌理再造）和材质肌理新颖搭配设计两个方面，设计和画出4～6款肌理草图。同时，结合男准正装鞋流行装饰配件，进行新颖和适度个性化的装饰配件设计，首先对装饰配件自身造型进行设计变化，然后再对其造型关系元素方面进行创新把握，设计和画出3～5款变化草图。

结合男休闲鞋流行楦型和帮部件分割造型进行柔和、轻松、新颖的帮部件分割造型设计变化，设计和画出4～8款变化草图。另外，结合男休闲鞋流行装饰工艺，进行新颖的装饰工艺设计，首先进行单元装饰工艺的设计变化，然后再对其造型关系元素方面进行创新把握，设计和画出3～5款变化草图。

结合男礼鞋流行楦型和帮部件分割造型进行新颖的帮部件分割造型设计，设计和画出4～8款变化草图。另外，结合男礼鞋流行装饰工艺（冲孔、流苏），进行新颖的装饰工艺设计，首先进行单元装饰工艺的设计变化，然后再对其造型关系元素方面进行创新把握，设计和画出3～5款变化草图。

结合男时装鞋流行楦头式和帮部件分割造型进行新颖、夸张的楦头式和帮部件分割造型设计，设计和画出

4～8款变化草图。另外，结合男时装鞋材质肌理、装饰工艺、图案或装饰配件流行状况，对其目前流行的造型元素进行创新把握，首先要对材质肌理单元造型、单元装饰工艺、单个图案或装饰配件自身造型进行艺术和夸张的设计变化，然后再对其造型关系元素方面进行创新把握，各设计和画出3～5款变化草图。

（5）从以上草图中选出较好的方案整合成完整的款式图并画到鞋楦上，与导师一起就款式造型风格塑造、款式造型时尚感、款式造型美感、款式造型创新性、款式造型整体协调性、款式结构造型合理性、款式工艺实施合理性和材料使用合理性等方面做进一步的推敲和修改，直至获得较好的效果。

（6）按照鞋楦上调整修改好的款式图做出实物样鞋或用计算机画出仿真效果图。

（7）师生共同评价和总结设计效果。

四、考核标准（以上每种风格或类型男鞋各100分）

（1）以上各风格男鞋风格把握正确、鲜明。（以上每种风格或类型男鞋本项内容分值为20分）

（2）以上各风格或类型男鞋款式造型具有较强的时尚性。（以上每种风格或类型男鞋本项内容分值为15分）

（3）以上各风格或类型男鞋结构造型设计合理（符合舒适穿用、合理制板、省料等要求）。（以上每种风格或类型男鞋本项内容分值为15分）

（4）塑造以上各风格或类型男鞋所把握的造型元素具有较高的创新性。（以上每种风格或类型男鞋本项内容分值为30分）

（5）以上各风格或类型男鞋整体造型有良好的协调统一感。（以上每种风格或类型男鞋本项内容分值为10分）

（6）以上各风格或类型男鞋实物样鞋工艺制作精致或计算机效果图绘制仿真度较高。（以上每种风格或类型男鞋本项内容分值为10分）

参考案例

成品鞋成本核算（定额）单

材料名称	单位	单价	实耗	金额/双	材料名称	单位	单价	实耗	金额/双
面料（真皮）	尺				电费				
前里皮（PU）	尺				水费				
后里皮	尺				燃料费				
鞋大底	只				折旧费				
鞋中底	只				刀模				
前衬	尺				鞋楦				
后衬	尺				鞋盒				
内衬布	尺				外包装纸箱				
包头	双				商标				
包头布	尺				内包装袋				
回力胶	桶				合格证				
勾心（钢条）	双				打包胶带纸				
松紧带	双				手套/口罩/刷				
鞋饰扣	双				裁断工工资				
粘扣	双				缝纫工工资				
鞋带	双				成型工工资				
拉链	双				外加工工资				
线					资料费				
钉					外采样品费				
鞋衬					设计开发费				
防潮剂					生产管理费				
黄胶					办公费				
粉胶					运输费				
双面胶					税费				
包头水									
快干剂									
白乳胶									
鞋面处理剂									
鞋底处理剂									
固化剂									
清洗剂									
鞋底面胶					成本合计				
后处理					出厂价				

审批：	审核：	核算：	日期：

第十章

鞋靴系列设计

本章提要 本章主要讲授鞋靴形态要素系列设计、鞋靴色彩要素系列设计、材质肌理要素系列设计、图案要素系列设计、装饰工艺要素系列设计和配件要素系列设计等内容。

学习目标 1．认识和理解鞋靴系列设计的意义和作用。

2．掌握鞋靴形态要素系列设计、鞋靴色彩要素系列设计、材质肌理要素系列设计、图案要素系列设计、装饰工艺要素系列设计、配件要素系列设计六种鞋靴系列设计基本方法。

多款鞋靴存在某些相同的造型要素以及造型风格，构成鞋靴的系列设计。系列鞋靴设计一般应有3款以上，通常为4款、6款、8款和10款，设计师也可以设计10款以上较大型系列，甚至数十款的特大型系列。系列鞋靴设计一方面可以满足不同消费者的审美要求，另一方面鞋靴系列设计以群体面貌出现，在表现设计主题，以及给人视觉和心理的感受上有冲击力，是单款鞋靴无法相比的。

鞋靴系列设计主要是围绕某种流行主题来进行。例如，可以围绕当前的环保思想、回归自然、天人合一的思想主题来进行系列设计，也可以针对后现代主义思想及风格进行设计和表现。以鞋靴的某种造型要素进行的系列设计，是指该造型要素在系列鞋靴款式造型设计中发挥着重要和主要的作用，在视觉美感上最具影响力。通常情况下，鞋靴系列设计有以下几种形式。

一、形态造型要素系列设计

鞋靴形态要素包括鞋靴的楦型造型、结构式样、帮面和底、跟造型，分平面和立体两种构成形式。帮面和底、跟平面造型是指帮部件之间和底、跟部件是二维平面上的造型变化，这种平面造型变化需要考虑特定消费者的审美、结构的合理、工艺的要求、节省材料等多种因素。鞋靴形态的立体构成设计往往能使鞋靴视觉效果强烈，但同时也可能增加鞋靴材料消耗和降低生产效率，以致成本提高。鞋靴形态要素系列设计是鞋靴系列设计的主要形式之一，适合各种鞋靴设计（图10-1）。

二、色彩造型要素系列设计

色彩要素系列设计是指鞋靴系列造型设计中色彩发挥着重要作用，通过色彩在鞋靴上的巧妙运用，使鞋靴色彩富有魅力和系列感。色彩要素系列设计中又具体分为色相要素配色系列设计、纯度要素配色系列设计和明度要素配色系列设计。同其他许多产品配色设计一样，鞋靴配色设计一般不超过三种颜色（某些鞋类例外）。色彩要素系列设计适合女鞋、童鞋、旅游鞋、休闲鞋、运动鞋、时装鞋等鞋类，是鞋靴系列设计主要形式之一（图10-2）。

图10-1 鞋靴形态造型要素系列设计

图10-2 鞋靴色彩造型要素系列设计

三、材质肌理造型要素系列设计

材质肌理要素系列设计是指鞋靴系列造型设计中材质肌理发挥重要作用，构成这一系列鞋靴突出的视觉形式美感及系列感，如由油鞣革材料构成的系列休闲鞋，使人感觉粗犷、质朴；各种亮革、粒面革和特殊皮革巧妙搭配运用，可以形成一种新颖的视觉效果。

四、图案造型要素系列设计

图案在某些鞋类造型设计中占有重要地位。图案要素系列设计是靠新颖的图案，使鞋靴产生系列感和视觉审美效果。图案分为具象图案和抽象图案、几何图案和不规则图案等多种形式。图案要素设计运用时，图案的形象本身设计和在鞋靴上的位置安排至关重要，它决定了这个要素系列设计是否能够成功。图案要素适合童鞋、旅游鞋、时装鞋、休闲鞋、前卫鞋、运动鞋的系列设计（图10-3）。

图10-3 鞋靴图案造型要素系列设计（女鞋类）

五、装饰工艺造型要素系列设计

鞋靴外观形式构成中，装饰工艺有时发挥相当大的作用，利用各种鞋靴装饰工艺，可以设计和生产出以此为特点的系列鞋靴。像正装鞋、休闲鞋、时装鞋上的打孔、锯齿花边、起埂，童鞋、休闲鞋不同部位的装饰缉线、编花等，还有压印、绗缝、刺绣、喷绘等都可以构成系列鞋靴款式造型。

六、配件造型要素系列设计

用于鞋靴的装饰配件种类繁多，许多配件造型、质感富有个性，将它们用于鞋靴的系列设计，往往也可取得很好的效果。运用配件进行鞋靴系列设计可以从配件的形态、质感和色彩三个方面来考虑，另外对配件的数量、体积和位置安排需仔细推敲。如鞋靴系列设计主题是回归自然，那么配件质感为木质或竹质的效果就会更贴近主题，数量、体积也可略多和稍大一些。

七、综合造型要素系列设计

运用综合造型要素构成系列鞋靴设计是指在系列鞋靴设计中综合运用多个造型要素，鞋靴款式造型综合要素系列设计往往能取得较好的系列设计效果。

鞋靴款式造型设计有时要对两个或更多的造型要素进行综合设计创新。一般来说，鞋靴款式造型设计创新造型要素越多，鞋靴的造型视觉效果越有冲击力。就是说当鞋靴的形态、色彩、材质、图案、装饰工艺等各方面都有别于现有产品，那么，这款鞋靴的效果会比只运用一个或两个造型要素创造的鞋靴款式造型要强烈得多（图10-4）。

图10-4 鞋靴综合造型要素系列设计

实训二十三 鞋靴色彩造型元素系列设计

一、目的、要求

通过鞋靴色彩造型元素系列设计实训，使学生掌握通过形态造型元素变化形成鞋靴系列化的方法能力。

二、内容

鞋靴色彩造型元素系列设计。

三、步骤

（1）确定某款鞋靴，并先做好2~3种新颖帮部件分割造型设计，以便后面填充变化的色彩。

（2）了解鞋靴色彩造型元素系列设计构成方法及要求。

（3）在其他造型元素不变的情况下，通过消费者偏好色彩、特定鞋靴种类常规用色和特定种类鞋靴流行色的改变来形成鞋靴系列变化，设计和画出2~3种色彩系列变化草图。

（4）从以上草图中选出较好的一个三款系列设计方案画到三只鞋楦上，与导师一起就系列款式色彩变化效果、系列款式色彩时尚感、色彩美感、系列变化配色创新性、系列款式造型整体协调性、系列款式结构造型合理性、系列款式工艺实施合理性和系列款式材料使用合理性等方面做进一步的推敲和修改，直至获得较好的效果。

（5）用计算机画出仿真效果图。

（6）师生共同评价和总结设计效果。

四、考核标准（100分）

（1）鞋靴色彩变化系列感尺度恰当。（20分）

（2）系列鞋靴的楦型、底跟造型、材质肌理、装饰工艺、装饰配件或图案等造型元素有较强的时尚性。（10分）

（3）系列鞋靴结构造型设计合理（符合舒适穿用、合理制板、省料等要求）。（10分）

（4）色彩造型元素系列设计具有较高的创新性。（30分）

（5）系列鞋靴款式帮部件分割造型设计具有较高的创新性。（15分）

（6）系列款式造型有良好的整体协调感。（10分）

（7）计算机效果图绘制仿真度较高。（5分）

第十一章

童鞋设计

本章提要 本章主要讲授幼童鞋设计、小童鞋设计、大童鞋设计和少年儿童鞋设计等内容。其中，小童鞋设计又包括小女童时装鞋设计、小女童正装鞋设计、小男童时装鞋设计和小男童正装鞋设计四个方面内容。

学习目标

1. 充分认识和理解目前中国童鞋市场的良好机遇和广阔发展前景。
2. 充分认识和理解童鞋设计的意义和作用。
3. 认识和理解童鞋消费、审美、功能需求特点。
4. 认识和理解小女童时装鞋、小女童正装鞋、小男童时装鞋和小男童正装鞋的造型特征、主要造型表现元素以及这些造型元素表现特点，掌握小女童时装鞋、小女童正装鞋、小男童时装鞋和小男童正装鞋的设计基本方法，具有较高的小女童时装鞋、小女童正装鞋、小男童时装鞋和小男童正装鞋的设计能力。

一、童鞋设计分析

童鞋设计在鞋靴设计中占有特殊的位置，具有鲜明的特点。儿童处于生理、心理和认知成长发育时期，受外界影响很大，儿童对自己的用品有着特有的审美和实用功能要求，童鞋作为儿童日常生活中必须用品，充分体现出这些特点。童鞋设计要比成人鞋设计时考虑得更加细致入微。

儿童的心理、生理发展变化很快，并且受环境和生活条件影响很大；模仿是儿童的天性；男童和女童又有着明显差异；儿童消费往往由他们的父母来决定。儿童成长发育和消费的这些特点，使得设计师不仅要认真研究其生理、心理、审美、活动、娱乐等各方面特点；而且还要仔细考虑成长的环境和条件，包括娱乐和学习内容、地域条件（气候和地理）、家庭条件，以及不同地区儿童的父母消费习惯、审美偏好、对孩子成长抱有的心理期望等，综合以上多方面因素的分析和研究，设计师才有可能在童鞋设计开发中获得成功。童鞋不仅是企业获取利润的一种产品，它还肩负着培养儿童审美意识、审美能力，促进心理、生理和智力健康发展等诸多方面的使命。

儿童是一个大的年龄概念，从儿童不同时期的生理特点、心理特点和对事物反应能力及其兴趣爱好、主要活动内容区别来看，儿童可分为幼童、小童、大童和少年儿童四个类别。

儿童处于生长发育阶段，儿童脚部生长发育受鞋靴的影响要远大于服装，因此，设计师对童鞋的设计应首先注意满足实用功能需要，严格遵循不同年龄段儿童的脚型规律，注意童鞋对脚部和身体的安全保护，避免因设计不当对儿童脚部和身体安全造成伤害。在造型风格上童鞋设计应始终把握活泼可爱的总体基调。

二、童鞋设计

（一）幼童鞋设计

幼童脚部皮肤非常娇嫩，尤其是婴幼儿体温调节能力尚没有形成，容易出汗，对外界温度敏感。因此，婴幼儿鞋应该用非常柔软的具有吸湿、透气和保温性好的棉纤维材料来做。考虑到婴幼儿脚部有时有蹬踹动作，并且皮肤娇嫩，因此，婴幼儿鞋一般不采用缚带式结构，以防带子将孩子脚部勒伤或擦破。婴幼儿鞋采用浅口式结构式样比较理想，口门可以设计得略微靠上一些，以防孩子蹬踏时鞋靴脱落。婴幼儿脚前部宽平，因此婴幼儿鞋前部空间一定设计得比较宽大。

婴幼儿鞋的颜色不要过分强烈，以高明度粉色系列为主，如粉红色、粉黄色、粉橙色、奶油色、粉绿色等，在粉色或一些浅色中点缀一些高纯度色，效果也比较好，白色与粉色系列或少量的高纯度颜色搭配可以得到灿烂、明丽、洁净的色彩感觉。

婴幼儿鞋装饰设计以平面设计为主，一般采用刺绣、拼贴等工艺手法。形象设计通常用小动物加以装饰。

1～3岁幼童开始蹒跚学步，此时幼童鞋设计要注意其跟脚性（抱脚性），一是有利于幼童学走路，二是因为幼童行走不稳，跟脚性不好使幼童容易摔倒。幼童鞋底设计要柔软、屈挠性好，并且不宜过厚，因为幼童行走抬脚高度低，脚抬高程度判断能力差，太厚的鞋底易使幼童判断失误而摔倒，另外，鞋底要设计成无跟底。为使鞋底抓地性好，防止孩子滑倒，应为鞋底设计一些较浅的横向底纹。这个年龄段的幼童鞋结构式样可以选择绊带式、橡筋船式、整套式等。绊带式幼童鞋上的绊带要设计得宽一些，这样既能缚脚性好，又不勒脚。

1. 幼童鞋形态造型元素设计

1～3岁的幼童还没有形成主体意识，将动物看成自己的同类，他们普遍对动物感兴趣，因此，在幼童鞋形态设计上可以进行"仿生设计"。幼童对有立体感的仿生动物鞋充满兴趣，稚气可爱的动物形态的童鞋充满童趣，符合家长对孩子的心理感觉。因而，对幼童鞋进行各种动物和植物形态"仿生设计"，可以取得比较理想的设计效果（图11-1）。如果设计出的动物形态的鞋再可以发出相应的声音或某个部位能够活动起来，效果会更好。幼童鞋形态"仿生设计"不仅使鞋具有趣味性，而且还有助于增长幼童对大自然的认识，培养亲近大自然的感情。男幼童鞋形态适合模仿各种动物形象，女幼童鞋形态较适合模仿植物或温柔的小动物形象（图11-2）。

图11-1 幼童鞋形态设计上进行的"仿生设计"
作者：张倩（石家庄铁道学院 邢台职业技术学院 2005级）
指导教师：陈念慧

图11-2 蝴蝶形绊带幼童鞋
（形态设计）

2. 幼童鞋色彩造型元素设计

幼童对于鲜艳、明亮的颜色非常敏感，活泼、单纯的色彩体现了幼童天真无邪的本质。幼童鞋靴色彩设计在整个幼童鞋靴款式造型设计中占有重要地位，是关系到幼童鞋靴设计成功与否的重要因素之一。幼童鞋靴色彩设计原则是鲜明、活泼、明亮和富于变化，鞋面上一般不大面积使用黑色、紫色、深蓝色、深绿色和暗灰色（暗浊色）。幼童鞋靴色彩的色相设计要求丰富、变化和对比为主，即幼童鞋靴上的颜色一般设计运用三种色相以上，并多使用冷、暖色对比，追求活泼感；色彩明度设计以高明度和中明度为主，营造幼童鞋亮丽、明快的气氛。幼童鞋靴色彩的纯度设计通常以高纯度为主，红、黄、蓝和绿、橙两色都是常用的高纯度色（图11-3）。如果用低纯度颜色，那么这种颜色应该有比较高的亮度，并搭配使用一些高纯度的颜色（图11-4）。对于女幼童鞋来说，以白色为主，搭配点缀以高纯度颜色或较纯的粉色系颜色可以取得较好的效果。幼童鞋靴色彩设计结合好的图案设计和装饰工艺往往能取得更好的效果。

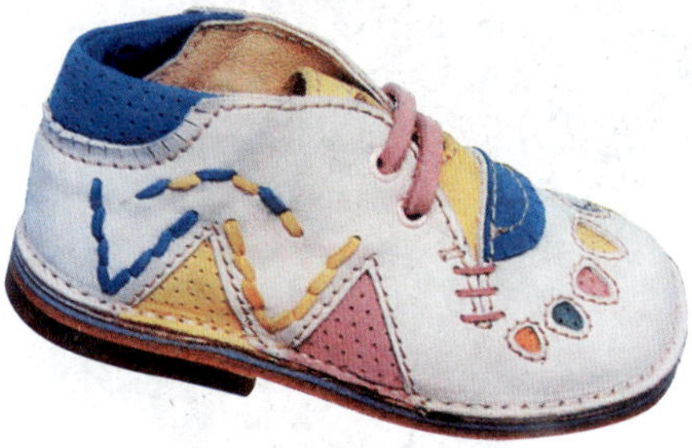

图11-3 幼童鞋的色彩设计多用高纯度色彩点缀

图11-4 低纯度颜色和高纯度颜色搭配的幼童鞋

3. 幼童鞋材质造型元素设计

幼童皮肤比较细嫩，随着运动量增加，排汗量增多，幼童鞋材的设计还应特别注意其保护性与卫生性，幼童鞋材质首先应从实用角度考虑，多选用透气性、吸湿性和柔软性好的天然材料，如棉织物、麻织物、胎牛革、小牛革等。在此基础上，设计师可以考虑材质肌理上的设计变化（图11-5）。幼童小巧温柔、皮肤娇嫩，因此柔和、蓬松的长绒或短绒类的材料用在幼童鞋靴上效果比较好（图11-6），还可在短绒鞋面材料上加工出一种浮雕式的漂亮图案。对于女幼童鞋靴来说，在鞋靴口沿处、跗背部位或鞋耳部件处加上一些透明或镂空花边，使女幼童鞋靴呈现出特有的女孩气息。

图11-5 幼童鞋的材质设计多选用透气性、吸湿性和柔软性好的天然材料

图11-6 注意材质肌理变化的幼童鞋

4. 幼童鞋图案造型元素设计

幼童鞋图案设计以"仿生设计"为主，主要是动物和植物形象（图11-7），也可以用一些几何图案和字母图案。幼童鞋上的图案通常用刺绣工艺或印刷工艺来完成，刺绣工艺富于工艺美感，印刷工艺的长处是能够真实再现景物，印刷工艺将真实形象图案表现在幼童鞋靴上可以获得很好的效果。

5. 装饰工艺设计

幼童鞋靴装饰工艺常见的有缉线、冲孔、刺绣等，其中缉线有装饰性的和实用与装饰兼备的两种（图11-8）。幼童鞋靴装饰工艺设计要注意多与图案设计相结合，并且适于夸张性的表现。例如，虽然幼童穿的鞋靴较小，但它上面缉线所用的线比较粗，冲出的孔大小对比强烈，这样可以增添幼童鞋靴上的情趣性。

图11-7 新颖的仿生图案也是幼童鞋的重要创新点和卖点

图11-8 幼童鞋的装饰工艺设计

（二）小童鞋设计

4～7岁的儿童智力发展迅速，活动量明显加大，对外界事物的接触增多，有一定的思想和感情表达能力，小童活动环境主要是幼儿园和学校。这个年龄段的孩子户外活动增多，因此，父母经常为孩子的安全担心。另外，此时的父母关注对孩子的智力培养。针对小童家长这种心理，鞋靴设计师应利用现代科学技术，设计开发出能满足消费者这方面需求的智能鞋，如具有语言安全提示的小童鞋，当孩子跑出一定距离范围后，幼童鞋能自动发出提示孩子注意的语音，或者具有定位显示功能，使小童的家长知道孩子所在的位置。如果价格适当，这类鞋必然会被小童家长欢迎。从小童自身考虑，这个年龄的孩子好奇心强，他们对一些能"自动发光""自动发声"的东西都充满兴趣，鞋靴设计师要了解小童这方面特点，在小童鞋的开发设计上加以运用。

小童鞋缚脚功能设计应简单、方便、易于操作，多采用粘扣、橡筋、拉链等形式，但要注意这类缚脚形式的牢固度和材料的耐用性。

小童鞋除在实用功能和娱乐功能上不断地开发设计外，更主要的是在造型上，小童鞋造型设计开发要求设计师应对特定的小童（性别、成长环境）及家长的审美喜好有所了解。

1. 小童时装鞋设计

小童时装鞋是小童常穿的一种风格鞋靴，是占据市场消费份额最多的一种童鞋。小童时装鞋分为小男童时装鞋和小女童时装鞋，活泼、夸张、天真、充满情趣性是男女小童时装鞋共同风格特点，除此，小女童时装鞋还要多一份甜美感。小童时装鞋设计创新必须围绕以上风格特点去进行。小童时装鞋设计可调动运用多种造型元素，相对来说，形态、色彩、图案三种造型要素在塑造小童鞋时装风格上发挥的作用要更大一些，设计师应该用更多的精力去把握这些造型要素。在对小童时装鞋设计时，设计师首先要考虑小童时装鞋的舒适性、卫生性、安全性和穿脱方便性，当然，与其他鞋靴一样，也要充分考虑生产加工的可能性和盈利性。

（1）小童时装鞋形态造型元素设计　小童时装鞋基本形态设计主要包括楦头式形态、帮部件形态和结构式样形态等内容。为了使小童的脚顺利发育成长，小童鞋楦型不宜设计得过窄和过薄，在这个基础上可以对楦头式做适当地夸张变化，使楦型具有一种情趣性；在帮部件形态造型设计上，可以对其进行夸张、变形，4～5岁小童时装鞋上的帮部件造型可以用“仿生法”去设计（图11-9），例如，可以将某种动物或植物形象巧妙地转化为小童时装鞋上的某个帮部件造型。6～7岁小童鞋帮部件形态可设计成几何形状、数字形状、字母形状或其他孩子熟悉的形象，小女童鞋帮部件形态适合模仿花草、树叶等植物形象，如能再结合一定的仿真色彩和材质肌理变化效果会更好。帮部件除模拟动植物或特殊抽象图案以外，还可以通过其他夸张新颖的分割造型来获得艺术造型感。

图11-9　小童时装鞋形态造型元素设计
作者：曹亚静（邢台职业技术学院 2006级）
指导教师：陈念慧

（2）小童时装鞋色彩造型元素设计　4～7岁的小童仍对鲜艳、明亮的颜色感兴趣，同时单纯、天真活泼的本质也要求他们穿着鞋靴颜色应该是丰富多变、鲜艳明亮，小童鞋的色彩设计在产品设计中占有非常重要的地位，其他造型要素也需要精彩的色彩设计配合才能取得更好的效果。小童鞋配色设计的要求和方法基本与幼童鞋色彩设计相同。小童鞋在色彩设计上既可以多色配色、对比配色，也可以单色或两种颜色配色。红、黄、蓝三原色和绿色与橙色仍是最常用的色彩。浅驼色、米色等浅灰色设计运用得好，也会有很好的效果。小童鞋上用纯度较低的暖色系的颜色要比冷色系的颜色效果好。配色设计时要注意与图案设计的结合。小女童鞋上用粉色系的颜色可以表现出女孩特有的温柔、甜美（图11-10）；小男童鞋色彩设计上，可以用咖啡色、驼色、棕色、金土黄色、褐色等颜色相互搭配。

图11-10　小童时装鞋色彩造型元素设计

（3）小童时装鞋图案造型元素设计　图案设计在小童鞋整体造型设计中占有重要地位。小童鞋上的图案设计分为抽象图案设计和“仿生”图案设计两种（图11-11）。抽象图案主要有几何抽象图案、不规则抽象图案、数字抽象图案、文字（字母）抽象图案四种。4～7岁儿童普遍喜欢卡通形象，但卡通形象具有很强的时代性，因此，设计

图11-11　小童时装鞋图案造型元素设计

师在设计上运用卡通形象时，还要了解现时对儿童最有影响力的卡通形象。卡通形象图案在小童鞋上的设计运用属于"仿生"图案设计，一般来说，4～5岁小童鞋既适合抽象图案的设计运用，又适合"仿生"图案的设计运用。而6～7岁小童鞋更适合用抽象图案来装饰。

（4）小童时装鞋材质肌理造型元素设计　小童鞋材质设计首先要考虑材料的卫生性能，除在凉鞋设计与生产中可选用透气性较差的合成革或人造革外，一般情况下小童满帮鞋最好选用天然材料，使小童鞋具有良好的吸湿性和透气性。小童鞋材质可以有意识地运用不同材料或同一种材料的不同肌理对比设计，以营造活泼、变化的气氛。如光滑的皮革与粗灯芯绒或其他纹理较粗的棉制品、麻制品；光滑皮革与压花皮革或绒面革；绒面革或粗麻织物与闪亮透明的金属或塑料配件等（图11-12）。小女童鞋还以用一些"镂空"花边材料点缀，以体现小女孩的温柔、秀美。

图11-12　小童时装鞋材质肌理造型元素设计

（5）小童时装鞋装饰工艺造型元素设计　常用的小童鞋装饰工艺有刺绣、缉线、冲孔、扭花、拼缝、串花、印刷等（图11-13），其中缉线和串花所用的线和条状材料应较粗、较宽一些，并结合色彩和材质上的变化，使之与鞋面材料形成对比，增加小童鞋的情趣感和工艺美感。小童鞋上的拼缝装饰工艺是指鞋帮部件由不同颜色或不同肌理或不同形状的较小部件拼合而成，有时拼缝的线本身也构成对小童鞋的一种装饰美。

图11-13　小童时装鞋装饰工艺造型元素设计
作者：郭娟（邢台职业技术学院 2006级）
指导教师：陈念慧

（6）小童时装鞋配件造型元素设计　小童鞋上加装饰配件的目的是增加小童鞋情趣感，小童鞋上的配件造型多为"仿生"图案，小女童鞋上一般采用仿蝴蝶、蜻蜓和花朵形象的配件装饰（图11-14），小男童鞋则可用表现勇敢和威武气质的流行卡通形象作为配件的造型。小童鞋上的配件可缀缝在鞋的前部、后部或鞋外侧脚踝下方部位（适合于筒靴或高腰鞋）。小童鞋配件材料一般选用比较轻、软的材料，如革、塑料、布等。

图11-14　小童时装鞋配件造型元素设计
作者：施展（石家庄铁道学院 邢台职业技术学院 2005级）
指导老师：陈念慧

2. 小童正装皮鞋设计

儿童正装皮鞋在我国也称为学生鞋，一般是指端庄典雅中带有一点活泼、天真感的儿童皮鞋（图11-15）。这种风格童鞋主要用于与学校制服或较端庄的儿童服装搭配穿着，给人以规矩、有教养和较高的身份地位感，这种风格童鞋目前在我国市场上基本处于空白，由于能满足儿童家长对修养和较高社会地位的心理象征需要，同时又能较好地与儿童校服或其他正装儿童服装的搭配，因此，儿童正装皮鞋有着广阔的市场前景，市场上目前多见的所谓正装童鞋只是一种缩小版的成人鞋。

小童正装皮鞋分为小男童正装皮鞋和小女童正装皮鞋两

种，两种相同风格的小童正装皮鞋不同之处在于，小女童正装皮鞋端庄中除有一点活泼和天真外，还要带有一点甜美（图11-16）。设计师在进行小童正装皮鞋设计时，一定要注意把握好端庄和活泼、天真、甜美审美风格之间的分寸，即设计人员首先要保证小童正装皮鞋款式造型的端庄感，在此前提下，设计师再通过装饰配件、装饰工艺、帮部件分割等造型元素揉入一些活泼、天真和甜美审美风格，并通过这些造型元素设计创新来寻求小童正装皮鞋款式造型上的创新变化。小童正装皮鞋常见大的结构式样有浅口一带式和“耳式”两种，浅口一带式是小女童春夏季穿着的一种专门结构式样，“耳式”系带式结构式样适合于男女小童穿着，“耳式”系带式又分为外耳式和围条围盖式耳式两种。在小童正装皮鞋整体造型设计中，楦头式造型变化虽比较重要，但由于变化的流行性和频率不是很强，因此，不将其列为重点设计变化造型元素，色彩和材质肌理同样由于发挥的作用相对较小，因此也不列为小童正装皮鞋设计时重点关注的造型元素。小童正装皮鞋主要是通过对装饰配件、装饰工艺和形态（帮部件分割造型）三种造型元素的设计变化来把握。其中，装饰配件造型元素适合于浅口一带式小女童正装皮鞋的款式变化，装饰工艺、形态造型元素则适合于满帮耳式男女小童正装皮鞋的款式变化。

图11-15 小童正装鞋（学生鞋）

图11-16 小女童正装皮鞋

（1）小童正装皮鞋装饰配件造型元素设计　小童正装皮鞋装饰配件设计主要适合于浅口一带式小女童正装皮鞋。与成人女浅口正装皮鞋一样，由于前帮面积较小，不适宜做帮部件分割造型变化，同时，由于是正装小童鞋，前帮也不宜做过于复杂或艺术性的结构式样变化，在这种情况下，小女童正装皮鞋前帮上的装饰配件造型对其整体造型及风格的影响便显得举足轻重，小女童正装皮鞋的款式造型如何几乎都由装饰配件设计如何来决定。

小女童正装皮鞋装饰配件设计以蝴蝶结的设计变化为主，也可以通过将某种花卉或植物叶子设计制作成一种端庄中带点天真、活泼和甜美感的装饰配件，用以装饰和塑造小女童正装皮鞋。小女童正装皮鞋之所以以蝴蝶结为主要装饰配件来美化鞋款，是由于蝴蝶结在我国女童鞋中已成为一种约定俗成的审美与象征饰物。

蝴蝶结或其他花叶造型装饰配件设计首先是进行形态方面的变化，蝴蝶结或其他花叶造型装饰配件形态变化又分为平面廓形和立体构成两种，蝴蝶结形态主要由“两翼”与中间的扎结组成，其中“两翼”形态又是造型变化的重点，“两翼”形态以方形、方圆形、三角形或它们之间组合而成的各种概括形态变化为主，“两翼”形态可以是单层变化，也可以是双层或三层变化，上下层形态和材质肌理若都形成变化，效果会更好一些。蝴蝶结除进行平面廓形变化外，还可以将两层或多层两翼中的上层部分材料进行立体翻折、扭转、穿插等方面的变化。

蝴蝶结除形态变化以外，其上面的装饰工艺的运用与变化也可以为蝴蝶结造型带来较大的创新性。例如，起褶、冲孔、滚边、钉缀、蕾丝、绢假线、串花等都是较常用的装饰工艺。像蝴蝶结两翼形态内侧可通过中间的扎结形成各种变化的褶皱，两翼外侧也可通过抽褶方式形成褶皱，如果再结合轻盈飘逸的材质或在边缘处添加蕾丝花边，可以使蝴蝶结增添更多的妩媚和浪漫感。

（2）小童正装皮鞋形态造型元素设计（适合于满帮"耳"式正装皮鞋） 小童正装皮鞋形态设计主要适合于满帮"耳"式小童正装皮鞋。在小童正装皮鞋形态设计中，楦头式形态一般以较饱满的圆头或圆方头为主，不做过多的变化。小童正装皮鞋形态设计主要是对其帮部件进行分割造型变化，小童正装皮鞋上的帮部件分割造型一般需对称分割，创新点是对帮部件上的分割线条的形状进行创新把握和分割线条的起始点及位置的新颖选择，与成人正装鞋帮部件分割线条造型严谨、简练有所不同的是，除线条走势、形状要与楦头式造型走势及风格特点相一致外，儿童正装皮鞋上帮部件分割线条造型可在严谨、端庄中透露出少许的活泼与动感，分割线条数量也可略多一些，一般成人正装鞋分割线条数量为2~4个，儿童正装皮鞋分割线条数量则可以有4~6个，并可在分割线处进行一些花色穿条或缉菱形、"之"字形的假线进行装饰。

小童正装皮鞋上的新颖帮部件分割造型如能再结合一定的材质肌理对比变化，效果会更好。

（3）小童正装皮鞋装饰工艺造型元素设计 装饰工艺设计运用可以为小童正装皮鞋增添较多的变化和美感（图11-17）。小童正装皮鞋装饰工艺设计主要用于"耳"部件上的装饰美化，所用装饰工艺主要有蕾丝、起褶、冲孔、编花、缉假线、串花等，其中蕾丝装饰工艺是小女童正装皮鞋所独用的，它可以有效地塑造小女童正装皮鞋端庄中的柔美、妩媚和天真，考虑到是在正装鞋中使用，蕾丝装饰工艺运用的数量和体量都要少和小一些，只在某个局部用一下即可。起褶装饰工艺的柔美、浪漫感使其同样比较适合用于小女童正装皮鞋上，其他装饰工艺在男女小童正装鞋上都可以使用，运用方法与成人鞋基本相同。例如，冲孔、串花等装饰工艺，设计人员首先要把握好它们的单元造型，使其既符合特定鞋靴种类和特定风格要求，同时又具有创新性，然后再像其他装饰工艺一样，在数量、位置、大小、方向、组织造型、实现方式等造型关系元素方面进行创新把握，其中，造型关系元素中的组织造型对小童正装皮鞋上的装饰工艺运用效果有较大影响，例如，冲孔、编花、串花等只有用一定数量的单元造型组织成某种新颖、柔美、活泼的图形，这些装饰工艺才能够产生和发挥更好的造型效果。

图11-17 小童正装皮鞋装饰工艺设计

（三）大童鞋设计

8~12岁的大童自我意识逐渐加强，他们开始越来越关注自己的形象及别人对自己的评价，这其中也包括自己的服饰形象，他们对自己的衣服、鞋、帽的选择有了自己的见解。这个年龄段的男童活泼好动，因此，鞋底的设计要特别注意防滑，鞋帮材料选择及结构设计要注意抗撕裂、抗拉伸的强度，帮底结合要坚实牢固。大童鞋造型设计不宜过于华丽、新潮，一方面既要注意大童鞋造型的生动、活泼、新颖，并注意结合流行性，另一方面也要考虑这个年龄段儿童不宜过分炫耀，并适当注意与校服款式造型的配合。

1. 大童鞋形态造型元素设计

大童鞋形态设计应首先考虑其机能性和卫生性。大童处于生理发育快速期，活动多、易出汗，因此，鞋腔较小（瘦）的鞋会使儿童的脚部骨骼变形，脚部血液流通不畅，从而导致影响儿童的正常生长发育。这就要求大童鞋总体外观形态造型设计避免过瘦和过薄，即楦型（尤其是楦的前部）形态应设计得饱满一些，跖趾部位和跗背等部位的"肉体"安排略多一些。在此基础上设计师可对童鞋进行适当的夸张设计，追求情趣性的形态造型（头式形态、结构式样、帮部件分割造型、大底造型），从形态上体现这个年龄段儿童天真、活泼的天性。

图11-18 大童女鞋的色彩设计

2. 大童鞋色彩造型元素设计

大童对色彩的感知趋向于广泛，他们除对鲜艳、明亮的色彩仍然比较感兴趣外，对较灰和较暗的颜色也能够接受和喜欢。大童穿的旅游鞋、运动鞋、凉鞋等鞋类配色以对比色配色为主，其中红色与绿色、蓝色与橙色、蓝色与红色、红色、蓝色和黄色三原色是较常用的对比色配色。大童女鞋还适合白色或黑色与粉色系的颜色搭配（图11-18），大童男鞋适合黑色或灰色与高纯度的颜色搭配。大童皮鞋色彩组合设计以同类色配色为主，主要是棕色、驼色、咖啡色和黄色等系列颜色，黑色与白色组合也可以取得理想效果。

3. 大童鞋材质造型元素设计

大童材质仍以天然材料为主，在材料具有良好卫生性能基础上，可考虑大童鞋材质视觉效果的设计。大童鞋既可以用各种天然材料的单一材质及肌理来构成，也可用多种材质及肌理去创造生动、活泼有趣的材质对比视觉效果，后者对大童鞋造型更具有积极意义。大童鞋材质与小童鞋接近，既可以用不同天然材料的肌理组合形成一种丰富的肌理视觉效果，也可以用同一种材料加工成不同的肌理，使大童鞋上形成一种新颖的肌理对比视觉感受。

4. 大童鞋图案造型元素设计

大童已逐渐摆脱小童时期的幼稚和天真烂漫，他们开始用自己的眼光和头脑来观察，分析周围的世界，大童鞋靴上的图案设计有男童和女童之别。8~12岁的男童鞋图案设计逐步趋向于抽象化（图11-19）。8~12岁女童鞋图案设计既可以使用抽象化的图案装饰，也可以继续用花、草、树叶等具象图案来装饰。

图11-19 大男童鞋的图案设计

5. 大童鞋装饰工艺造型元素设计

大童鞋上的装饰工艺手法与小童鞋上使用的接近，只是装饰工艺用来完成的图案内容不同。

6. 大童鞋配件造型元素设计

10岁以下大童鞋上的配件造型设计可以继续结合情趣性的图案，10岁以上大童鞋的配件主要是为鞋增添一种纯装饰美感，这时的配件造型设计主要以抽象形象为主，在大小和数量上可以进行适当夸张。配件材质可多方面选择，如皮革、金属、人造革、塑料、棉、麻、绸缎、木制品、竹制品等。

（四）少年童鞋设计

少年儿童指年龄在13~16岁的儿童，在制鞋业中也被称作“中人”。少年儿童处于生理、心理变化较大时期，这个年龄段女孩生理发育趋于成熟，心理感受丰富而敏感，对自己的外表形象非常注重，服装、鞋、帽等服饰用品成为她们美化自身形象的重要用品，该年龄段男孩也开始注意自己的外表形象。少年儿童独立思考能力明显加强，对服饰用品的审美不再依附于父母的见解和审美观，在经济发达地区，少年儿童有明显的品牌意识。

少年儿童处于儿童向成人的过渡时期，性格复杂，使得少年儿童鞋的设计难度较大，造型设计过于天真，少年儿童和他们的家长不能接受，而成人化的造型又显得有些严肃和老成。因而，设计师在设计开发少年童鞋的时候，要仔细观察、分析、调研少年儿童心理需求和审美倾向，在设计中把握好活泼与稳重感的分寸尺度。

1. 少年童鞋形态造型元素设计

由于少年儿童脚型尚未成熟，因此，他们穿的鞋头式造型不能过于瘦、薄，女鞋后跟也不能过高。少年儿童鞋头式造型（楦头式造型）和结构式样上可沿用成人鞋的头式造型和大部分结构式样，也可以在以上两个方面进行适当的夸张变化。少年儿童鞋帮部件造型设计可以变化多一些、大一些，使成人化的款式显得活泼、生动。

13~16岁的少年儿童已有性别意识，他们对鞋靴款式造型要求也呈现出性别差异，女孩追求鞋靴款式造型俏丽、活泼；男孩希望自己穿的鞋靴款式造型能衬托出成熟感、威武感和活力感，形态造型要素在这方面可以发挥重要作用。设计师通过对鞋头式、结构式样、帮部件造型、大底造型等形态把握，首先从鞋靴形态造型上满足他们对鞋靴款式造型风格的追求。

2. 少年童鞋色彩造型元素设计

少年童鞋色彩设计要视鞋的类别而定，运动鞋、旅游鞋和凉鞋的色彩可以丰富、鲜艳一些，正装鞋类沉稳一些。少年正装鞋上一般不使用大面积高纯度颜色或大面积高纯度颜色组合搭配，这样显得过于跳跃和单纯。一般情况下，高纯度颜色多在运动鞋、旅游鞋和休闲鞋中使用。当少年童鞋结构式样比较稳重时，设计师可通过色彩变化，使鞋的造型风格显得活泼一些。粉红、粉绿、粉黄等粉色系列颜色是少女钟爱的颜色，设计师应在少女鞋上加强这类颜色的应用。

3. 少年童鞋材质造型元素设计

少年儿童尚处于生理发育期，用于少年童鞋的材料应选择吸湿性和透气性较好的天然材料，如天然皮革、棉、麻等，为使少年童鞋显得更有活力和个性感，运动、休闲类的少年童鞋可以使用一些特殊效果的合成革。

4. 少年童鞋图案造型元素设计

少年男童鞋上一般不再使用卡通形象图案，而多采用具有运动活力感的抽象图案；少女鞋上除可以设计运用抽象图案，仍可采用一些花、草类的具象图案，以体现少女特有的天真和妩媚。

5. 少年童鞋装饰工艺造型元素设计

装饰工艺对于少年童鞋造型设计来说有着重要作用。装饰工艺可以使过于稳重、端庄的少年童鞋显得有活力和生机。少年童鞋上常用的装饰工艺有穿花、缉线、冲孔、刺绣、压印等。要想在少年童鞋上取得好的装饰工艺效果，关键是要将装饰工艺与好的图案设计结合在一起，并且与鞋的总体造型风格相协调。

实训二十四　小女童时装靴设计

一、目的、要求

通过小女童时装靴设计实训，使学生进一步掌握这种风格女童鞋设计方法和贴近实际的设计能力。

二、内容

浪漫风格小女童时装靴设计。

三、步骤

（1）了解浪漫风格小女童时装靴造型特点和主要造型表现元素以及这些造型元素的表现特点。

（2）收集和分析当前浪漫风格小女童时装靴主要设计表现元素及表现手法。

（3）了解当前小女童时装靴楦型、基本结构式样、鞋跟、大底、材质肌理、装饰配件、装饰工艺等流行时尚。

（4）在小女童时装靴流行楦型和基本结构式样基础上，进行新颖的结构式样设计变化，设计和画出4~8款变化草图。

（5）对蕾丝花边、女童喜欢的装饰配件、图案、材质肌理、流苏等塑造浪漫风格女时装鞋主要造型元素进行浪漫、新颖、艺术、夸张的创新把握，包括蕾丝花边在内的选择2~3种元素各设计和画出3~5款变化草图。

（6）对设计变化较好的蕾丝花边及其他造型元素进行造型关系元素方面的创新把握，设计和画出3~5款变化草图。

（7）选择女童鞋单一的流行色（多为某种粉色）或黑色、白色等常规色为其配色；以可以用流行色与常规色搭配为其配色。

（8）从以上草图和配色方案中选出较好的整合成完整的效果图并画到鞋楦上，与导师一起就款式造型风格塑造、款式造型时尚感、款式造型美感、款式造型创新性、款式造型整体协调性、款式结构造型合理性、款式工艺实施合理性和材料使用合理性等方面做进一步的推敲和修改，直至获得较好的效果。

（9）按照鞋楦上调整修改好的效果图做出实物样鞋或用计算机画出仿真效果图。

（10）师生共同评价和总结设计效果。

四、考核标准（100分）

（1）浪漫天真小女童时装靴风格把握的正确、鲜明。（20分）

（2）款式造型具有较强的时尚性。（15分）

（3）鞋款结构造型设计合理（符合舒适穿用、合理制板、省料等要求）。（10分）

（4）蕾丝花边、装饰配件或图案等造型元素在浪漫风格塑造中设计把握的具有较高创新性。（30分）

（5）鞋款结构式样具有较高的创新性。（10分）

（6）款式造型有良好的整体协调感。（10分）

（7）实物样鞋工艺制作较精致或计算机效果图绘制仿真度较高。（5分）

实训二十五　小女童正装鞋设计

一、目的、要求

通过端庄可爱风格小女童正装鞋设计实训，使学生进一步掌握这种风格女童鞋设计方法和贴近实际的设计能力。

二、内容

端庄可爱风格小女童正装鞋设计。

三、步骤

（1）了解端庄可爱风格小女童正装鞋造型特点和主要造型表现元素以及这些造型元素的表现特点。

（2）收集和分析当前端庄可爱风格小女童正装鞋主要设计表现元素及表现手法。

（3）了解当前端庄可爱风格小女童正装鞋楦型、基本结构式样（春秋季多为圆口一带式）、大底、材料、装饰配件等流行时尚。

（4）在端庄可爱风格小女童正装鞋流行装饰配件（主要是蝴蝶结或植物叶子造型）基础上进行新颖和端庄可爱的装饰配件设计（各种蝴蝶结或植物叶子变形设计）。设计和画出6~10款变化草图。

（5）在端庄可爱风格小女童正装鞋流行基本结构式样基础上进行端庄可爱、简洁、新颖的结构式样设计变化，设计和画出4~8款变化草图。如果是满帮系带式小女童正装鞋，也可以进行新颖、可爱的帮部件分割造型和蕾丝花边设计来获得款式变化和风格把握的效果。

（6）从以上草图中选出较好的方案整合成完整的款式图并画到鞋楦上，与导师一起就款式造型风格塑造、款式造型时尚感、款式造型美感、款式造型创新性、款式造型整体协调性、款式结构造型合理性、款式工艺实施合理性和材料使用合理性等方面做进一步的推敲和修改，直至获得较好的效果。

（7）按照鞋楦上调整修改好的款式图做出实物样鞋或用计算机画出仿真效果图。

（8）师生共同评价和总结设计效果。

四、考核标准（100分）

（1）端庄可爱小女童正装鞋风格把握正确、鲜明。（20分）

（2）款式造型具有较强的时尚性。（15分）

（3）鞋款结构设计合理（符合舒适穿用、合理制板、省料等要求）。（10分）

（4）端庄可爱风格装饰配件和结构式样设计具有较高的创新性。（30分）

（5）款式造型有良好的整体协调感。（10分）

（6）实物样鞋工艺制作较精致或计算机效果图绘制仿真度较高。（5分）

实训二十六　小男童正装鞋设计

一、目的、要求

通过端庄可爱风格小男童正装鞋设计实训，使学生进一步掌握这种风格男童鞋设计方法和贴近实际的设计能力。

二、内容

端庄可爱风格小男童正装鞋设计。

三、步骤

（1）了解端庄可爱风格小男童正装鞋造型特点和主要造型表现元素以及这些造型元素的表现特点。

（2）收集和分析当前端庄可爱风格小男童正装鞋主要设计表现元素及表现手法。

（3）了解当前端庄可爱风格小男童正装鞋楦型、基本结构式样、大底、材质肌理、图案等流行时尚。

（4）对帮部件进行新颖、可爱的分割造型设计，设计和画出5~8款变化草图。

（5）进行端庄、可爱、简洁、新颖的抽象图案设计，设计和画出5~8款变化草图。

（6）进行冲孔、锯齿花边等装饰工艺设计，先进行单元冲孔或锯齿花边的设计变化，然后再结合造型关系元素方面的创新来获取更好的设计效果，设计和画出3~5款变化草图。

（7）从以上草图中选出较好的方案整合成完整的款式图并画到鞋楦上（并非每一种造型元素都使用），与导师一起就款式造型风格塑造、款式造型时尚感、款式造型美感、款式造型创新性、款式造型整体协调性、款式结构造型合理性、款式工艺实施合理性和材料使用合理性等方面做进一步的推敲和修改，直至获得较好的效果。

（8）按照鞋楦上调整修改好的款式图做出实物样鞋或用计算机画出仿真效果图。

（9）师生共同评价和总结设计效果。

四、考核标准（100分）

（1）端庄可爱小男童正装鞋风格把握正确、鲜明。（20分）

（2）款式造型具有较强的时尚性。（15分）

（3）鞋款结构设计合理（符合舒适穿用、合理制板、省料等要求）。（10分）

（4）端庄可爱风格的帮部件分割造型、抽象图案和装饰工艺设计具有较高的创新性。（30分）

（5）款式造型有良好的整体协调感。（10分）

（6）实物样鞋工艺制作较精致或计算机效果图绘制仿真度较高。（5分）

第十二章

旅游鞋、运动鞋设计

本章提要 本章主要讲授旅游鞋、运动鞋设计基本方法。

学习目标 1．充分认识和理解旅游鞋、运动鞋的穿用作用和市场意义。

2．认识和理解旅游鞋、运动鞋造型特征、主要造型表现元素以及这些造型元素的表现特点，掌握旅游鞋、运动鞋设计的基本方法，具有较高的旅游鞋、运动鞋设计能力。

随着旅游和运动健身风尚的兴起，旅游鞋和运动鞋已成为许多人尤其是年轻人必备的一种鞋类。运动鞋分为专业运动鞋和普通运动鞋，专业运动鞋以能提高运动成绩为目的，注重满足特定运动功能的设计，专业性很强，如网球鞋、跑鞋、跳鞋、足球鞋、篮球鞋、滑冰鞋、高尔夫球鞋等；普通运动鞋是大众参加一般体育运动和休闲时穿用的鞋，在造型设计要求上与旅游鞋基本一样，本章从这个角度将两种鞋放在一起论述。

普通运动鞋与旅游鞋相比在功能设计上注重运动机能的满足，与一些专用运动鞋运动机能设计要求基本一样。如在设计慢跑鞋时考虑到慢跑是一种直线运动，因此，慢跑鞋的前部和后跟可以设计得稍微向上翘起，这样一可以减少用力，二可以减少鞋底前面和后面的磨损，慢跑鞋后跟处的稳定性设计很重要，一般通过加后包跟部件来达到这一要求，还有加塑胶材料平衡件的，也是为跑步者后脚跟落地时更稳而考虑的。慢跑鞋的特点是轻、软、耐弯折，为使鞋帮在不断的运动中更加牢固，在鞋帮易受冲击和产生应力的部位采用一些皮革里做补强；为了减轻跑步者在跑步时地面对脚部及身体反作用力的冲击，慢跑鞋中底一定要有良好的弹性，使鞋底具有良好的避振性。另外，慢跑运动多在户外进行，因而设计师应考虑到慢跑鞋在各种环境条件下外底的防滑性能。

一、旅游鞋、运动鞋设计分析

早期的旅游鞋、运动鞋设计功能比较单一，设计思想主要受卫生性、轻量化和造型多样性等设计理论的影响。近年来，随着人们着装观念的不断变化和对脚部生理研究及其对运动机能的深入了解，旅游鞋、运动鞋设计思想在以前的基础上又有了新的发展。设计师更多地从人体工程学和市场角度出发，在上述设计思维基础上提出旅游鞋、运动鞋在保证基本功能实现基础上，应以时尚性、审美性和舒适性为第一的原则。并且随着人们生活和着装观念的不断更新，旅游鞋和运动鞋有与休闲鞋相结合和多功能化的趋势。

旅游鞋、运动鞋造型上的新颖、时尚无疑对消费最具吸引力，独特而多彩的设计可以给穿着者在运动或休闲时带来一种满足感和新鲜感。鞋靴设计师除继续保持和优化实用功能外，更主要的工作是根据特定消费者的审美习惯、偏好不断创造具有强大视觉冲击力的款式造型。运动鞋、旅游鞋造型设计总体要求是尽可能大地去创造一种新颖感和运动活力感。

二、旅游鞋、运动鞋设计

1. 旅游鞋、运动鞋形态造型要素设计

旅游鞋、运动鞋形态设计主要集中于大底和帮部件的造型上，头式形态和结构式样变化相对较少。正因为如此，旅游鞋、运动鞋整体形态和结构式样的创新设计所带来的视觉效果也就比较突出（图12-1）。旅游鞋、运动鞋受使用目的、材料和工艺影响，其头式形态和结构式样变化局限性较大，但头式形态还是可以在厚与薄、对称与非对称和长与短等方面进行设计变化。结构式样变化常常与缚脚牢固性或某些实用功能相结合，一方面寻求形式上的突破，另一方面也使这类产品实用功能有所提高。旅游鞋、运动鞋造型在不影响这类鞋穿着使用功能和工艺加工的前提下，可以改变以往传统上的平、板、笨的造型感觉，如适当加长鞋楦、提高鞋楦前部的翘度、增加鞋楦腰窝凹度等，使鞋显得轻灵、活泼，这样不仅增加鞋的造型变化，而且还可以使人在运动当中减少能量消耗。当然，旅游鞋和运动鞋头部有了前跷后，就会使这类鞋前掌部位的着地面积缩小，从而会影响和降低这类鞋在运动当中的稳定性。

图12-1 在结构式样上创新设计的旅游鞋、运动鞋

运动鞋和旅游鞋的大底不仅是运动鞋和旅游鞋发挥功能的主要部件，同时也是影响运动鞋、旅游鞋整体造型效果的重要部件，由于材料和工艺特点，运动鞋和旅游鞋的大底造型能较好地表现出立体感和力量感，符合穿着者的审美心理。运动鞋、旅游鞋大底造型设计构思可以从以下几个方面考虑：整体化设计、立体化设计、多彩化设计、多变化设计与扩大化设计。整体化设计是指大底造型设计与鞋帮造型设计联系在一起进行的设计，这种设计注意鞋底的造型变化与帮面呼应、配合与协调（图12-2）。

运动鞋、旅游鞋大底立体化设计是指在大底侧墙上设计的图案凹凸感强，呈现出一种强烈的浮雕效果，立体化可以带给人强烈的视觉效果和力量感。

运动鞋、旅游鞋大底多彩化设计是指运动鞋、旅游鞋大底上的配色往往由多种颜色组成（图12-3）。

图12-2 运动鞋、旅游鞋的大底造型设计整体化

图12-3 运动鞋、旅游鞋大底多彩化设计

运动鞋、旅游鞋大底多变化设计是指大底除橡胶、橡塑等主要材料外，还可以搭配其他材料进行装饰，如金属、有机玻璃、塑料等，形成大底材质的丰富性、对比性。

运动鞋、旅游鞋大底扩大化设计指的是在不影响穿着使用情况下，将大底侧墙加高、加大，以构成一种新颖的视觉效果（图12-4）。运动鞋、旅游鞋以上设计构思还须与大底廓形及图案造型设计相结合才能取得较好的效果。

帮部件造型设计是此类鞋造型设计的重要组成部分。帮部件造型设计主要是对它的二维平面的廓形设计，不同的廓形面可以给人不同的感觉，直线形帮部件给人感觉挺拔、自信；曲线形帮部件给人以柔和、自由、流畅、富有生命力和神秘的感觉（图12-5）；火焰形的帮部件配以相应颜色则充满激情；简洁、整体的曲线面给人以神秘的感觉；倾斜的线形面可以使鞋充满速度感。帮部件造型设计还需结合色彩设计、材质设计和图案设计等其他造型要素才能发挥更好的效果。

图12-4 运动鞋、旅游鞋大底的扩大化设计

图12-5 运动鞋、旅游鞋帮部件造型设计

2. 旅游鞋、运动鞋色彩造型要素设计

运动鞋、旅游鞋的色彩一般采用高纯度对比色与无彩色系的黑色、白色（图12-6）进行搭配，高纯度对比色的搭配活泼、跳跃、充满活力和激情；黑色与白色搭配具有永恒的魅力（图12-7）；灰色配色设计具有含蓄、深沉的感觉；金色和银色能为运动鞋、旅游鞋增添现代感、科技感和速度感，尤其银色是运动鞋、旅游鞋配色设计中常用不衰的颜色（图12-8）。运动鞋、旅游鞋配色设计要与创新的图案、图形进行结合方能取得更好的效果。

图12-6 运动鞋、旅游鞋色彩造型要素设计

图12-7 运动鞋、旅游鞋采用黑色与白色搭配具有永恒的魅力

图12-8 运动鞋、旅游鞋配色设计中银色是常用不衰的颜色

3. 旅游鞋、运动鞋材质肌理造型要素设计

对于运动鞋，旅游鞋的材料，设计师应首先要考虑材料的卫生性和使用性上的要求。从运动鞋、旅游鞋的使用属性上看，运动鞋、旅游鞋适合粗糙和光滑两种材质肌理的使用，这两种材质肌理组合运用能传达出运动鞋、旅游鞋的张力和生动（图12-9）。如压花皮革或莱卡网状材料的结合能表现出力度感和坚韧不拔的气质；光滑的闪光材料则能使人体会到现代感和勃勃生机；光滑透明的塑料材质带给人一种轻盈感。

图12-9 运动鞋、旅游鞋的材质肌理造型要素设计

4. 旅游鞋、运动鞋装饰工艺造型要素设计

运动鞋、旅游鞋装饰工艺手法多样，高频压塑装饰工艺、绗缝装饰工艺、缉线装饰工艺等运用在运动鞋、旅游鞋上效果比较好。其他装饰工艺如刺绣、冲孔、串花等的采用应注意不能影响鞋面材料的强度。装饰工艺设计随着新工艺、新技术的出现而不断丰富。

5. 旅游鞋、运动鞋图案（形）造型要素设计

图案（形）设计对运动鞋、旅游鞋的整体造型视觉效果影响很大。图案（形）有时是与帮部件的造型相结合，有时是与装饰工艺相结合。如图12-10所示，图案（形）可以是抽象造型，也可以是具象造型；抽象图案（形）中有规则的几何图案（形），也有不规则的图案（形）；有直线形抽象图案（形），也有自由曲线形抽象图案（形）。仿生具象图案视觉效果往往更生动、直观，更易被特定的消费者所接受。还有一些特殊涵义的抽象图案（形），如字母、数字、五角星、闪电符号等易引起人们的注意。

具象造型

抽象图案中有规则的几何图形

字母、数字、五角星等具特殊涵义的抽象图案，以引起人们的注意

图12-10 旅游鞋、运动鞋图案造型要素设计

实训二十七　运用形态和色彩两种造型元素设计一款运动鞋

一、目的、要求

通过运用形态和色彩两种造型元素进行男运动鞋设计实训，使学生进一步掌握运用这两种造型元素进行运动鞋设计的方法和能力。

二、内容

运用形态和色彩两种造型元素设计一款男运动鞋。

三、步骤

（1）了解运动鞋造型特点、主要造型表现元素以及这些造型元素的表现特点。

（2）收集和分析当前运动鞋主要设计表现元素及表现手法。

（3）了解当前男运动鞋楦型、基本结构式样、色彩、大底侧墙造型、帮底造型关系、帮部件分割造型、装饰工艺等流行时尚。

（4）进行新颖、简洁的帮部件曲线分割造型变化，设计和画出4~6款变化草图。

（5）进行男运动鞋新结构式样设计，设计和画出2~4款变化草图。

（6）进行男运动鞋大底侧墙廓形和帮面抽象图形的创新变化，注意与帮部件分割造型及风格相协调，设计和画出3~5款变化草图。

（7）结合男运动鞋流行配色，运用无彩色颜色与高纯度颜色为男运动鞋配色，高纯度颜色面积要小一些，形状要独特一些，并置于突出部位。另外，当帮面某个分割造型与大底侧墙某个造型进行一体化设计时，也可以进行一体化的配色，设计和画出2~4款变化草图。

（8）从以上草图中选出较好的方案整合成完整的效果图并画到鞋楦上，与导师一起就款式造型的形态美感和创新性、款式造型的色彩美感和创新搭配、款式造型时尚感、款式造型整体协调性、款式结构造型合理性、款式工艺实施合理性和材料使用合理性等方面做进一步的推敲和修改，直至获得较好的效果。

（9）按照鞋楦上调整修改好的款式图做出实物样鞋或用计算机画出仿真效果图。

（10）师生共同评价和总结设计效果。

四、考核标准（100分）

（1）男运动鞋整体造型具有较强的时尚性。（15分）

（2）男运动鞋帮部件分割造型具有较高的创新性。（20分）

（3）男运动鞋结构式样具有较高的创新性。（20分）

（4）男运动鞋配色具有较高的创新性。（20分）

（5）鞋款结构造型设计合理（符合舒适穿用、合理制板、省料等要求）。（10分）

（6）款式造型有良好的整体协调感。（10分）

（7）实物样鞋工艺制作较精致或计算机效果图绘制仿真度较高。（5分）

第十三章

前卫鞋设计

本章提要 本章主要讲授前卫鞋设计基本方法。

学习目标 1．认识和理解前卫鞋的穿用作用和市场意义。

2．认识和理解前卫鞋主要造型表现元素以及这些造型元素表现特点。

3．掌握前卫鞋设计基本方法，具有较高的前卫鞋设计能力。

前卫一词有超前、新潮、怪异的意思，前卫是指人的一种思想方式、生活方式和行为方式，可以表现在言谈中，也可以表现在装束中，于是有了前卫鞋靴、前卫服装等新潮、怪诞的用品及概念。

一、前卫鞋设计分析

在西方，20世纪50年代“飞车党”靴成为青年人前卫、反叛的象征。随着“光头党”、摇滚歌手、“朋克”一族对马丁博士靴的钟爱，这种鞋靴也随之变为一种前卫的典型款式，马丁博士靴是1947在德国慕尼黑附近一个村庄首先发明制作出来的，发明者是克罗斯·马丁博士和好伯特·冯克。马丁博士靴有自己的固定式样和多种功能，早先的也是经典的马丁博士靴是用黑色皮革制成的，结构式样为系带式，并有8个鞋眼圈，Z形沿条是用黄色线缝合，靴底侧面有一圈一圈的凹槽。目前，各种各样的前卫鞋靴正层出不穷。

真正的前卫鞋与时装鞋有很大区别。前卫鞋打破鞋靴款式造型的常规法则，突破原有的造型模式，借以表达一种超前的思想意识或社会思潮，某些造型在一定条件下可转变为一种流行款式。

从社会角度看，前卫鞋的设计不能破坏特定的社会准则、国家的法律法规和社会伦理道德；从经济效益上看，设计师应该从事一般前卫鞋或准前卫鞋的设计，使其有可能转化为一种流行款式，为公司或企业带来理想的经济回报。

二、前卫鞋设计

前卫鞋造型设计总体原则是在满足鞋靴穿着基本功能前提下，设计师要突破常规，追求有悖常理、夸张或怪异的形式。

（一）前卫鞋形态造型要素设计

前卫鞋形态设计包括鞋靴头式造型（即楦头式造型）、结构式样、帮部件造型和底、跟造型。前卫鞋头式造型设计在基本满足脚型规律和使用机能情况下，设计师向非常规的形态方面去夸张设计，如超方、超尖、超斜、超厚、超薄、超长、超跷等。另外，头式造型可以做非常规的凸起、凹下等造型。结构式样设计上，一是夸张常规的结构式样，二是创造新的结构式样（图13-1）。帮部件造型设计除本身形状上进行一种怪异的变化外，往往还需要与色彩、材质等相结合，才能更好地发挥作用。前卫鞋底、跟造型在前卫风格的塑造上也比较重要，前卫鞋底、跟形态设计不仅本身形态要夸张、奇特、造型怪异，还需与材质、色彩、图案等造型视觉要素相结合（图13-2）。

图13-1 前卫鞋的结构式样设计

图13-2 前卫鞋的鞋底、鞋跟的形态设计

（二）前卫鞋色彩造型要素设计

图13-3 前卫鞋的色彩造型要素设计

前卫鞋色相设计通常采取反向设计和多色相对比搭配设计。色相反向设计是指前卫鞋上的颜色使用与普通鞋相反，如大红色、鲜黄色、蓝色等颜色本应用在女鞋上，转而用在男鞋上，于是产生前卫感。前卫鞋多色相对比搭配是指多种对比色同时在鞋上出现，给人感觉矛盾冲突激烈、视觉纷乱、刺激。前卫鞋上的色彩纯度可以高一些，色彩的纯度对人的情绪影响很大，高纯度色醒目、扩张，具有很强的冲击力。前卫鞋色彩搭配要创造一种少见的色彩组合，如黑色与紫色的搭配、黑色与橙色的搭配、金色与蓝色的搭配、银色与红色的搭配、银色与棕色的搭配、蓝色与棕色的搭配等（图13-3）。

金色和银色有独特的魅力，尤其是闪亮的银色具有一种逼人的光芒，黑色鞋靴配上古怪造型的银色图案或配件，可使鞋产生野性、冷酷、孤僻等感觉，前卫感十足。

黑色与白色搭配是前卫鞋一种典型色彩组合。黑色与白色都有着丰富的内涵，它们适用于各种鞋类的配色，但在前卫鞋上使用时，设计者应注意其他造型要素和色彩的关系因素对要取得的配色效果有很大影响，如承载黑、白色的材料质地、形状和图案，闪亮的黑色漆皮革要比黑色绒面革与白色皮革组合强烈得多。前卫鞋上的黑色与白色搭配，通常黑色要占大部分面积。

另外，在前卫鞋色彩设计中设计师还应充分考虑到承载色彩的材料质地、形状、大小、位置、数量等关系要素对色彩设计效果的影响。

（三）前卫鞋材质肌理造型要素设计

前卫鞋材质肌理可以从以下三个方面考虑：一是在单个品种中选择引人注意的材质肌理的材料，如漆皮革、激光革、金属效应革或经其他特殊工艺处理后有特殊纹理、肌理效果的材料；二是将不同质地和肌理的材料进行大胆组合；三是大胆用一些新材料，如金属、玻璃、木头、麻绳、羽毛、树叶、花草、石头、动物骨骼等。

（四）前卫鞋图案（形）造型要素设计

前卫鞋图案（形）设计分为抽象图案（形）设计和具象图案（形）设计，抽象图案（形）又分为几何抽象图案（形）和不规则抽象图案（形），在不规则抽象图案（形）中又以偶然性抽象图案（形）更适合用来装饰前卫鞋。具象写实图案（形）和骷髅图案对鞋靴前卫风格的形成和表现作用很大（图13-4），具象写实图案（形）实际上是超现实主义艺术思潮和波普艺术在鞋靴艺术设计中的表现，是一种背离真实、荒唐的组合，刻画出前卫的特有风格。

图13-4 前卫鞋的图案造型要素设计

（五）前卫鞋配件造型要素设计

奇特的配件可以很好地渲染和塑造出鞋靴的前卫感。前卫鞋配件设计运用是一种综合考虑，配件的形态、色彩、质感、大小、数量、位置等因素都对配件的设计运用效果产生很大影响。配件设计多运用一些特殊形体，如子弹、五角星、锁链、匕首、斧子、骷髅、蝎子等（图13-5），配件材质多选用金属或仿金属材料。配件的大小和数量属于配件设计的关系因素，一般前卫鞋上的配件要大而多，超常规才能有效地表现出鞋靴的前卫感。

鞋靴设计师围绕前卫鞋的特定风格去组织好多种造型视觉要素能将前卫鞋的风格更好地展现出来。

图13-5 前卫鞋配件造型要素设计
作者：李宁宁（石家庄铁道学院 邢台职业技术学院 2005级）
指导教师：陈念慧

实训二十八　前卫鞋设计

一、目的、要求

通过前卫鞋设计实训，使学生进一步掌握这种风格男鞋设计方法和贴近实际的设计能力。

二、内容

前卫鞋设计。

三、步骤

（1）了解前卫鞋造型特点、主要造型表现元素以及这些造型元素的表现特点。

（2）对前卫鞋楦头式造型进行夸张与充满个性设计，设计和画出3~5款变化草图。

（3）对前卫鞋结构式样进行夸张与充满个性设计，设计和画出3~5款变化草图。

（4）对前卫鞋材质肌理进行夸张与充满个性设计，设计和画出3~5款变化草图。

（5）对前卫鞋装饰配件自身造型进行夸张与充满个性设计，并将较好的设计方案与造型关系元素方面创新相结合，取得更好的装饰配件设计运用效果，两个方面各设计和画出3~5款变化草图。

（6）从以上草图中选出较好的方案整合成完整的款式图，与导师一起就款式造型风格塑造和款式造型的个性表现做进一步的推敲和修改，直至获得较好的效果。

（7）师生共同评价和总结设计效果。

四、考核标准（100分）

（1）前卫鞋风格把握准确。（30分）

（2）男前卫鞋整体造型具有强烈的个性及创新性。（50分）

（3）计算机效果图绘制仿真度较高。（20分）

第十四章

特种鞋靴设计

本章提要 本章主要讲授特种鞋靴设计开发基本方法。

学习目标 1．充分认识和理解特种鞋靴的穿用作用和市场意义。

2．认识和理解特种鞋靴主要功能元素的组成。掌握特种鞋靴设计基本方法，具有一定的特种鞋靴设计开发能力。

特种鞋靴包括职业鞋、运动鞋、保健鞋和其他特殊功能鞋靴。

一、特种鞋靴设计分析

特种鞋靴中的职业鞋是指某种职业需要穿用的鞋，如冶炼工人穿的劳动保护鞋（简称劳保鞋）；军人穿的野战靴、避雷靴、防化靴、飞行靴和防辐射靴等；运动员穿的足球鞋（图14-1）、登山鞋（图14-2）、跑鞋；

图14-1 特定运动项目对鞋的功能有特定要求

特定工作环境下的防静电鞋、防火鞋、无声鞋等。

冶炼工人穿的劳动保护鞋由于其特定的作业环境，对鞋的使用功能有特定要求，一般要求是阻燃、防穿刺、防砸、隔热。军人穿的靴鞋根据具体兵种和作战环境而决定其功能。如高寒地区士兵穿的野战靴要防滑、防冻、保温性能好；热带丛林环境要求野战靴要透气、防水、防穿刺、防剐等。另外，凡在陆地作战的军鞋其外表都应具有良好的伪装性；在埋有地雷的作战环境里，排雷兵穿的军靴要有防雷功能。

图14–2 户外爬山穿用的登山鞋

在用于速度比赛的冰鞋的设计上，应注意结构与形态设计上能尽可能地吸收和释放运动员给冰鞋的力，尽可能减少无用功，并且在高速拐弯的时候具有好的稳定性，冰刀的摩擦因数尽量要小。花样冰鞋的功能主要是帮助运动员完成各种舞蹈动作，因此，花样滑冰鞋的结构和形态设计上要满足运动员在做跳、旋转、急停、翻腾等各种动作时对稳定性的要求。

登山运动员通常在不同高度和条件下穿不同的登山鞋。登山鞋总的设计要求是坚固、防滑、抓岩石或冰面防滑能力强，并尽可能的轻。登山鞋的设计不仅要考虑上山时的地形条件、用力及动作特点，还要考虑到下山时地形条件和用力及动作特点对登山鞋的结构、材料、形态及配件上的要求。

特种鞋靴中的娱乐运动鞋是人们在健身、娱乐、休闲、运动时穿的鞋，最常见的有轮滑鞋。轮滑鞋有两种，一种是单排轮滑鞋，另一种是双排轮滑鞋。单排轮滑鞋一般是年龄较大的青年人或成年人穿用，双排轮滑鞋稳定性较好，一般适合儿童穿用。在轮滑鞋基础上又相继设计开发出了滑草轮滑鞋和高山速降轮滑鞋。高山速降轮滑鞋最初是为高山滑雪运动员在无雪的山坡上训练而开发的，经过改进成为一种新型休闲娱乐工具。考虑到这种轮滑鞋是在崎岖不平的山坡上滑行，设计者必须要考虑到这种鞋的坚固性。另外，凹凸不平的地面会使滑行者感到颠簸和震动，因此高山速降轮滑鞋应设计有良好的吸震功能和制动装置。

从以上分析可看出，特种鞋靴中的实用功能设计是首要的，只有能满足实用的需要，才有价值。

二、特种鞋靴设计

由于特种鞋靴的设计主要是围绕使用者对实用功能的需要而展开，所以设计师必须对使用者及其外部因素进行详尽地了解和深入地研究，遵循以人为本，“创造更合理的使用方式”的原则。特种鞋靴设计集中体现了现代工业设计原理、原则和方法。

下面以炼钢工人劳动保护鞋的设计为例（只限于电炉炼钢传统作业方式），说明特种鞋靴的设计方法。

设计师首先应深入这项工作的现场进行深入细致的调查和研究，了解劳动保护鞋使用者对鞋的具体需求，深入观察炼钢工人的作业环境、作业过程和动作特点，从中分析出炼钢工人劳动保护鞋应具备的炼钢工人劳动保护鞋最重要的功能是什么，次要功能是什么。最重要的功能是对生命和身体的保护，次要功能是这种鞋使用的方便性。

从电炉传统炼钢作业环境看，坚硬的钢铁器物存在于车间、厂房各处，地面上偶有尖锐金属物，工人从休息室到劳动现场150m左右，电炉前后各有一个废渣坑，工人是在电炉前的一个活动钢铁平台上劳动。作业环境温度很高。

炼钢作业过程主要是：装料—通电后开始熔化废钢铁—根据要求调整钢水中的某些物质成分—出炉—补

炉—重新装料送电，同时清理前后废渣。装料主要由天车完成，但有时工人也需到炉顶整理废料，熔化钢铁过程中工人有时需往炉内吹氧气，以加快钢铁的熔化，这时钢花经常飞溅出来。工人调整钢水中的物质成分时，需要往炉内添加石英石、铁矿石、石灰、生铁块、锌、锰等材料，补炉一般两人操作完成，清理前后渣坑时工人需要下去踩在温度很高的废渣上进行。炼钢工人是在十几平方米的活动平台上进行操作。

从对以上几个主要外部因素的情况观察、分析，传统电炉炼钢作业方式下的劳动保护鞋应具备以下几个方面功能：

（1）密闭性和阻燃性　这主要是考虑到炉前工人在从事某些环节的工作时，温度很高的钢花、钢渣不时飞溅出来，另外工人在清理废渣坑时，脚下的废钢渣温度也很高，劳动保护鞋如果没有良好的密闭性和阻燃性，钢花或钢渣很容易进入到鞋中，烫伤脚部。帮面和鞋底接触到这些东西很易损坏，并对脚也容易造成伤害。

解决思路上可以考虑把鞋的开闭结构安排在侧面或后面，并将鞋腰加高藏于裤筒内多一些；鞋的阻燃性可以考虑更换材料或改进原有材料的功能，帮面上也可以考虑加附件等。

（2）防砸性和防撞击性　工人作业环境到处都是钢铁制件，向炉内加料作业过程中，坚硬、沉重的矿石、合金、铁块随时有从铁锹上掉下砸伤脚部的危险。

解决的思路除原有钢包头外，在不影响鞋的屈挠功能下，在鞋腔内跗背处加防砸和防撞的材料，或在鞋跗背处加防砸、防撞击的附件。

（3）防穿刺性　炉前工人在装料时常需站在装有尖锐物的炉口上整理废料，工作现场有时也有尖锐物，清理前、后的渣坑也经常会踩在尖锐物上。

解决的思路是在鞋的大底中加入不影响屈挠性的防穿刺材料，或将中底换成防穿刺性的材料，或改进鞋的大底成分增加防穿刺性能等。

（4）隔热性　工人在清理废渣坑和补炉时，脚与鞋离热源很近，鞋如果隔热性差会使脚部不适，而一般皮革导热性又比较强。

改进的思路是在鞋中加入既透气、吸湿，又具有较好隔热功能的材料，或将前面所提到的附件多功能化，集密闭、阻燃、防砸、防撞和隔热于一身。

（5）防滑性　电炉传统炼钢作业时，炉前工通常是在一个能活动的钢铁平台上工作，平台前方下面有一个渣坑，坑中常有炽热的钢渣，炉前工在向炉内添加各种材料时，前冲力较大，如果炉前工脚下打滑，就有掉入前渣坑的危险。

解决思路可以从三个方面考虑，一是改善鞋底结构，增加附着铁板的能力；二是将工作平台的铁板进行加工处理，增加与鞋底的摩擦力；三是让工作平台与电炉之间"咬合"的紧密些，只在对炉口处留一个较小的口，并在口边加一个挡护板，以防工人坠落。

（6）透气性和吸湿性　炉前环境温度很高，加上工作劳动强度大等因素，使脚在鞋里容易出汗和感到憋闷，这样使得细菌容易繁殖，易患脚病。

解决思路是加强鞋内底和鞋里材料的透气性和吸湿性的功能研究，使这种材料既有很好的透气性和吸湿性，自身又易干、耐磨性好和强度高。

以上对炉前工劳动保护鞋的设计举例只是给出一种思路，具体实施方案还需与工程师、工艺技师、材料研究人员等相关技术和工程方面人员共同研究解决，全面而完善的设计方案最终需经过试制、试穿后才能制定出来。

实训二十九 特种鞋靴设计

一、目的、要求

通过特种鞋靴设计开发实训，使学生初步理解和掌握特种鞋靴产品设计开发基本原理、原则与方法。

二、内容

某种职业专用鞋靴设计。

三、步骤

（1）首先设定某种职业特定人群。

（2）深入、全面了解与分析特定职业人群工作性质、工作要求、工作外在环境、工作内在环境、工作对人的生理与心理以及脚部带来的影响等，由此得出特定职业人群对其职业用鞋的各种功能需求，并依据其重要性程度列表表示出来。

（3）根据现有技术与材料条件从列出的职业鞋靴需求功能项目中确定某项功能的开发。

（4）与特定职业人群共同分析和确定职业用鞋新功能项目的功效指标，并对鞋靴新使用功能从具体使用者、使用环境、使用要求等角度出发进行深入分析，得出鞋靴新使用功能具体要求及功能指标。

（5）查阅相关资料，分析职业用鞋新功能如何实现及工作原理。

（6）绘制某种职业用鞋新功能实现原理工程图。

（7）绘制某种职业用鞋结构图和效果图。

（8）撰写某种职业用鞋设计开发报告。

四、考核标准（100分）

（1）某种职业用鞋功能开发策划具有较高的应用价值。（20分）

（2）某种职业用鞋新功能原理具有科学性和实现可能性。（30分）

（3）某种职业用鞋设计开发报告内容架构完整，新功能原理实现论述科学、严谨。（30分）

（4）某种职业用鞋新功能实现原理工程图、结构图与效果图绘制规范、严谨。（20分）

第十五章

鞋靴设计管理

本章提要 本章主要讲授设计管理基础和鞋靴设计不同管理层级主要职责内容与方法等内容。

学习目标 1. 认识和理解设计管理的涵义与作用。
2. 认识和理解设计管理的原则。
3. 认识和理解鞋靴企业各层级设计管理主要职责及其内容。

一、设计管理基础

(一)设计管理的涵义

管理是人类工作中最重要和最常见的活动之一，大到数亿人，小到几人组成的小组，人们不管从事何种工作或社会活动，都需要围绕同一目标、协调行动，在这个过程中，为使各种资源有效利用和组织中的人行动规范、协调统一，顺利达到目的，控制人们某种社会活动进程和质量的管理便应运而生。

人们在组织向目标进发过程中，成员之间由于性格、习惯、认识问题和能力等方面的不同会出现这样或那样的矛盾，这些矛盾会随着事物发展不断变化，由此，以控制事物进程和质量为目标的管理工作便不可能是一次性的把握，管理是人类控制事物发展的一个过程行动，直至所追求事物目标的实现。

管理的定义有多种，科学管理之父泰勒说："确切地知道你要别人去干什么，并使他用最好的方法去干"就是管理。诺贝尔经济学奖获得者赫伯特·西蒙认为："管理者是在面对现实与未来、面对环境与员工时，不断地做出各种决策，使组织的一切都可以不断运行下去，直到获取满意的结果，实现令人满意的目标要求"。亨利·法约尔在其名著《工业管理和一般管理》中说："管理使所有人类组织（不论是家庭、企业或政府）都有的一种活动，这种活动有五项要素组成，即计划、组织、指挥、协调和控制"。

澳大利亚人纽曼认为："设计管理就是项目经理为了实现共同目标，对现有可以利用的设计资源进行有效的调用"。

欧洲设计管理研究者彦根·巴尔苏认为："设计管理就是选择适当的设计师，协调他们的设计工作，并使设计工作与产品和市场政策一致"。

综上所述，鞋靴设计管理可定义为：管理者围绕鞋靴企业产品设计目标，通过合理和有效的计划、组织、协调和控制鞋靴设计各因素与环节，充分利用各种设计资源，从而顺利实现鞋靴设计工作目标的过程。

设计资源主要包括设计人员、资金、设备、材料、场地等，设计因素包括制度、政策、文化等内容。

（二）设计管理的意义与作用

设计是人类一项创造性的伟大活动，人类每一个方面的每一次进步，无不都是设计创新的结果。到了近现代，人类设计创造活动更是日新月异，随着设计向着复杂性和分工细化方向的发展，设计工作的规划、组织、协调、统筹和控制等也日益显得重要，由此，从管理学科中逐渐派生出了设计管理这一新兴的管理事物。“设计管理”概念于1966年首先由英国皇家艺术界提出，1975年在美国波士顿成立了国际性的设计管理组织——设计管理学会（DMI），到了20世纪90年代，设计管理在西方发达国家的研究、教育和应用开始加速发展，21世纪初，设计管理开始在我国设计教育界传播，北京、上海等地先后举办了这方面的研讨会和学习班。面对我国包括鞋靴产业在内的绝大多数产业还处于加工和模仿阶段，设计创新在许多企业尚无能力开展的情况下，设计管理的提出和实施就显得多少有些超前，考虑到设计创新已成为中国走向强盛和企业转型走向强大之必须，能大力推动设计创新工作的设计管理的作用是不言自明的。由于中国鞋靴产业及企业中还普遍对什么是真正的鞋靴设计内涵缺乏认识或者是错误的认识，因此，鞋靴设计管理在我国鞋靴产业及企业中的推广和普及恐需较长的时期。但它在未来中国鞋靴企业设计开发工作中的作用将无可质疑。

设计管理通常被认为有以下几方面的作用：

① 好的鞋靴设计管理能够有效提升企业设计创新能力及提高设计工作效率和质量。鞋靴设计管理者通过对设计管理内容、方式、方法和手段的不断创新和完善，充分调动和利用鞋靴企业内外部资源，从而不断地提高企业设计创新能力。

② 好的鞋靴设计管理能够使企业设计开发工作具有系统性、连续性和稳定性。鞋靴设计工作是一项涉及诸多环节和内容的系统性工作，鞋靴设计管理者通过对设计各个环节和因素的良好组织、协调和控制，可以使设计工作更好地系统运转。设计工作与其他工作一样，连续性和稳定性是其顺利开展的前提，鞋靴企业设计工作连续性和稳定性主要体现在设计团队的稳定性和设计运转的规范性两个方面上，设计人员的频繁变动最影响设计工作的连续性和稳定性，尤其是掌握产品高层次设计要领的中高层设计管理者或优秀设计师的变动，对设计工作影响最大。例如，对于成熟的服装和鞋靴消费者来说，这类产品特有的品牌内涵及造型风格最为重要，品牌内涵及造型风格如果发生变化，原来定位的消费者便会大量失去，因此，掌握鞋靴产品品牌内涵及造型风格塑造的中高层设计管理者或优秀设计师如果频繁出现变动，企业产品设计工作势必受到很大影响。为此，企业要通过良好的设计制度和运行机制的建设，提高企业设计工作运行的规范性和人力团队的稳定性，并以此达到鞋靴设计工作的连续性和稳定性。

③ 好的鞋靴设计管理能够提升鞋靴产品竞争力，获取更多经济利益，促进企业发展。产品是企业满足市场和消费者需要以及获取经济回报的唯一载体，而产品能否满足市场和消费者需要的关键是设计得如何，设计管理是围绕新产品设计开发对各种设计资源进行组织、协调和有效控制的一种管理活动，企业通过好的设计管理，能够有力推进新产品设计开发工作，从而提升鞋靴产品竞争力，使企业获得更多的经济利益，促进企业不断发展。

④ 好的设计管理是提高企业与产品知名度和竞争力的重要利器。在现代商业竞争中，企业与产品知名度对消费者的吸引力有重要作用，品牌的商业力量毋庸置疑，企业对自己产品品牌和自身美誉度的塑造无不竭尽全力。在塑造产品品牌的过程中，产品设计创新是关键，而不是起一个好听的名字或绞尽脑汁广而告之就可以获得品牌美誉度的，产品品牌名称和标识图案只是品牌的外在形式，它吸引消费者只是短暂的，消费者真正关心的是产品独特的品牌概念及围绕这个概念能为他们带来的某种实实在在的功能或造型美感。简言之，企业与产品美誉度是靠高品质和高品位的产品来支撑的，而高品质和高品位的产品又是靠出色的设计及其设计管理来取得的。

(三)设计管理的原则

1. 现实原则

任何管理活动都必须建立在现实性的基础上，鞋靴设计管理活动同样如此。鞋靴设计管理现实性是指鞋靴企业要根据自己现有设计资源实力和外部环境条件来运作和把握企业设计中的各项工作，包括设计战略、设计策略、设计制度、设计团队建设等方面，脱离企业现实条件的设计管理是无效甚至是有害的。

2. 目标明确原则

设计管理的目的是实现企业设计工作中的一些既定目标，因此，目标明确是设计管理活动的基本要义和原则。企业中无论哪一层次、哪一部分的设计管理都要设立明确的目标。只有设计管理目标明确，设计管理者才能调动各种设计资源、采取合适的方式方法去实现这个目标。

3. 效率与效果原则

设计管理的宗旨和目的是使企业设计目标能以较好和较高的效果与效率完成。设计管理者通过运用各种有效管理方式、方法和手段，最大限度地调动和发挥一切设计资源力量，其中，调动和发挥设计人员的智慧和潜能是设计管理工作的重点，因为，只有将设计人员的主观能动性和创造性调动和激发起来，设计工作效率和效果才能真正得到提高。

4. 公平原则

设计管理中的公平是指一种相对的公平，主要包含两层涵义，一是设计人员贡献与应获得的利益的公平性，二是设计人员面对同样事情要一样对待和要求的公平性。公平原则在各种管理活动中都具有极其重要的作用，失去公平性是不可能做好设计管理工作的。

5. 控制与操作原则

在设计管理中，无论是制度、机制的设计，还是程序、方案的制定，都必须能够进行有效控制和操作，否则设计管理工作便无法顺利开展。这就要求设计管理者在管理工作中，无论是管理内容，还是管理方法和要求，一切都要从实际出发，根据企业内外实际情况去制定设计管理的各项规章制度，既符合企业发展和设计目标要求，又具有实施操控性。

二、鞋靴设计机构

鞋靴设计机构一般可分为三个层级，高层设计机构通常叫设计开发中心或设计公司；中层设计机构一般叫设计部或设计室，如，女鞋设计部(室)、男鞋设计部(室)、童鞋设计部(室)等，也有按产品品牌设置设计中层机构，例如，××品牌设计部。另外，在多数鞋靴企业中，高层或中层鞋靴设计机构中还设置有技术部门和鞋楦开发部门用来配合鞋靴设计工作，其中，技术部门中又分有样板组(打板组或开板组)和制作组；低层设计机构一般叫设计项目组，如女鞋设计部中可设女正装鞋设计项目组、女时装鞋设计项目组、女休闲鞋设计项目组等，也可按不同女鞋品牌进行分组，在项目组中还可进一步细分职责如分成企划小组、款式设计小组、配色小组、图案设计小组等。鞋靴设计管理组织架构基本模式如图15-1所示。

根据鞋靴设计机构三个不同层级，鞋靴企业中一般也将设计管理分为高层、中层和低层三个层级。

高层设计管理属于公司层级管理，由企业高层管理者负责，一般由总经理、副总经理或设计总监负责。高层设

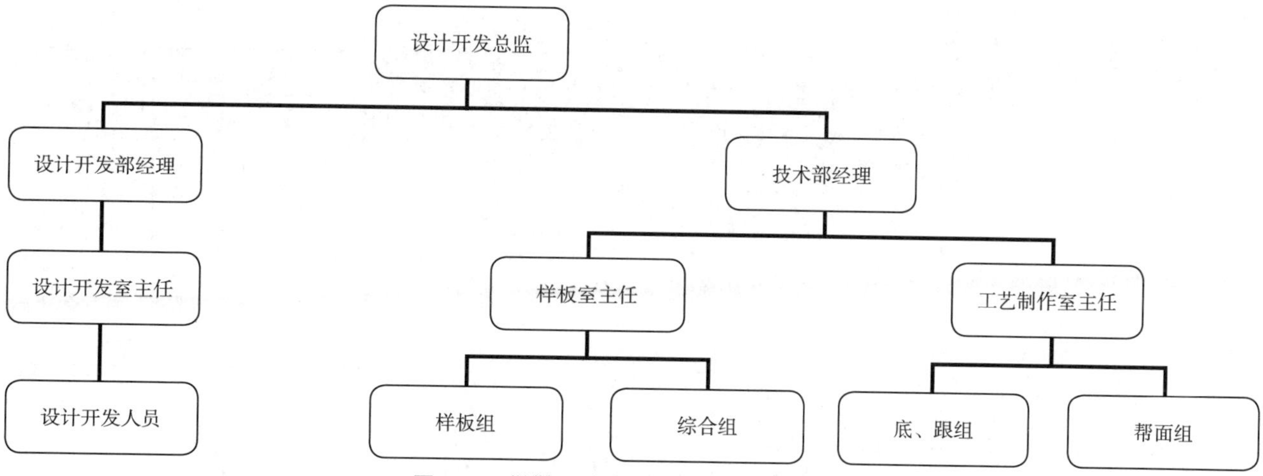

图15-1 鞋靴设计管理组织架构基本模式

计管理侧重于企业设计战略层面的把握，所谓设计战略层面是指影响企业设计开发全局和总体态势、走向的工作。

由于设计与技术、生产之间属于不同领域，并且又是高度相互联系的统一体，在实际经营当中，它们之间难免出现这样或那样的问题，对于高度重视产品设计开发的企业来说，企业高层管理者会将设计管理者的地位安排在技术和生产管理者之上，要求这两个部门在生产经营中全力配合设计开发部门工作。

中层设计管理属于企业部门层级管理，一般由设计总监或设计经理负责。中层设计管理侧重于设计实施中的策略性把握，即研究和运用恰当的方式方法去解决设计工作中出现的问题。在较大的鞋靴企业中，可能设有多个并行的以鞋类品种或不同品牌为区分的设计部门，这些部门主任属于中下层设计管理者。在设计部门中设立的样板、鞋楦和制作等技术部门要全力配合设计部门工作。

低层设计管理属于企业项目层级管理，一般由项目设计经理负责，如果鞋靴企业是以某种鞋类品种来设置中层部门，那么低层的项目层级管理就可能是负责这个品牌下的某种风格鞋靴的设计，例如，作为中层事业部的女鞋设计部可以下设时装鞋设计项目组、正装鞋设计项目组、休闲鞋设计项目组等。如果鞋靴企业是以某个品牌鞋靴设置中层部门，那么低层的项目层级管理就可以是负责这个品牌的某个细化风格鞋靴的设计，例如，作为中层事业部的某品牌正装女鞋可以下设优雅高贵风格正装女鞋设计项目组、干练简约风格正装女鞋设计项目组、典雅端庄风格正装女鞋设计项目组等。项目层级管理直接作用于产品，这要求项目设计管理者首先在某种项目产品设计开发上具有较强的能力，其次，要求项目设计管理者具有较强的鞋靴技术和材料运用能力，最后，要求项目设计管理者还要具有较好的项目计划、组织、协调和控制能力。不同层级鞋靴设计管理的主要职责见表15-1。

表15-1　　不同层级鞋靴设计管理的主要职责

管理层级	管理职责	管理性质			
		计划	组织	指导	控制
公司层级（高层管理）	创建和维护企业鞋靴设计文化		○		
	鞋靴设计制度建设		○		
	制定鞋靴设计战略与中长期规划	○			
	组建中层鞋靴设计组织		○		
	重要鞋靴设计资源分配				○
	监督和评价中层鞋靴设计管理者工作				○
	监控企业年度鞋靴设计工作计划的实施				○
	部门协调			○	
	确定鞋靴产品发展战略			○	

续表

管理层级	管理职责	管理性质			
		计划	组织	指导	控制
部门层级（中层管理）	新鞋靴产品项目策划	○			
	鞋靴设计部门预算与控制				○
	客户沟通				○
	制定鞋靴产品设计开发运行规范				○
	一般鞋靴设计资源分配				○
	鞋靴设计方法与运行方式的调整与创新				○
	制定鞋靴设计部门年度工作计划	○			
	控制、监督和评价鞋靴设计项目工作				○
	鞋靴设计项目层级管理者的筛选与培养			○	
	鞋靴设计信息管理		○		
	制定产品策略				○
	鞋靴设计人员培训			○	
	鞋靴产品整体企划			○	
	部门协调		○		
项目层级（低层管理）	制定鞋靴项目年度设计工作计划	○			
	组织与确定鞋靴项目设计人员			○	
	确定鞋靴项目产品季节企划方案				○
	控制、监督、评价鞋靴项目设计具体方案的开展及其质量				○
	产品设计沟通			○	
	鞋靴项目产品设计成本控制				○

三、鞋靴设计不同管理层级主要职责内容概述

（一）鞋靴企业公司层级设计管理主要职责内容

1. 创建和维护企业鞋靴设计文化

鞋靴企业设计文化是企业整体文化重要组成部分，企业设计文化主要价值追求与企业整体文化价值追求应保持一致，同时还要营造自己特有的设计价值追求，不断增强设计团队的凝聚力，充分挖掘设计团队力量。企业设计文化内涵建设主要表现为对符合人类和企业发展根本利益以及特有的设计价值观的追求上。企业将设计上升到精神与文化层面，是企业对设计事业一种战略性的把握，其宗旨是使企业设计组织能肩负社会责任、积极进取、和谐共进，充分挖掘和释放出设计力量。

企业创建设计文化要根据以下两个方面去展开：一是要与企业整体文化内涵保持一致，设计文化是企业文化的子文化系统，子文化必须与主体文化价值观保持一致，否则容易造成人们思想混乱和行为失范。二是创建的设计文化必须是切实可感的，而不是虚空的口号，设计文化中所蕴含的价值追求能让每一个设计团队成员切实感受到，时刻体现在他们的设计工作及自我价值的实现中。

2. 鞋靴设计制度建设

制度是管理的基石，缺乏制度，管理无从谈起，制度是要人们共同遵守的办事规程或行为准则。因此，制度在企业或组织中又是刚性的，遵守和贯彻制度是管理的重要特征，好制度是企业良好运行的保障和有力助推器。设计制度是设计管理工作的重要基础，也是设计管理的重要利器，设计制度的缺位或有较多的缺陷将严重影响设计管理工作的顺利开展。因此，设计制度建设是高层设计管理工作重要内容之一。制度是一把双刃剑，好的制度可以极大地促进企业或组织事业的发展，不好的制度也可以极大地影响企业或组织事业的发展。好的制度既能抑制人性的弱点，又能彰显人性的光辉，既遵循事物发生、发展客观规律，又能充分发挥人的主观能动性。因此，设计制度建设的关键首先是对设计制度本身的精心设计。设计制度是企业总制度下的一个分支制度，设计制度有关内容不能与企业总制度发生冲突。与其他制度建设一样，合理性是设计制度设计的一个重要准则，失去合理性的设计制度无疑会给设计管理工作带来很多困难。设计制度合理性主要包括三个方面：一是合理的设计制度既可满足企业的发展需要，同时又能满足设计师的利益需要；二是合理的设计制度既能约束和规范设计师的工作活动，同时又能让设计师这一特殊群体充分展现他们的设计潜能和才华，制度设计制定者要充分认识鞋靴设计工作的特殊性和充满艺术气质的鞋靴设计师的特殊性；三是合理的设计制度既适用于企业的当下发展，同时又能适应于企业的较长远发展，制度不能朝令夕改，制度频繁调整、修改会使员工无所适从，因此，设计制度的设计要尽可能的缜密、科学，使之禁得住时间的考验。操控性是设计制度设计的另一重要准则。设计制度的主要功能是规范设计活动中的各种行为，因此，设计制度中制定的各种做事规程和行为规范除了要合理、缜密以外，还要贴近本企业设计工作实际，并且内容阐述准确、清晰，使制度内容具有较强的针对性和操作性，只有这样，设计制度才能发挥其应有的作用。

3. 制定鞋靴设计战略与中长期规划

影响事物发展全局的方案、谋划与举措称之为战略，战略是领导者对事物宏观、整体以及发展最为关键处的把握。设计战略的制定是指企业最高层设计管理者对影响企业设计事业全局的诸多因素或内容进行的正确谋划与把握。设计战略把握内容主要有：鞋靴设计文化、鞋靴设计制度、鞋靴设计中长期规划、鞋靴产品定位、鞋靴品牌独特概念等。设计战略是企业整体发展战略极为重要组成部分，设计高层管理者要从社会经济和产业外部具体发展状况、企业整体发展战略及其现实条件出发，审慎、统筹和富有远见地去把握以上战略内容，促进企业设计事业及整体事业持续发展。

4. 组建中层鞋靴设计组织

鞋靴企业中层设计组织是设计开发型企业核心业务部门之一，是企业生存发展的关键组织。中层设计组织在鞋靴企业中一般称作设计部，如果有多种鞋靴或品牌，设计部一般命名为男鞋设计部、女鞋设计部、童鞋设计部、运动鞋设计部或某某品牌设计部等，在中层设计组织架构中一般都配有样板、工艺、鞋楦等技术分支部门，全力配合设计开发工作。中层设计组织建设是高层设计管理者重要职责之一，建设内容主要有中层设计组织架构、中层设计管理者的选用、选拔与培养机制、确定中层设计管理者的工作职责与绩效考核办法等方面。中层设计组织及其管理人员直接负责企业新产品设计开发，其管理者的职业综合素质对企业生存发展至关重要，这种职业综合素质主要表现在以下几个方面：一是必须具有良好的做人、做事态度，即情商素质要高，概括表现为做人坦诚和能够自律，做事认真、坚韧和有强烈进取心；二是具有深厚的鞋靴新产品设计创新能力，即必须具备较高的鞋靴新产品在满足市场需求上的判断力及眼光，能为企业获取较多的产品订单和市场占有率；三是具有较高的鞋靴样板、工艺、生产流程、材料应用、鞋楦设计等方面的知识与技术能力；四是能根据市场消费和竞争变化，具有适时调整鞋靴产品策略以及策划和把握新的品牌概念与产品风格的能力；五是具有良好的计划、组织、协调、沟通和控制等方面的管理能力，这方面能力对设计部门整体工作质量和效率有重要影响，是中层设计管理者不可或缺的重要职业能力。中层设计管理人员的选用、选拔和培养都要依据以上五个方面去开展。

5. 重要鞋靴设计资源的分配

鞋靴企业重要设计资源主要有：设计人力、资金、场地、重要设备等，设计人力分配主要负责中层设计管理人员的调动和配置。鞋靴企业重要设计资源分配要统筹安排，遵循资源分配重点突出、其他兼顾的原则，这里重点包括目前对企业发展影响最大的项目以及有很好发展前景的项目，企业将重要设计资源优先配置给这些环节或项目，目的是通过聚集资源使企业进一步提高竞争力，开辟新的发展空间，抢占新的和更多的市场，保持和增强企业发展势头。在保证重点设计项目对重要设计资源使用情况下，企业也要适当安排部分重要设计资源在其他设计项目中的使用，以使鞋靴设计事业得到整体、协调发展。并通过重要设计资源的分配作为促进设计工作的杠杆，鼓励一般项目向重点项目发展，最终达到加快企业发展的目的。

6. 监督和评价中层鞋靴设计管理者工作

在企业高层设计管理中，对中层设计管理者的监督、评价是其重要职责之一。监督和评价中层设计管理者工作分为两个方面，一方面是硬的指标监督、评价；另一方面是软的监督、评价。硬的指标监督、评价内容主要有：年度新产品市场投放数量（订单量）及销售额、单位鞋靴材料消耗情况、单位鞋靴设计成本控制情况、新产品设计开发成功率（样品鞋中单率）、产品市场占有率及排位情况等。硬指标考核是以详实、准确的数据为依据，根据设定的工作目标与已完成的业绩比对，得出中层设计管理者在完成硬指标工作方面的能力评价。当然，这有一个前提是，为中层设计管理者设定的工作目标是合理的，因为，以上有些考核内容不完全由设计环节决定。软的监督、评价内容主要有：中下层设计制度建设与执行情况、设计项目负责人筛选与培养情况、设计团队工作态度与精神面貌情况、各部门协调情况等。软指标更多地体现中层设计管理者的综合管理能力，这方面能力对鞋靴设计工作的顺利开展同样有较大影响。

7. 监控企业年度鞋靴设计工作计划的实施

监督、控制企业年度设计工作计划的开展与落实是高层设计管理者重要职责之一。监督和控制年度设计计划内容主要有：每季新产品设计开发数量是否完成、每季新产品订单数量是否完成、每季销售数量与销售额是否达到预期目标、单位产品盈利目标是否实现、单位产品设计成本降低目标是否实现、设计与技术资源软硬件建设是否按计划要求如期进行（人员引进与培训、设备、场地、材料、信息等）等内容。在上述计划内容实施过程中，高层设计管理者如发现某些任务内容没有达到计划要求或按时完成，要迅速查明原因，如是客观原因造成，可修改和调整原计划，并写明原因，如是人为原因，则尽快协助有关人员加以解决。高层设计管理者对设计工作计划实施开展情况的监控，主要是通过不定时抽查、定时听取不同方面负责人员汇报等方式来完成。

8. 部门协调

企业经营由多部门和环节组成，这些部门和环节相互联系和作用，构成企业运转有机统一体。部门间职责、功能、工作要求各不相同，而企业发展又要求它们之间必须紧密配合，方能使企业顺利运转。与设计工作紧密相关的部门和环节主要有产品企划、技术、营销、生产等，在设计开发型鞋靴企业中，技术部门及样板师、样鞋技师、鞋楦设计师等和企划部门及产品企划人员一般安排在设计部门中，隶属设计部门管理，因此，由中层设计管理者协调、指挥即可。营销部门、生产部门与设计部门是并行的职能部门，这些部门会由于这种或那种原因与设计部门产生这样或那样的问题，有的可能是责任问题，有的可能是协助问题，这些问题如不能及时解决，就可能致使双方人员情绪对立，严重影响设计工作的顺利开展，此时，作为高层设计管理者要及时明辨问题产生的原因和责任所在，及时加以协调和解决。

9. 确定鞋靴产品发展战略

鞋靴产品是设计管理和企业发展的核心载体，也是企业与市场沟通及赚取利润获得发展动力的唯一载体与媒介，鞋靴企业所有工作和环节都是直接或间接围绕产品来展开。产品战略是指影响产品市场表现全局的策略与谋划，因此，企业产品发展战略关乎企业经营的兴衰成败。鞋靴产品战略把握主要有以下三方面；

（1）产品定位　鞋靴作为一种传统成熟，并且技术含量相对较低的产品，其一般层面的竞争早已非常激烈，市场中各种类型、花色、风格的鞋靴产品极大丰富，自己企业的产品要想从中脱颖而出，让消费者迅速辨识并产生拥有欲望，精确而独特的产品定位是其重要前提。产品定位内容丰富，有产品消费者定位，即确定产品打算卖给谁；产品品牌概念内涵定位，即确定产品的独特价值是什么；产品档次定位，即确定产品卖给哪一种社会地位的消费者；产品风格定位，即确定产品卖给哪一种生活态度、性格气质和审美观的消费者等。产品定位工作是一项严谨科学的工作，这项工作必须在大量调研基础上方可做出，调研内容主要包括特定消费者目前对某种特定种类鞋靴都有哪些强烈诉求和市场上主要竞争产品缺点（品牌概念独特性、穿着舒适性、造型新颖度和时尚感、工艺制造水平、价格）两个方面，通过这两个方面深入调研，产品战略制定者可以为自己产品找到一个有较好成长空间的定位。

（2）产品结构　结构原意表示有形物质或无形组织的构造、组织、构成、组成，鞋靴产品结构战略设计是指鞋靴类型单一或组合、品牌单一或组合、产品档次单一或组合、产品内外市场单一或组合、市场成熟产品和探索产品单一或组合等方面有利于产品竞争和长远发展的选择与安排。鞋靴类型单一或组合结构安排是指企业选择做一种鞋靴，还是做几种鞋靴；鞋靴品牌单一或组合结构安排是指企业选择做一种品牌鞋靴，还是做几个不同概念定位的品牌；鞋靴档次单一或组合结构安排是指企业选择做一种档次的产品，还是同时做多种档次的产品，是中低档产品组合，还是中高档产品组合。通常情况下，企业同一品牌的产品档次组合一般不会安排低档与高档产品并存，因为，在产品消费当中，产品除具有实用性和审美性外，还具有象征性作用。高档产品消费更多的是体现拥有者的一种身份地位，高低档产品并存会严重影响高档产品的象征作用，因此，这种产品档次结构组合使高档产品难有市场。在产品档次组合中，高档与中档产品组合和中档与低档产品组合较为常见，一些投机厂商在产品档次组合中会采用偷梁换柱或以次充好的手法来赚取更多的利润，例如，国内某台商鞋厂，在最初进入大陆市场时用真皮实料打造中高档产品形象，当在大陆知名度起来以后，时常偷用合成革或再生革代替真皮材料做原来定位的产品，在中高档鞋靴产品成本构成中，材料成本占据相当大的比重，投机鞋商就是从这个巨大的材料差价中赚取更多的利润。产品内外市场单一或组合结构安排是指企业做内销还是做外销，还是内外销市场都做，产品内外市场不同时期机会也不相同，例如，2008年下半年席卷全球的金融危机，使许多单纯做外销的外向型鞋靴企业顿时陷入困顿，而国内经济多年来的持续快速发展，使得竭力开拓国内市场的一些鞋靴企业所受影响就相对较小，一些知名企业甚至还获得了难得的发展机遇。因此，如果企业具有较强的设计开发、资本运作和品牌推广实力，采取内外市场都做的产品结构，不仅可以拓宽市场，而且也可以降低企业经营风险。市场成熟产品和探索产品单一或组合结构安排是指企业选择只做已经开发有把握的成熟产品，还是在做成熟产品的同时也做一定比例的探索和开拓市场的新产品。

鞋靴产品结构的战略谋划目的是为了使企业产品更多地占领市场，迎合更多的消费需求，为企业赢取更多的经济利益。但企业产品结构设计与调整不能随意为之，要根据内外部条件来对产品结构的进行战略性的把握。企业高层设计管理者在对产品结构进行设计与调整时，通常要视以下情况而定，一是重新调整的产品结构是否有一定规模的真正市场需求；二是重新调整的产品结构是否能真正挖掘出消费者的一种潜在需求；三是本企业在产品企划、设计开发、样板与工艺技术、品牌运作、市场营销、资金等方面是否能对重新调整的产品结构给以足够的支撑，技术、生产、营销或资金等因素相对容易解决，关键是企业是否有产品企划、设计开发和品牌运作三个方面人才，他们对产品结构设计与调整影响最大。四是重新调整的产品结构是否规避了市场失败风险，减轻了竞争压力。

（3）产品形象系统设计（PI设计）　产品不仅是服务于人类的一种服饰用品，也不仅是生产线上有技术和材料构成的产品，产品在市场及消费中实现其价值时，它也代表和体现着企业的整体形象，消费者通过产品来认识企业的设计创新、生产技术、品牌内涵与价值等方面的水平与追求，企业终归要靠产品立于世，企业形象成也产品，败也产品。因此，企业各级设计管理者和普通员工都要树立强烈的企业形象意识，努力打造产品形象，并要持之以恒。产品形象打造不是一朝一夕的事情，更不是靠宣传得来的，它是消费者在使用过程中逐步积累出来的，产品形象的好与坏深刻地影响着消费者对产品的购买欲望，产品形象是企业形象的集中体现，产品形象出现问题企业形象必然连带出现问题，产品给消费者带来重大公共事故，就意味着企业面临着公共关系危机，处理不好或不及时，将导致企业形象和经济遭受重大损害与损失，甚至导致企业破产倒闭。

企业产品形象系统有诸多要素组成，主要有：产品品牌概念（理念）要素、产品实用功能要素、产品形式（款式造型）要素、产品服务要素、产品社会公共价值要素。产品概念要素是指产品品牌所蕴含的价值主张或价值取向。产品除持有功能合理、造型美观、工艺精湛、用料讲究等常见价值观以外，产品品牌概念的独特价值主张或价值指向理念对其形象的塑造以及吸引消费者更显重要，它是吸引消费者的产品内在根本支撑点。例如，世界著名运动鞋靴品牌耐克（Nike），努力打造的品牌概念与形象是"激情与个性"，满足个性张扬的青年人需要；另一世界著名运动鞋靴品牌阿迪达斯（Adidas）则是努力塑造其"品位与科技"的品牌概念与形象，通过秩序、简洁、大气的外观造型和不断的产品功能创新，在特定的消费者那里牢牢地树立起产品有品位和功能强大的印象，从而锁定了属于自己的目标消费人群；再如，世界著名休闲鞋靴品牌爱步（Ecco）则是高举"最舒适地行走"的品牌概念，企业通过不遗余力、永不止步的休闲鞋穿着舒适性设计创新，使爱步休闲鞋的穿着舒适性独步于当今休闲鞋市场，把消费者对休闲鞋的根本功能需求不断推向新的高度，从而也牢牢地占据了中高端休闲鞋市场。在现实当中，我们所见到的许多鞋靴品牌，绝大多数没有明确概念，或者是概念宽泛笼统，或者缺乏新意，个别鞋靴品牌有独特概念，但又只停留在理念层面，而没有通过产品实实在在的独特功能或独特形式美感等品牌形象系统构成要素去兑现其独特概念的价值主张和取向，这样也就无法真正吸引住消费者。鞋靴产品独特功能主要是指鞋靴穿着更好的舒适性或某种特殊的穿着使用功能；鞋靴产品独特形式美主要是指鞋靴款式造型及造型风格上的独特新颖美感，有时也指产品标识、包装、展示或卖场装饰设计等方面的独特性；鞋靴产品独特服务主要是指产品使用说明、保养、维护（质量和速度）等方面的独特举措；鞋靴产品公共责任主要是指产品使用中是否安全、是否有违反社会伦理或稳定的宣传、是否环保等。

产品形象是企业形象和品牌形象最集中、最直接的体现，产品形象系统设计和塑造的如何，对企业形象和品牌形象的塑造也最为重要和深远，因此，产品形象系统设计与打造必须提升到企业经营战略高度，企业要精心规划、设计、打造、维护产品形象系统各构成要素，在产品形象系统高质量和独特性的塑造上倾注力量。从目前国内鞋靴企业发展水平看，中国鞋靴企业及产品的国际化道路还任重道远。

（二）鞋靴企业部门层级设计管理主要职责内容

鞋靴部门层级设计管理属于中层设计管理，通常由设计经理或设计总监负责，部门层级设计管理直接负责企业设计事务，因此，他们承担的设计管理工作也较为繁重，并且责任重大，鞋靴设计工作开展得如何与这个层级管理者的水平直接相关。

1. 新鞋靴产品项目策划

鞋靴项目在这里指不同种类鞋靴或不同造型风格鞋靴，也可以指不同品牌鞋靴。因此，新鞋靴产品项目策划也可以视为是对新的品牌概念鞋靴的策划。鞋靴企业发展的一定时期，可根据自身设计、技术、资金、生产等条件以及市场机遇适时开展新的鞋靴产品项目，目的是开辟更大的市场领域，求得更大的发展，企业单一品种或风格鞋靴市场空间毕竟有限。新鞋靴产品项目产生有其市场客观需要的基础，人们对产品消费和使用始终处于动态变化中，消费者需求总是会随着社会经济、生活方式、生活态度、流行时尚、文化思潮等方面的变化而变化，人们对各种产品包括鞋靴产品都会不断产生新的需求。新的鞋靴产品项目推出涉及企业经营的方方面面，尤其当企业资金链比较紧张时，新的鞋靴产品项目如果进展不顺利，便可能使企业经营陷入困境，因此，部门设计管理者必须要以科学、审慎的态度去策划新的鞋靴产品项目，设计管理者这种科学与审慎态度主要表现在对鞋靴产品市场机遇的客观判断和对自身资源条件的客观认识上，前者要以详实可靠的调研结果为依据，后者主要是看企业的设计人力、资金、技术等资源是否能给予有力支撑。鞋靴设计新项目策划首先以文字、图片报告的形式呈现，内容主要有：项目名称、项目可行性分析、项目作用和意义、项目概念策划与确定、项目概念功能（实用或审美、象征）原理分析、项目概念元素组成分析、项目概念设计、项目投入产出及效益分析、项目结论等。报告中，新鞋靴产品设计项目概念独特性的策划与确定至关重要，即对产品品牌蕴含的独特价值主张或价值取向的策划。目前国内许多鞋靴企业对此认识不足，认为给项目起个好听名字，注册一个好看的商标就可以了，其实，项目名称和商标都只是产品的外在法律形式，只起到消费者辨识和法律保护的作用，而并不能对消费者产生真正的吸引力，产品及品牌真正的吸引力来自于它的独特功能、独特款式造型、独特服务等独特概念内涵表现。概念内涵是新鞋靴产品项目及品牌的实质内容，是新鞋靴产品项目及品牌的价值所在。品牌概念策划与开发前文有述，此处不再赘述。

2. 鞋靴设计部门预算与控制

鞋靴设计部门预算是企业总体预算控制下的设计工作资金用量的计划安排。鞋靴设计部门预算由可控制项目预算和变动项目预算两部分组成，可控制预算项目主要有：设计部门员工薪酬、材料费用、资料费用等，其中材料项目涉及内容较多，变动预算项目主要有：市场调研费用、外采样鞋费用以及其他临时变化项目费用。如果企业设计部门下设有多个设计分部门和多个设计项目组，那么，可由下向上逐级上报预算，经同意和核准后统一纳入设计部门总预算中。

3. 客户沟通

与客户沟通，使客户理解和接受新产品是设计经理或设计总监重要工作内容之一。客户沟通对象分为新客户和老客户两种，与新客户沟通，设计经理或设计总监要对产品消费人群定位、产品穿着功能、产品设计季节主题、产品流行时尚、产品款式造型及风格特点、产品设计细节及设计亮点的表现、产品工艺制造情况、材料性能与使用情况等进行全面介绍，如果是老客户，设计经理或设计总监只重点介绍本季产品主题、本季产品主题与时尚性产品表现、本季产品款式造型设计亮点表现等内容即可，如果产品结构设计、材料运用和工艺等方面有改进或调整也要一并介绍。当然，除了与客户进行业务上沟通，影响感情方面的接待和礼节也要做好。

4. 制定鞋靴产品设计开发运行规范

鞋靴设计运行规范是指鞋靴设计过程中设计及相关人员要遵循的程序、内容、方式方法和各种要求。从整体上看，鞋靴产品设计运行有其科学的一面，即鞋靴产品设计开发要遵循产品成功转换为商品的客观规律。鞋靴产品设计运行有自己特定内容和程序，设计经理或设计总监要能在设计实践中，结合设计团队水平和构成特点，从产品成功转换为商品的客观规律、鞋靴设计特定内容、鞋靴设计特定程序等方面出发，制定出最为有效的鞋靴设计运行规范，这个规范也是设计制度中的重要组成部分。

5. 一般鞋靴设计资源的分配

鞋靴设计一般资源主要包括：项目层级设计管理人员与一般设计人员、普通设计设备、一般设计工具和材料、设计资料、参考样品、设计软件、有偿设计信息等。设计经理或设计总监在进行一般设计资源分配时要遵循因"材"分配、因需分配、因时分配和倾斜重点等具体分配原则。设计资源因"材"分配是指设计经理或设计总监根据项目层级设计管理人员与一般设计人员的能力及特长分配其适合的工作。鞋靴设计工作由多方面内容组成，设计人员在这些设计内容上的能力表现会有一些先天区别，例如，有的设计人员在鞋靴款式创新变化上能力比较强，有的设计人员配色能力比较高，还有的设计人员可能在图案设计方面比较好等。此外，设计人员之间的性格、爱好、习惯等方面也会有较大不同。因此，为使设计项目组设计团队中的个人和团队充分发挥力量，设计经理或设计总监需根据他们以上各方面特点将这些设计人员进行合理调配，让他们在设计工作中个人能扬长避短，团队协作能取长补短，从而组成高效设计项目团队。设计资源因需分配是指设计资源要根据设计工作实际需要来合理分配，设计资源分配不能搞平均主义，平均主义分配既造成资源浪费，也会给设计团队进取精神带来不利影响。设计资源因时分配是指对同一种设计资源在不能同时使用的情况下，设计管理者应根据这种资源在设计程序中的使用先后或工作的轻重来分配。设计资源倾斜重点是指在设计资源有限的情况下，设计经理或设计总监要将有限的设计资源向对企业经营效益和设计效益影响较大的设计部门或设计人员倾斜，以保证设计总体工作不受大的影响。企业中层设计管理者遵循以上具体设计资源分配具体原则，才能实现人尽其才、物尽其用的设计资源分配总原则。

6. 鞋靴设计方法与运行方式的调整与创新

鞋靴设计方法和运行有规律和有规范要循，但设计工作又是一项创造性的和涉及众多环节的一项工作。鞋靴设计工作作为企业整体运行的子系统，鞋靴设计方法和运行方式要想在设计工作中取得较好的效果，就必须寻找到一个与企业设计资源条件和企业发展阶段相适应的方法和方式。例如，当企业处于初期发展阶段和设计与资金力量都比较薄弱时，产品设计多采用修改、模仿的方法；当企业及产品具有一定实力和知名度的时候，产品设计可以采用以我为主，但又要紧跟时尚的借鉴设计法，在运行方式上，也可以采用设计外包的方式来加强设计工作的开展；当企业及产品在业界和市场上具有很大影响力的时候，产品设计就可以采取引领时尚的题材主题设计法，这种方法直接从生活、自然中汲取设计灵感，品牌及产品中带有自己的价值主张和独特风貌，当然，这种方法的主题设定和款式造型也必须根据社会思潮、消费者生活方式与生活价值观等发展趋势，以及具体消费人群的审美与象征偏好去把握，企业这个阶段的设计方式应更为灵活和富有创新性地去运行，自我设计开发与设计外包相结合、聚集设计与利用社会设计力量及互联网络分散设计相结合、设计人员与营销网络点的"点对点"的设计等都可以尝试。

7. 制定鞋靴设计部门年度工作计划

制定设计部门年度工作计划是部门层级设计管理者即设计经理或设计总监的重要职责之一。

企业设计部门年度设计工作计划是设计经理或设计总监根据企业年度经营目标即对设计部门的要求、设计人员水平、上一年度设计工作开展情况、企业技术与生产水平、市场动态等方面状况，对企业设计工作做出的年度安排与部署。设计经理或设计总监在制定年度设计工作计划时要注意，设计年度工作计划要反映企业设计工作中长期规划，此外，年度设计工作计划有些内容与要求要与以往设计年度工作计划中的相关内容与要求保持有连续性，不应差别过大，计划中有些内容和要求如要做出修改调整，计划制定者必须要根据企业现有实际做出合理安排。企业设计部门年度工作计划主要内容有：年度与每季的鞋靴新产品设计开发数量、年度与每季的订单数量、年度与每季的销售数量与销售额、设计分部门或品牌产品设计开发任务（设计开发数量、订单量、销售数量与销售额）、单位产品盈利目标、单位产品设计成本降低目标、设计人员引进与培训工作、鞋楦开发工作、材料开发工作、设备添置、场地改造、设计信息化建设、设计运行机制建设、市场调研、样品采购、展会参加准备、订货会准备等。当然，每个企业会根据自己具体情况对以上计划内容做出调整。

8. 控制、监督和评价鞋靴设计项目工作

鞋靴设计项目是鞋靴设计工作任务的载体，鞋靴设计项目以项目组的形式来展开，因此，控制、监督和评价好鞋靴设计项目工作实质就是抓住了设计部门工作的核心。鞋靴设计项目可以是某个品牌鞋靴，也可以是某种风格的鞋靴。鞋靴设计项目工作一般分为四季展开，即春鞋设计开发、夏鞋设计开发、秋鞋设计开发、冬鞋设计开发，因此，控制、监督和评价鞋靴设计项目工作也要随着四季来展开。这种控制、监督和评价还要随着每个季节鞋靴开发内容和程序的展开分阶段、有重点、定时间地进行，设计经理或设计总监要对鞋靴项目开展过程中的季节产品企划（我国广东称之为产品前期开发）和款式造型设计及风格把握两方面内容的进程和质量要进行重点监控与评价，有时还要亲自参与其中。

9. 鞋靴设计项目层级管理者的筛选与培养

鞋靴企业中的设计项目层级管理者通常指的是某品牌鞋靴负责人或某品牌鞋靴某种细化风格的负责人。鞋靴设计项目负责人是设计具体方案制定直接组织者和参与者，对企业新产品开发负有直接责任，因此，对鞋靴设计项目层级管理者的筛选与培养成为部门设计管理者的重要职责之一。作为项目组织者和参与者，设计项目管理者与设计部门管理者同样需要设计开发与技术两方面的突出能力，缺一不可。鞋靴设计开发能力包括：对特定鞋靴消费人群审美偏好与消费习惯的敏锐洞察力、鞋靴产品企划能力、鞋靴品牌造型风格的准确把握能力、鞋靴款式造型流行时尚的准确预测与把握能力（包括对楦型、跟型与底型、基本结构式样、材质肌理、鞋靴色彩、装饰配件、图案、装饰工艺等造型元素方面的时尚性表现）、鞋靴款式造型上的较强创新变化能力、鞋靴结构造型与样板设计能力、楦型和跟型的设计与应用能力、鞋靴材料合理运用能力，熟悉鞋靴制作工艺、熟悉鞋靴生产流程、控制鞋靴产品成本能力等；鞋靴设计项目管理能力包括：计划能力、组织能力、协调能力、沟通能力、项目进程与质量控制能力等。

10. 鞋靴设计信息管理

信息也称为情报，在信息爆炸和市场瞬息万变的时代，人们的任何一项决策或决定都离不开准确可靠信息的支撑，当今时代企业或组织的竞争，首先就是在信息获取、分析和管理方面的竞争，没有可靠信息的支撑，我们的任何决策或决定都是盲目和充满风险的，及时获取有效信息已成为各项工作的首要任务。信息的作用在于决策，鞋靴设计信息管理就是为企业及设计师设计决策或设计方案的制定提供准确、快捷、方便的支撑依据。多数信息具有连续性和变化性的特点，信息的连续性可以使我们从以往的特定区域消费者的鞋靴购买信息当中，分析出他们在鞋靴款型、色彩及造型风格上的审美偏好，得出特定区域鞋靴流行时尚在接受时间和接受程度上的表现规律，得出某种鞋靴楦型、跟型、基本结构式样、材质肌理、色彩等主要造型元素的变化规律等重要设计依据参考信息。由于信息庞杂，有些信息还会发生变化，因此，设计信息的收集、整理工作必须要全面、及时和准确。

鞋靴设计信息管理主要是做有关鞋靴设计信息方面的收集、分类、组织、编号（编码）等工作，鞋靴设计信息包括文字信息、图片信息和实物信息三大类，内容主要有：消费者信息、主要竞争产品信息、同类鞋靴和服装流行时尚信息、自己企业产品信息、设计材料和设备信息、设计资料信息、产品经销商信息、帮面材料供

应商信息、装饰配件供应商信息、鞋楦供应商信息、鞋靴底跟供应商信息、模具供应商信息、设计师信息等。以上信息内容还可以细化出很多内容，尤其是自己企业产品的历年信息资料的健全与完善对新产品设计开发有重要参考作用，自己企业产品信息主要是对各区域市场销售前三名产品的收集与备档，备档信息要文字、图片和实物三种形式并存，统一编号，按销售区域、时间、季节、品种和风格归类放置，文字信息备档主要内容有：产品企划书、设计工作单（设计任务书）、工艺制作单（工艺指导书）、销售与反馈信息表（销售时间、销售区域、累积销售总量、同一系列其他不同颜色产品销售数量、市场销售价）、成本核算表等；图片信息备档主要内容有：设计效果图、款式结构图、实物图片（平视正侧角度、俯视外侧3/4角度、正俯视角度）。实物信息备档主要内容有：色卡、样板、成品鞋。为查找使用方便，图片信息资料和实物信息资料中的色卡和样板都可以与文字信息资料放到一起。以上信息资料还要用电子文件的形式备份。

11. 制定鞋靴产品策略

鞋靴产品战略是解决鞋靴产品发展方向和产品全局性的问题，鞋靴产品策略是解决鞋靴产品更多地去争夺市场的方式方法问题，它决定了鞋靴产品在某个方面的竞争力的高低，相当于战争中的战术，解决的是赢得某场战斗的方法问题。鞋靴产品策略对产品赢得更多市场和获取更多经济利益具有重要作用，作为部门层级鞋靴设计管理者对此应予以高度重视。鞋靴产品策略是一把双刃剑，策略制定得好，可以是自己的产品竞争力大大提高，有力推动企业发展；制定得不好，又会使自己的产品降低竞争力，严重影响企业经营业绩。因此，中层设计管理者必须要在洞悉市场产品竞争格局、看清市场发展趋势、准确把握特定消费者未能满足的需求和本企业设计、技术、资金、生产、营销等方面客观条件的基础上去制定出行之有效的产品策略。鞋靴产品策略制定一般从以下几个方面去考虑和把握：

（1）鞋靴产品品牌与风格的单一与多种的选择　从以往经验看，企业发展初期或实力不够强大时，企业做单一品牌与风格应是合理选择，这样企业可以集中力量和资源首先进行一种产品市场的突破。但当产品站稳市场并具有相当高的知名度以及市场空间难有大的突破时，根据品牌在消费与营销中的连带效应，为充分利用品牌美誉度这一无形资产，适时采取多品牌、多风格的产品策略便又成了企业的正确选择，这也是消费需求多样化的客观实际决定的，不同的消费者有不同的价值观和审美偏好，企业针对不同的消费人群，推出不同概念内涵、不同造型风格或不同功能的鞋靴产品，肯定会赢得更多消费者的喜欢，进而占领更多的市场。这里关键是企业推出的不同品牌概念、不同风格或功能的产品是否能真正满足不同消费者的价值观、不同风格审美或功能等方面的需要。

（2）鞋靴产品系列化策略　鞋靴产品系列化是企业满足更多消费者需求的重要产品策略。产品系列化有多重涵义，可以指产品款式造型方面的系列化，例如，某款鞋靴由不同色彩组成的系列化；也可以指产品穿用功能方面的系列化，例如，由女鞋、童鞋、功能鞋、运动鞋、男正装鞋、男休闲鞋、男时装鞋等不同穿用功能鞋靴组成的系列产品；还可以指产品用途拓展的系列化，例如，由鞋靴、服装、包袋、配饰等组成的系列服饰产品。

多数鞋靴企业一般都会先选择鞋靴款式造型方面的系列化。不同类型鞋靴产品采用的系列造型元素不同，女时装鞋、童鞋、运动鞋一般多采用色彩造型元素或装饰配件造型元素的变化来形成系列产品，因为，消费者在穿用这些鞋靴时，色彩的造型审美作用比较大。正装鞋和休闲鞋一般多采用形态（楦型、帮面分割造型）造型元素或装饰工艺造型元素的变化来形成系列产品。这种同一款型不同局部变化的系列产品满足了消费者的不同审美和个性表现需要，为企业产品赢得了更多市场。

（3）鞋靴产品档次定位及组合策略　多数情况下，鞋靴消费者的不同社会地位和不同经济实力决定了他们对高、中、低档鞋靴产品的选择，鞋靴企业做哪种档次的产品，要视自己的实力和哪一种档次鞋靴产品更有商业机会。做高档鞋靴对企业设计开发、资金和品牌运作能力要求较高，但做高档鞋靴利润也较高，它的高附加值来源是因为高端消费者不在意产品花费的多少，而是在乎产品不一般的品质和高端产品定位给自己带来的出色功效

（审美或功能）和较高的身份地位象征。中档产品是最有现实价值也较容易做的产品，它既具有一定的附加值，同时又具有较大的市场容量，而且还可以为企业今后做高档产品及品牌提升奠定基础，因此，有一定设计和资金实力的鞋靴企业多选择做中档产品。低档产品满足的是消费者对产品基本功能上的需要，低档产品消费者对价格最敏感，这类产品出卖的是简单、廉价和繁重的劳动，几乎不存在有附加值，企业间的竞争是看谁降低产品成本的本领大。

在鞋靴产品档次组合上，考虑到高档鞋靴消费主要是一种身份地位的象征，鉴于此，身份地位高的消费者是不可能与低端消费者共用一个品牌产品的，如果高低档产品都是一个品牌，被高端消费者看重的高于别人的产品身份地位象征作用将失去，那样，高档产品肯定会失去市场。因此，企业一般不会选择高档与低档产品并存的组合策略，也不会选择高、中、低档产品都做的组合策略。根据市场机遇和自身实力，单做某一档次产品，并将这一档次产品的核心竞争力打造好，不失为一种正确的产品策略。此外，高档与中高档组合、中档与中高档组合、中档与中低档组合也都是较合理的产品档次组合策略。

12. 鞋靴设计人员培训

鞋靴设计人员是鞋靴设计任务的执行者，设计人员的能力对企业设计工作起着决定性作用，如何培养和提高设计人员的设计开发能力是企业和中层设计管理者的重要职责之一。从管理角度看，培养设计人员，不断加强设计团队设计开发能力，应形成一种机制，纳入到企业制度当中。鞋靴设计能力是一种综合性与应用性很强的头脑智慧或脑力技术，由设计、技术、材料、鞋楦、工艺、生产、市场等多方面知识与能力组成，这些知识与能力具有系统性和连贯性，中层设计管理者应根据目前设计人员存在的主要问题和企业培训资源条件，制定出相应培训计划和具体培训方案，在不影响企业设计工作的前提下，有计划、分阶段、有针对性地展开对设计人员综合设计能力方面的培训。

13. 鞋靴产品整体企划

鞋靴产品企划目前在我国鞋靴产业界和企业中还比较陌生，这跟我国鞋靴产业总体处于加工、模仿的初级发展阶段有关，也与我国鞋靴设计教育缺失和滞后有关。“企划”一词产生于20世纪60年代的日本，有谋划对策与方案制定的意思，鞋靴产品企划是指鞋靴企业为了实现经营目标，制定某种鞋靴产品运营方案及其对策。

随着消费者需求变得日益复杂多样，以及企业间的竞争日趋激烈，产品如何在众多的同类中脱颖而出吸引住消费者，已成为各企业面对的一大挑战。鞋靴产品企划便是解决这一挑战的重要利器之一，鞋靴产品企划工作应成为现代鞋靴企业六大职能部门——人力、营销、设计、企划、生产和财务构成之一。鞋靴产品企划的意义是通过对消费需求、时尚和市场发展的剖析，企划者预先规划出一个符合特定消费人群需求和流行趋势的内涵丰富的鞋靴产品运营方案，使企业随后的各项产品工作都能够围绕同一目标一致行动。鞋靴产品企划内容丰富，主要内容有：市场目标企划、鞋靴种类企划、品牌企划、设计企划、服饰整体搭配企划、技术企划、价格企划、促销企划、生产企划、服务企划等。其中，鞋靴市场目标企划、鞋靴种类企划和鞋靴品牌企划属于战略性企划，是影响鞋靴产品未来根本命运的企划，这三方面内容企划如果出现失误，将使鞋靴产品在未来市场难有好的表现；设计企划、服饰整体搭配企划、技术企划、价格企划、促销企划等属于战术性的企划，这些企划在于解决产品满足消费需求的具体问题，提升产品在市场上的竞争力。在对以上内容进行企划时，企划者要遵循企划目标明确、企划方案及对策有新意和企划具有实现可能性等三个原则。目标明确原则是鞋靴产品企划的关键，即企划目标要达到的程度和效果是什么必须清楚；企划的目的在于为产品在市场上谋求新的突破，取得更好的市场业绩，因循守旧的产品企划没有存在的价值，它不能促进鞋靴产品在市场上的竞争力，因此，企划方案就必须有所创新，尤其在品牌企划、设计企划、促销企划等方面要有高于其他鞋靴产品的谋划及对策，这些方面企划的成功将会有力促进鞋靴产品在市场上的表现；产品企划的制定必须以真实的消费需求、市场状况、竞争对手情况和企业内部客观条件为依据，对策及实施方案要切实可行和富有成效。

鞋靴企划涉及诸多领域知识与技术，中层设计管理者一般只做战略性的企划内容，其他企划可由项目层级设计管理者和其他专门人员制定。

鞋靴产品企划最终要以企划书的形式呈现出来，并交给相关部门及人员执行。企划书是指企划人员将成熟的企划理念和方法用详实、可靠的文字、数据、图表、图片等形式表述出来文本册子。企划书没有统一的格式与内容安排，通常由前言、目录、摘要、正文、总结和附录六个部分组成，其中，企划正文部分是企划书的核心，也是企划书有无价值主要体现之处，它包括：企划目的、围绕企划内容和目的进行的内外部因素客观分析、目标内容的战略企划、实现目标的战术企划、企划执行与控制的方式方法等内容。

14. 部门协调

鞋靴设计工作涉及产品企划、样板、鞋楦、材料、样鞋制作、营销等多个环节，哪一个环节出现问题，设计工作都会受到很大影响，而在实际工作中，由于各种原因，部门和人员之间难免产生这样或那样的问题，这些问题不能及时解决，势必影响设计工作的顺利开展。因此，中层设计管理者首先应制定出较为合理与完善的设计工作运行规范，做到设计工作程序正确、工作内容与职责明晰，再结合企业相对完善的制度和规定，这样可以有效降低设计工作中各种问题的出现，先防范问题的出现，即使出现问题也比较容易解决。其次，中层设计管理者应在设计部门中努力建设一种严格与开放、竞争与协作、民主与集中、继承与创新的良好设计文化氛围。对于出现的问题，管理者应从工作大局和兼顾各方利益的角度出发，积极协调处理好各种问题，使部门设计工作能顺利健康地向前发展。

（三）鞋靴企业项目层级设计管理的主要职责内容

鞋靴设计项目层级管理更多的是围绕某种鞋靴项目产品展开，在鞋靴企业中一般是围绕某种品牌鞋靴去组织相关人员和其他设计资源展开设计工作，管理重点是充分挖掘设计人员设计潜能，在规定时间内高质量地完成项目设计开发任务。

1. 制定鞋靴项目年度设计工作计划

鞋靴设计项目年度工作计划是在企业整体工作计划和设计部门年度工作计划框架下对设计项目进行的年度工作安排。内容主要有：季节设计任务、市场调研、材料准备、设计人员和相关人员任务安排、项目年度预算等。以上计划内容安排既要体现企业和部门层级设计对项目设计的要求，又要符合项目组人员能力和现有资源条件，每一项内容要安排细致周到。

2. 组织与确定鞋靴项目设计人员

作为项目层级设计管理者，对从事项目设计人员的能力要求更为清楚，因此，组织与确定设计人员一般由项目管理者决定较为合适。每个项目设计人员在鞋靴设计方面有不同的特长，有的善于鞋靴结构式样上创新变化，有的可能长于鞋靴产品配色，项目管理者应根据他们的特长，组织和安排他们去完成相应的设计任务。在确定设计人员工作能力的时候，除要看设计人员是否具有较高的对某种特定鞋靴款式造型风格把握能力、风格款式造型创新变化能力、较高的风格款式造型审美品位以外，还要看设计人员是否具备一定的鞋靴结构与样板设计、鞋楦设计、制鞋工艺、制鞋材料、鞋靴生产流程等方面的知识与能力，同时，设计人员是否具有严谨、勤奋的工作态度，也是项目管理者组织和确定项目组设计人员的重要依据。

3. 确定鞋靴项目产品季节企划方案

鞋靴项目产品企划是设计与生产阶段指导性文件，企业设计人员、技术人员、生产管理人员等相关人员都要以此为指导来展开工作。鞋靴项目产品季节企划相对较少，主要包括主题企划、款式造型企划（楦型企划、跟型与底型企划、细化风格企划、基本结构式样企划、材质肌理企划、配色企划、图案企划、装饰工艺企划、装饰配件企划）、服饰整体搭配企划、技术企划等内容。

季节产品主题企划是在该项目产品品牌主体概念下，确立出本季节自己产品所蕴含的一种生活、生命态度与主张，主题多取自于社会热点、生活流行思潮、大自然、民族风情等方面。产品设计设定主题可以使推出的产品在保持总体风格的基础上，产品形象更加鲜明，并且给人感觉每季都有变化，同时，也能体现企业设计水平与规范。

鞋靴项目产品款式造型企划是项目产品款式造型设计全面展开的依据，对季节产品设计开发成功与否有着极其重要的影响，是项目产品季节企划方案中的重中之重。鞋靴项目产品款式造型企划是对产品款式造型构成各元素或重要鞋体部分所进行的企划，包括楦型企划、跟型与底型企划、款式造型细化风格企划、基本结构式样企划、材质肌理企划、配色企划、图案企划、装饰工艺企划、装饰配件企划。设计人员根据以上企划再进行更多的款式变化和细节把握。需注意，不同的鞋靴品种或不同造型风格的鞋靴产品，其企划的造型元素内容也不相同。另外，鞋靴项目产品款式造型及构成元素企划一定要围绕设定好的主题和流行趋势展开。

鞋靴项目服饰整体搭配企划是指企划或设计人员在进行项目产品款式造型企划的时候，要考虑与服装、包袋等服饰款式造型的协调统一性，使设计出的鞋靴款式造型与服装、包袋等服饰品有良好的整体协调感，从而满足消费者通过整体着装提高自己着装品位的要求。

4. 控制、监督、评价鞋靴项目设计具体方案的开展及其质量

对鞋靴项目设计具体方案开展情况及其质量的控制、监督和评价是设计项目层级设计管理人员最核心的工作职责，鞋靴项目设计具体方案的开展关系到整个设计开发工作核心事业的进展与效果，也是最能集中体现项目层级设计管理者和设计人员职业能力的地方，鞋靴设计项目组所有成员对此都应有深刻认识，尽最大可能完成好鞋靴项目设计具体方案的策划与制定，并在方案数量上尽可能多地使客户满意。项目设计具体方案开展过程中，项目层级管理者要监督和评价的项目产品设计内容主要有：产品季节企划（限于季节主题、楦型、跟型、基本款型、色彩、材质肌理）、鞋款造型风格的把握、鞋款造型的形态表现、鞋款造型的色彩表现、鞋款造型的材质肌理表现、鞋款各造型元素的时尚性表现、鞋款结构造型的合理性表现、鞋款结构造型的加工制造及生产性表现、项目设计具体方案的成本控制等。

5. 产品设计沟通

为使设计出的新产品能与企业内部企划、技术、生产、营销等环节顺利衔接，同时也为使新产品能被客户更好地了解和接受，鞋靴项目层级管理者与有关内部人员和客户的设计沟通工作是必不可少的。作为鞋靴设计项目直接管理者和设计参与者，项目层级管理者对自己负责的项目产品市场目标定位、产品设计主题、款式造型及风格与时尚的设计表现、材料运用等具体内容和做法较之他人更为清楚。由项目层级管理者与企业有关内部人员和客户沟通可以使他们对产品及其设计有更深入的了解，进而使项目产品能在企业内部其他环节顺利进行，使客户对产品产生更大兴趣。层级管理者在与客户沟通过程中，应重点介绍新产品设计的亮点之处，介绍自己产品如何更好地满足某个区域特定消费人群需求，以及自己产品与同类产品的不同之处，同时，要认真倾听客户对产品的意见和目前市场消费最新发展动态，共同探讨市场未来变化趋势。

6. 鞋靴项目产品设计成本控制

鞋靴项目产品设计成本控制是项目层级管理者必须具备的能力之一，设计成本控制更显重要，成本控制得

好，可以使鞋靴项目产品有更好的吸引消费者的性价比，有更好的市场竞争力，当然也就可以为企业赚取更多利润。鞋靴项目产品设计成本控制由设计管理者和设计者掌控的地方主要有以下三个方面：一是鞋靴项目产品的帮部件分割造型形状是否有利于套裁省料，这对于使用中高档材料的鞋靴产品来说尤显重要，这类中高档鞋靴材料成本在产品总成本中占据较大的比例；二是在材料外观效果和理化性能接近的情况下，设计人员用价廉材料代替价高材料也是中低档产品降低成本的常用手法；三是鞋靴项目产品的鞋帮结构造型是否有利于批量生产加工，对产品的单位产量及加工成本有较大的影响，容易加工的鞋帮部件结构造型，单位产量比较高，单位加工成本也就较低，相反，则较高。因此，对于生产中低档鞋靴产品的企业来说，便于加工的简洁、新颖、时尚的鞋帮结构造型最受欢迎。对于有经验的鞋靴项目设计管理者或设计人员来说，他们凭借经验可以对以上三个影响项目产品成本的设计进行较好的控制。另外，对鞋靴项目产品设计成本控制有较大影响的还有样鞋采购和样鞋制作材料的消耗，真正有设计开发实力的企业一般不需采购样鞋，样鞋采购多为设计开发能力较弱的中小型企业，主要是用于跟踪和仿制一些畅销名牌产品，以提高自己产品在市场上销售业绩。鞋靴项目层级管理者通过对以上几个方面的较好把握，使鞋靴项目产品设计成本得到较好控制。

思考与练习题

1．结合实际，试论鞋靴设计管理的意义与作用。

2．结合实际，试论鞋靴企业合理设计制度建设的重要性。

3．结合实例，试论鞋靴产品战略中的形象系统设计的意义与作用。

参考案例

设计开发部岗位任职说明书

设计开发部经理岗位任职说明书

<table>
<tr><td>岗位名称</td><td colspan="2">设计开发部经理</td><td>岗位编号</td><td></td></tr>
<tr><td>所在部门</td><td colspan="2">设计开发部</td><td>岗位定员</td><td></td></tr>
<tr><td>直接上级</td><td colspan="2">主管副总</td><td>职系</td><td></td></tr>
<tr><td>直接下级</td><td colspan="2">设计室主任或设计项目主任</td><td>工资等级</td><td></td></tr>
<tr><td>所辖人员</td><td colspan="2"></td><td>岗位分析日期</td><td></td></tr>
<tr><td colspan="5">本职：全面主持设计开发部的各项工作</td></tr>
<tr><td colspan="5">职责与工作任务：</td></tr>
<tr><td rowspan="4">职责一</td><td colspan="2">职责表述：制定本部门设计开发计划和技术工作计划并组织实施</td><td colspan="2">工作时间百分比：5%</td></tr>
<tr><td rowspan="3">工作任务</td><td>根据公司经营计划，制定本部门的年度、季度和月度设计开发工作计划</td><td colspan="2">频次：</td></tr>
<tr><td>组织与实施年度、季度和月度设计工作计划</td><td colspan="2">频次：</td></tr>
<tr><td>做好年度、季度和月度设计工作总结并按时向上级主管汇报</td><td colspan="2">频次：</td></tr>
<tr><td rowspan="5">职责二</td><td colspan="2">职责表述：制定本部门设计规章制度并贯彻落实</td><td colspan="2">工作时间百分比：5%</td></tr>
<tr><td rowspan="4">工作任务</td><td>建立健全各项内部设计管理规章制度</td><td colspan="2">频次：</td></tr>
<tr><td>监督检查各项设计规章制度执行情况</td><td colspan="2">频次：</td></tr>
<tr><td>不断完善设计经费使用管理办法并监督执行</td><td colspan="2">频次：</td></tr>
<tr><td>不断完善设计工作流程和配套管理办法</td><td colspan="2">频次：</td></tr>
<tr><td rowspan="6">职责三</td><td colspan="2">职责表述：组织设计人员进行新产品开发设计</td><td colspan="2">工作时间百分比：50%</td></tr>
<tr><td rowspan="5">工作任务</td><td>组织设计人员进行定期和不定期的市场考察活动，开阔设计人员视野，把握消费需求和流行时尚</td><td colspan="2">频次：</td></tr>
<tr><td>组织协调各设计室新产品开发工作，督促、检查设计工作进度</td><td colspan="2">频次：</td></tr>
<tr><td>组织设计人员进行设计开发经验交流和技能培训</td><td colspan="2">频次：</td></tr>
<tr><td>监督检查新产品是否合理利用各类材料</td><td colspan="2">频次：</td></tr>
<tr><td>组织有关人员评价新设计的样品，并对最终产品设计效果及质量进行审核，并提出建议</td><td colspan="2">频次：</td></tr>
<tr><td rowspan="4">职责四</td><td colspan="2">职责表述：组织相关设计人员和工艺人员对车间的生产工艺进行指导</td><td colspan="2">工作时间百分比：20%</td></tr>
<tr><td rowspan="3">工作任务</td><td>组织相关人员对生产车间进行的新产品投产前的生产试帮、合底、修饰等技术环节进行指导，并监督设计室为生产车间提供相应的设计、技术文件等操作规范</td><td colspan="2">频次：</td></tr>
<tr><td>指挥设计室和技术室配合生产部门做好批量生产工艺指导工作</td><td colspan="2">频次：</td></tr>
<tr><td>组织技术人员解决新款式当中出现的工艺难题</td><td colspan="2">频次：</td></tr>
</table>

续表

职责五	职责表述：组织订货会		工作时间百分比：10%
	工作任务	按季节在规定时间内组织计划数量样品鞋参加由公司或客户组织的订货会	频次：
		监督设计人员针对客户反馈意见及时、有效地修改和调整设计方案	频次：
		订货会后及时组织有关人员进行总结，交流成功经验，查找不足之处，并派专人记录	频次：
		与经销商保持密切联系，及时获得市场需求信息和产品反馈意见	频次：
职责六	职责表述：负责本部门内部的管理工作		工作时间百分比：5%
	工作任务	负责本部门设计和其他有关人员的培训、选拔、配备、激励、评价等队伍建设工作	频次：
		负责本部门设备的维护和保养	频次：
		负责控制本部门预算，降低设计成本和产品成本	频次：
职责七	完成领导交办的其他工作任务		工作时间百分比：5%

权力：
对设计室对外来往票据和权限范围内的经费使用有审核权
对设计室主任有考核评价权
对设计人员新款式开发有建议权
对生产车间的工艺执行情况有检查权
对所属下级的工作有指挥权、监督检查权
有对直接下级岗位调配的建议权、任命的提名权和奖惩建议权
有权向相关部门索取必要的资料和信息
在权限范围内有代表对外联络的权力
对所属下级的工作争议有裁决权
对生产车间和技术开发部违反技术与工艺操作要求的行为有制止权和命令整改权

工作协作关系：	
内部协调关系	集团公司相关部门
外部协调关系	面、底材料供应商、鞋楦生产商、装饰配件生产商、模具生产商、辅料生产商

任职资格：	
教育水平	大专以上
专业	鞋靴设计或工业设计、造型艺术设计等相关专业
培训经历	产品企划培训、鞋靴样板与工艺培训、鞋楦设计培训、营销培训、质量管理培训、企业管理培训
经验	五年以上鞋靴设计工作经验，两年以上鞋靴设计管理工作经验
知识	鞋靴设计知识、产品企划知识、鞋靴结构设计知识与制版技术、鞋靴工艺知识与制作技术、鞋靴材料应用知识、鞋楦设计与修改技术、鞋靴生产流程知识、市场营销知识、财务知识、办公自动化知识、质量管理知识
技能技巧	具备较高的鞋靴设计开发能力、产品企划能力、鞋靴结构设计与制板能力、鞋靴工艺制作能力、鞋靴材料应用知识、沟通协调能力、计算机绘制效果图能力，具备一定的写作表达能力和理财能力

续表

其他：	
使用工具设备	计算机、传真机、打印机
工作环境	一般工作环境
工作时间特征	正常上班时间，偶尔需要加班
所需记录文档	
备注：	

设计开发部设计室主任岗位任职说明书

岗位名称	设计室主任	**岗位编号**	
所在部门	设计开发部	**岗位定员**	
直接上级	设计开发部经理	**职系**	
直接下级	设计师	**工资等级**	
所辖人员	固定　人，不固定　人	**岗位分析日期**	
本职： 全面负责本室鞋靴新款式的设计开发工作			
职责与工作任务：			

职责一	职责表述：信息收集，制定本设计室年度、季度新产品的开发计划		工作时间百分比：15%
	工作任务	负责从各种渠道收集鞋靴设计信息（消费者需求、流行时尚、竞争对手产品情况、流行鞋靴材料、流行装饰配件等）	频次：
		根据本公司产品市场定位，结合经销商反馈产品信息和当前流行趋势，制定本设计室年度与季度设计开发计划	频次：
		组织实施每季鞋靴新产品设计开发工作	
		做好每季鞋靴设计开发工作总结，并及时向设计开发部经理汇报	频次：
职责二	职责表述：负责组织新产品设计方案的设计实施，协调和指导鞋楦师、样板师和工艺技师完成新产品打板和实物样品的制作		工作时间百分比：50%
	工作任务	负责组织新产品设计方案的设计实施	频次：
		组织采购新产品开发所需的材料、辅料	频次：
		负责为设计师提供设计开发思路，指导设计师完成新款式的设计创新	频次：
		负责为鞋楦师提供设计思路，协助和指导鞋楦师完成新楦型的设计与制作，对满意楦型进行确认	频次：
		组织和指导工艺技师按照设计及工艺要求，节约并合理使用材料完成样品鞋的制作	频次：
职责三	职责表述：负责组织新设计开发鞋靴样品的评定和确认		工作时间百分比：10%
	工作任务	组织相关人员对新产品的批量生产可行性进行分析及确认	频次：
		指令专职人员试穿样品，检测是新产品的舒适度，并做出评定	频次：
		组织技术人员、营销人员或经销商召开新产品讨论会，听取他们对新产品设计方案意见，并决定是否做相应更改	频次：
		负责修改满意后的鞋靴款式封样工作，并做好新款式的设计特色介绍	频次：

续表

<table>
<tr><td rowspan="5">职责四</td><td colspan="2">职责表述：负责新产品投产前对外协调工作和批量生产的技术指导</td><td>工作时间百分比：5%</td></tr>
<tr><td rowspan="4">工作任务</td><td>配合财务部门做好新产品的成本预算工作</td><td>频次：</td></tr>
<tr><td>指导有关设计人员、技术人员和试制车间制作封样工作</td><td>频次：</td></tr>
<tr><td>指导车间进行生产试帮，并提供相应的技术文件和操作规范</td><td>频次：</td></tr>
<tr><td>负责配合生产管理部门完成新鞋款的生产工艺指导，提高成品品质</td><td>频次：</td></tr>
<tr><td rowspan="5">职责五</td><td colspan="2">职责表述：负责本设计室内部管理工作</td><td>工作时间百分比：5%</td></tr>
<tr><td rowspan="4">工作任务</td><td>负责本室设计和其他相关人员的培训、选拔、配备、评价等队伍建设工作</td><td>频次：</td></tr>
<tr><td>负责本室人员和向工艺制作室请调人员的工作计划安排</td><td>频次：</td></tr>
<tr><td>负责本室设备的维护和保养</td><td>频次：</td></tr>
<tr><td>负责控制本室预算，降低设计成本和产品成本</td><td>频次：</td></tr>
<tr><td rowspan="5">职责六</td><td colspan="2">职责表述：协助对外贸易部完成外贸产品开发任务</td><td>工作时间百分比：10%</td></tr>
<tr><td rowspan="4">工作任务</td><td>收集各种外贸市场信息、开发样品提供给外贸部门选择</td><td>频次：</td></tr>
<tr><td>完成外商提供图样产品的技术开发</td><td>频次：</td></tr>
<tr><td>协助生产部门做好外贸鞋试帮和批量生产的技术指导工作</td><td>频次：</td></tr>
<tr><td>协助对外贸易部做好样品鞋投产前的成本核算工作</td><td>频次：</td></tr>
<tr><td>职责七</td><td colspan="2">负责CAD技术的推广使用，完成上级交付的其他任务</td><td>工作时间百分比：5%</td></tr>
<tr><td colspan="4">权力：</td></tr>
<tr><td colspan="4">对年度设计计划和相关管理制度有拟订权</td></tr>
<tr><td colspan="4">对材料选择有决定权</td></tr>
<tr><td colspan="4">有权向相关部门索取必要的资料和信息</td></tr>
<tr><td colspan="4">对新产品设计方案有指导、审核权</td></tr>
<tr><td colspan="4">对所属下级有考核评价权</td></tr>
<tr><td colspan="4">对所属下级（包括请调人员）的工作有指挥权、监督检查权</td></tr>
<tr><td colspan="4">对所属下级的工作争议有裁决权</td></tr>
<tr><td colspan="4">有对直接下级岗位调配建议权、任命的提名权和奖惩建议权</td></tr>
<tr><td colspan="4">在权限范围内有代表对外联络的权力</td></tr>
<tr><td colspan="4">工作协作关系：</td></tr>
<tr><td colspan="2">内部协调关系</td><td colspan="2">生产管理部、营销总公司、国际贸易部</td></tr>
<tr><td colspan="2">外部协调关系</td><td colspan="2">面、底材料供应商、鞋楦供应商、装饰配件供应商、模具供应商、辅料供应商等</td></tr>
<tr><td colspan="4">任职资格：</td></tr>
<tr><td colspan="2">教育水平</td><td colspan="2">本科、大专</td></tr>
<tr><td colspan="2">专业</td><td colspan="2">鞋靴设计、工业设计、艺术设计等相关专业</td></tr>
<tr><td colspan="2">培训经历</td><td colspan="2">鞋靴结构与样板设计培训、鞋楦设计培训、鞋靴制作工艺培训、营销培训、管理培训、电脑培训、英语培训、质量管理培训等</td></tr>
<tr><td colspan="2">经验</td><td colspan="2">五年以上鞋靴设计开发经验</td></tr>
</table>

续表

知识	艺术造型基础知识、鞋靴设计知识、鞋靴样板知识、鞋靴工艺知识、鞋靴材料知识、人体生物力学知识、鞋楦知识等
技能技巧	熟练运用常用办公软件，能利用电脑进行鞋靴效果图的绘制，熟练运用互联网进行信息搜寻，具有一定的管理能力和写作能力
其他：	
使用工具设备	计算机、打印机、传真机、专用及通用软件，其他设计使用工具
工作环境	一般工作环境
工作时间特征	正常上班时间，经常需要加班
所需记录文档	设计效果图、款式图、色卡、设计工作单（设计任务书）、材料样卡
备注：	

设计开发部设计师岗位任职说明书

岗位名称	设计师	**岗位编号**	
所在部门	设计开发部设计室	**岗位定员**	
直接上级	设计室主任	**职系**	
直接下级	无	**工资等级**	
所辖人员	无	**岗位分析日期**	
本职： 负责根据特定消费人群偏好、产品风格定位和流行时尚设计新的鞋靴款式			
职责与工作任务：			

职责一	职责表述：根据特定市场目标人群鞋靴审美偏好、产品风格定位和流行时尚设计新的鞋靴款式		工作时间百分比：50%
	工作任务	根据特定市场目标人群鞋靴审美偏好、产品风格定位、流行时尚、材料特性、生产加工等要求，设计出新的鞋靴款式	频次：
		向设计室主任或客户说明新产品如何设计把握	频次：
职责二	职责表述：就新产品设计对楦型、样板和工艺等技术环节提出参考意见		工作时间百分比：10%
	工作任务	根据新产品风格定位和楦型流行时尚，对新一季的楦型造型提出建议（主要是楦头式造型）	频次：
		对样板（纸板）造型与设计构思或效果图造型不吻合的地方提出修改建议	频次：
		对样品制作中，工艺不符合设计效果要求的地方提出修改建议	频次：
		对生产线上新产品制造过程中出现的与设计要求不符的地方提出修改建议	频次：
职责三	职责表述：协助设计室主任市场拿样、新产品设计讨论、说明和订货会准备		工作时间百分比：5%
	工作任务	根据设计室主任要求，协助设计室主任到市场或生产商那里拿回材料样品卡、鞋楦、配件、大底、鞋跟等设计开发用物品	频次：
		积极参与和协助设计室主任组织的新产品设计讨论会	频次：
		协助设计室主任给客户说明新产品是如何设计把握的	频次：
		协助设计室主任参加公司主办的新产品订货会	频次：
职责四	职责表述：协助设计师主任完成电脑辅助设计和设计信息管理		工作时间百分比：10%
	工作任务	根据设计室主任设计意图用计算机或手绘形式画出鞋靴设计效果图	频次：
		协助设计室主任对鞋靴市场信息、时尚信息、竞争对手信息、鞋款图片或手稿资料、外采样品、本设计室设计开发的产品、材料样品等方面进行归纳、整理、归档等设计信息管理工作	频次：

续表

权力：	
对新鞋款造型、楦型、大底造型、鞋跟造型、面料搭配、色彩搭配等设计工作有自主把握权	
对设计室的各种设备、材料、资料等有使用权	
对材料、样板、生产工艺等不符合产品设计要求的地方有建议修改权	
对设计方式、方法、规章制度和条件的完善与提高有建议权	
工作协作关系：	
内部协调关系	企划部、技术部、生产部、供应部、营销部、生产车间
外部协调关系	订货客商
任职资格：	
教育水平	本科或大专
专业	鞋靴设计或工业设计、艺术设计等相关专业
培训经历	鞋靴结构与样板设计培训、鞋楦设计培训、鞋靴制作工艺培训、营销培训、鞋靴材料应用培训等
经验	三年以上相关工作经验
知识	艺术造型基础知识、鞋靴设计知识、鞋靴样板知识、鞋靴工艺知识、鞋靴材料知识、人体生物力学知识、鞋楦知识等
技能技巧	鞋靴设计开发能力、运用鞋靴效果图软件能力、鞋靴结构与样板设计能力、鞋靴制作工艺能力、鞋楦设计能力、鞋靴材料合理运用能力、沟通协调能力、市场调研能力
其他：	
使用工具设备	计算机、马克笔、软尺、分规、开板刀、美工刀
工作环境	设计室
工作时间特征	正常上班时间，经常需要加班
所需记录文档	设计草图、设计款式图、设计效果图、色卡、设计工作单（设计任务书）、材料样卡
备注：	

设计开发部样板室主任岗位任职说明书

岗位名称	样板室主任	**岗位编号**	
所在部门	设计开发部样板室	**岗位定员**	
直接上级	设计开发部经理	**职系**	
直接下级	样板师	**工资等级**	
所辖人员		**岗位分析日期**	
本职：负责组织人员完成各设计室的新产品设计方案的样板设计与制作			
职责与工作任务：			
职责一	职责表述：制定本部门工作计划并组织实施		工作时间百分比：50%
	工作任务	根据设计开发部的开发计划，制定本部门的年度和季度样板工作计划	频次：
		负责新工艺、新技术信息的收集和研究	频次：
		组织实施年度和季度样板设计与制作工作	频次：
		做好年度和季度样板工作总结并及时向设计开发部经理汇报	频次：

续表

职责二	职责表述：制定本部门各项规章制度并贯彻落实		工作时间百分比：20%
	工作任务	建立健全本部门各项管理规章制度	频次：
		监督检查本部门各项规章制度执行情况	频次：
		不断完善本部门经费使用管理办法并监督执行	频次：
		不断完善本部门工作流程	频次：
		组织指导样板师按照设计方案要求，制作出符合穿着要求和生产要求的成套样板	频次：
职责三	职责表述：负责样板师的调度安排		工作时间百分比：5%
	工作任务	根据各设计室的进度要求，协调安排各个样板师完成相应工作	频次：
		根据各设计室的用人要求，合理安排相应的样板师	频次：
		负责样板师的工作时间安排	频次：
职责四	职责表述：负责配合工艺制作室样品鞋制作和样板技术攻关		工作时间百分比：5%
	工作任务	对样品鞋制作过程中可能出现的结构与样板问题给予解释和指导	频次：
		组织样板师对在制板过程中出现的问题进行研究和攻关	频次：
职责五	职责表述：负责本室内部的管理工作		工作时间百分比：10%
	工作任务	负责本室人员选拔、配备、评价等队伍建设工作，组织本室人员进行样板技能培训	频次：
		负责本室机器设备的维护和保养	频次：
		负责控制本室预算，降低费用及成本	频次：
职责六	职责表述：完成上级交付的其他任务		工作时间百分比：10%
权力：			
对年度工作计划和相关管理制度有拟订权			
对设计方案有参与审核权			
对所属下级有考核评价权			
对所属下级的工作有调配安排权、指挥权、监督检查权			
对所属下级的工作争议有裁决权			
对生产各分厂违反工艺操作规定的行为有制止权和命令整改权			
有对直接下级岗位调配的建议权、任命提名权和奖惩建议权			
在权限范围内有代表对外联络权			
工作协作关系：			
内部协调关系	设计室、工艺制作室		
外部协调关系	生产部、生产车间		
任职资格：			
教育水平	本科、大专		
专业	鞋类设计与工艺		
培训经历	鞋靴设计培训、鞋靴样板培训、鞋靴制造培训、企业管理培训、电脑培训		
经验	五年以上鞋靴样板工作经验		
知识	鞋靴样板知识、鞋靴设计知识、鞋靴工艺知识、制鞋材料、管理知识、电脑知识		

续表

技能技巧	具有较高的鞋靴样板设计理论与样板制作技能，熟练运用常用办公软件，熟练运用网络进行信息搜集，具有一定的管理能力和写作能力
其他：	
使用工具设备	计算机、打印机
工作环境	一般工作环境
工作时间特征	正常上班时间，经常需要加班
所需记录文档	样板、款式图、效果图、色卡、设计工作单（设计任务书）、材料样卡、输入与输出清单
备注：	

设计开发部样板师（打板师）岗位任职说明书

<table>
<tr><td colspan="2">岗位名称</td><td colspan="2">样板师（打板师）</td><td>岗位编号</td><td></td></tr>
<tr><td colspan="2">所在部门</td><td colspan="2">设计开发部（设计室）</td><td>岗位定员</td><td></td></tr>
<tr><td colspan="2">直接上级</td><td colspan="2">设计开发部经理（设计室主任）</td><td>职系</td><td></td></tr>
<tr><td colspan="2">直接下级</td><td colspan="2">无</td><td>工资等级</td><td></td></tr>
<tr><td colspan="2">所辖人员</td><td colspan="2">无</td><td>岗位分析日期</td><td></td></tr>
<tr><td colspan="6">本职：负责根据设计师提供的鞋靴设计效果图或款式图及其他信息制作样板</td></tr>
<tr><td colspan="6">职责与工作任务：</td></tr>
<tr><td rowspan="4">职责一</td><td colspan="3">职责表述：负责按照设计师的要求开出符合设计方案要求的样板</td><td colspan="2">工作时间百分比：70%</td></tr>
<tr><td rowspan="3">工作任务</td><td colspan="2">根据设计师提供的鞋靴设计效果图或款式图开出样板</td><td colspan="2">频次：</td></tr>
<tr><td colspan="2">根据设计师提供的鞋靴设计草图或图片做出样板</td><td colspan="2">频次：</td></tr>
<tr><td colspan="2">根据样品鞋实物做出样板</td><td colspan="2">频次：</td></tr>
<tr><td rowspan="3">职责二</td><td colspan="3">职责表述：就新产品的鞋靴楦型设计和帮面材料搭配提出参考意见</td><td colspan="2">工作时间百分比：10%</td></tr>
<tr><td rowspan="2">工作任务</td><td colspan="2">如果鞋靴设计效果图款式结构造型出现与公司当前生产工艺水平不符，要及时向设计师提出款式结构造型的改进建议</td><td colspan="2">频次：</td></tr>
<tr><td colspan="2">如果鞋楦结构造型某处不符脚型规律，要及时向设计师提出楦体结构造型合理改进建议</td><td colspan="2">频次：</td></tr>
<tr><td rowspan="3">职责三</td><td colspan="3">职责表述：协助设计开发部经理或设计室主任监督检查新样品在设计室的制作过程</td><td colspan="2">工作时间百分比：10%</td></tr>
<tr><td rowspan="2">工作任务</td><td colspan="2">检查样板的准确性</td><td colspan="2">频次：</td></tr>
<tr><td colspan="2">检查新样品是否符合最初的设计思路及外观效果</td><td colspan="2">频次：</td></tr>
<tr><td rowspan="3">职责四</td><td colspan="3">职责表述：协助生产单位做好新产品投产前的准备工作</td><td colspan="2">工作时间百分比：10%</td></tr>
<tr><td rowspan="2">工作任务</td><td colspan="2">审核生产样板和刀模样板是否符合要求</td><td colspan="2">频次：</td></tr>
<tr><td colspan="2">协助生产单位解决样板在生产车间试制过程出现的各种问题</td><td colspan="2">频次：</td></tr>
<tr><td colspan="6">权力：</td></tr>
<tr><td colspan="6">对新产品的鞋靴结构造型、鞋楦结构造型、帮面材料使用等不妥的地方有建议权</td></tr>
<tr><td colspan="6">对办公室用于样板级放或其他用处的设备、机器有使用权</td></tr>
<tr><td colspan="6">对生产样板和刀模样板是否符合要求有审核权</td></tr>
<tr><td colspan="6">对新样品在设计室的制作过程有协助监督检查权</td></tr>
<tr><td colspan="6">工作协作关系：</td></tr>
<tr><td colspan="2">内部协调关系</td><td colspan="4">设计室、生产部、生产车间</td></tr>
<tr><td colspan="2">外部协调关系</td><td colspan="4">帮材料供应商、中底供应商、大底供应商、模具供应商、辅料供应商等</td></tr>
</table>

续表

任职资格：	
教育水平	本科、大专
专业	鞋类设计与工艺
培训经历	鞋靴样板培训、鞋靴工艺培训、鞋楦设计培训、质量管理体系培训
经验	三年以上相关工作经验
知识	样板制作知识、鞋靴设计知识、色彩构成知识、AutoCAD应用知识、鞋靴材料学知识
技能技巧	熟练进行样板制作，熟练运用常用办公软件，具有较好的沟通协调能力和一定的管理能力
其他：	
使用工具设备	软尺、分规、样板刻刀、美工刀、绷帮钳
工作环境	设计开发部（设计室或技术室）
工作时间特征	正常上班时间，经常需要加班
所需记录文档	成套样板、试做报告单、效果图、款式图、色卡、设计工作单（设计任务书）、材料样卡、输入与输出清单
备注：	

设计开发部工艺制作室主任岗位任职说明书

岗位名称	工艺制作室主任	**岗位编号**	
所在部门	设计开发部工艺制作室	**岗位定员**	
直接上级	设计开发部经理	**职系**	
直接下级	鞋楦师、放样工、操作工、后期处理技师	**工资等级**	
所辖人员		**岗位分析日期**	

本职：负责组织人员完成各设计室的新产品设计方案的制作和生产部门的生产工艺指导

职责与工作任务：

职责一	职责表述：制定本部门工作计划并组织实施		工作时间百分比：50%
	工作任务	根据设计开发部的开发计划，制定本部门的年度和季度样品鞋制作和技术开发工作计划	频次：
		负责新工艺、新技术信息的收集和研究	频次：
		组织实施年度和季度鞋楦设计与制作和样品鞋制作工作	频次：
		做好年度和季度工作总结并及时向设计开发部经理汇报	频次：
职责二	职责表述：制定本部门各项规章制度并贯彻实施		工作时间百分比：20%
	工作任务	建立健全本部门各项内部管理规章制度	频次：
		监督检查本部门各项规章制度执行情况	频次：
		不断完善本部门经费使用管理办法并监督执行	频次：
		不断完善本部门工作流程	频次：
		组织指导帮底操作工按照设计及工艺要求，合理、节约地使用材料，完成样品鞋制作	频次：
职责三	职责表述：负责工艺制作室人员的调度安排		工作时间百分比：5%
	工作任务	根据各设计室的进度要求，协调安排鞋楦师、帮底操作工、放样工等人员完成相应工作	频次：
		根据各设计室的用人要求，合理安排相应的操作工	频次：
		负责鞋楦师、放样工及帮底操作工在本室的工作时间安排	频次：

续表

<table>
<tr><td rowspan="3">职责四</td><td colspan="2">职责表述：负责新产品投产前和批量生产过程中的工艺技术指导</td><td>工作时间百分比：5%</td></tr>
<tr><td rowspan="2">工作任务</td><td>对车间封样鞋、试帮及批量生产过程中具体制造工艺进行指导</td><td>频次：</td></tr>
<tr><td>组织帮底操作人员对制作过程中出现的具体操作工艺难题进行研究和攻关</td><td>频次：</td></tr>
<tr><td rowspan="4">职责五</td><td colspan="2">职责表述：负责本室内部的管理工作</td><td>工作时间百分比：10%</td></tr>
<tr><td rowspan="3">工作任务</td><td>负责本室人员选拔、配备、评价等队伍建设工作，组织本室人员进行技能培训</td><td>频次：</td></tr>
<tr><td>负责本室机器设备的维护和保养</td><td>频次：</td></tr>
<tr><td>负责控制本室预算，降低费用及成本</td><td>频次：</td></tr>
<tr><td>职责六</td><td colspan="2">职责表述：完成上级交付的其他任务</td><td>工作时间百分比：10%</td></tr>
<tr><td colspan="4">权力：</td></tr>
<tr><td colspan="4">对年度工作计划和相关管理制度有拟订权</td></tr>
<tr><td colspan="4">对样品有参与审核权</td></tr>
<tr><td colspan="4">对所属下级有考核评价权</td></tr>
<tr><td colspan="4">对所属下级的工作有调配安排权、指挥权、监督检查权</td></tr>
<tr><td colspan="4">对所属下级的工作争议有裁决权</td></tr>
<tr><td colspan="4">对生产各分厂违反工艺操作规定的行为有制止权和命令整改权</td></tr>
<tr><td colspan="4">有对直接下级岗位调配的建议权、任命提名权和奖惩建议权</td></tr>
<tr><td colspan="4">在权限范围内有代表对外联络权</td></tr>
<tr><td colspan="4">工作协作关系：</td></tr>
<tr><td colspan="2">内部协调关系</td><td colspan="2">设计室、样板室</td></tr>
<tr><td colspan="2">外部协调关系</td><td colspan="2">生产部、生产车间</td></tr>
<tr><td colspan="4">任职资格：</td></tr>
<tr><td colspan="2">教育水平</td><td colspan="2">本科、大专</td></tr>
<tr><td colspan="2">专业</td><td colspan="2">鞋类设计与工艺</td></tr>
<tr><td colspan="2">培训经历</td><td colspan="2">鞋靴设计培训、鞋靴制造培训、企业管理培训、电脑培训</td></tr>
<tr><td colspan="2">经验</td><td colspan="2">五年以上鞋靴制造工作经验</td></tr>
<tr><td colspan="2">知识</td><td colspan="2">鞋靴设计知识、鞋靴工艺知识、制鞋材料、管理知识、电脑知识</td></tr>
<tr><td colspan="2">技能技巧</td><td colspan="2">具有较高的鞋靴制作理论与操作技能，熟练运用常用办公软件，熟练运用网络进行信息搜集，具有一定的管理能力和写作能力</td></tr>
<tr><td colspan="4">其他：</td></tr>
<tr><td colspan="2">使用工具设备</td><td colspan="2">各种鞋靴制造常用设备、计算机、打印机</td></tr>
<tr><td colspan="2">工作环境</td><td colspan="2">一般工作环境</td></tr>
<tr><td colspan="2">工作时间特征</td><td colspan="2">正常上班时间，经常需要加班</td></tr>
<tr><td colspan="2">所需记录文档</td><td colspan="2">款式图、鞋靴工艺指导书、试做报告单、效果图、色卡、设计工作单（设计任务书）、材料样卡、输入与输出清单</td></tr>
<tr><td colspan="4">备注：</td></tr>
</table>

参考文献

1. 柳冠中. 工业设计学［M］. 哈尔滨：黑龙江科学技术出版社，1996.

2. 刘元风. 服装设计学［M］. 北京：高等教育出版社，1997.

3. 刘国余. 设计管理［M］. 上海：上海交通大学出版社，2003.

4. 李俊. 服装产品企划学［M］. 北京：中国纺织出版社，2005.

5. 宁俊等. 服装产业链理论与实践［M］. 北京：中国纺织出版社，2007.

6. 刘晓刚. 品牌服装设计［M］. 上海：东华大学出版社，2001.

7. 李当岐. 西洋服装史［M］. 北京：高等教育出版社，1995.

8. 编写组. 皮鞋生产工艺［M］. 上海：上海科学技术出版社，1988.

9. 中国轻工业标准汇编（制鞋卷）［M］，北京：中国标准出版社，1999.

10. 田旭桐. 新编平面构成教程［M］，南宁：广西美术出版社，1995.

另外，本书还从以下书中转载了部分图片，在此深表谢意：

《中国皮革》，中国皮革和制鞋工业研究院主办与出版。

《精彩鞋苑》，中国皮革和制鞋工业研究院主办与出版。

第四章　参考图例

“菜园小调”
作者：李全勇（邢台职业技术学院 1999级）
指导教师：陈念慧

“罗马记忆”
作者：李明（邢台职业技术学院 2005级）
指导教师：张　若

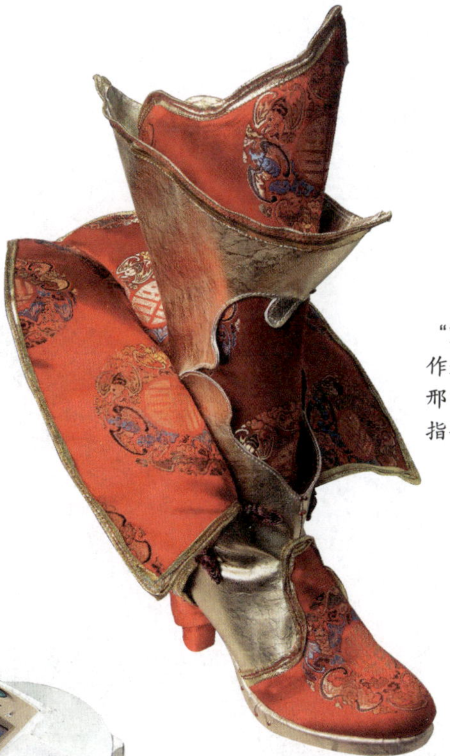

“东方神韵”
作者：卢圆圆（石家庄铁道学院邢台职业技术学院 2005级 本科）
指导教师：吴东利

“都市节拍”
作者：唐海鸣（邢台职业技术学院 2002级）
指导教师：刘作东

“春天”
作者：谷丹（邢台职业技术学院 2005级）
指导教师：刘作东

"铿锵玫瑰"
作者：邵期（邢台职业技术学院 2000级）
指导教师：陈念慧

"鱼"
作者：俞夏锋（邢台职业技术学院 2000级）
指导教师：陈念慧

"戏剧人生"
作者：肖彩茶（邢台职业技术学院 2002级）
指导教师：陈念慧

"竹林七贤"
作者：李磊（邢台职业技术学院 2002级）
指导教师：吴东利

"星空"
作者：刘宏军（石家庄铁道学院 邢台职业技术学院 2003级 本科）
指导教师：陈念慧

"昭君出塞"
作者：张倩（石家庄铁道学院 邢台职业技术学院 2002级 本科）
指导教师：张 若

第八章　参考图例

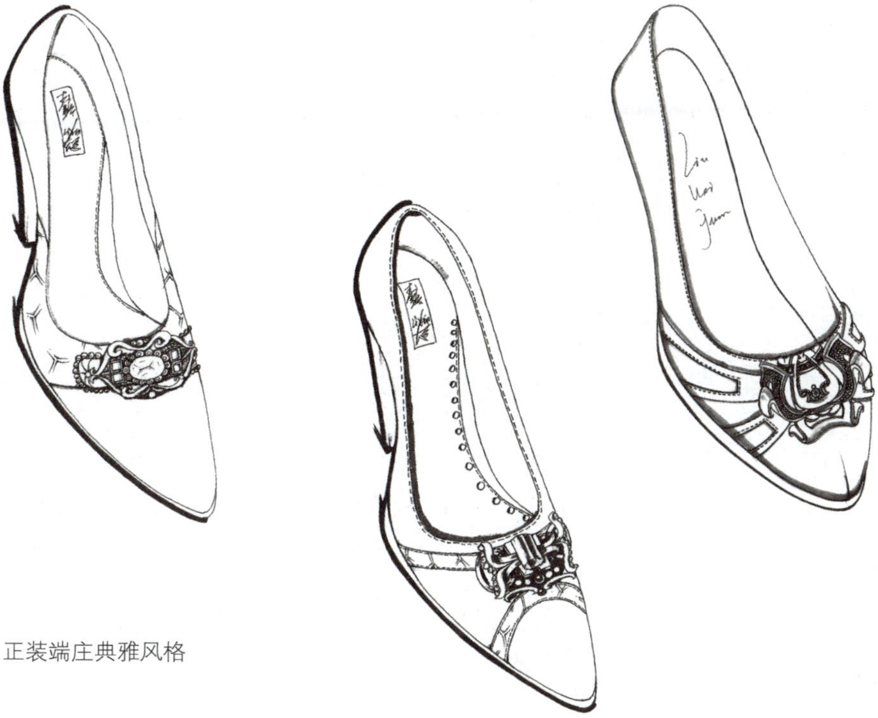

正装端庄典雅风格

正装优雅高贵风格

时装优雅风格

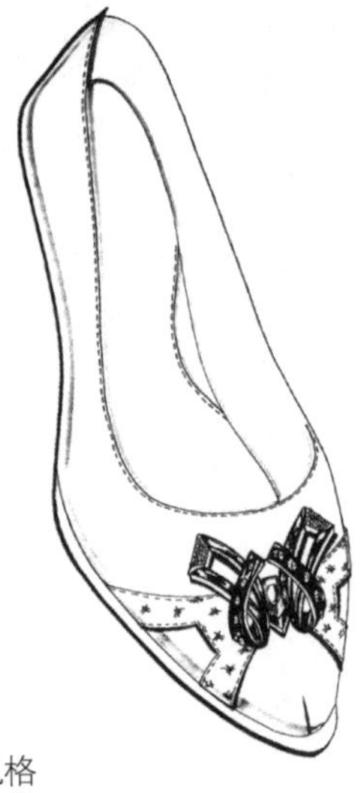

正装干练简约风格

正装华丽高贵风格

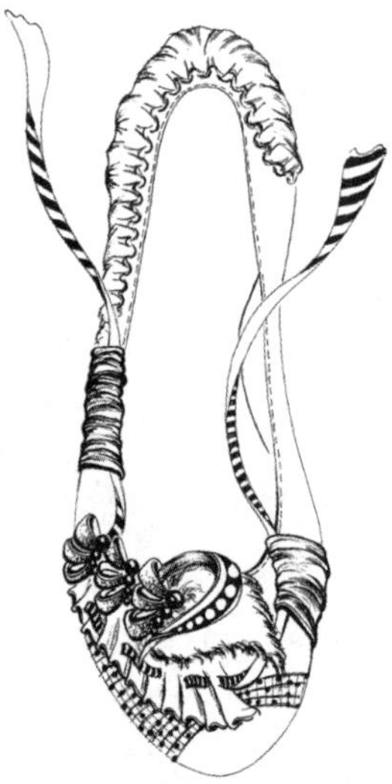

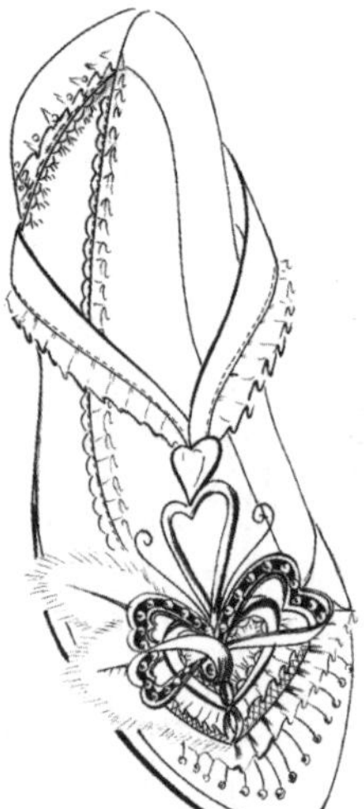

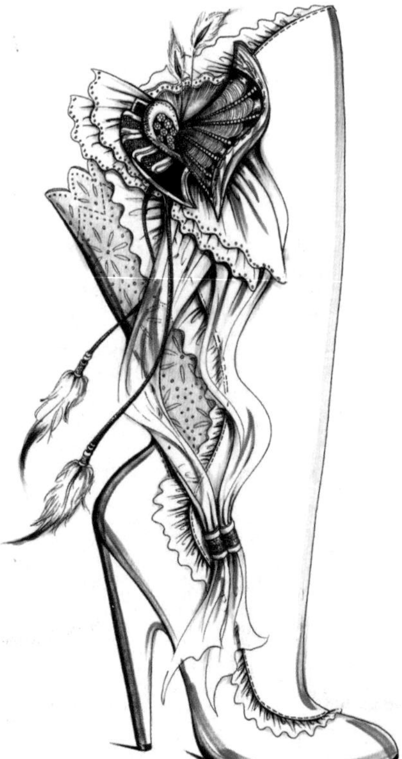

时装浪漫风格

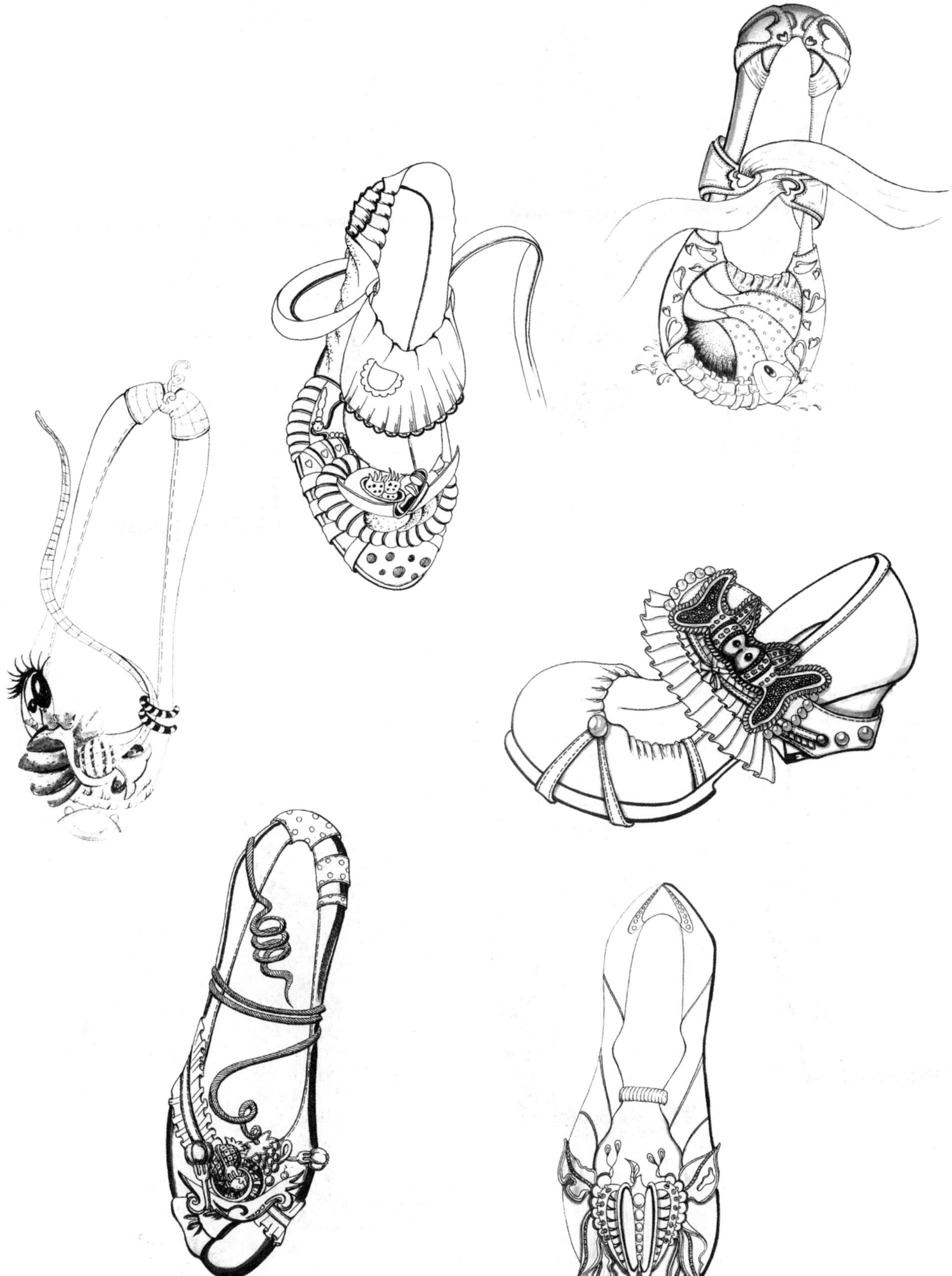

时装天真风格

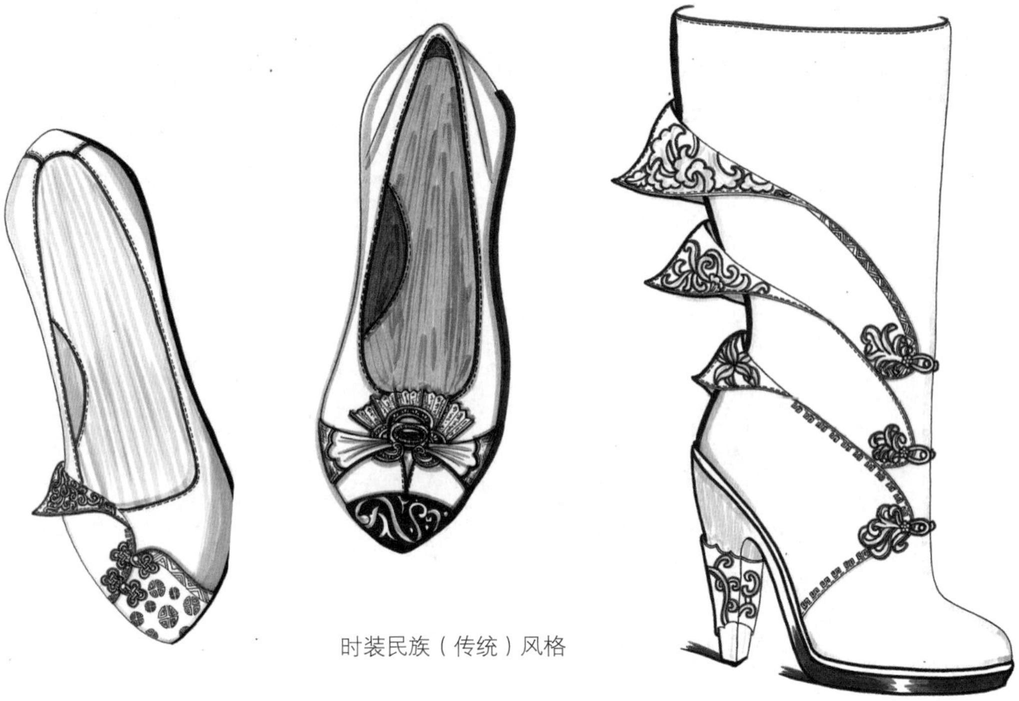

时装民族（传统）风格

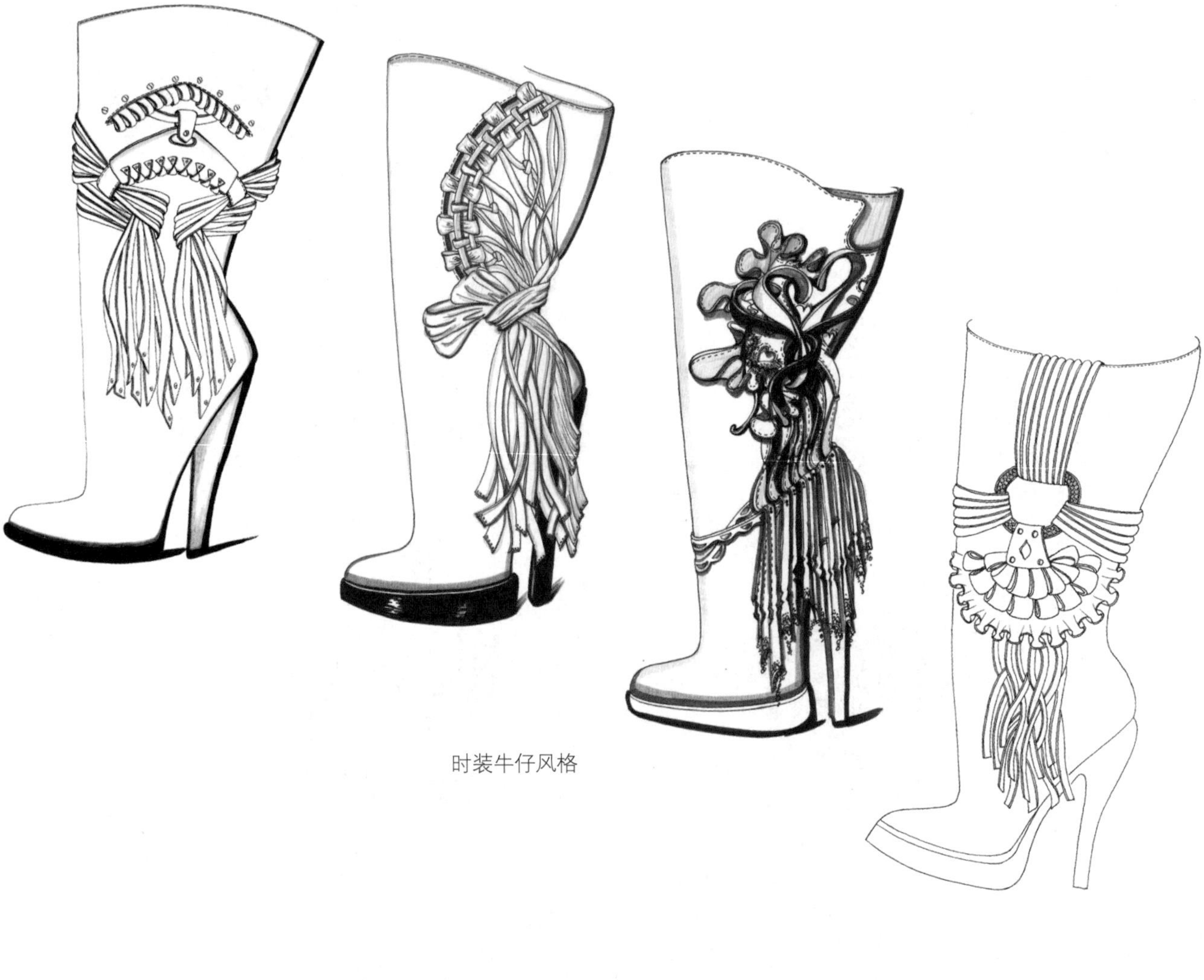

时装牛仔风格

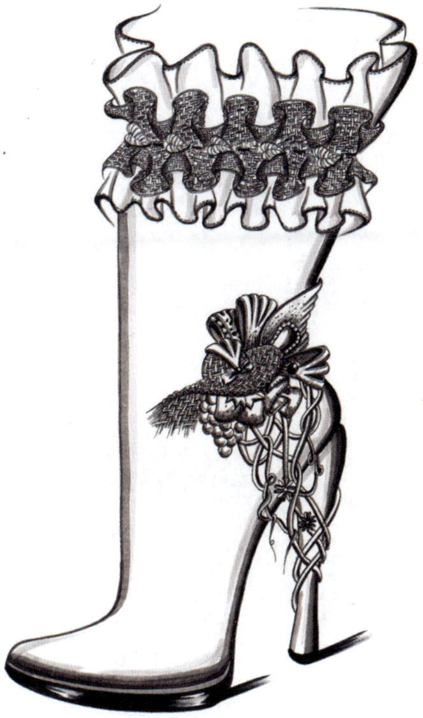

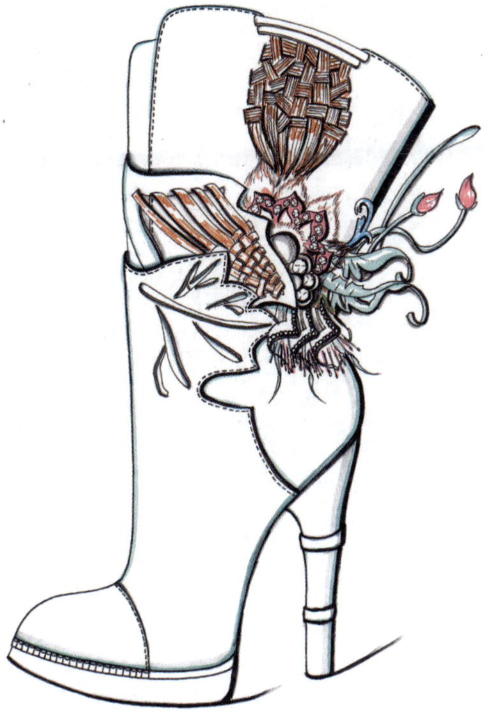

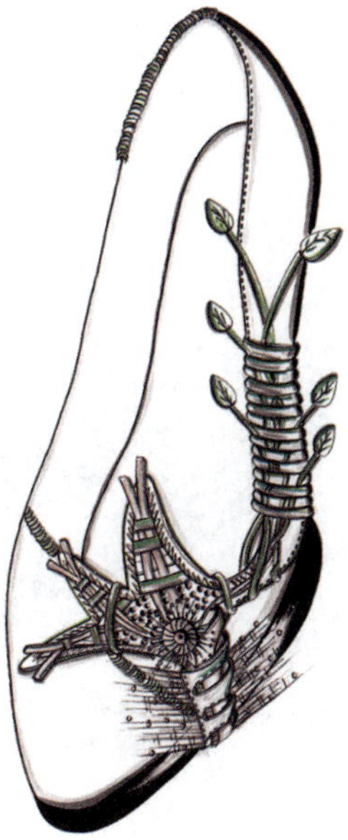

时装田园风格

第九章　参考图例

正装风格

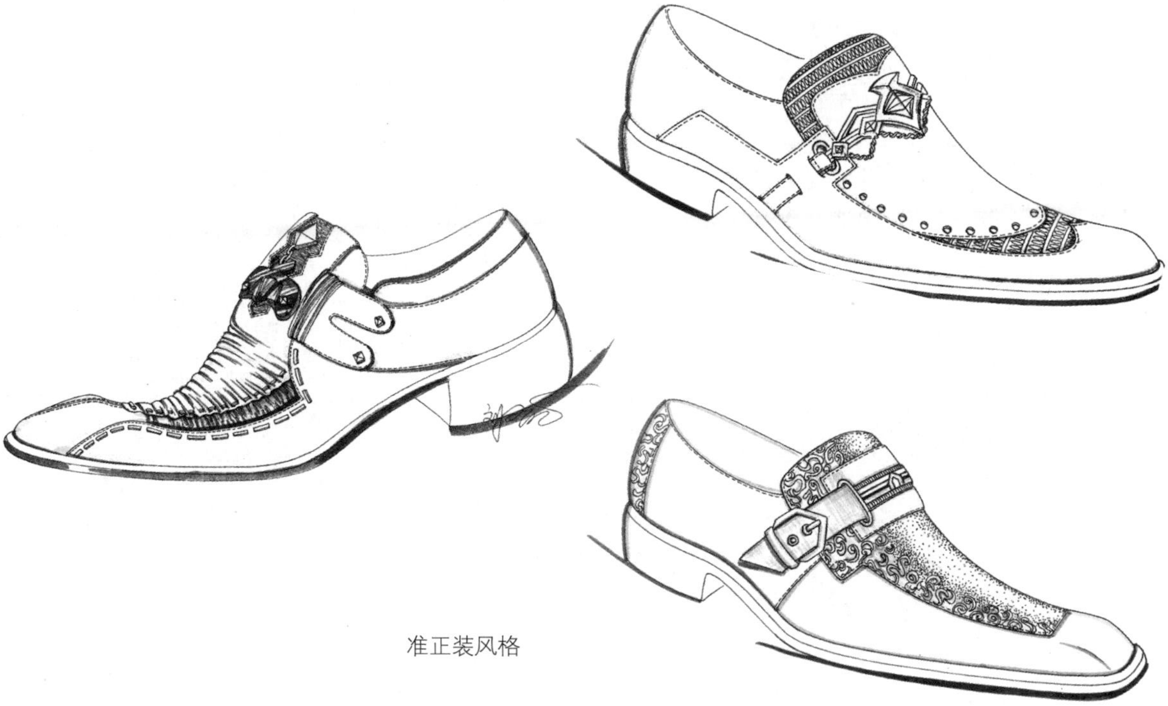

准正装风格

礼鞋风格

休闲风格

第十一章　参考图例

时装风格

正装风格

正装风格